北京大学教材建设规划项目

21世纪物理规划教材

光学理论教程

A Course in the Theory of Optics

王若鹏 编著

图书在版编目 (CIP) 数据

光学理论教程 / 王若鹏编著 . — 北京 ： 北京大学出版社，2022. 3
ISBN 978-7-301-32733-3

Ⅰ. ①光… Ⅱ. ①王… Ⅲ. ①光学－教材 Ⅳ. ① O43

中国版本图书馆 CIP 数据核字 (2021) 第 237289 号

书　　名　光学理论教程
GUANGXUE LILUN JIAOCHENG
著作责任者　王若鹏　编著
责 任 编 辑　班文静
标 准 书 号　ISBN 978-7-301-32733-3
出 版 发 行　北京大学出版社
地　　址　北京市海淀区成府路 205 号　100871
网　　址　http://www.pup.cn　新浪微博：@ 北京大学出版社
电 子 信 箱　zpup@pup.cn
电　　话　邮购部 010-62752015　发行部 010-62750672　编辑部 010-62754271
印 刷 者　北京市科星印刷有限责任公司
经 销 者　新华书店
787 毫米 ×980 毫米　16 开本　20 印张　436 千字
2022 年 3 月第 1 版　2022 年 3 月第 1 次印刷
定　　价　59.00 元

序

本书是北京大学物理学院“光学理论”课程的配套教材. 该课程的教学目标是为光学专业各研究方向的研究生提供开展研究工作所必需的理论基础. 为满足课程要求，本书涉及的内容很广，包括五个部分：第一部分——光波传播的经典理论；第二部分——光场的量子性；第三部分——光场的统计特性；第四部分——光波辐射理论；第五部分——光与物质的相互作用理论. 本书主要讨论光的传播特性、统计特性和量子性，以及光与物质的相互作用，所涉及的理论方法包括经典理论、半经典理论、量子理论和统计理论的方法, 所涉及的基础知识包括普通物理的光学部分、经典电动力学、量子力学、复变函数和数学物理方程等. 本书各个部分包括以下主要内容：光波传播的经典理论部分讨论几何光学的电磁理论基础和以波动方程为基础的光波衍射理论, 以及光波在波导、晶体和非线性介质中的传播. 光场的量子性部分主要讨论光场的量子化和光场的量子态. 光场的统计特性部分讨论了光场的各阶统计性质，包括光强、偏振和各阶相干性，以及光电探测过程的半经典描述. 由于物理专业的本科生课程较少涉及统计方法，因此本书在这一部分中安排了两章关于随机变量和随机过程的内容. 光波辐射理论部分主要讨论应用于光波辐射问题的经典、量子和半经典的理论方法. 在光波辐射的经典和量子理论中主要讨论电偶极子辐射. 在光波辐射的半经典理论中重点讨论了辐射本征模式的方法. 光与物质的相互作用理论部分讨论二能级原子与光场的相互作用，主要采用半经典的理论方法. 由于北京大学物理学院同时开设“非线性光学”和“量子光学”这两门研究生课程，因此在本课程的内容选择上没有更多涉及非线性光学效应，而在光与物质的相互作用理论部分则主要采用半经典理论的方法. 本书的最后一章讨论了量子化光场与二能级原子的相互作用，目的只是通过对比半经典理论和量子理论处理光与物质的相互作用的一个实例，直观地给出半经典理论的适用条件. 本书的每一章后面都有少量习题，一些正文中所涉及的公式证明也安排在习题之中.

本书的出版得到北京大学教材建设规划项目的支持.

王若鹏
2021 年 10 月

目　　录

第一部分

光波传播的经典理论

第一章

第 1 章 光波的电磁理论

§1.1 麦克斯韦方程组

光是特定频率范围内的电磁波，因此描述光波传播的基本方程也就是描述电磁场的麦克斯韦 (Maxwell) 方程组：

$$\begin{aligned}\nabla\times\boldsymbol{H}&=\boldsymbol{J}+\frac{\partial\boldsymbol{D}}{\partial t},\\ \nabla\cdot\boldsymbol{B}&=0,\\ \nabla\times\boldsymbol{E}&=-\frac{\partial\boldsymbol{B}}{\partial t},\\ \nabla\cdot\boldsymbol{D}&=\rho.\end{aligned}\tag{1.1}$$

在非相对论条件下，光波作用于微观带电粒子上的电场力远大于磁场力，即光与物质作用主要是通过电场进行的. 的确，对于平面光波，作用于微观带电粒子的电场力和磁场力之比为

$$\frac{F_{\mathrm{e}}}{F_{\mathrm{m}}}\approx\frac{qE}{qvB}=\frac{c}{v}\frac{\sqrt{\varepsilon_0\mu_0}E}{B}\approx\frac{c}{v}\gg 1.\tag{1.2}$$

所以在光学中，一般以电场强度 $\boldsymbol{E}$ 描述光场.

描述光波的传播还需要电位移矢量 $\boldsymbol{D}$ 与电场强度 $\boldsymbol{E}$ 之间的关系，以及磁感应强度 $\boldsymbol{B}$ 与磁场强度 $\boldsymbol{H}$ 之间的关系，即介质电极化和磁化的规律.

在真空中，$\boldsymbol{D}=\varepsilon_0\boldsymbol{E}$，$\boldsymbol{B}=\mu_0\boldsymbol{H}$. 将这两个关系式代入麦克斯韦方程组，可以得到关于电场强度 $\boldsymbol{E}$ 的方程：

$$\Box\boldsymbol{E}=\frac{1}{\varepsilon_0}\nabla\rho+\mu_0\frac{\partial\boldsymbol{J}}{\partial t},\tag{1.3}$$

其中，

$$\Box=\Delta-\frac{1}{c^2}\frac{\partial^2}{\partial t^2}\tag{1.4}$$

为达朗贝尔 (d'Alembert) 算符. 在无源空间中，$\rho=0$，$\boldsymbol{J}=\boldsymbol{0}$. 此时，电场强度 $\boldsymbol{E}$ 的微分方程可以化为

$$\Box\boldsymbol{E}=\boldsymbol{0}.\tag{1.5}$$

光波在介质中的传播行为由介质的电磁性质确定. 我们仅考虑电极化强度 $\boldsymbol{P}$ 和磁化强度 $\boldsymbol{M}$ 只与电磁场有关的介质, 即满足条件 $\boldsymbol{P}\big|_{\boldsymbol{E}=\boldsymbol{0}}=\boldsymbol{0}$, $\boldsymbol{M}\big|_{\boldsymbol{H}=\boldsymbol{0}}=\boldsymbol{0}$ 的介质. 一般说来, 铁磁体、铁电体、压电体等介质不满足这一条件.

由于构成介质的微观粒子之间的距离远小于光波波长, 因此在光波频段, 可将介质看作连续的. 当光强不很强时, 对于单频光场, 有

$$\boldsymbol{P}=\varepsilon_0\hat{\boldsymbol{\chi}}\boldsymbol{E},\quad \boldsymbol{D}=\hat{\boldsymbol{\varepsilon}}\boldsymbol{E}, \tag{1.6}$$

即该介质为线性介质. 式 (1.6) 中, $\hat{\boldsymbol{\chi}}$ 为介质的电极化张量, $\hat{\boldsymbol{\varepsilon}}$ 为介质的介电张量. 透明介质的介电张量一般为对称张量 (透明旋光介质的介电张量为厄米 (Hermite) 张量), 满足

$$\varepsilon_{ij}=\varepsilon_{ji},\quad i,j=1,2,3. \tag{1.7}$$

采用介电张量主坐标系, 我们可以把 $\hat{\boldsymbol{\varepsilon}}$ 对角化, 即

$$\varepsilon_{ij}=\delta_{ij}\varepsilon_i,\quad i,j=1,2,3. \tag{1.8}$$

式 (1.8) 中, δ_{ij} 为克罗内克 (Kronecker) 符号, 即

$$\delta_{ij}=\begin{cases}1,\ i=j,\\ 0,\ i\neq j.\end{cases} \tag{1.9}$$

介电张量的主值 ε_1, ε_2 和 ε_3 称为主介电系数.

如果介质是各向同性的, 则有 $\varepsilon_1=\varepsilon_2=\varepsilon_3=\varepsilon$, 这样就有 $\boldsymbol{D}=\varepsilon\boldsymbol{E}$. 在各向同性的非磁性介质中, 单频光场满足波动方程, 即

$$\Delta\boldsymbol{E}-\frac{n^2}{c^2}\frac{\partial^2}{\partial t^2}\boldsymbol{E}=\boldsymbol{0}, \tag{1.10}$$

其中,

$$n=\sqrt{\frac{\varepsilon}{\varepsilon_0}} \tag{1.11}$$

为介质的折射率. 介质折射率的值与光波频率有关.

式 (1.3) 和式 (1.10) 都不能被看作三个独立的标量方程, 因为光场还必须满足横波条件

$$\nabla\cdot\boldsymbol{E}=0. \tag{1.12}$$

§1.2 几何光学近似

1.2.1 几何光学光束

考虑真空和各向同性介质中的光波. 我们可以把光波的电场强度表达为如下形式:

$$\boldsymbol{E}(\boldsymbol{r},t)=\boldsymbol{A}(\boldsymbol{r},t)\mathrm{e}^{-\mathrm{i}\phi(\boldsymbol{r},t)}. \tag{1.13}$$

计算光波的电场强度对坐标的偏导数, 得

$$\frac{\partial \boldsymbol{E}}{\partial x_i}=\frac{\partial \boldsymbol{A}}{\partial x_i}\mathrm{e}^{-\mathrm{i}\phi}-\mathrm{i}\frac{\partial \phi}{\partial x_i}\boldsymbol{A}\mathrm{e}^{-\mathrm{i}\phi},\quad i=1,2,3. \tag{1.14}$$

如果

$$\left|\frac{\partial \boldsymbol{A}}{\partial x_i}\right|\ll|\boldsymbol{A}|\left|\nabla\phi\right|,\quad i=1,2,3, \tag{1.15}$$

即光场振幅随空间位置的相对变化远小于相位随空间位置的变化, 则近似有

$$\frac{\partial \boldsymbol{E}}{\partial x_i}=-\mathrm{i}\frac{\partial \phi}{\partial x_i}\boldsymbol{A}\mathrm{e}^{-\mathrm{i}\phi}=-\mathrm{i}\frac{\partial \phi}{\partial x_i}\boldsymbol{E},\quad i=1,2,3. \tag{1.16}$$

在此近似条件下,

$$\frac{\partial^2 \boldsymbol{E}}{\partial x_i^2}=-\mathrm{i}\frac{\partial^2 \phi}{\partial x_i^2}\boldsymbol{A}\mathrm{e}^{-\mathrm{i}\phi}-\left(\frac{\partial \phi}{\partial x_i}\right)^2\boldsymbol{A}\mathrm{e}^{-\mathrm{i}\phi},\quad i=1,2,3. \tag{1.17}$$

如果条件

$$\left|\frac{\partial^2 \phi}{\partial x_i^2}\right|\ll\left|\nabla\phi\right|^2,\quad i=1,2,3 \tag{1.18}$$

也得到满足, 即光场相位梯度随空间位置的相对变化远小于相位随空间位置的变化, 那么就有如下近似关系:

$$\frac{\partial^2 \boldsymbol{E}}{\partial x_i^2}=-\left(\frac{\partial \phi}{\partial x_i}\right)^2\boldsymbol{A}\mathrm{e}^{-\mathrm{i}\phi}=-\left(\frac{\partial \phi}{\partial x_i}\right)^2\boldsymbol{E},\quad i=1,2,3. \tag{1.19}$$

我们称满足式 (1.15) 和式 (1.18) 的光场为几何光学光束. 显然, 平面波严格满足几何光学光束的条件. 对于几何光学光束, 应用式 (1.19), 可以得到如下关系式:

$$\Delta\boldsymbol{E}=-\left|\nabla\phi\right|^2\boldsymbol{E}. \tag{1.20}$$

而对于单色光, 我们有

$$\frac{\partial^2 \boldsymbol{E}}{\partial t^2}=-\omega^2\boldsymbol{E}. \tag{1.21}$$

这样, 光场的波动方程就可以化为一个关于相位的方程:

$$\left|\nabla\phi\right|^2=n^2\frac{\omega^2}{c^2}=n^2k_0^2=k^2. \tag{1.22}$$

1.2.2 光线

光场能量的传输由平均能流密度矢量，即坡印亭 (Poynting) 矢量的时间平均值描述：

$$\boldsymbol{S}_{\mathrm{T}} = \langle \boldsymbol{E} \times \boldsymbol{H} \rangle_{\mathrm{T}}. \tag{1.23}$$

对于几何光学光束，近似有

$$\begin{aligned} \boldsymbol{H} &= \frac{1}{\mathrm{i}\mu_0\omega} \nabla \times \boldsymbol{E} \\ &= \frac{\mathrm{i}}{\mu_0\omega} \boldsymbol{A} \times \nabla(\mathrm{e}^{-\mathrm{i}\phi}) \\ &= \frac{1}{\mu_0\omega} \boldsymbol{E} \times \nabla\phi, \end{aligned} \tag{1.24}$$

所以

$$\begin{aligned} \boldsymbol{S}_{\mathrm{T}} &= \frac{1}{\mu_0\omega} \langle \boldsymbol{E} \times (\boldsymbol{E} \times \nabla\phi) \rangle_{\mathrm{T}} \\ &= \frac{1}{\mu_0\omega} \left[\langle (\boldsymbol{E} \cdot \nabla\phi)\boldsymbol{E} \rangle_{\mathrm{T}} - \langle |\boldsymbol{E}|^2 \rangle_{\mathrm{T}} \nabla\phi \right]. \end{aligned} \tag{1.25}$$

由于

$$\boldsymbol{E} \cdot \nabla\phi \approx \mathrm{i}\nabla \cdot \boldsymbol{E} = 0, \quad \langle |\boldsymbol{E}|^2 \rangle_{\mathrm{T}} = \frac{1}{2}|\boldsymbol{A}|^2, \tag{1.26}$$

因此

$$S_{\mathrm{T}} = -\frac{1}{2} c\varepsilon_0 |\boldsymbol{A}|^2 \frac{\nabla\phi}{k_0}, \tag{1.27}$$

即平均能流密度矢量的大小与电场模的平方成正比，方向与相位梯度相反.

定义：光线为处处与平均能流密度矢量 $\boldsymbol{S}_{\mathrm{T}}$ 相切的曲线.

平均能流密度矢量构成一个矢量场. 由光线的定义可知，光线为平均能流密度矢量场的场线.

式 (1.27) 表明，在几何光学近似下，在真空和各向同性介质中，光沿其相位下降最快的方向传播. 由于光线与等相位面正交，因此确定了光线就可以确定等相位面，以及各等相位面之间的相位差，亦即确定光场的相位分布. 由光线的定义可知，由于能量守恒，因此通过由光线围成的细管的横截面的光功率沿细管保持不变. 这样，由细管上不同位置横截面面积的相对大小，也就是光线的疏密，还可以得到光场振幅的相对分布. 所以对于几何光学光束，确定光场分布的问题等同于确定光线的问题.

1.2.3 费马原理

令 P,Q 为光场中的两个点，Q 点和 P 点的相位差可以通过对相位梯度的积分得到，即

$$\phi(Q)-\phi(P)=-\int_Q^P \nabla\phi\cdot\mathrm{d}\boldsymbol{l}. \tag{1.28}$$

显然，

$$-\nabla\phi\cdot\mathrm{d}\boldsymbol{l}\leqslant|\nabla\phi|\mathrm{d}l. \tag{1.29}$$

在 $-\nabla\phi$ 与 $\mathrm{d}\boldsymbol{l}$ 方向一致时，式 (1.29) 取等号. 令 P,Q 为实际光线 C_0 上的两个点，由于在 C_0 上，$-\nabla\phi$ 处处与 $\mathrm{d}\boldsymbol{l}$ 方向一致，因此

$$\phi(Q)-\phi(P)=\int_{C_0}|\nabla\phi|\mathrm{d}l. \tag{1.30}$$

而对于连接 P,Q 两点的任意曲线 C (见图 1.1)，则有

$$\begin{aligned}\phi(Q)-\phi(P)&=-\int_C\nabla\phi\cdot\mathrm{d}\boldsymbol{l}\\&\leqslant\int_C|\nabla\phi|\mathrm{d}l.\end{aligned} \tag{1.31}$$

所以我们有如下不等式：

$$\int_{C_0}n\mathrm{d}l\leqslant\int_C n\mathrm{d}l. \tag{1.32}$$

定义

$$L(C)=\int_C n\mathrm{d}l \tag{1.33}$$

为沿曲线 C 的光程，则不等式 (1.32) 可表达为

$$L(C_0)\leqslant L(C), \tag{1.34}$$

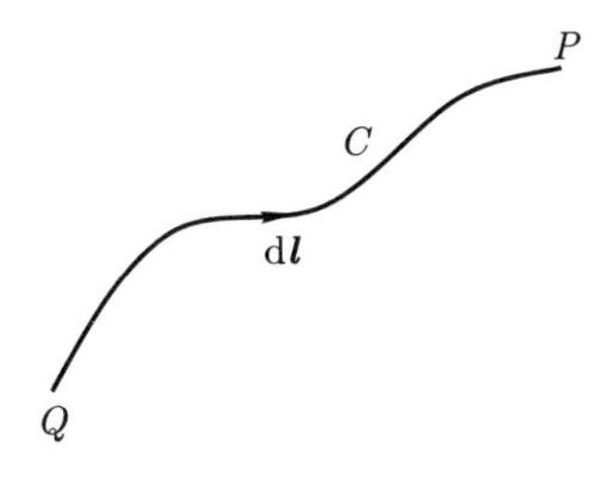

图 1.1 费马原理

即光线为光程最小的曲线, 这就是费马 (Fermat) 原理.

费马原理适用于几何光学光束. 几何光学光束条件不满足之处, 费马原理失效. 一般说来, 费马原理在包含以下区域的空间范围内可能失效:

(1) 两种介质的界面及其几何投影附近;

(2) 按照几何光学规律出现光线相交的点.

在这些情况下, 光场的振幅或相位梯度随空间位置会有显著变化.

1.2.4 光线的微分方程

光线在某一点的传播方向由单位矢量 $\frac{\mathrm{d}\boldsymbol{r}}{\mathrm{d}s}$ 给出. 根据光线方向与相位梯度方向的关系式 (1.27) 和相位梯度绝对值与折射率的关系式 (1.22), 我们可以把相位梯度写成如下形式:

$$\nabla\phi = -nk_0\frac{\mathrm{d}\boldsymbol{r}}{\mathrm{d}s}, \tag{1.35}$$

而相位沿光线的方向导数也可以由式 (1.35) 得到, 即

$$\frac{\mathrm{d}\phi}{\mathrm{d}s} = \frac{\mathrm{d}\boldsymbol{r}}{\mathrm{d}s}\cdot\nabla\phi = -nk_0. \tag{1.36}$$

光线方向的变化与折射率分布有关. 对于折射率渐变的介质, 由式 (1.36) 可得

$$\nabla n = -\frac{1}{k_0}\nabla\left(\frac{\mathrm{d}\phi}{\mathrm{d}s}\right). \tag{1.37}$$

对式 (1.37) 交换求导顺序后可得

$$\nabla n = \frac{\mathrm{d}}{\mathrm{d}s}\left(-\frac{1}{k_0}\nabla\phi\right) = \frac{\mathrm{d}}{\mathrm{d}s}\left(n\frac{\mathrm{d}\boldsymbol{r}}{\mathrm{d}s}\right), \tag{1.38}$$

这便是光线的微分方程, 我们将其表达成如下形式:

$$\frac{\mathrm{d}}{\mathrm{d}s}\left(n\frac{\mathrm{d}\boldsymbol{r}}{\mathrm{d}s}\right) = \nabla n. \tag{1.39}$$

光线的微分方程还可以写成另一种形式. 令 $n\mathrm{d}\tau = \mathrm{d}s$, 则有

$$n\frac{\mathrm{d}\boldsymbol{r}}{\mathrm{d}s} = \frac{\mathrm{d}\boldsymbol{r}}{\mathrm{d}\tau}, \tag{1.40}$$

那么光线的微分方程可以化为

$$\frac{\mathrm{d}^2\boldsymbol{r}}{\mathrm{d}\tau^2} = n\nabla n, \tag{1.41}$$

或

$$\frac{\mathrm{d}^2 \boldsymbol{r}}{\mathrm{d}\tau^2} = -\nabla\left(C - \frac{1}{2}n^2\right), \tag{1.42}$$

其中，C 为任意常数. 这一方程与在势能为 $V = C - n^2/2$ 的保守力场中运动的质量为 1 的经典粒子的运动方程完全一致. 这样，求解光线微分方程的问题就可以化为求解保守力场中运动的经典粒子轨迹的问题.

§1.3 标量波近似

光波是矢量波，但如果在光传播的过程中电磁场的方向没有发生显著变化，那么我们可以近似用标量波来描述光波. 考虑电场方向随空间缓慢变化的光场，我们可以把电场强度写成

$$\boldsymbol{E} = U\boldsymbol{e}, \tag{1.43}$$

其中，$\boldsymbol{e}$ 是一个取向在 2π 立体角内变化的单位矢量，即 $\pm\boldsymbol{E}$ 对应相同的单位矢量 $\boldsymbol{e}$. 计算通过标量光场 U 表达的电场强度的偏导数，即

$$\frac{\partial \boldsymbol{E}}{\partial x_i} = \frac{\partial \boldsymbol{e}}{\partial x_i}U + \boldsymbol{e}\frac{\partial U}{\partial x_i}, \tag{1.44}$$

其中，$i = 1, 2, 3$. 由于 $\boldsymbol{e}$ 为单位矢量，即 $\boldsymbol{e}\cdot\boldsymbol{e} = 1$，因此

$$\boldsymbol{e}\cdot\frac{\partial \boldsymbol{e}}{\partial x_i} = \frac{1}{2}\frac{\partial|\boldsymbol{e}|^2}{\partial x_i} = 0. \tag{1.45}$$

所以我们可以将 $\boldsymbol{e}$ 的偏导数表达为

$$\frac{\partial \boldsymbol{e}}{\partial x_i} = \boldsymbol{\alpha}_i \times \boldsymbol{e},\ \ i = 1, 2, 3. \tag{1.46}$$

这样，电场强度的偏导数就可以写成如下形式：

$$\frac{\partial \boldsymbol{E}}{\partial x_i} = \boldsymbol{\alpha}_i \times \boldsymbol{e}U + \boldsymbol{e}\frac{\partial U}{\partial x_i},\ \ i = 1, 2, 3. \tag{1.47}$$

如果条件

$$|\boldsymbol{\alpha}_i| \ll \left|\frac{1}{U}\frac{\partial U}{\partial x_i}\right|, \quad i = 1, 2, 3 \tag{1.48}$$

成立，则近似有

$$\frac{\partial \boldsymbol{E}}{\partial x_i} = \boldsymbol{e}\frac{\partial U}{\partial x_i}, \quad i = 1, 2, 3, \tag{1.49}$$

以及

$$\Delta \boldsymbol{E} = \boldsymbol{e} \Delta U. \tag{1.50}$$

由式 (1.50) 可得

$$\Delta \boldsymbol{E} + k^2 \boldsymbol{E} = \boldsymbol{e} \left(\Delta U + k^2 U \right). \tag{1.51}$$

将式 (1.51) 代入关于电场强度的波动方程，可以导出关于 U 的亥姆霍兹 (Helmholtz) 方程，即

$$\Delta U + k^2 U = 0. \tag{1.52}$$

由于光波是横波，因此标量光场 U 还需满足如下横波条件：

$$\boldsymbol{e} \cdot \nabla U \approx \nabla \cdot \boldsymbol{E} = 0. \tag{1.53}$$

习 题

1.1 在折射率渐变的介质中，光线为平滑曲线. 试采用变分法，从费马原理导出光线的微分方程.

1.2 试由光线的微分方程导出变分形式的费马原理.

1.3 采用适当模型描述空气折射率的分布，通过求解光线的微分方程，分析沙漠幻影现象.

1.4 采用适当模型描述空气折射率的分布，通过求解光线的微分方程，分析海市蜃楼现象.

第 2 章 光波衍射的标量波理论

§2.1 菲涅耳-基尔霍夫衍射公式

2.1.1 基尔霍夫积分定理

在光波的标量波理论的框架内，无源空间中的单频光场满足亥姆霍兹方程：

$$\Delta U(\boldsymbol{r})+k^2U(\boldsymbol{r})=0. \tag{2.1}$$

定理：亥姆霍兹方程的解 $U(\boldsymbol{r})$ 在某一区域内的值可由 $U(\boldsymbol{r})$ 在此区域边界上的值及梯度得到，即

$$U(\boldsymbol{r})=\int_{\Sigma}\left[G(\boldsymbol{r}'-\boldsymbol{r})\frac{\partial}{\partial n}U(\boldsymbol{r}')-U(\boldsymbol{r}')\frac{\partial}{\partial n}G(\boldsymbol{r}'-\boldsymbol{r})\right]\mathrm{d}S, \tag{2.2}$$

其中，

$$G(\boldsymbol{r}'-\boldsymbol{r})=\frac{1}{4\pi}\frac{\mathrm{e}^{\mathrm{i}k|\boldsymbol{r}'-\boldsymbol{r}|}}{|\boldsymbol{r}'-\boldsymbol{r}|} \tag{2.3}$$

为亥姆霍兹方程的基本解，$\dfrac{\partial}{\partial n}$ 表示法向导数.

证明： 不难验证，函数 $G(\boldsymbol{r}'-\boldsymbol{r})$ 满足

$$\Delta G(\boldsymbol{r}'-\boldsymbol{r})+k^2G(\boldsymbol{r}'-\boldsymbol{r})=-\delta(\boldsymbol{r}'-\boldsymbol{r}). \tag{2.4}$$

将式 (2.4) 乘以 $U(\boldsymbol{r}')$ 并减去式 (2.1) 乘以 $G(\boldsymbol{r}'-\boldsymbol{r})$ 的结果，得到

$$\begin{aligned}-U(\boldsymbol{r}')\delta(\boldsymbol{r}'-\boldsymbol{r})&=U(\boldsymbol{r}')\Delta G(\boldsymbol{r}'-\boldsymbol{r})-G(\boldsymbol{r}'-\boldsymbol{r})\Delta U(\boldsymbol{r}')\\&=\nabla\cdot\left[U(\boldsymbol{r}')\nabla G(\boldsymbol{r}'-\boldsymbol{r})-G(\boldsymbol{r}'-\boldsymbol{r})\nabla U(\boldsymbol{r}')\right].\end{aligned} \tag{2.5}$$

将式 (2.5) 在包含 $\boldsymbol{r}'$ 的体积 Ω 内积分，如图 2.1 所示，并注意到

$$U(\boldsymbol{r})=\int_{\Omega}U(\boldsymbol{r}')\delta(\boldsymbol{r}'-\boldsymbol{r})\mathrm{d}^3\boldsymbol{r}', \tag{2.6}$$

可得

$$U(\boldsymbol{r})=\int_{\Omega}\nabla\cdot[G(\boldsymbol{r}'-\boldsymbol{r})\nabla U(\boldsymbol{r}')-U(\boldsymbol{r}')\nabla G(\boldsymbol{r}'-\boldsymbol{r})]\,\mathrm{d}^3\boldsymbol{r}'$$
$$=\int_{\Sigma}[G(\boldsymbol{r}'-\boldsymbol{r})\nabla U(\boldsymbol{r}')-U(\boldsymbol{r}')\nabla G(\boldsymbol{r}'-\boldsymbol{r})]\cdot\mathrm{d}\boldsymbol{S},\tag{2.7}$$

即

$$U(\boldsymbol{r})=\int_{\Sigma}\left[G(\boldsymbol{r}'-\boldsymbol{r})\frac{\partial}{\partial n}U(\boldsymbol{r}')-U(\boldsymbol{r}')\frac{\partial}{\partial n}G(\boldsymbol{r}'-\boldsymbol{r})\right]\mathrm{d}S.\tag{2.8}$$

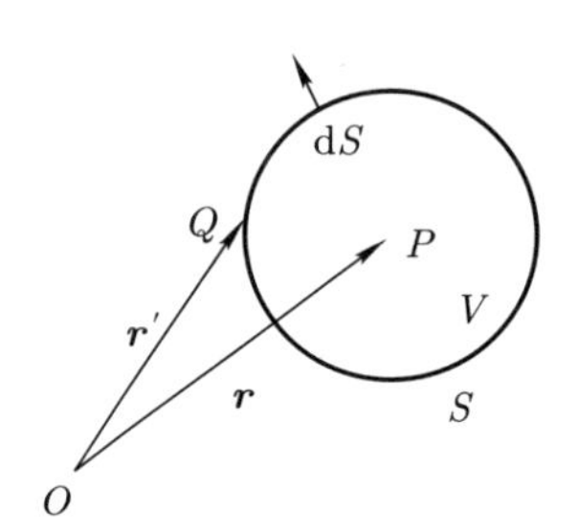

图 2.1 基尔霍夫积分定理

2.1.2 菲涅耳-基尔霍夫衍射公式

考虑点光源发出的光在平面衍射屏上的衍射.

对于点光源的情形, 在计算到光源的距离远大于波长处的光场时, 基尔霍夫 (Kirchhoff) 积分定理可以简化. 取源点为 O, 有

$$U(\boldsymbol{r}')=\frac{A}{r'}\mathrm{e}^{\mathrm{i}kr'}.\tag{2.9}$$

适当选择积分面, 总可以使条件 $kr'\gg 1$ 和 $k|\boldsymbol{r}'-\boldsymbol{r}|\gg 1$ 得到满足. 在此条件下,

$$\frac{\partial U(\boldsymbol{r}')}{\partial n}\approx \mathrm{i}kU(\boldsymbol{r}')\frac{\partial r'}{\partial n}$$
$$=-\mathrm{i}k\cos\theta U(\boldsymbol{r}').\tag{2.10}$$

类似地, 可得

$$\frac{\partial G}{\partial n}\approx \mathrm{i}k\cos\theta' G.\tag{2.11}$$

式 (2.10) 和式 (2.11) 中, θ 和 θ' 分别是矢量 $-\boldsymbol{r}'$ 和 $\boldsymbol{r}''$ 与积分面法线方向的夹角, 如图 2.2 所示. 这样, 基尔霍夫积分定理可以化为

$$U(\boldsymbol{r})=-\mathrm{i}k\int_{S}(\cos\theta+\cos\theta')G(\boldsymbol{r}'-\boldsymbol{r})U(\boldsymbol{r}')\mathrm{d}S.\tag{2.12}$$

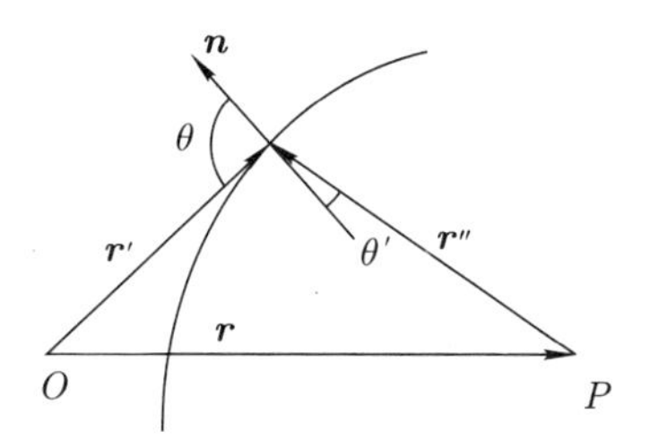

图 2.2 点光源的情形

由于基尔霍夫积分定理只适用于自由空间，因此在将其用于衍射分析时，积分面 S 只能取在衍射屏后方. 我们可以选择由衍射屏后表面与半径趋于无穷大、球心在衍射屏光瞳处的球面组成的闭合面 S. 在半径趋于无穷大的球面上,

$$U(\boldsymbol{r}') = f(\theta,\phi)\frac{\mathrm{e}^{\mathrm{i}k|\boldsymbol{r}'-\boldsymbol{r}|}}{|\boldsymbol{r}'-\boldsymbol{r}|} + O(|\boldsymbol{r}'-\boldsymbol{r}|^{-2}). \tag{2.13}$$

这样，在球面上，

$$\int_{S_{+\infty}}\left[G(\boldsymbol{r}'-\boldsymbol{r})\frac{\partial}{\partial n}U(\boldsymbol{r}') - U(\boldsymbol{r}')\frac{\partial}{\partial n}G(\boldsymbol{r}'-\boldsymbol{r})\right]\mathrm{d}S = O(|\boldsymbol{r}'-\boldsymbol{r}|^{-1}), \tag{2.14}$$

即球面部分对衍射积分的贡献可以忽略，衍射积分完全来自衍射屏后表面的贡献.

在衍射屏的后表面上，$U(\boldsymbol{r}')$ 可以采用基尔霍夫边界条件来确定. 基尔霍夫边界条件为

$$U(\boldsymbol{r}') = t(\boldsymbol{r}')U_0(\boldsymbol{r}'), \tag{2.15}$$

其中，$U_0(\boldsymbol{r}')$ 为无衍射屏时边界上的光场分布，而

$$t(\boldsymbol{r}') = \begin{cases} 1, \text{透光处}, \\ 0, \text{遮挡处}. \end{cases} \tag{2.16}$$

将基尔霍夫边界条件代入积分式 (2.12)，可以得到菲涅耳 (Fresnel)-基尔霍夫衍射公式：

$$U(\boldsymbol{r}) = \int_{S_0}\frac{1}{2\lambda\mathrm{i}}(\cos\theta + \cos\theta')\frac{\mathrm{e}^{\mathrm{i}kr''}}{r''}U(\boldsymbol{r}')\mathrm{d}S, \tag{2.17}$$

其中，S_0 为衍射屏上的透光区域，即光瞳，而 $r'' = |\boldsymbol{r}-\boldsymbol{r}'|$.

基尔霍夫边界条件假设光场的振幅在光瞳边缘发生突变，而实际光场从 0 变到极大至少需要经过四分之一波长的距离. 由此可知，基尔霍夫边界条件在光瞳边缘波长尺度的范围内有较大误差. 因此，只有这部分面积远小于光瞳面积时，菲涅耳-基尔霍夫衍射公式才能给出精确的光场分布.

§2.2 菲涅耳衍射

2.2.1 傍轴衍射公式

如图 2.3 所示，以 (ξ,η) 为衍射屏光瞳上一点的横向坐标，假设傍轴条件

$$r^2, r'^2 \gg \xi^2, \eta^2 \tag{2.18}$$

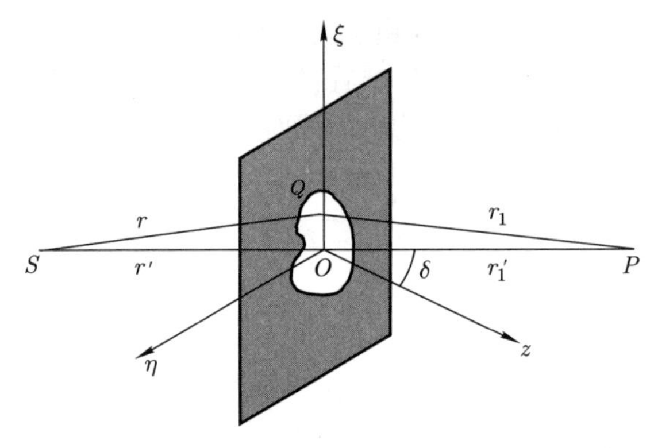

图 2.3 傍轴衍射

成立，则菲涅耳-基尔霍夫衍射公式可以化为

$$\begin{aligned} U(\boldsymbol{r}) &= \int_{S_0} \frac{A}{2\lambda \mathrm{i}} \left(\cos\theta + \cos\theta'\right) \frac{\mathrm{e}^{\mathrm{i}k(r+r_1)}}{rr_1} \mathrm{d}S \\ &= \frac{A}{\mathrm{i}\lambda r' r_1'} \cos\delta \int_{S_0} \mathrm{e}^{\mathrm{i}k(r+r_1)} \mathrm{d}S, \end{aligned} \tag{2.19}$$

其中， r 为光源 S 到光瞳上 Q 点的距离，r_1 为 Q 点到场点 P 的距离，δ 为衍射屏法线方向与衍射系统光轴方向之间的夹角，而 r' 和 r_1' 分别为 S 点和 P 点到衍射屏上坐标原点 O 的距离. 令 S，P，Q 点的坐标分别为

$$\begin{aligned} &S: (x_0, y_0, z_0), \\ &P: (x, y, z), \\ &Q: (\xi, \eta, 0), \end{aligned} \tag{2.20}$$

则有

$$\begin{aligned} r^2 &= (x_0 - \xi)^2 + (y_0 - \eta)^2 + z_0^2, \\ r_1^2 &= (x - \xi)^2 + (y - \eta)^2 + z^2, \end{aligned} \tag{2.21}$$

以及

$$r'^2 = x_0^2 + y_0^2 + z_0^2,$$
$$r_1'^2 = x^2 + y^2 + z^2. \tag{2.22}$$

在傍轴条件下，近似有

$$r = r' - \frac{x_0\xi + y_0\eta}{r'} + \frac{\xi^2 + \eta^2}{2r'},$$
$$r_1 = r_1' - \frac{x\xi + y\eta}{r_1'} + \frac{\xi^2 + \eta^2}{2r_1'}. \tag{2.23}$$

这样，衍射公式可以写成

$$U(P) = \frac{\cos\delta}{\mathrm{i}\lambda}\frac{\mathrm{e}^{\mathrm{i}k(r'+r_1')}}{r'r_1'}A\int_{S_0}\mathrm{e}^{\mathrm{i}kf(\xi,\eta)}\mathrm{d}S, \tag{2.24}$$

其中，

$$f(\xi,\eta) = -\frac{x_0\xi + y_0\eta}{r'} - \frac{x\xi + y\eta}{r_1'} + \frac{1}{2}(\xi^2 + \eta^2)\left(\frac{1}{r'} + \frac{1}{r_1'}\right). \tag{2.25}$$

式 (2.25) 中, 如果 $(\xi^2 + \eta^2)$ 项可忽略，那么我们称该衍射为夫琅禾费 (Fraunhofer) 衍射，而如果 $(\xi^2 + \eta^2)$ 项不可忽略，则称该衍射为菲涅耳衍射.

2.2.2 单缝菲涅耳衍射

如图 2.4 所示，考虑宽度为 W 的单缝构成的衍射屏，衍射屏与光轴垂直. 应用傍轴形式的衍射公式，衍射光场可以表达为

$$U(P) = \frac{A}{\mathrm{i}\lambda z z_0}\mathrm{e}^{\mathrm{i}k(r'+r_1')}\int_0^W \mathrm{d}\xi\int_{-\infty}^{+\infty}\mathrm{d}\eta\mathrm{e}^{\mathrm{i}kf(\xi,\eta)}, \tag{2.26}$$

其中，

$$f(\xi,\eta) = -\frac{x_0\xi}{z_0} - \frac{x\xi + y\eta}{z} + \frac{1}{2}(\xi^2 + \eta^2)\left(\frac{1}{z_0} + \frac{1}{z}\right). \tag{2.27}$$

同样，r' 和 r_1' 也可以用坐标来表达，即

$$r' = z_0 + \frac{x_0^2}{2z_0}, \quad r_1' = z + \frac{x^2 + y^2}{2z}. \tag{2.28}$$

式 (2.26) 中的积分限包含了非傍轴范围. 由于非傍轴范围对积分贡献很小，因此我们可以近似将傍轴形式的衍射公式应用到全部光瞳.

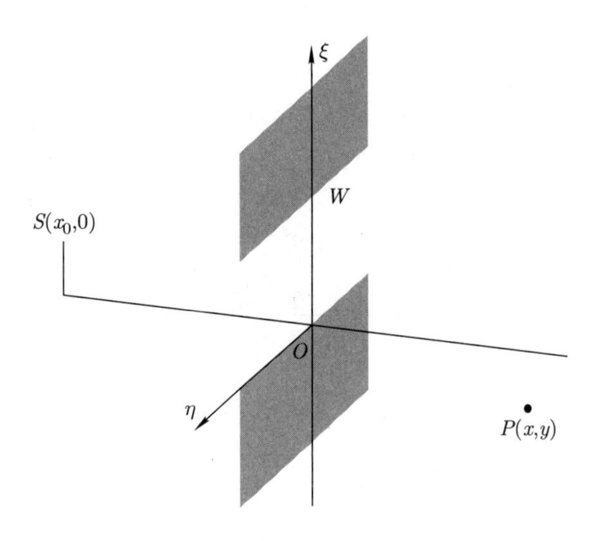

图 2.4 单缝菲涅耳衍射

需要计算积分

$$I = \int_0^W d\xi \exp\left\{ik\left[-\xi\left(\frac{x_0}{z_0} + \frac{x}{z}\right) + \frac{\xi^2}{2}\left(\frac{1}{z_0} + \frac{1}{z}\right)\right]\right\} \times \int_{-\infty}^{+\infty} d\eta \exp\left\{ik\left[-\frac{\eta y}{z} + \frac{\eta^2}{2}\left(\frac{1}{z_0} + \frac{1}{z}\right)\right]\right\}, \tag{2.29}$$

我们先计算对 η 的积分. 令

$$a = \frac{y}{z}, \ \ b = \frac{1}{z_0} + \frac{1}{z}, \tag{2.30}$$

则对 η 的积分可化为

$$\int_{-\infty}^{+\infty} d\eta \exp\left[ik\left(-a\eta + \frac{1}{2}b\eta^2\right)\right] = \int_{-\infty}^{+\infty} d\eta \exp\left[i\frac{kb}{2}\left(\eta - \frac{a}{b}\right)^2 - i\frac{ka^2}{2b}\right]. \tag{2.31}$$

考虑形如 $\int_{-\infty}^{+\infty} dx e^{isx^2}$ 的积分, 其中, s 为实数. 采用围道积分的方法可以证明

$$\int_{-\infty}^{+\infty} dx e^{isx^2} = e^{i\pi/4}\int_{-\infty}^{+\infty} dx e^{-sx^2}, \tag{2.32}$$

而

$$\begin{aligned}\int_{-\infty}^{+\infty}\mathrm{d}x\mathrm{e}^{-sx^2}&=\left(\int_{-\infty}^{+\infty}\mathrm{d}x\mathrm{e}^{-sx^2}\int_{-\infty}^{+\infty}\mathrm{d}y\mathrm{e}^{-sy^2}\right)^{1/2}\\&=\left(\int_0^{2\pi}\mathrm{d}\phi\int_0^{+\infty}\mathrm{d}\rho\rho\mathrm{e}^{-s\rho^2}\right)^{1/2}\\&=\sqrt{\pi}\left(\int_0^{+\infty}\mathrm{d}t\mathrm{e}^{-st}\right)^{1/2},\end{aligned}\tag{2.33}$$

于是有

$$\int_{-\infty}^{+\infty}\mathrm{d}x\mathrm{e}^{\mathrm{i}sx^2}=\sqrt{\frac{\mathrm{i}\pi}{s}}=(1+\mathrm{i})\sqrt{\frac{\pi}{2s}}.\tag{2.34}$$

将式 (2.34) 用于对 η 的积分，可以得到

$$\int_{-\infty}^{+\infty}\mathrm{d}\eta\exp\left[\mathrm{i}\frac{kb}{2}\left(\eta-\frac{a}{b}\right)^2-\mathrm{i}\frac{ka^2}{2b}\right]=(1+\mathrm{i})\sqrt{\frac{\pi z_0z}{k(z_0+z)}}\exp\left[-\frac{\mathrm{i}kz_0y^2}{2z(z_0+z)}\right].\tag{2.35}$$

再计算对 ξ 的积分：

$$\begin{aligned}&\int_0^W\mathrm{d}\xi\exp\left\{\mathrm{i}k\Big[-\xi\Big(\frac{x_0}{z_0}+\frac{x}{z}\Big)+\frac{\xi^2}{2}\Big(\frac{1}{z_0}+\frac{1}{z}\Big)\Big]\right\}\\&\qquad=\int_0^W\mathrm{d}\xi\exp\left[\frac{\mathrm{i}k}{2}\Big(\frac{1}{z_0}+\frac{1}{z}\Big)(\xi-\xi_0)^2-\frac{\mathrm{i}k}{2}\Big(\frac{1}{z_0}+\frac{1}{z}\Big)\xi_0^2\right],\end{aligned}\tag{2.36}$$

其中，

$$\xi_0=\left(\frac{1}{z_0}+\frac{1}{z}\right)^{-1}\left(\frac{x_0}{z_0}+\frac{x}{z}\right).\tag{2.37}$$

令 $\xi'=\xi-\xi_0$，那么就有

$$\begin{aligned}&\int_0^W\mathrm{d}\xi\exp\left[\frac{\mathrm{i}k}{2}\Big(\frac{1}{z_0}+\frac{1}{z}\Big)(\xi-\xi_0)^2\right]\\&\qquad=\int_{-\xi_0}^{W-\xi_0}\mathrm{d}\xi'\exp\left[\frac{\mathrm{i}k}{2}\Big(\frac{1}{z_0}+\frac{1}{z}\Big)\xi'^2\right]\\&\qquad=\left[\frac{2}{\lambda}\left(\frac{1}{z_0}+\frac{1}{z}\right)\right]^{-1/2}\int_{w_2}^{w_1}\exp\left(\mathrm{i}\frac{\pi u^2}{2}\right)\mathrm{d}u,\end{aligned}\tag{2.38}$$

其中，

$$
\begin{aligned}
w_1 &= \sqrt{\frac{2}{\lambda}\left(\frac{1}{z_0}+\frac{1}{z}\right)}(W-\xi_0), \\
w_2 &= -\sqrt{\frac{2}{\lambda}\left(\frac{1}{z_0}+\frac{1}{z}\right)}\xi_0.
\end{aligned} \tag{2.39}
$$

式 (2.38) 中的积分可以用菲涅耳余弦积分和菲涅耳正弦积分来表达，即

$$
\begin{aligned}
\int_{w_2}^{w_1} \exp\left(\mathrm{i}\frac{\pi u^2}{2}\right)\mathrm{d}u &= \int_0^{w_1} \exp\left(\mathrm{i}\frac{\pi u^2}{2}\right)\mathrm{d}u - \int_0^{w_2} \exp\left(\mathrm{i}\frac{\pi u^2}{2}\right)\mathrm{d}u \\
&= [C(w_1)+\mathrm{i}S(w_1)] - [C(w_2)+\mathrm{i}S(w_2)],
\end{aligned} \tag{2.40}
$$

其中，

$$
C(w) = \int_0^w \cos\left(\frac{\pi u^2}{2}\right)\mathrm{d}u, \qquad S(w) = \int_0^w \sin\left(\frac{\pi u^2}{2}\right)\mathrm{d}u \tag{2.41}
$$

分别为菲涅耳余弦积分和菲涅耳正弦积分.

现在我们可以写出积分 I 的完整表达式, 即

$$
\begin{aligned}
I = {} & \frac{1+\mathrm{i}}{2}\frac{\lambda z z_0}{z+z_0}\exp\left\{-\frac{\mathrm{i}kzz_0}{2(z+z_0)}\left[\left(\frac{y}{z}\right)^2+\left(\frac{x}{z}+\frac{x_0}{z_0}\right)^2\right]\right\} \\
& \times\left\{[C(w_1)+\mathrm{i}S(w_1)] - [C(w_2)+\mathrm{i}S(w_2)]\right\},
\end{aligned} \tag{2.42}
$$

以及单缝菲涅耳衍射光场的表达式，即

$$
\begin{aligned}
U(P) = {} & \frac{(1-\mathrm{i})A}{2(z+z_0)}\mathrm{e}^{\mathrm{i}k(z+z_0)}\exp\left[\mathrm{i}k\left(\frac{x_0^2}{2z_0}+\frac{x^2+y^2}{2z}\right)\right] \\
& \times\exp\left\{-\frac{\mathrm{i}kzz_0}{2(z+z_0)}\left[\left(\frac{y}{z}\right)^2+\left(\frac{x}{z}+\frac{x_0}{z_0}\right)^2\right]\right\} \\
& \times\left\{[C(w_1)+\mathrm{i}S(w_1)] - [C(w_2)+\mathrm{i}S(w_2)]\right\} \\
= {} & \frac{(1-\mathrm{i})A}{2(z+z_0)}\mathrm{e}^{\mathrm{i}k(z+z_0)}\exp\left[\frac{\mathrm{i}k}{2}\cdot\frac{(x-x_0)^2+y^2}{z+z_0}\right] \\
& \times\left\{[C(w_1)+\mathrm{i}S(w_1)] - [C(w_2)+\mathrm{i}S(w_2)]\right\},
\end{aligned} \tag{2.43}
$$

或

$$
U(P) = U_0(P)\frac{[C(w_1)+\mathrm{i}S(w_1)] - [C(w_2)+\mathrm{i}S(w_2)]}{1+\mathrm{i}}, \tag{2.44}
$$

其中，

$$
U_0(P) = \frac{A}{z+z_0}\mathrm{e}^{\mathrm{i}k(z+z_0)}\exp\left[\frac{\mathrm{i}k}{2}\cdot\frac{(x-x_0)^2+y^2}{z+z_0}\right] \tag{2.45}
$$

为没有衍射屏时 P 点的光场.

菲涅耳余弦积分 $C(w)$ 和菲涅耳正弦积分 $S(w)$ 具有如下特性:

$$C(-w) = -C(w), \quad S(-w) = -S(w), \quad C(+\infty) = S(+\infty) = 1/2. \tag{2.46}$$

它们可以用级数展开:

$$C(w) = \sum_{n=0}^{+\infty} \frac{(-1)^n \pi^{2n}}{(4n+1)(4n)!!} w^{4n+1}, \quad |w| < +\infty, \tag{2.47}$$

$$S(w) = \sum_{n=0}^{+\infty} \frac{(-1)^n \pi^{2n+1}}{(4n+3)(4n+2)!!} w^{4n+3}, \quad |w| < +\infty. \tag{2.48}$$

而当 $w \to +\infty$ 时, 近似有

$$C(w) \approx \frac{1}{2} + \frac{1}{\pi w} \sin \frac{\pi w^2}{2}, \quad S(w) \approx \frac{1}{2} - \frac{1}{\pi w} \cos \frac{\pi w^2}{2}. \tag{2.49}$$

如图 2.5 所示, 借助考纽 (Cornu) 螺线, 可以方便地在复平面上表示出复数 $\{[C(w_1) + \mathrm{i}S(w_1)] - [C(w_2) + \mathrm{i}S(w_2)]\}$.

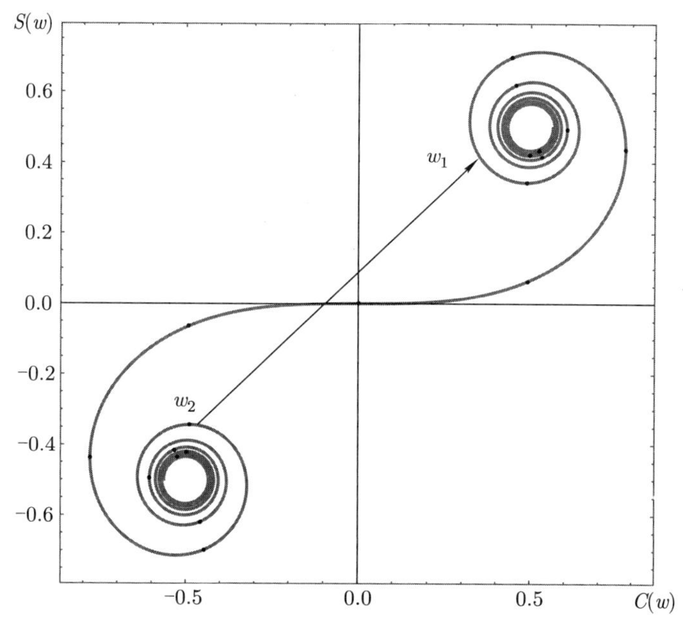

图 2.5 考纽螺线, 螺线上的点对应于 $w = 0, \pm 0.5, \pm 1.0, \cdots$

w_1, w_2 的表达式可改写为

$$\begin{aligned} w_1 &= -\sqrt{\frac{2z_0}{\lambda z(z+z_0)}}(x-x_1), \\ w_2 &= -\sqrt{\frac{2z_0}{\lambda z(z+z_0)}}(x-x_2), \end{aligned} \tag{2.50}$$

其中，

$$\begin{aligned} x_1 &= \frac{W(z+z_0)-zx_0}{z_0}, \\ x_2 &= -\frac{zx_0}{z_0}, \end{aligned} \tag{2.51}$$

x_1 和 x_2 为单缝边缘几何投影的坐标. 显然，差值 (w_1-w_2) 与宽度 W 成正比，而单缝边缘的光程差则由 $\lambda\left(w_1^2-w_2^2\right)/4$ 给出. 图 2.6 和图 2.7 分别是不同缝宽单缝衍射光强的相对分

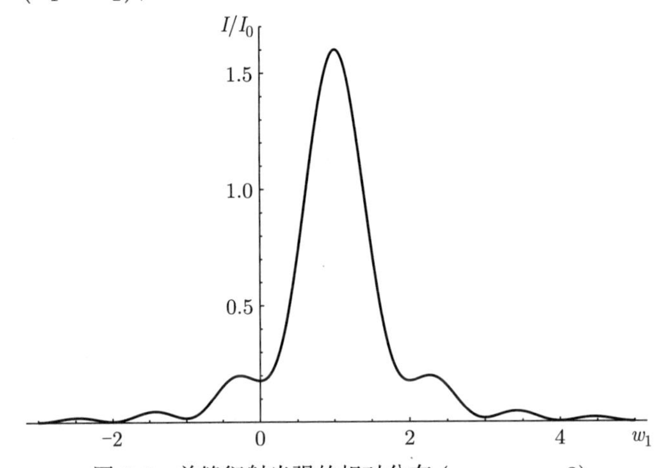

图 2.6 单缝衍射光强的相对分布 $(w_1-w_2=2)$

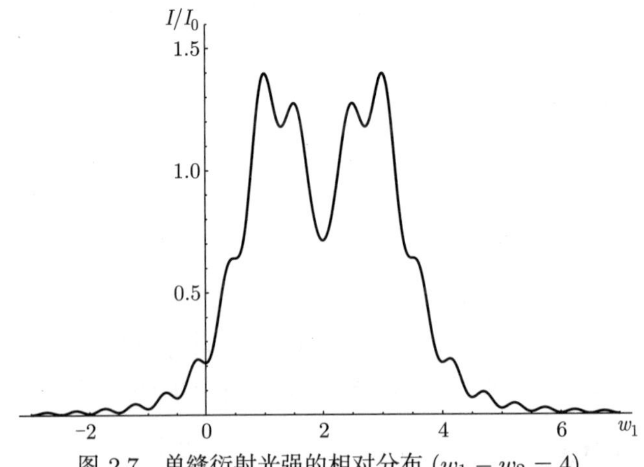

图 2.7 单缝衍射光强的相对分布 $(w_1-w_2=4)$

布，图 2.8 是 $W \to +\infty$，即直边衍射时，光强的相对分布.

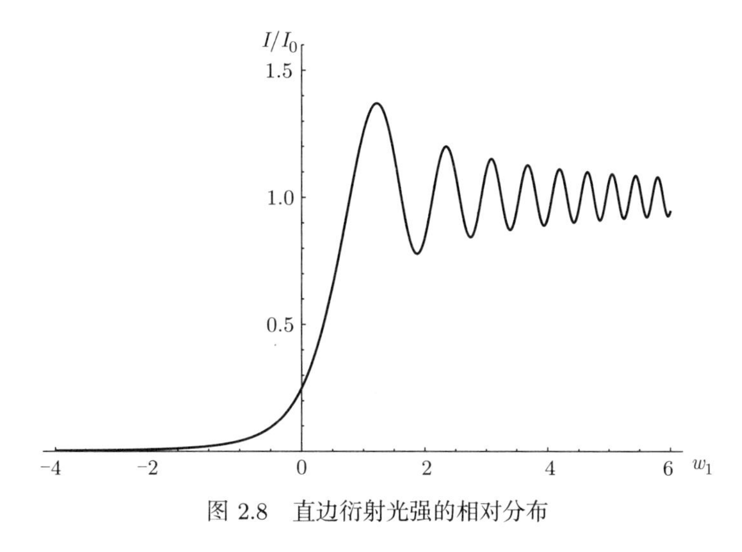

图 2.8 直边衍射光强的相对分布

§2.3 透镜衍射与成像

2.3.1 光波在单球面透镜上的衍射

如图 2.9 所示，考虑真空波长为 λ_0 的光波通过折射率分别为 n_1 和 n_2 的两个透明介质界面上的光孔时发生的衍射，介质间的界面为半径为 R 的球面，亦即考虑光波在半径为 R 的单球面透镜上的衍射. 应用基尔霍夫傍轴衍射公式，我们可以由界面上的光场得到第二个介质中平面 I 上的光场：

$$U_I\left(x',y'\right) = -\frac{n_2 \mathrm{i}}{v\lambda_0}\iint\limits_{\Sigma_S} \mathrm{d}\xi\mathrm{d}\eta U_S(\xi,\eta)\mathrm{e}^{\mathrm{i}n_2k_0r'_S\left(\xi,\eta,x',y'\right)}, \tag{2.52}$$

其中， Σ_S 为球面上的透光部分，亦即单球面透镜的光瞳，而 $U_S(\xi,\eta)$ 则为球面上的光场. 式 (2.52) 中，

$$\begin{aligned} r'_S\left(\xi,\eta,x',y'\right) &= \sqrt{[v-\Delta(\xi,\eta)]^2+(x'-\xi)^2+(y'-\eta)^2} \\ &= v-\Delta(\xi,\eta)+\frac{x'^2+y'^2}{2v}-\frac{x'\xi+y'\eta}{v}+\frac{\xi^2+\eta^2}{2v}, \end{aligned} \tag{2.53}$$

其中，$\Delta(\xi,\eta)$ 为球面上一点到垂直于光轴且与球面相切的平面 P 的距离，v 为平面 I 到平面 P 的距离. 忽略光波在球面上的反射，应用基尔霍夫傍轴衍射公式，我们可以由第一个介

质中平面 O 上的光场求得球面上的光场:

$$U_S(\xi,\eta) = -\frac{n_1\mathrm{i}}{u\lambda_0}\iint_{-\infty}^{+\infty}\mathrm{d}x\mathrm{d}y U_O(x,y)\mathrm{e}^{\mathrm{i}n_1k_0r_S(\xi,\eta,x,y)}. \tag{2.54}$$

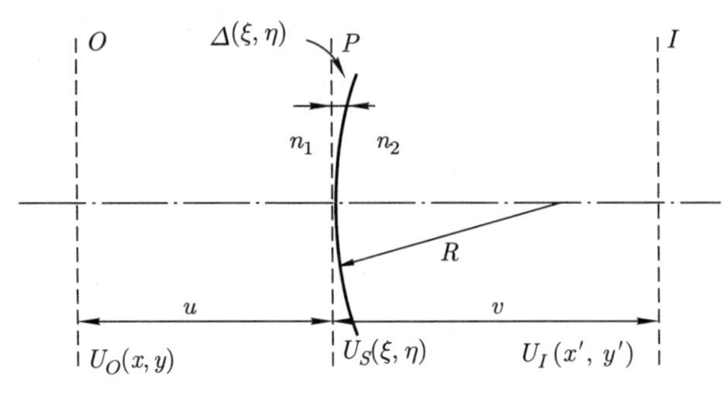

图 2.9 光波在单球面透镜上的衍射

式 (2.54) 中,

$$\begin{aligned} r_S(\xi,\eta,x,y) &= \sqrt{[u+\Delta(\xi,\eta)]^2+(x-\xi)^2+(y-\eta)^2} \\ &= u+\Delta(\xi,\eta)+\frac{x^2+y^2}{2u}-\frac{x\xi+y\eta}{u}+\frac{\xi^2+\eta^2}{2u}, \end{aligned} \tag{2.55}$$

其中, u 为平面 O 到平面 P 的距离. 显然有

$$\begin{aligned} r_S(\xi,\eta,x,y) &= r_P(\xi,\eta,x,y)+\Delta(\xi,\eta), \\ r'_S(\xi,\eta,x',y') &= r'_P(\xi,\eta,x',y')-\Delta(\xi,\eta), \end{aligned} \tag{2.56}$$

其中, $r_P(\xi,\eta,x,y)$ 是平面 O 上 (x,y) 点到平面 P 上 (ξ,η) 点的距离, $r'_P(\xi,\eta,x',y')$ 是平面 I 上 (x',y') 点到平面 P 上 (ξ,η) 点的距离, 如图 2.10 所示.

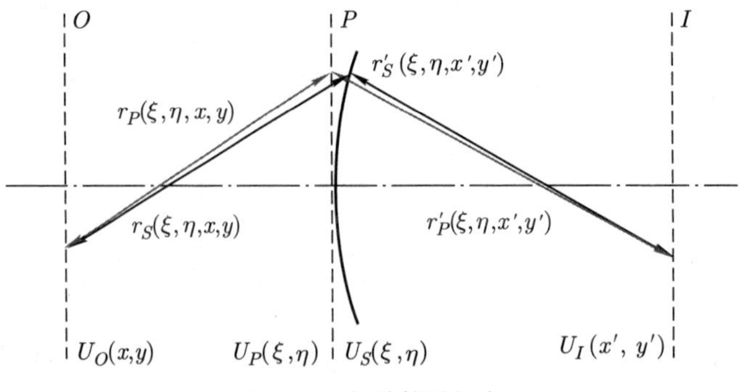

图 2.10 相关符号规定

这样, 式 (2.52) 可以化为

$$U_I(x',y') = -\frac{n_2 \mathrm{i}}{v\lambda_0} \iint_{\Sigma_S} \mathrm{d}\xi \mathrm{d}\eta U_S(\xi,\eta) \mathrm{e}^{\mathrm{i}n_2 k_0 r'_P(\xi,\eta,x',y') - \mathrm{i}n_2 k_0 \Delta(\xi,\eta)}, \tag{2.57}$$

而

$$\begin{aligned} U_S(\xi,\eta) &= \mathrm{e}^{\mathrm{i}n_1 k_0 \Delta(\xi,\eta)} \left[-\frac{n_1 \mathrm{i}}{u\lambda_0} \iint_{-\infty}^{+\infty} \mathrm{d}x \mathrm{d}y U_O(x,y) \mathrm{e}^{\mathrm{i}n_1 k_0 r_P(\xi,\eta,x,y)} \right] \\ &= \mathrm{e}^{\mathrm{i}n_1 k_0 \Delta(\xi,\eta)} U_P(\xi,\eta), \end{aligned} \tag{2.58}$$

其中, $U_P(\xi,\eta)$ 为平面 P 上的光场. 因此, 我们可以将式 (2.52) 进一步化为

$$U_I(x',y') = -\frac{n_2 \mathrm{i}}{v\lambda_0} \iint_{\Sigma_P} \mathrm{d}\xi \mathrm{d}\eta \mathrm{e}^{\mathrm{i}(n_1 - n_2) k_0 \Delta(\xi,\eta)} U_P(\xi,\eta) \mathrm{e}^{\mathrm{i}n_2 k_0 r'_P(\xi,\eta,x',y')}, \tag{2.59}$$

或

$$\begin{aligned} U_I(x',y') = -\frac{n_1 n_2}{vu\lambda_0^2} \iint_{-\infty}^{+\infty} \mathrm{d}x \mathrm{d}y \iint_{\Sigma_P} \mathrm{d}\xi \mathrm{d}\eta \widetilde{t}(\xi,\eta) \\ \times U_O(x,y) \mathrm{e}^{\mathrm{i}n_1 k_0 r_P(\xi,\eta,x,y)} \mathrm{e}^{\mathrm{i}n_2 k_0 r'_P(\xi,\eta,x',y')}, \end{aligned} \tag{2.60}$$

其中, Σ_P 为对应的平面 P 上的透光部分, 而

$$\widetilde{t}(\xi,\eta) = \begin{cases} \widetilde{t}_S(\xi,\eta) \triangleq \mathrm{e}^{\mathrm{i}k_0(n_1 - n_2)\Delta(\xi,\eta)}, & (\xi,\eta) \in \Sigma_P, \\ 0, & (\xi,\eta) \notin \Sigma_P. \end{cases} \tag{2.61}$$

接下来计算 $\Delta(\xi,\eta)$:

$$\Delta(\xi,\eta) = R - \sqrt{R^2 - \xi^2 - \eta^2} = \frac{\xi^2 + \eta^2}{2R}, \tag{2.62}$$

于是有

$$\widetilde{t}_S(\xi,\eta) = \mathrm{e}^{\mathrm{i}k_0(n_1 - n_2)\frac{\xi^2 + \eta^2}{2R}}. \tag{2.63}$$

我们注意到 U_I 的表达式 (2.60) 在形式上等同于物光经过一个透射函数为 $\widetilde{t}(\xi,\eta)$ 的平面衍射屏后的光场. 这意味着在光波的衍射问题中, 我们可以将单球面透镜看作这样一个透射函数为 $\widetilde{t}(\xi,\eta)$ 的平面衍射屏.

式 (2.60) 还可以写成如下形式:

$$U_I(x',y') = \iint_{-\infty}^{+\infty} \mathrm{d}x \mathrm{d}y \widetilde{u}(x',y',x,y) U_O(x,y), \tag{2.64}$$

其中,

$$\widetilde{u}(x',y',x,y)=-\frac{n_1n_2\mathrm{e}^{\mathrm{i}k_0L(x',y',x,y)}}{vu\lambda_0^2}\times\iint_{-\infty}^{+\infty}\mathrm{d}\xi\mathrm{d}\eta\widetilde{t}(\xi,\eta)\mathrm{e}^{\mathrm{i}k_0\frac{\xi^2+\eta^2}{2}\left(\frac{n_1}{u}+\frac{n_2}{v}\right)}\mathrm{e}^{-\mathrm{i}k_0\left[\xi\left(\frac{n_1x}{u}+\frac{n_2x'}{v}\right)+\eta\left(\frac{n_1y}{u}+\frac{n_2y'}{v}\right)\right]} \tag{2.65}$$

为光学系统的点扩散函数. 这里,

$$L(x',y',x,y)=n_1u+n_2v+n_1\frac{x^2+y^2}{2u}+n_2\frac{x'^2+y'^2}{2v} \tag{2.66}$$

为 (x,y) 点经原点到 (x',y') 点的实际光程. 显然, 如果 $U_O(x,y)=\delta(x-x_0,y-y_0)$, 则有 $U_I(x',y')=\widetilde{u}(x',y',x_0,y_0)$, 这也正是点扩散函数的意义. 将 $\widetilde{t}$ 的表达式代入式 (2.65), 可得

$$\widetilde{u}(x',y',x,y)=-\frac{n_1n_2\mathrm{e}^{\mathrm{i}k_0L(x',y',x,y)}}{vu\lambda_0^2}\times\iint_{\Sigma_P}\mathrm{d}\xi\mathrm{d}\eta\mathrm{e}^{\mathrm{i}k_0\frac{\xi^2+\eta^2}{2}\left(\frac{n_1}{u}+\frac{n_2}{v}+\frac{n_1-n_2}{R}\right)}\mathrm{e}^{-\mathrm{i}k_0\left[\xi\left(\frac{n_1x}{u}+\frac{n_2x'}{v}\right)+\eta\left(\frac{n_1y}{u}+\frac{n_2y'}{v}\right)\right]}. \tag{2.67}$$

2.3.2 单球面透镜成像

考虑平面 I 为像面的情形. 由成像条件

$$\frac{n_1}{u}+\frac{n_2}{v}=-\frac{n_1-n_2}{R}, \tag{2.68}$$

可以得到像面的点扩散函数:

$$\widetilde{u}_I(x',y',x,y)=-\frac{n_1n_2\mathrm{e}^{\mathrm{i}k_0L(x',y',x,y)}}{vu\lambda_0^2}\iint_{\Sigma_P}\mathrm{d}\xi\mathrm{d}\eta\mathrm{e}^{-\mathrm{i}k_0\left[\xi\left(\frac{n_1x}{u}+\frac{n_2x'}{v}\right)+\eta\left(\frac{n_1y}{u}+\frac{n_2y'}{v}\right)\right]}. \tag{2.69}$$

如果透镜的光瞳足够大, 使得透镜本身的衍射效应可以忽略, 则有

$$\begin{aligned}\widetilde{u}_I(x',y',x,y)&\approx\widetilde{u}_I^{+\infty}(x',y',x,y)\\&=-\frac{n_1n_2\mathrm{e}^{\mathrm{i}k_0L(x',y',x,y)}}{vu\lambda_0^2}\iint_{-\infty}^{+\infty}\mathrm{d}\xi\mathrm{d}\eta\mathrm{e}^{-\mathrm{i}k_0\left[\xi\left(\frac{n_1x}{u}+\frac{n_2x'}{v}\right)+\eta\left(\frac{n_1y}{u}+\frac{n_2y'}{v}\right)\right]}\\&=-\frac{n_1n_2\mathrm{e}^{\mathrm{i}k_0L(x',y',x,y)}}{vu}\delta\left(\frac{n_1x}{u}+\frac{n_2x'}{v}\right)\delta\left(\frac{n_1y}{u}+\frac{n_2y'}{v}\right),\end{aligned} \tag{2.70}$$

即物面光场的点与像面光场的点对应. 此时的像面光场为

$$
\begin{aligned}
U_I(x',y') &= \iint\limits_{-\infty}^{+\infty} \mathrm{d}x\mathrm{d}y \widetilde{u}_I^{+\infty}(x',y',x,y)\,U_O(x,y) \\
&= -\frac{n_1 n_2}{vu} \iint\limits_{-\infty}^{+\infty} \mathrm{d}x\mathrm{d}y U_O(x,y) \mathrm{e}^{\mathrm{i}k_0 L\left(x',y',x,y\right)} \delta\left(\frac{n_1 x}{u}+\frac{n_2 x'}{v}\right) \delta\left(\frac{n_1 y}{u}+\frac{n_2 y'}{v}\right).
\end{aligned}
\tag{2.71}
$$

令 $x=us/n_1, y=ut/n_1$, 可得

$$
\begin{aligned}
U_I(x',y') &= -\frac{n_2 u}{n_1 v} \\
&\quad \times \iint\limits_{-\infty}^{+\infty} \mathrm{d}s\mathrm{d}t U_O(us/n_1,ut/n_1) \mathrm{e}^{\mathrm{i}k_0 L\left(x',y',us/n_1,ut/n_1\right)} \delta\left(s+\frac{n_2 x'}{v}\right) \delta\left(t+\frac{n_2 y'}{v}\right) \\
&= \frac{1}{M} U_O\left(\frac{x'}{M},\frac{y'}{M}\right) \mathrm{e}^{\mathrm{i}\phi\left(x',y'\right)},
\end{aligned}
\tag{2.72}
$$

其中,

$$
\phi(x',y') = k_0\left[n_1 u + n_2 v + n_2\left(1+\frac{n_2 u}{n_1 v}\right)\frac{x'^2+y'^2}{2v}\right],
\tag{2.73}
$$

$$
M = -\frac{n_1 v}{n_2 u}.
\tag{2.74}
$$

式 (2.72) 表明, 在透镜本身的衍射效应可以忽略的情况下, 像面光场等于物面光场的比例缩放与一个二次相位因子的乘积, 其中, 空间尺度放大的倍数为 M, 振幅放大的倍数为 $1/M$.

我们注意到, 当 $v<0$, 即成虚像时, $U_I(x',y')$ 并不是一个真实的波前光场. 为理解虚像光场的意义, 我们计算界面上的光场分布, 并将其用 $U_I(x',y')$ 表达, 即

$$
\begin{aligned}
U_S(\xi,\eta) &= -\frac{n_1 \mathrm{i}}{u\lambda_0} \iint\limits_{-\infty}^{+\infty} \mathrm{d}x\mathrm{d}y U_O(x,y) \mathrm{e}^{\mathrm{i}n_1 k_0 r_S(\xi,\eta,x,y)} \\
&= -\frac{M n_1 \mathrm{i}}{u\lambda_0} \iint\limits_{-\infty}^{+\infty} \mathrm{d}x\mathrm{d}y U_I(Mx,My) \mathrm{e}^{\mathrm{i}n_1 k_0\left(u+\frac{\xi^2+\eta^2}{2R}+\frac{x^2+y^2}{2u}-\frac{x\xi+y\eta}{u}+\frac{\xi^2+\eta^2}{2u}\right)} \\
&\quad \times \mathrm{e}^{-\mathrm{i}k_0\left[n_1 u+n_2 v+n_2 M^2\left(1+\frac{n_2 u}{n_1 v}\right)\frac{x^2+y^2}{2v}\right]},
\end{aligned}
\tag{2.75}
$$

整理后可以得到

$$U_S(\xi,\eta)=\frac{n_2\mathrm{i}}{v\lambda_0}\times\iint\limits_{-\infty}^{+\infty}\mathrm{d}x'\mathrm{d}y'U_I\left(x',y'\right)\mathrm{e}^{\mathrm{i}n_2k_0\left(\frac{\xi^2+\eta^2}{2R}-\frac{\xi^2+\eta^2}{2v}\right)}\mathrm{e}^{\mathrm{i}n_2k_0\left(-v-\frac{x'^2+y'^2}{2v}+\frac{x'\xi+y'\eta}{v}\right)}. \tag{2.76}$$

式 (2.76) 亦可写为

$$U_S(\xi,\eta)=-\frac{n_2\mathrm{i}}{|v|\lambda_0}\iint\limits_{-\infty}^{+\infty}\mathrm{d}x\mathrm{d}yU_I(x,y)\mathrm{e}^{\mathrm{i}n_2k_0r''_S(\xi,\eta,x,y)}, \tag{2.77}$$

其中,

$$\begin{aligned}r''_S(\xi,\eta,x,y)&=|v|+\Delta(\xi,\eta)+\frac{x^2+y^2}{2|v|}-\frac{x\xi+y\eta}{|v|}+\frac{\xi^2+\eta^2}{2|v|}\\&=\sqrt{[|v|+\Delta(\xi,\eta)]^2+(x-\xi)^2+(y-\eta)^2}\end{aligned} \tag{2.78}$$

为虚像面上 (x,y) 点到球面上 (ξ,η) 点的距离. 式 (2.77) 表明, 在成虚像的情况下, 球面上的光场与球面两侧均是折射率为 n_2 的均匀介质, 并且虚像面上的光场为 $U_I(x,y)$ 情况下的球面上的光场是一致的. 这便是虚像光场的意义.

根据菲涅耳-基尔霍夫衍射公式, 我们还有如下结论: 在成虚像的情况下, 像方的光场分布与球面两侧均是折射率为 n_2 的均匀介质, 并且虚像面上的光场为 $U_I(x,y)$ 情况下的球面上的光场分布是一致的.

像方的光场分布可以通过 $U_I(x,y)$ 来表达. 当 $z>v$ 时,

$$U_z\left(x',y'\right)=-\frac{n_2\mathrm{i}}{(z-v)\lambda_0}\iint\limits_{-\infty}^{+\infty}\mathrm{d}x\mathrm{d}yU_I(x,y)\mathrm{e}^{\mathrm{i}n_2k_0\left[z-v+\frac{(x'-x)^2+(y'-y)^2}{2(z-v)}\right]}; \tag{2.79}$$

当 $z<v$ 时, 利用关系

$$U_I\left(x',y'\right)=-\frac{n_2\mathrm{i}}{(v-z)\lambda_0}\iint\limits_{-\infty}^{+\infty}\mathrm{d}x\mathrm{d}yU_z(x,y)\mathrm{e}^{\mathrm{i}n_2k_0\left[v-z+\frac{(x'-x)^2+(y'-y)^2}{2(v-z)}\right]}, \tag{2.80}$$

可以验证式 (2.79) 仍然成立. 由式 (2.79) 还可以得到如下结论: 在 $d\ll|z-v|$ 的条件下, 有

$$U_{z+d}(x,y)=\mathrm{e}^{\mathrm{i}n_2k_0d}U_z(x,y). \tag{2.81}$$

2.3.3 薄透镜的透射函数

薄透镜可以看作由两个靠得很近的单球面透镜构成. 由于单球面透镜的作用等同于具有特定透射函数的平面衍射屏, 因此薄透镜的作用等同于两个靠得很近的具有特定透射函数的平面衍射屏.

这样, 我们有

$$\widetilde{u}_1'(x,y)=\widetilde{t}_1(x,y)\widetilde{u}_1(x,y),$$
$$\widetilde{u}_2(x,y)=\widetilde{t}_2(x,y)\widetilde{u}_2'(x,y),$$

其中, $\widetilde{u}_1$ 是与透镜前表面相切并与光轴垂直的平面上的入射场, $\widetilde{u}_2$ 是与透镜后表面相切并与光轴垂直的平面上的出射场, 如图 2.11 所示, $\widetilde{t}_1$ 和 $\widetilde{t}_2$ 分别是前后两个单球面透镜对应的透射函数.

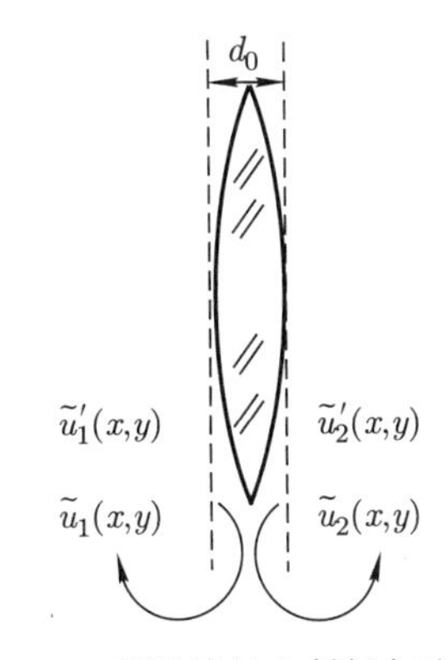

图 2.11 薄透镜的入射场与出射场

当透镜的厚度 d_0 很小时, 对于傍轴光束, 应用式 (2.81) 可得

$$\widetilde{u}_2'(x,y)=\mathrm{e}^{\mathrm{i}knd_0}\widetilde{u}_1'(x,y), \tag{2.82}$$

于是

$$\widetilde{u}_2(x,y)=\widetilde{t}_2(x,y)\mathrm{e}^{\mathrm{i}knd_0}\widetilde{t}_1(x,y)\widetilde{u}_1(x,y), \tag{2.83}$$

或

$$\widetilde{u}_1(x,y)=\widetilde{t}(x,y)\widetilde{u}_2(x,y), \tag{2.84}$$

其中,

$$\widetilde{t}(x,y)=\begin{cases}\widetilde{t}_L(x,y), & \text{光瞳内},\\ 0, & \text{光瞳外},\end{cases} \tag{2.85}$$

这里，

$$\widetilde{t}_L(x,y)=\widetilde{t}_{S2}(x,y)\mathrm{e}^{\mathrm{i}knd_0}\widetilde{t}_{S1}(x,y)=\mathrm{e}^{\mathrm{i}knd_0}\mathrm{e}^{-\mathrm{i}k\frac{x^2+y^2}{2F}}. \tag{2.86}$$

式 (2.86) 中，F 为透镜的焦距. 透镜焦距的计算公式可以由 $\widetilde{t}_{S1}$ 和 $\widetilde{t}_{S2}$ 的表达式方便地得到, 即

$$\frac{1}{F}=(n-1)\left(\frac{1}{R_1}-\frac{1}{R_2}\right), \tag{2.87}$$

其中，R_1 和 R_2 分别为透镜前后表面的球面半径. $\widetilde{t}_L(x,y)$ 的表达式中的常数因子 $\mathrm{e}^{\mathrm{i}knd_0}$ 通常可以忽略.

§2.4 夫琅禾费衍射与光学傅里叶变换

2.4.1 透镜后方的衍射场

考虑由点光源、衍射屏和透镜组成的衍射装置，点光源 S 发出的光经过透射函数为 $t(x_0,y_0)$ 的衍射屏后，再通过一个焦距为 F 的薄透镜到达场点 P (见图 2.12). 应用傍轴衍射公式 (2.24) 和薄透镜的透射函数，我们可以计算透镜后方 P 点的衍射场：

$$\begin{aligned}U(x,y)=&\frac{1}{\mathrm{i}\lambda v}\mathrm{e}^{\mathrm{i}kv}\exp\left[\frac{\mathrm{i}k(x^2+y^2)}{2v}\right]\\&\times\iint\limits_{\Sigma}\mathrm{d}\xi\mathrm{d}\eta U_L(\xi,\eta)\exp\left[-\frac{\mathrm{i}k(\xi^2+\eta^2)}{2F}\right]\exp\left[\mathrm{i}k\Big(-\frac{\xi x+\eta y}{v}+\frac{\xi^2+\eta^2}{2v}\Big)\right],\end{aligned} \tag{2.88}$$

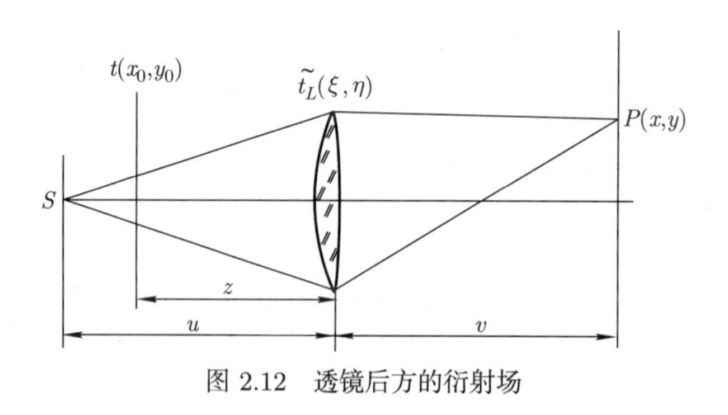

图 2.12 透镜后方的衍射场

其中，v 为 P 点到透镜平面的距离，$U_L(\xi,\eta)$ 为入射到透镜的光场. 光场 $U_L(\xi,\eta)$ 同样可以

由傍轴衍射公式得到，即

$$U_L(\xi,\eta)=\frac{A}{\mathrm{i}\lambda z(u-z)}\mathrm{e}^{\mathrm{i}ku}\exp\left[\frac{\mathrm{i}k(\xi^2+\eta^2)}{2z}\right]$$
$$\times\iint\limits_{\Sigma}\mathrm{d}x_0\mathrm{d}y_0t(x_0,y_0)\exp\left[\mathrm{i}k\Big(-\frac{\xi x_0+\eta y_0}{z}+\frac{x_0^2+y_0^2}{2z}\Big)\right]\exp\left[\frac{\mathrm{i}k(x_0^2+y_0^2)}{2(u-z)}\right],\tag{2.89}$$

其中，u 和 z 分别是点光源和衍射屏到透镜平面的距离.

先计算对 ξ,η 的积分. 在忽略透镜自身衍射的条件下，我们可以将积分上下限取为 $\pm\infty$. 这样有

$$\begin{aligned}I=&\iint\limits_{-\infty}^{+\infty}\mathrm{d}\xi\mathrm{d}\eta\exp\left\{-\mathrm{i}k\Big[\xi\left(\frac{x}{v}+\frac{x_0}{z}\right)+\eta\left(\frac{y}{v}+\frac{y_0}{z}\right)\Big]\right\}\\&\times\exp\left[\frac{\mathrm{i}k(\xi^2+\eta^2)}{2}\Big(\frac{1}{v}+\frac{1}{z}-\frac{1}{F}\Big)\right]\\=&\iint\limits_{-\infty}^{+\infty}\mathrm{d}\xi\mathrm{d}\eta\exp\left\{\frac{\mathrm{i}k}{2}\Big(\frac{1}{v}+\frac{1}{z}-\frac{1}{F}\Big)\Big[(\xi-\xi_0)^2+(\eta-\eta_0)^2\Big]\right\}\\&\times\exp\left[-\frac{\mathrm{i}k}{2}\Big(\frac{1}{v}+\frac{1}{z}-\frac{1}{F}\Big)(\xi_0^2+\eta_0^2)\right],\end{aligned}\tag{2.90}$$

其中，

$$\begin{aligned}\xi_0&=\left(\frac{1}{v}+\frac{1}{z}-\frac{1}{F}\right)^{-1}\left(\frac{x}{v}+\frac{x_0}{z}\right),\\\eta_0&=\left(\frac{1}{v}+\frac{1}{z}-\frac{1}{F}\right)^{-1}\left(\frac{y}{v}+\frac{y_0}{z}\right).\end{aligned}\tag{2.91}$$

变换到极坐标，并对角度积分，可以将式 (2.90) 改写为

$$\begin{aligned}I&=2\pi\int_0^{+\infty}\mathrm{d}\rho\rho\exp\left[\frac{\mathrm{i}k\rho^2}{2}\Big(\frac{1}{v}+\frac{1}{z}-\frac{1}{F}\Big)\right]\exp\left[-\frac{\mathrm{i}k}{2}\Big(\frac{1}{v}+\frac{1}{z}-\frac{1}{F}\Big)(\xi_0^2+\eta_0^2)\right]\\&=\mathrm{i}\lambda\left(\frac{1}{v}+\frac{1}{z}-\frac{1}{F}\right)^{-1}\exp\left[-\frac{\mathrm{i}k}{2}\Big(\frac{1}{v}+\frac{1}{z}-\frac{1}{F}\Big)(\xi_0^2+\eta_0^2)\right].\end{aligned}\tag{2.92}$$

这样，式 (2.88) 可写成与傍轴衍射公式相似的形式，即

$$U(x,y)=\widetilde{A}\iint\limits_{-\infty}^{+\infty}t(x_0,y_0)\mathrm{e}^{\mathrm{i}kf_L(x_0,y_0)}\mathrm{d}x_0\mathrm{d}y_0,\tag{2.93}$$

其中,

$$f_L(x_0,y_0)=-\left(\frac{1}{v}+\frac{1}{z}-\frac{1}{F}\right)^{-1}\frac{xx_0+yy_0}{vz}$$
$$+\frac{x_0^2+y_0^2}{2}\left[\frac{1}{z}+\frac{1}{u-z}-\left(\frac{1}{v}+\frac{1}{z}-\frac{1}{F}\right)^{-1}\frac{1}{z^2}\right], \tag{2.94}$$

$$\widetilde{A}=\frac{A}{\mathrm{i}\lambda vz(u-z)}\left(\frac{1}{v}+\frac{1}{z}-\frac{1}{F}\right)^{-1}\mathrm{e}^{\mathrm{i}k(v+u)}$$
$$\times\exp\left\{\frac{\mathrm{i}k(x^2+y^2)}{2v}\left[1-\left(\frac{1}{v}+\frac{1}{z}-\frac{1}{F}\right)^{-1}\frac{1}{v}\right]\right\}. \tag{2.95}$$

由此可以得到结论：一般情况下，透镜后方的衍射场仍为菲涅耳衍射场.

2.4.2 夫琅禾费衍射与傅里叶变换

要使透镜后方的衍射场成为衍射屏的夫琅禾费衍射场，必须使 $f_L(x_0,y_0)$ 中 $(x_0^2+y_0^2)$ 项的系数为 0，即

$$\frac{1}{z}+\frac{1}{u-z}-\left(\frac{1}{v}+\frac{1}{z}-\frac{1}{F}\right)^{-1}\frac{1}{z^2}=0. \tag{2.96}$$

不难验证，式 (2.96) 成立的条件为

$$\frac{1}{v}+\frac{1}{u}=\frac{1}{F}, \tag{2.97}$$

即点光源通过透镜在 (x,y) 平面成像. 这时有

$$U(x,y)=\frac{Au}{\mathrm{i}\lambda v(u-z)^2}\mathrm{e}^{\mathrm{i}k(v+u)}\exp\left\{\frac{\mathrm{i}k(x^2+y^2)}{2v}\left[1-\frac{uz}{v(u-z)}\right]\right\}$$
$$\times\iint_{-\infty}^{+\infty}\mathrm{d}x_0\mathrm{d}y_0\exp\left(-\mathrm{i}k\frac{u}{v}\cdot\frac{xx_0+yy_0}{u-z}\right)t(x_0,y_0). \tag{2.98}$$

我们注意到式 (2.98) 为衍射屏的透射函数 $t(x_0,y_0)$ 的傅里叶 (Fourier) 变换与另一个相位函数的乘积. 如果能使这个相位函数成为常数，那么就可以使相应平面上的衍射场正比于衍射屏的透射函数的傅里叶变换，亦即可以用光波衍射的方法来实现傅里叶变换. 要使这一相位函数成为常数，必须有

$$1-\frac{uz}{v(u-z)}=0. \tag{2.99}$$

应用透镜成像公式，以上条件可化为

$$F=z, \tag{2.100}$$

即衍射屏应位于透镜的前焦面. 此时有

$$U(x,y) = \frac{A}{\mathrm{i}\lambda F^2}\cdot\frac{v}{u}\mathrm{e}^{\mathrm{i}k(v+u)}\iint_{-\infty}^{+\infty}\mathrm{d}x_0\mathrm{d}y_0\exp\left[-\frac{\mathrm{i}k}{F}(xx_0+yy_0)\right]t(x_0,y_0). \tag{2.101}$$

在

$$u\to+\infty,\quad \frac{A}{u}\mathrm{e}^{\mathrm{i}ku}\to A_0,\quad v\to F$$

的极限下, 可由式 (2.101) 得到平面波入射时透镜后焦面的夫琅禾费衍射场:

$$U(x,y)=\frac{A_0}{\mathrm{i}\lambda F}\iint_{-\infty}^{+\infty}\mathrm{d}x_0\mathrm{d}y_0\exp\left[-\frac{\mathrm{i}2\pi}{\lambda F}(xx_0+yy_0)\right]t(x_0,y_0). \tag{2.102}$$

由于衍射屏位于透镜的前焦面, 因此在平面波入射时, $A_0t(x_0,y_0)$ 正是透镜前焦面上的光场. 由此可以得到结论: 透镜后焦面上的光场与透镜前焦面上的光场的傅里叶变换成正比.

习　题

2.1　试证明, 当 $z<v$ 时, 关系式

$$U_z(x',y')=-\frac{\mathrm{i}n_2}{(z-v)\lambda_0}\iint_{-\infty}^{+\infty}\mathrm{d}x\mathrm{d}yU_I(x,y)\mathrm{e}^{\mathrm{i}n_2k_0\left[z-v+\frac{(x'-x)^2+(y'-y)^2}{2(z-v)}\right]}$$

仍然成立.

2.2　试采用围道积分的方法证明

$$\int_{-\infty}^{+\infty}\mathrm{d}x\mathrm{e}^{\mathrm{i}sx^2}=\mathrm{e}^{\mathrm{i}\pi/4}\int_{-\infty}^{+\infty}\mathrm{d}x\mathrm{e}^{-sx^2}.$$

2.3　导出菲涅耳余弦积分和正弦积分的渐近表达式:

$$C(w)\approx\frac{1}{2}+\frac{1}{\pi w}\sin\frac{\pi w^2}{2},\quad S(w)\approx\frac{1}{2}-\frac{1}{\pi w}\cos\frac{\pi w^2}{2},\quad w\to+\infty.$$

2.4　用滤波片和两个凸透镜对点光源照明的幻灯片进行频谱滤波. 试确定滤波片、凸透镜、幻灯片、光源和接收屏等光具应放置的位置.

第 3 章 光波在介质界面的折射与反射

光波在介质界面发生反射和折射时，电磁场矢量的方向可以发生突变，因此在分析光波在介质界面上的折射与反射问题时，必须考虑光波的矢量性质. 我们的讨论仅限于平面光波的折射与反射，并且只考虑介质间的界面为平面的情形.

§3.1 光波在单一介质界面的折射与反射

考虑光波在折射率分别为 n_1 和 n_2 的两个透明介质界面上的折射与反射. 令界面为 (x, y) 平面，入射面为 (x, z) 平面，如图 3.1 所示. 电场方向与入射面垂直的平面波称为 s 波，电场方向与入射面平行的平面波称为 p 波. 我们先考虑 s 波. 对于 s 波，$\boldsymbol{E} = E\boldsymbol{e}_y$. E 满足亥姆霍兹方程，即

$$\left(\Delta + n^2 k_0^2\right) E(x, y, z) = 0, \tag{3.1}$$

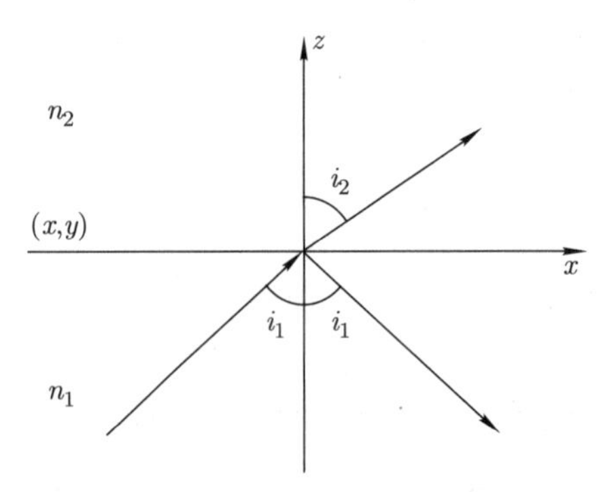

图 3.1 光波在介质表面的折射与反射

其中，k_0 为真空波矢的绝对值. 由于折射率只与 z 坐标有关，因此式 (3.1) 可分离变量：

$$E(x, y, z) = \begin{cases} f_1(z) g(x, y), & z \leqslant 0, \\ f_2(z) g(x, y), & z \geqslant 0, \end{cases} \tag{3.2}$$

其中, 函数 $f_{1,2}(z)$ 和 $g(x,y)$ 分别满足如下方程:

$$\begin{aligned}&\left(\frac{\mathrm{d}^2}{\mathrm{d}z^2}+k_{z_{1,2}}^2\right)f_{1,2}(z)=0,\\&\left(\frac{\partial^2}{\partial x^2}+\frac{\partial^2}{\partial y^2}+k_{\|}^2\right)g(x,y)=0,\end{aligned}\tag{3.3}$$

其中, $k_{z\,1,2}^2=n_{1,2}^2k_0^2-k_{\|}^2$. 函数 $f_{1,2}(z)$, $g(x,y)$ 需满足的边界条件可由电场强度的切向分量和磁场强度的切向分量连续的条件, 即 $D[E_y]=0$, $D[H_x]=0$ 得到. 这里的 $D[\cdots]$ 代表方括号中的函数在界面处的突变量. 由于存在关系

$$\mathrm{i}\omega\mu_0\boldsymbol{H}=\nabla\boldsymbol{E}\times\boldsymbol{e}_y,\tag{3.4}$$

并且 $E_y=E$, 因此 s 波的边界条件可表达为

$$D\left[E\right]=0,\quad D\left[\frac{\partial E}{\partial z}\right]=0.\tag{3.5}$$

由此可得

$$\begin{aligned}&f_1(z)\Big|_{z=0}=f_2(z)\Big|_{z=0},\\&\left.\frac{\mathrm{d}f_1(z)}{\mathrm{d}z}\right|_{z=0}=\left.\frac{\mathrm{d}f_2(z)}{\mathrm{d}z}\right|_{z=0}.\end{aligned}\tag{3.6}$$

由入射平面波的参数可以得到

$$g(x,y)=A\mathrm{e}^{\mathrm{i}k_xx},\quad k_x=n_1k_0\sin i_1,\tag{3.7}$$

其中, A 为入射光波电场强度的模, i_1 为入射光波波矢与界面法线之间的夹角, 即入射角.

在 $z\leqslant 0$ 处, 同时存在入射光波和反射光波, 而在 $z\geqslant 0$ 处, 只有折射光波, 因此函数 $f_{1,2}(z)$ 具有如下形式:

$$\begin{aligned}&f_1(z)=\mathrm{e}^{\mathrm{i}k_{z1}z}+r_\mathrm{s}\mathrm{e}^{-\mathrm{i}k_{z1}z},\\&f_2(z)=t_\mathrm{s}\mathrm{e}^{\mathrm{i}k_{z2}z}.\end{aligned}\tag{3.8}$$

应用边界条件可得

$$\begin{aligned}&1+r_\mathrm{s}=t_\mathrm{s},\\&1-r_\mathrm{s}=\frac{k_{z2}}{k_{z1}}t_\mathrm{s},\end{aligned}\tag{3.9}$$

即

$$
\begin{aligned}
r_{\mathrm{s}} &= \frac{k_{z1}-k_{z2}}{k_{z1}+k_{z2}},\\
t_{\mathrm{s}} &= \frac{2k_{z1}}{k_{z1}+k_{z2}},
\end{aligned}
\tag{3.10}
$$

或

$$
\begin{aligned}
r_{\mathrm{s}} &= \frac{n_1\cos i_1-\sqrt{n_2^2-n_1^2\sin^2 i_1}}{n_1\cos i_1+\sqrt{n_2^2-n_1^2\sin^2 i_1}},\\
t_{\mathrm{s}} &= \frac{2n_1\cos i_1}{n_1\cos i_1+\sqrt{n_2^2-n_1^2\sin^2 i_1}}.
\end{aligned}
\tag{3.11}
$$

如果 $n_2^2-n_1^2\sin^2 i_1>0$，那么式 (3.11) 亦可写成如下形式:

$$
\begin{aligned}
r_{\mathrm{s}} &= \frac{n_1\cos i_1-n_2\cos i_2}{n_1\cos i_1+n_2\cos i_2},\\
t_{\mathrm{s}} &= \frac{2n_2\cos i_1}{n_1\cos i_1+n_2\cos i_2}.
\end{aligned}
\tag{3.12}
$$

式 (3.12) 正是 s 波的菲涅耳公式. 根据电场强度与平均能流密度的关系，可以由电场的反射率 r_{s} 和透射率 t_{s} 得到光强反射率和光强透射率:

$$
R_{\mathrm{s}}=|r_{\mathrm{s}}|^2,\quad T_{\mathrm{s}}=\frac{n_2}{n_1}|t_{\mathrm{s}}|^2. \tag{3.13}
$$

再考虑 p 波. 这时电场强度的 x 分量和 z 分量均不为 0，但磁场强度只有 y 分量不为 0，因此我们采用磁场强度 $\boldsymbol{H}=H\boldsymbol{e}_y$ 来描述 p 波. 由于界面两侧均为均匀介质，因此 H 满足亥姆霍兹方程：

$$
\left(\Delta+n^2k_0^2\right)H(x,y,z)=0. \tag{3.14}
$$

式 (3.14) 的解可写成如下形式：

$$
H(x,y,z)=\begin{cases} f_1(z)g(x,y),\ z\leqslant 0,\\[2ex] f_2(z)g(x,y),\ z\geqslant 0,\end{cases} \tag{3.15}
$$

其中，

$$
g(x,y)=A\mathrm{e}^{\mathrm{i}k_x x}, \tag{3.16}
$$

而函数 $f_{1,2}(z)$ 满足如下方程：

$$\left(\frac{\mathrm{d}^2}{\mathrm{d}z^2}+k_{z_{1,2}}^2\right)f_{1,2}(z)=0. \tag{3.17}$$

注意到反射光波只存在于 $z\leqslant 0$ 的区间，所以

$$\begin{aligned} f_1(z)&=\mathrm{e}^{\mathrm{i}k_{z1}z}+r_\mathrm{p}\mathrm{e}^{-\mathrm{i}k_{z1}z},\\ f_2(z)&=t_\mathrm{p}\mathrm{e}^{\mathrm{i}k_{z2}z}. \end{aligned} \tag{3.18}$$

p 波的边界条件为 $D[H_y]=0$，$D[E_x]=0$. 由于

$$\omega\varepsilon\boldsymbol{E}=\mathrm{i}\boldsymbol{e}_y\times\nabla\boldsymbol{H},\quad \varepsilon\propto n^2, \tag{3.19}$$

并且 $H_y=H$，因此 p 波的边界条件可表达为

$$\begin{aligned} f_1(z)\Big|_{z=0}&=f_2(z)\Big|_{z=0},\\ \frac{1}{n_1^2}\frac{\mathrm{d}f_1(z)}{\mathrm{d}z}\Big|_{z=0}&=\frac{1}{n_2^2}\frac{\mathrm{d}f_2(z)}{\mathrm{d}z}\Big|_{z=0}. \end{aligned} \tag{3.20}$$

应用边界条件可得

$$\begin{aligned} 1+r_\mathrm{p}&=t_\mathrm{p},\\ 1-r_\mathrm{p}&=\frac{n_1^2}{n_2^2}\frac{k_{z2}}{k_{z1}}t_\mathrm{p}, \end{aligned} \tag{3.21}$$

即

$$\begin{aligned} r_\mathrm{p}&=\frac{n_2^2k_{z1}-n_1^2k_{z2}}{n_2^2k_{z1}+n_1^2k_{z2}},\\ t_\mathrm{p}&=\frac{2n_2^2k_{z1}}{n_2^2k_{z1}+n_1^2k_{z2}}, \end{aligned} \tag{3.22}$$

或

$$\begin{aligned} r_\mathrm{p}&=\frac{n_2^2\cos i_1-n_1\sqrt{n_2^2-n_1^2\sin^2 i_1}}{n_2^2\cos i_1+n_1\sqrt{n_2^2-n_1^2\sin^2 i_1}},\\ t_\mathrm{p}&=\frac{2n_2^2\cos i_1}{n_2^2\cos i_1+n_1\sqrt{n_2^2-n_1^2\sin^2 i_1}}. \end{aligned} \tag{3.23}$$

如果 $n_2^2 - n_1^2 \sin^2 i_1 > 0$ ，则式 (3.23) 也可以写成如下形式:

$$
\begin{aligned}
r_\mathrm{p} &= \frac{n_2 \cos i_1 - n_1 \cos i_2}{n_2 \cos i_1 + n_1 \cos i_2}, \\
t_\mathrm{p} &= \frac{2 n_2 \cos i_1}{n_2 \cos i_1 + n_1 \cos i_2}.
\end{aligned} \tag{3.24}
$$

r_p 和 t_p 分别是磁场的反射率和透射率. 容易验证，对于单色平面波，电场强度和磁场强度之间存在如下关系：

$$
\boldsymbol{E} = \frac{\mathrm{i}\nabla \times \boldsymbol{H}}{\varepsilon_0 n^2 \omega} = \frac{c\mu_0}{n} \boldsymbol{H} \times \frac{\boldsymbol{k}}{k}. \tag{3.25}
$$

由此可知，电场的反射率与磁场的反射率相同，而电场的透射率与磁场的透射率之比为 n_1/n_2. 这样，由式 (3.24) 可以方便地得到 p 波的菲涅耳公式. 根据磁场强度与平均能流密度的关系，可以由磁场的反射率 r_p 和透射率 t_p 得到光强反射率和光强透射率:

$$
R_\mathrm{p} = |r_\mathrm{p}|^2, \quad T_\mathrm{p} = \frac{n_1}{n_2} |t_\mathrm{p}|^2. \tag{3.26}
$$

§3.2 光波在多个平行界面的折射与反射

考虑平面光波在 N 个相互平行的介质界面上的折射与反射. 各界面的 z 坐标分别为 $z_1, z_2, \cdots, z_N$，其中，

$$
\begin{aligned}
z_1 &= 0, \\
z_l &= -\sum_{j=1}^{l-1} d_j, \quad l = 2, 3, \cdots, N,
\end{aligned} \tag{3.27}
$$

d_j 是第 j 层介质的厚度. 介质的折射率分布如图 3.2 所示：在 $z \geqslant z_1$ 的区间，介质的折射率等于 n；在 $z < z_N$ 的区间，介质的折射率等于 n_0；在 $z_N \leqslant z < z_1$ 的区间，第 j 层介质的折射率等于 n_j.

分析 s 波的反射与折射. 对于 s 波，$\boldsymbol{E} = E\boldsymbol{e}_y$. 与单一界面的情形类似，由于折射率只与 z 坐标有关，因此我们可以将电场强度写成如下形式：

$$
E(x, y, z) = f(z) g(x, y), \tag{3.28}
$$

其中，函数 $f(z)$, $g(x, y)$ 分别满足如下方程：

$$
\begin{aligned}
&\left(\frac{\mathrm{d}^2}{\mathrm{d}z^2} + n^2(z) k_0^2 - k_\parallel^2 \right) f(z) = 0, \\
&\left(\frac{\partial^2}{\partial x^2} + \frac{\partial^2}{\partial y^2} + k_\parallel^2 \right) g(x, y) = 0,
\end{aligned} \tag{3.29}
$$

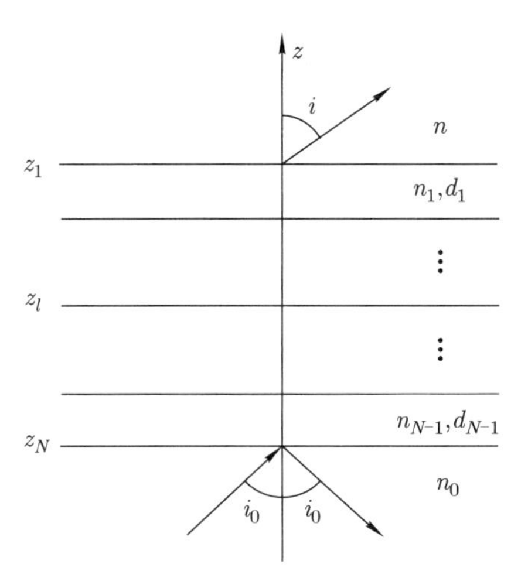

图 3.2 光波在多个平行界面的折射与反射

函数 $f(z)$ 及其导数在各个界面保持连续. 由平面波入射条件可以得到函数 $g(x,y)$ 的表达式:

$$g(x,y)=A\mathrm{e}^{\mathrm{i}k_x x},\quad k_x=n_0k_0\sin i_0. \tag{3.30}$$

注意到在 $z\geqslant z_1$ 的区间只有折射光波，而在其他区间同时存在入射光波或折射光波与反射光波，因此我们可以把函数 $f(z)$ 写成如下形式:

$$f(z)=\begin{cases} t_{\mathrm{s}}\mathrm{e}^{\mathrm{i}k_z z}, & z\geqslant z_1=0,\\ A_l\cos[(z-z_l)k_{zl}]+B_l\dfrac{\sin[(z-z_l)k_{zl}]}{k_{zl}}, & z_l\geqslant z\geqslant z_{l+1},\\ & l=1,2,\cdots,N-1,\\ \mathrm{e}^{\mathrm{i}k_{z0}(z-z_N)}+r_{\mathrm{s}}\mathrm{e}^{-\mathrm{i}k_{z0}(z-z_N)}, & z\leqslant z_N, \end{cases} \tag{3.31}$$

这里,

$$k_z=\sqrt{n^2k_0^2-k_x^2},\ \ k_{zl}=\sqrt{n_l^2k_0^2-k_x^2}, \tag{3.32}$$

其中, $l=0,1,\cdots,N-1$.

在式 (3.31) 中, 我们在区间 $z_l\geqslant z\geqslant z_{l+1}\geqslant z_N$ 内将函数 $f(z)$ 写成两个线性无关解 $\cos[(z-z_l)k_{zl}]$ 和 $k_{zl}^{-1}\sin[(z-z_l)k_{zl}]$ 的叠加，这两个解具有如下特点:

(1) 无论 k_{zl} 是实数还是虚数，这两个解总是实数.

(2) 当 $k_{zl}=0$ 时，这两个解仍保持线性无关，此时 $\cos[(z-z_l)k_{zl}]=1$，$k_{zl}^{-1}\sin[(z-z_l)k_{zl}]=z-z_l$.

(3) 在界面 $z=z_l$ 处，

$$\begin{aligned}&\cos[(z-z_l)k_{zl}]=1, \qquad \frac{\sin[(z-z_l)k_{zl}]}{k_{zl}}=0,\\&\{\cos[(z-z_l)k_{zl}]\}'=0, \quad \left\{\frac{\sin[(z-z_l)k_{zl}]}{k_{zl}}\right\}'=1.\end{aligned} \tag{3.33}$$

应用 $z=0$ 处的边界条件，可以得到

$$A_1=t_{\mathrm{s}}, \quad B_1=\mathrm{i}k_z t_{\mathrm{s}}, \tag{3.34}$$

根据 $z=z_{l+1}>z_N$ 处的边界条件，我们有

$$\begin{aligned}&A_{l+1}=A_l\cos(d_lk_{zl})-B_l\frac{\sin(d_lk_{zl})}{k_{zl}}, \quad l=1,2,\cdots,N-2,\\&B_{l+1}=B_l\cos(d_lk_{zl})+A_lk_{zl}\sin(d_lk_{zl}), \quad l=1,2,\cdots,N-2,\end{aligned} \tag{3.35}$$

最后由 $z=z_N$ 处的边界条件，可以得到

$$\begin{aligned}&1+r_{\mathrm{s}}=A_{N-1}\cos(d_{N-1}k_{zN-l})-B_{N-1}\frac{\sin(d_{N-1}k_{zN-1})}{k_{zN-1}},\\&\mathrm{i}k_{z0}(1-r_{\mathrm{s}})=B_{N-1}\cos(d_{N-1}k_{zN-l})+A_{N-1}k_{zN-1}\sin(d_{N-1}k_{zN-1}).\end{aligned} \tag{3.36}$$

式 (3.35) 给出了相邻介质层中系数 A_l 和 B_l 的递推关系，这一递推关系可写成如下形式：

$$\begin{pmatrix}A_{l+1}\\B_{l+1}\end{pmatrix}=T_l^{\mathrm{s}}\begin{pmatrix}A_l\\B_l\end{pmatrix}, \quad l=1,2,\cdots,N-2, \tag{3.37}$$

其中，

$$T_l^{\mathrm{s}}=\begin{pmatrix}\cos(d_lk_{zl}) & -\dfrac{\sin(d_lk_{zl})}{k_{zl}}\\ k_{zl}\sin(d_lk_{zl}) & \cos(d_lk_{zl})\end{pmatrix}, \quad l=1,2,\cdots,N-1 \tag{3.38}$$

为第 l 层介质中 s 波的传递矩阵. 式 (3.36) 也可以借助传递矩阵来表达，即

$$\begin{pmatrix}1+r_{\mathrm{s}}\\ \mathrm{i}k_{z0}(1-r_{\mathrm{s}})\end{pmatrix}=T_{N-1}^{\mathrm{s}}\begin{pmatrix}A_{N-1}\\B_{N-1}\end{pmatrix}. \tag{3.39}$$

这样，联立各界面的边界条件，可以得到如下方程：

$$\begin{pmatrix} 1+r_{\rm s} \\ {\rm i}k_{z0}(1-r_{\rm s}) \end{pmatrix} = t_{\rm s}\prod_{l=1}^{N-1} T^{\rm s}_{N-l}\begin{pmatrix} 1 \\ {\rm i}k_z \end{pmatrix}. \tag{3.40}$$

将式 (3.40) 分别乘以行矢量 $(k_{z0},+{\rm i})$ 和 $(k_{z0},-{\rm i})$，可得

$$\begin{aligned} 2k_{z0}r_{\rm s} &= t_{\rm s}(k_{z0},+{\rm i})\prod_{l=1}^{N-1} T^{\rm s}_{N-l}\begin{pmatrix} 1 \\ {\rm i}k_z \end{pmatrix}, \\ 2k_{z0} &= t_{\rm s}(k_{z0},-{\rm i})\prod_{l=1}^{N-1} T^{\rm s}_{N-l}\begin{pmatrix} 1 \\ {\rm i}k_z \end{pmatrix}, \end{aligned} \tag{3.41}$$

于是有

$$\begin{aligned} r_{\rm s} &= \frac{(k_{z0},+{\rm i})\prod_{l=1}^{N-1} T^{\rm s}_{N-l}\begin{pmatrix} 1 \\ {\rm i}k_z \end{pmatrix}}{(k_{z0},-{\rm i})\prod_{l=1}^{N-1} T^{\rm s}_{N-l}\begin{pmatrix} 1 \\ {\rm i}k_z \end{pmatrix}}, \\ t_{\rm s} &= \frac{2k_{z0}}{(k_{z0},-{\rm i})\prod_{l=1}^{N-1} T^{\rm s}_{N-l}\begin{pmatrix} 1 \\ {\rm i}k_z \end{pmatrix}}. \end{aligned} \tag{3.42}$$

由电场的反射率 $r_{\rm s}$ 和透射率 $t_{\rm s}$，可以得到光强反射率和光强透射率:

$$R_{\rm s} = |r_{\rm s}|^2, \quad T_{\rm s} = \frac{n}{n_0}|t_{\rm s}|^2. \tag{3.43}$$

再考虑 p 波的情形. 与分析光波在单一界面折射和反射时相同，我们用磁场强度 $\boldsymbol{H} = H\boldsymbol{e}_y$ 来描述 p 波. 类似地，我们可以把磁场强度表达成如下形式：

$$H(x,y,z) = f(z)g(x,y). \tag{3.44}$$

在每一层均匀介质中，函数 $f(z)$ 和 $g(x,y)$ 仍满足式 (3.29)，但 $f(z)$ 的边界条件变为 $f(z)$ 连续和 $n^{-2}f'(z)$ 连续. 我们仍有

$$g(x,y) = A{\rm e}^{{\rm i}k_x x}, \quad k_x = n_0 k_0 \sin i_0, \tag{3.45}$$

但考虑到边界条件的不同，对于 p 波，我们将 $f(z)$ 写成如下形式：

$$f(z)=\begin{cases} t_{\mathrm{p}}\mathrm{e}^{\mathrm{i}k_z z}, & z\geqslant z_1=0,\\ A_l\cos\left[(z-z_l)k_{zl}\right]+B_l\dfrac{n_l^2}{k_{zl}}\sin\left[(z-z_l)k_{zl}\right], & z_l\geqslant z\geqslant z_{l+1},\\ & l=1,2,\cdots,N-1,\\ \mathrm{e}^{\mathrm{i}k_{z0}(z-z_N)}+r_{\mathrm{p}}\mathrm{e}^{-\mathrm{i}k_{z0}(z-z_N)}, & z\leqslant z_N. \end{cases} \tag{3.46}$$

与 s 波的情形类似，应用各界面处的边界条件，可以得到

$$A_1=t_{\mathrm{p}},\quad B_1=\mathrm{i}n^{-2}k_z t_{\mathrm{p}}, \tag{3.47}$$

$$\begin{pmatrix} A_{l+1}\\ B_{l+1}\end{pmatrix}=T_l^{\mathrm{p}}\begin{pmatrix} A_l\\ B_l\end{pmatrix},\quad l=1,2,\cdots,N-2, \tag{3.48}$$

其中，

$$T_l^{\mathrm{p}}=\begin{pmatrix} \cos(d_l k_{zl}) & -\dfrac{n_l^2}{k_{zl}}\sin(d_l k_{zl})\\ \dfrac{k_{zl}}{n_l^2}\sin(d_l k_{zl}) & \cos(d_l k_{zl})\end{pmatrix}, l=1,2,\cdots,N-1 \tag{3.49}$$

为第 l 层介质中 p 波的传递矩阵，并且可以得到

$$\begin{pmatrix} 1+r_{\mathrm{p}}\\ \mathrm{i}k_{z0}(1-r_{\mathrm{p}})n_0^{-2}\end{pmatrix}=T_{N-1}^{\mathrm{p}}\begin{pmatrix} A_{N-1}\\ B_{N-1}\end{pmatrix}. \tag{3.50}$$

联立各界面的边界条件，可以得到如下方程：

$$\begin{pmatrix} 1+r_{\mathrm{p}}\\ \mathrm{i}n_0^{-2}k_{z0}(1-r_{\mathrm{p}})\end{pmatrix}=t_{\mathrm{p}}\prod_{l=1}^{N-1}T_{N-l}^{\mathrm{p}}\begin{pmatrix} 1\\ \mathrm{i}n^{-2}k_z\end{pmatrix}, \tag{3.51}$$

从中可以解得磁场的反射率和透射率：

$$\begin{aligned} r_{\mathrm{p}}&=\frac{(n_0^{-2}k_{z0},+\mathrm{i})\prod\limits_{l=1}^{N-1}T_{N-l}^{\mathrm{p}}\begin{pmatrix} 1\\ \mathrm{i}n^{-2}k_z\end{pmatrix}}{(n_0^{-2}k_{z0},-\mathrm{i})\prod\limits_{l=1}^{N-1}T_{N-l}^{\mathrm{p}}\begin{pmatrix} 1\\ \mathrm{i}n^{-2}k_z\end{pmatrix}},\\ t_{\mathrm{p}}&=\frac{2n_0^{-2}k_{z0}}{(n_0^{-2}k_{z0},-\mathrm{i})\prod\limits_{l=1}^{N-1}T_{N-l}^{\mathrm{p}}\begin{pmatrix} 1\\ \mathrm{i}n^{-2}k_z\end{pmatrix}}. \end{aligned} \tag{3.52}$$

由磁场的反射率 r_{p} 和透射率 t_{p}, 可以得到光强反射率和光强透射率:

$$R_{\mathrm{p}} = |r_{\mathrm{p}}|^2, \quad T_{\mathrm{p}} = \frac{n_0}{n}|t_{\mathrm{p}}|^2. \tag{3.53}$$

容易验证，如果我们把光波从折射率为 n 的介质入射时的反射率记为 r', 透射率记为 t', 那么当所有介质的折射率均为实数时，存在如下关系：

$$\begin{aligned} t^*t' + |r|^2 &= 1, \\ tr^* &= -t^*r'. \end{aligned} \tag{3.54}$$

在单一界面的情况下，式 (3.54) 可以化为斯托克斯 (Stokes) 倒逆关系.

注意到传递矩阵具有如下性质：

$$\begin{pmatrix} 0 & 1 \\ 1 & 0 \end{pmatrix} T_l^{\mathrm{s,p}} \begin{pmatrix} 0 & 1 \\ 1 & 0 \end{pmatrix} = \left(T_l^{\mathrm{s,p}}\right)^{\mathrm{T}}, \tag{3.55}$$

可以证明，在不发生全反射时，光强透射率与波矢的 z 分量之间有如下关系：

$$\frac{T'}{T} = \left(\frac{n_0 k_z}{n k_{z0}}\right)^2, \tag{3.56}$$

其中，T'为光波从折射率为 n 的介质入射时的光强透射率.

接下来考虑如下几个特殊情况：

(1) $d_l k_{zl} = M_l \pi, \quad l = 1, 2, \cdots, N-1.$

这时有

$$\prod_{l=1}^{N-1} T_{N-l}^{\mathrm{s,p}} = \pm 1, \tag{3.57}$$

因此此时的反射率与单一界面时的反射率相同，而透射率与单一界面时的透射率之比为 ± 1. 注意到传递矩阵是入射角的函数，所以如果入射角发生变化，那么以上结论也就不成立了.

(2) $n_l = n_{l-2}, \quad d_l k_{zl} = \pi/2, \quad l = 1, 2, \cdots, N-1$, 共有偶数层.

令 $N-1 = 2M$, 这时有

$$\prod_{l=1}^{N-1} T_{N-l}^{\mathrm{s}} = (-1)^M \begin{pmatrix} \left(\dfrac{k_{z1}}{k_{z2}}\right)^M & 0 \\ 0 & \left(\dfrac{k_{z2}}{k_{z1}}\right)^M \end{pmatrix}, \tag{3.58}$$

以及

$$\prod_{l=1}^{N-1} T_{N-l}^{\mathrm{p}} = (-1)^M \begin{pmatrix} \left(\dfrac{n_2^2 k_{z1}}{n_1^2 k_{z2}}\right)^M & 0 \\ 0 & \left(\dfrac{n_1^2 k_{z2}}{n_2^2 k_{z1}}\right)^M \end{pmatrix}. \tag{3.59}$$

将式 (3.58) 代入 s 波的电场反射率和透射率公式，得

$$\begin{aligned} r_{\mathrm{s}} &= \frac{k_{z0}\left(\dfrac{k_{z1}}{k_{z2}}\right)^M - k_z\left(\dfrac{k_{z2}}{k_{z1}}\right)^M}{k_{z0}\left(\dfrac{k_{z1}}{k_{z2}}\right)^M + k_z\left(\dfrac{k_{z2}}{k_{z1}}\right)^M}, \\ t_{\mathrm{s}} &= \frac{(-1)^M 2k_{z0}}{k_{z0}\left(\dfrac{k_{z1}}{k_{z2}}\right)^M + k_z\left(\dfrac{k_{z2}}{k_{z1}}\right)^M}. \end{aligned} \tag{3.60}$$

将式 (3.59) 代入 p 波的磁场反射率和透射率公式，得

$$\begin{aligned} r_{\mathrm{p}} &= \frac{\dfrac{k_{z0}}{n_0^2}\left(\dfrac{n_2^2 k_{z1}}{n_1^2 k_{z2}}\right)^M - \dfrac{k_z}{n^2}\left(\dfrac{n_1^2 k_{z2}}{n_2^2 k_{z1}}\right)^M}{\dfrac{k_{z0}}{n_0^2}\left(\dfrac{n_2^2 k_{z1}}{n_1^2 k_{z2}}\right)^M + \dfrac{k_z}{n^2}\left(\dfrac{n_1^2 k_{z2}}{n_2^2 k_{z1}}\right)^M}, \\ t_{\mathrm{p}} &= \frac{(-1)^M \dfrac{2k_{z0}}{n_0^2}}{\dfrac{k_{z0}}{n_0^2}\left(\dfrac{n_2^2 k_{z1}}{n_1^2 k_{z2}}\right)^M + \dfrac{k_z}{n^2}\left(\dfrac{n_1^2 k_{z2}}{n_2^2 k_{z1}}\right)^M}. \end{aligned} \tag{3.61}$$

我们注意到当 $M \to +\infty$ 时，$r_{\mathrm{s,p}} \to \pm 1$. 在正入射时，$k_{zl} = n_l k_0$，可得

$$\begin{aligned} r_{\mathrm{s}} = -r_{\mathrm{p}} &= \frac{n_0\left(\dfrac{n_1}{n_2}\right)^M - n\left(\dfrac{n_2}{n_1}\right)^M}{n_0\left(\dfrac{n_1}{n_2}\right)^M + n\left(\dfrac{n_2}{n_1}\right)^M}, \\ t_{\mathrm{s}} = \frac{n_0}{n} t_{\mathrm{p}} &= \frac{(-1)^M 2n_0}{n_0\left(\dfrac{n_1}{n_2}\right)^M + n\left(\dfrac{n_2}{n_1}\right)^M}. \end{aligned} \tag{3.62}$$

这时各介质层的厚度均为四分之一介质中波长的奇数倍.

(3) $n_l = n_{l-2}$, $d_l k_{zl} = \pi/2$, $l = 1, 2, \cdots, N-1$, 共有奇数层.

令 $N-1 = 2M+1$, 这时有

$$\prod_{l=1}^{N-1} T^{\mathrm{s}}_{N-l} = (-1)^M \begin{pmatrix} 0 & -\dfrac{1}{k_{z1}}\left(\dfrac{k_{z2}}{k_{z1}}\right)^M \\ k_{z1}\left(\dfrac{k_{z1}}{k_{z2}}\right)^M & 0 \end{pmatrix}, \tag{3.63}$$

以及

$$\prod_{l=1}^{N-1} T^{\mathrm{p}}_{N-l} = (-1)^M \begin{pmatrix} 0 & -\dfrac{n_1^2}{k_{z1}}\left(\dfrac{n_1^2 k_{z2}}{n_2^2 k_{z1}}\right)^M \\ \dfrac{k_{z1}}{n_1^2}\left(\dfrac{k_{z1}}{k_{z2}}\right)^M & 0 \end{pmatrix}, \tag{3.64}$$

由此可以得到 s 波的电场反射率和透射率:

$$\begin{aligned} r_{\mathrm{s}} &= \frac{\dfrac{k_z}{k_{z1}}\left(\dfrac{k_{z2}}{k_{z1}}\right)^M - \dfrac{k_{z1}}{k_{z0}}\left(\dfrac{k_{z1}}{k_{z2}}\right)^M}{\dfrac{k_z}{k_{z1}}\left(\dfrac{k_{z2}}{k_{z1}}\right)^M + \dfrac{k_{z1}}{k_{z0}}\left(\dfrac{k_{z1}}{k_{z2}}\right)^M}, \\ t_{\mathrm{s}} &= \frac{2\mathrm{i}(-1)^M}{\dfrac{k_z}{k_{z1}}\left(\dfrac{k_{z2}}{k_{z1}}\right)^M + \dfrac{k_{z1}}{k_{z0}}\left(\dfrac{k_{z1}}{k_{z2}}\right)^M}, \end{aligned} \tag{3.65}$$

以及 p 波的磁场反射率和透射率:

$$\begin{aligned} r_{\mathrm{p}} &= \frac{\dfrac{n_1^2 k_z}{n^2 k_{z1}}\left(\dfrac{n_1^2 k_{z2}}{n_2^2 k_{z1}}\right)^M - \dfrac{n_0^2 k_{z1}}{n_1^2 k_{z0}}\left(\dfrac{n_2^2 k_{z1}}{n_1^2 k_{z2}}\right)^M}{\dfrac{n_1^2 k_z}{n^2 k_{z1}}\left(\dfrac{n_1^2 k_{z2}}{n_2^2 k_{z1}}\right)^M + \dfrac{n_0^2 k_{z1}}{n_1^2 k_{z0}}\left(\dfrac{n_2^2 k_{z1}}{n_1^2 k_{z2}}\right)^M}, \\ t_{\mathrm{p}} &= \frac{2\mathrm{i}(-1)^M}{\dfrac{n_1^2 k_z}{n^2 k_{z1}}\left(\dfrac{n_1^2 k_{z2}}{n_2^2 k_{z1}}\right)^M + \dfrac{n_0^2 k_{z1}}{n_1^2 k_{z0}}\left(\dfrac{n_2^2 k_{z1}}{n_1^2 k_{z2}}\right)^M}. \end{aligned} \tag{3.66}$$

当 $M \to +\infty$ 时, $r_{\mathrm{s,p}} \to \pm 1$ 的结论依然成立.

正入射时，有

$$
\begin{aligned}
r_{\mathrm{s}} &= -r_{\mathrm{p}} = \frac{\dfrac{n}{n_1}\left(\dfrac{n_2}{n_1}\right)^M - \dfrac{n_1}{n_0}\left(\dfrac{n_1}{n_2}\right)^M}{\dfrac{n}{n_1}\left(\dfrac{n_2}{n_1}\right)^M + \dfrac{n_1}{n_0}\left(\dfrac{n_1}{n_2}\right)^M}, \\
t_{\mathrm{s}} &= \frac{n_0}{n} t_{\mathrm{p}} = \frac{2\mathrm{i}(-1)^M}{\dfrac{n}{n_1}\left(\dfrac{n_2}{n_1}\right)^M + \dfrac{n_1}{n_0}\left(\dfrac{n_1}{n_2}\right)^M}.
\end{aligned}
\tag{3.67}
$$

§3.3 光波在金属表面的折射与反射

3.3.1 金属中的光波

金属为导体. 对于单色光，在金属中有 $\boldsymbol{J} = \sigma \boldsymbol{E}$，其中， σ 为电导率. 电导率的大小与频率有关，即存在色散. 应用金属中电流密度与电场强度的关系，我们可以将麦克斯韦方程组写成如下形式：

$$
\begin{aligned}
&\nabla \times \boldsymbol{H} = \sigma \boldsymbol{E} + \varepsilon \frac{\partial \boldsymbol{E}}{\partial t}, \\
&\nabla \cdot \boldsymbol{H} = 0, \\
&\nabla \times \boldsymbol{E} = -\mu \frac{\partial \boldsymbol{H}}{\partial t}, \\
&\varepsilon \nabla \cdot \boldsymbol{E} = \rho.
\end{aligned}
\tag{3.68}
$$

在金属中，电荷密度的弛豫时间约为 10^{-18} s，远小于光波周期. 所以事实上可取 $\rho = 0$.

令 $\boldsymbol{E} = \boldsymbol{E}_0 \mathrm{e}^{-\mathrm{i}\omega t}$，从麦克斯韦方程组可以得到如下关于电场强度的方程：

$$
\left(\Delta + \widehat{k}^2\right) \boldsymbol{E} = 0, \tag{3.69}
$$

其中，

$$
\widehat{k}^2 = k_0^2 \mu_{\mathrm{r}} \left(\varepsilon_{\mathrm{r}} + \mathrm{i} \frac{\sigma}{\omega \varepsilon_0}\right). \tag{3.70}
$$

类比介质中波矢与折射率的关系，我们在金属中引入复折射率 $\widehat{n}$：

$$
\widehat{n}^2 k_0^2 = \widehat{k}^2. \tag{3.71}
$$

复折射率也可以用折射率 n 和衰减指数 $\mathcal{K}$ 来表达，即

$$
\widehat{n} = n(1 + \mathrm{i}\mathcal{K}). \tag{3.72}
$$

由式 (3.70) 可得

$$n^2(1-\mathcal{K}^2+2\mathrm{i}\mathcal{K})=\mu_{\mathrm{r}}\left(\varepsilon_{\mathrm{r}}+\mathrm{i}\frac{\sigma}{\omega\varepsilon_0}\right), \tag{3.73}$$

比较式 (3.73) 两边的实部和虚部, 可以得到

$$\begin{aligned} n^2(1-\mathcal{K}^2)&=\mu_{\mathrm{r}}\varepsilon_{\mathrm{r}}, \\ n^2\mathcal{K}&=\frac{\mu_{\mathrm{r}}\sigma}{2\omega\varepsilon_0}, \end{aligned} \tag{3.74}$$

从中可以解出折射率和衰减指数:

$$\begin{aligned} n^2&=\frac{1}{2}\left(\mu_{\mathrm{r}}\varepsilon_{\mathrm{r}}+\sqrt{\mu_{\mathrm{r}}^2\varepsilon_{\mathrm{r}}^2+\frac{\mu_{\mathrm{r}}^2\sigma^2}{\omega^2\varepsilon_0^2}}\right), \\ n^2\mathcal{K}^2&=\frac{1}{2}\left(-\mu_{\mathrm{r}}\varepsilon_{\mathrm{r}}+\sqrt{\mu_{\mathrm{r}}^2\varepsilon_{\mathrm{r}}^2+\frac{\mu_{\mathrm{r}}^2\sigma^2}{\omega^2\varepsilon_0^2}}\right). \end{aligned} \tag{3.75}$$

利用折射率和衰减指数, 可以将式 (3.69) 的平面波解表达成如下形式:

$$\boldsymbol{E}=\boldsymbol{E}_0\mathrm{e}^{-k_0n\mathcal{K}\boldsymbol{r}\cdot\boldsymbol{s}}\mathrm{e}^{\mathrm{i}(k_0n\boldsymbol{r}\cdot\boldsymbol{s}-\omega t)}, \tag{3.76}$$

其中, $\boldsymbol{s}$ 为平面波传播方向的单位矢量.

考虑光场能量密度随传播距离的变化. 由于光场能量密度 $w\propto|\boldsymbol{E}|^2$, 因此

$$w=w_0\mathrm{e}^{-\chi\boldsymbol{r}\cdot\boldsymbol{s}}, \tag{3.77}$$

其中, $\chi=2n\mathcal{K}k_0$ 称为吸收系数. 还可引入穿透深度 d:

$$d=\frac{1}{\chi}. \tag{3.78}$$

可以这样理解穿透深度的意义: 光波在金属中传播距离 d 后, 其能量密度下降为初始值的 e^{-1}.

3.3.2 光波在金属表面的折射与反射

考虑平面光波从折射率为 n_0 的电介质入射到金属表面, 入射角为 θ. 在此条件下, 金属内的光波可以表达为

$$\boldsymbol{E}=\boldsymbol{E}_{\mathrm{t}}\mathrm{e}^{\mathrm{i}k_0n_0\sin\theta x}\mathrm{e}^{\mathrm{i}k_zz}, \tag{3.79}$$

其中，

$$\begin{aligned} k_z &= \sqrt{\widehat{k}^2 - n_0^2 k_0^2 \sin^2\theta} \\ &= k_0 \sqrt{n^2(1-\mathcal{K}^2+2\mathrm{i}\mathcal{K}) - n_0^2 \sin^2\theta}. \end{aligned} \tag{3.80}$$

显然， k_z 为复数，所以我们把折射光波的表达式改写为

$$\boldsymbol{E} = \boldsymbol{E}_\mathrm{t} \mathrm{e}^{\mathrm{i}k_0 n_0 \sin\theta x} \mathrm{e}^{\mathrm{i}k_{z\mathrm{r}} z} \mathrm{e}^{-k_{z\mathrm{i}} z}, \tag{3.81}$$

其中，k_z 的实部 $k_{z\mathrm{r}}$ 和虚部 $k_{z\mathrm{i}}$ 分别为

$$\begin{aligned} k_{z\mathrm{r}}^2 &= \frac{k_0^2}{2}\Big\{\sqrt{[n^2(1-\mathcal{K}^2) - n_0^2\sin^2\theta]^2 + 4n^4\mathcal{K}^2} \\ &\quad + n^2(1-\mathcal{K}^2) - n_0^2 \sin^2\theta\Big\}, \\ k_{z\mathrm{i}}^2 &= \frac{k_0^2}{2}\Big\{\sqrt{[n^2(1-\mathcal{K}^2) - n_0^2\sin^2\theta]^2 + 4n^4\mathcal{K}^2} \\ &\quad - n^2(1-\mathcal{K}^2) + n_0^2 \sin^2\theta\Big\}. \end{aligned} \tag{3.82}$$

我们注意到，一般情况下金属中折射光波的等相位面与等振幅面是不一致的. 光波传播方向，亦即等相位面法线方向与界面法线夹角 θ' 之间满足

$$\begin{aligned} \sin^2\theta' = &\frac{n_0^2 \sin^2\theta}{2n^2\left[n_0^2(1-\mathcal{K}^2)\sin^2\theta - n^2\mathcal{K}^2\right]}\Big\{n^2(1-\mathcal{K}^2) \\ &+ n_0^2\sin^2\theta - \sqrt{[n^2(1-\mathcal{K}^2) - n_0^2\sin^2\theta]^2 + 4n^4\mathcal{K}^2}\Big\}. \end{aligned} \tag{3.83}$$

根据 $k_{z\mathrm{r}}^2$ 和 $k_{z\mathrm{i}}^2$ 的计算公式 (3.82) 可以得到结论：当 $n_0^2\sin^2\theta \leqslant n^2(1-\mathcal{K}^2)$ 时，$k_{z\mathrm{r}}^2$ 随 θ 递减，而 $k_{z\mathrm{i}}^2$ 随 θ 递增. 因此，入射角越大，光波在金属中的实际穿透深度越小.

应用反射率公式 (3.11) 和 (3.23)，可以计算光波在金属表面反射时的反射率：

$$\begin{aligned} r_\mathrm{s} &= \frac{k_0 n_0 \cos\theta - k_{z\mathrm{r}} - \mathrm{i}k_{z\mathrm{i}}}{k_0 n_0 \cos\theta + k_{z\mathrm{r}} + \mathrm{i}k_{z\mathrm{i}}}, \\ r_\mathrm{p} &= \frac{k_0 \widehat{n}^2 \cos\theta - n_0 k_{z\mathrm{r}} - \mathrm{i}n_0 k_{z\mathrm{i}}}{k_0 \widehat{n}^2 \cos\theta + n_0 k_{z\mathrm{r}} + \mathrm{i}n_0 k_{z\mathrm{i}}}. \end{aligned} \tag{3.84}$$

显然， r_s，r_p 的绝对值和相位都不同，所以线偏振光经金属表面反射后一般变为椭圆偏振光. 根据反射的椭圆偏振光的参数可以计算出金属的折射率 n 和衰减指数 $\mathcal{K}$. 容易验证，r_s 和 r_p 的绝对值总是小于 1，所以在金属表面不会发生全反射.

习　题

3.1　试证明, 光波在多个相互平行的透明介质界面折射与反射时, 如下关系式成立:

$$t^*t' + |r|^2 = 1,$$
$$tr^* = -t^*r'.$$

3.2　试证明,

$$\begin{pmatrix} 0 & 1 \\ 1 & 0 \end{pmatrix} \left(\prod_{l=1}^{j-1} T_{j-l}^{\mathrm{s,p}} \right) \begin{pmatrix} 0 & 1 \\ 1 & 0 \end{pmatrix} = \left(\prod_{l=1}^{j-1} T_l^{\mathrm{s,p}} \right)^{\mathrm{T}}.$$

3.3　试证明, 光波在多个相互平行的透明介质界面折射, 且不发生全反射时, 如下关系式成立:

$$\frac{T'}{T} = \left(\frac{n_0 k_z}{n k_{z0}} \right)^2.$$

3.4　设计一个在入射角为 $\pi/4$ 时, s 波的光强反射率大于 0.98 的多层介质膜, 并研究其反射率与入射角的关系.

第 4 章 光波导

§4.1 平板型光波导

平板型光波导由不同折射率的介质层构成，各层间的界面为平面且相互平行. 取界面法线方向为 x 方向，则介质的折射率只与 x 坐标有关 (见图 4.1). 导波在 (y, z) 平面传播，在 $|x| \to +\infty$ 处光场趋于 0. 导波光场的分布在一个方向上受到限制，所以平板型光波导是一维波导. 根据平板型光波导折射率分布的特点和光波需满足的横波条件，我们可以把平板型光波导内的导波模式分为 TE 和 TM 两种模式，其中，

TE 模式：沿传播方向的电场分量为 0；

TM 模式：沿传播方向的磁场分量为 0.

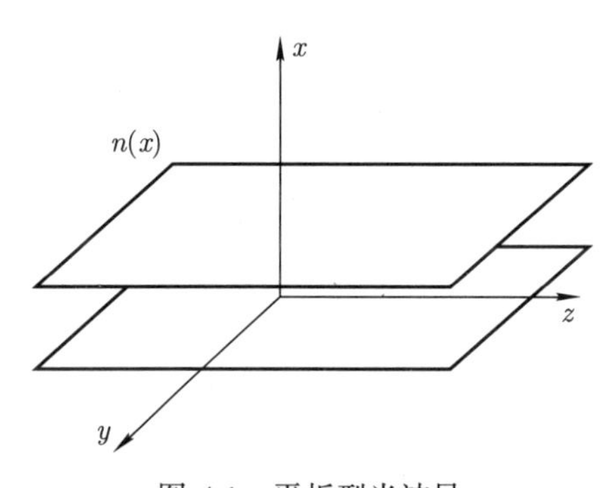

图 4.1 平板型光波导

在平板型光波导中，折射率呈阶跃型分布. 在这样的介质系统中，圆频率为 ω 的导波的电场强度和磁场强度分别满足如下方程：

$$\left[\Delta + n^2(x)k_0^2\right] \boldsymbol{E} = \boldsymbol{0}, \quad \nabla \cdot \boldsymbol{E} = 0, \tag{4.1}$$

$$\left[\Delta + n^2(x)k_0^2\right] \boldsymbol{H} = \boldsymbol{0}, \quad \nabla \cdot \boldsymbol{H} = 0, \tag{4.2}$$

其中，$k_0 = \omega/c$. 设导波沿 z 方向传播，则有

$$(\boldsymbol{E}, \boldsymbol{H}) \propto \mathrm{e}^{\mathrm{i}\beta z}, \tag{4.3}$$

其中, β 为导波模式的传播常数. $\boldsymbol{E}$ 和 $\boldsymbol{H}$ 还需满足无限远处的条件:

$$\lim_{|x|\to+\infty} \boldsymbol{E} = \boldsymbol{0}, \qquad \lim_{|x|\to+\infty} \boldsymbol{H} = \boldsymbol{0}. \tag{4.4}$$

4.1.1 TE 模式

对于沿 z 方向传播的 TE 模式导波, 电场强度只有 y 分量, 即 $\boldsymbol{E} = E\boldsymbol{e}_y$. 由于在式 (4.1) 中, n^2 只是 x 的函数, 因此可以用分离变量的方法求解此式. 注意到横波条件

$$\nabla \cdot (n^2 \boldsymbol{E}) = n^2 \frac{\partial E}{\partial y} = 0, \tag{4.5}$$

我们可以将 E 表达成如下形式:

$$E = E_0 f(x) \mathrm{e}^{\mathrm{i}\beta z}. \tag{4.6}$$

由电场强度 $\boldsymbol{E}$ 满足的方程和导波条件, 可以得到场分布 $f(x)$ 满足的方程

$$\frac{\mathrm{d}^2 f}{\mathrm{d}x^2} + \left[n^2(x) k_0^2 - \beta^2\right] f = 0, \tag{4.7}$$

以及导波条件

$$\lim_{|x|\to+\infty} f(x) = 0. \tag{4.8}$$

为确定 $f(x)$ 需满足的边界条件, 我们还需要知道磁场强度的表达式. 由麦克斯韦方程组可得

$$\begin{aligned} \boldsymbol{H} &= -\mathrm{i}(\mu_0\omega)^{-1} \nabla \times \left[E_0 f(x) \mathrm{e}^{\mathrm{i}\beta z} \boldsymbol{e}_y\right] \\ &= -(\mu_0\omega)^{-1} E_0 \mathrm{e}^{\mathrm{i}\beta z} \left[\beta f(x) \boldsymbol{e}_x + \mathrm{i} f'(x) \boldsymbol{e}_z\right], \end{aligned} \tag{4.9}$$

这样, 为满足电磁场的边界条件, 场分布 $f(x)$ 及其导数 $f'(x)$ 在各层边界上必须连续.

利用电磁场的表达式可以计算 TE 模式的平均能流密度, 即

$$\begin{aligned} \boldsymbol{J}(x) &= \langle \mathrm{Re}(\boldsymbol{E}\mathrm{e}^{-\mathrm{i}\omega t}) \times \mathrm{Re}(\boldsymbol{H}\mathrm{e}^{-\mathrm{i}\omega t}) \rangle_T \\ &= \frac{1}{2} \mathrm{Re}(\boldsymbol{E} \times \boldsymbol{H}^*) \\ &= \frac{c\beta\varepsilon_0}{2k_0} |E_0 f(x)|^2 \boldsymbol{e}_z. \end{aligned} \tag{4.10}$$

1. 三层对称波导

三层对称波导是结构最简单的平板型光波导. 三层对称波导中折射率的分布 (见图 4.2) 为

$$n(x)=\begin{cases}n, & |x|<d/2,\\ n_0, & |x|\geqslant d/2.\end{cases} \tag{4.11}$$

根据波导结构的对称性, 我们可以把场分布 $f(x)$ 写成如下形式:

$$f_l(x)=\begin{cases}\cos(qx-l\pi/2), & |x|\leqslant \dfrac{d}{2},\\ \\ \cos\left[\operatorname{sign}(x)qd/2-l\pi/2\right]\mathrm{e}^{-q_0(|x|-d/2)}, & |x|\geqslant \dfrac{d}{2},\end{cases} \tag{4.12}$$

其中,

$$q=\sqrt{n^2k_0^2-\beta^2},\quad q_0=\sqrt{\beta^2-n_0^2k_0^2}, \tag{4.13}$$

这里的 l 是 qd/π 的整数部分, 即 l 为满足条件 $0<qd-l\pi<\pi$ 的整数. 我们称平均能流密度等于 0 的点为模式的节点, 容易验证 l 等于模式的节点数. 我们称 $l=0$ 的模式为基模.

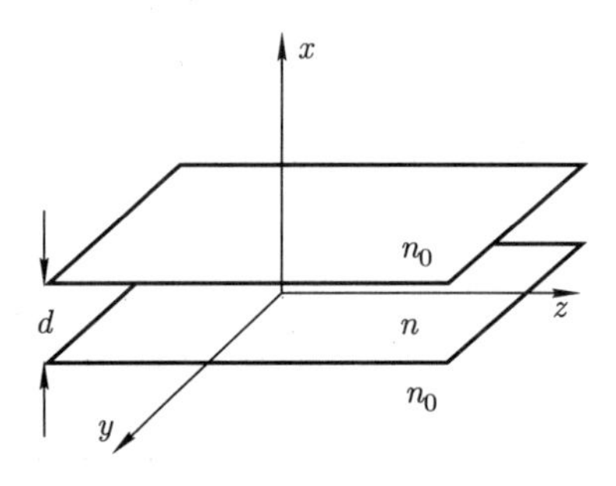

图 4.2 三层对称波导

导波条件要求 q 和 q_0 为实数, 所以必须有 $n_0k_0<\beta<nk_0$. 应用边界条件, 可以得到确定传播常数 β 的色散方程:

$$q\tan\left(\frac{qd-l\pi}{2}\right)=q_0. \tag{4.14}$$

根据式 (4.14) 两边的函数随 β 变化的规律, 不难证明式 (4.14) 至少有一个解, l 阶解存在的条件为 $d\sqrt{n^2-n_0^2}>l\lambda/2$, 而导波解的总数小于 $2d\sqrt{n^2-n_0^2}/\lambda+1$, 其中, λ 为光波在真空中的波长.

利用关系式

$$\cot(qd) = \cot\left[2\left(\frac{qd - l\pi}{2}\right)\right] = \frac{1}{2}\left[\cot\left(\frac{qd - l\pi}{2}\right) - \tan\left(\frac{qd - l\pi}{2}\right)\right], \tag{4.15}$$

我们也可以将式 (4.14) 化成一个与 l 无关的形式：

$$\cot(qd) = \frac{1}{2}\left(\frac{q}{q_0} - \frac{q_0}{q}\right). \tag{4.16}$$

2. 多层波导

考虑一个包含 N 个介质平板的波导 (见图 4.3)，其折射率分布为

$$n(x) = \begin{cases} n_0, & x \geqslant x_1, \\ n_l, & x_{l+1} \leqslant x < x_l, \quad l = 1, 2, \cdots, N, \\ n, & x \leqslant x_{N+1}, \end{cases} \tag{4.17}$$

其中，$x_1, x_2, \cdots, x_{N+1}$ 为各介质界面的 x 坐标. 记各介质平板的厚度为 d_l，显然，

$$d_l = x_l - x_{l+1}, \quad l = 1, 2, \cdots, N. \tag{4.18}$$

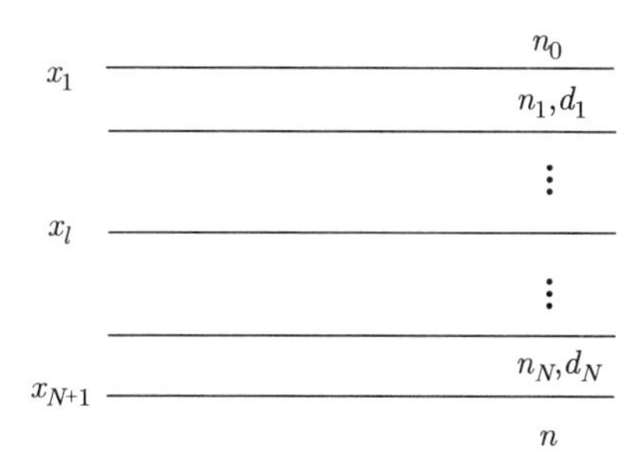

图 4.3 多层平板型光波导

我们可以将场分布 $f(x)$ 写成如下形式：

$$f(x) = \begin{cases} \mathrm{e}^{-q_0(x - x_1)}, & x \geqslant x_1, \\ A_l \cos\left[(x - x_l)q_l\right] + B_l \dfrac{\sin\left[(x - x_l)q_l\right]}{q_l}, & x_{l+1} \leqslant x \leqslant x_l, \\ & l = 1, 2, \cdots, N, \\ A\mathrm{e}^{q(x - x_{N+1})}, & x \leqslant x_{N+1}, \end{cases} \tag{4.19}$$

其中，

$$q=\sqrt{\beta^2-n^2k_0^2},$$

$$q_l=\sqrt{n_l^2k_0^2-\beta^2}\,, l=1,2,\cdots,N, \tag{4.20}$$

$$q_0=\sqrt{\beta^2-n_0^2k_0^2}.$$

显然，β 需满足

$$\max\{n,n_0\}<\frac{\beta}{k_0}<\max\{n_1,n_2,\cdots,n_N\}, \tag{4.21}$$

场分布 $f(x)$ 才能满足导波条件.

应用 $x=x_1$ 处的边界条件，可以得到

$$A_1=1,\quad B_1=-q_0. \tag{4.22}$$

应用 $x=x_{l+1}>x_{N+1}$ 处的边界条件，可得

$$\begin{pmatrix}A_{l+1}\\B_{l+1}\end{pmatrix}=T_l^{\mathrm{E}}\begin{pmatrix}A_l\\B_l\end{pmatrix}, \tag{4.23}$$

其中，TE 模式的传递矩阵 T_l^{E} 为

$$T_l^{\mathrm{E}}=\begin{pmatrix}\cos(d_lq_l) & -\dfrac{\sin(d_lq_l)}{q_l}\\ q_l\sin(d_lq_l) & \cos(d_lq_l)\end{pmatrix}. \tag{4.24}$$

利用传递矩阵，我们可以把系数 A_{l+1}，B_{l+1} 写成如下形式：

$$\begin{pmatrix}A_{l+1}\\B_{l+1}\end{pmatrix}=\prod_{j=0}^{l-1}T_{l-j}^{\mathrm{E}}\begin{pmatrix}1\\-q_0\end{pmatrix}. \tag{4.25}$$

同样利用传递矩阵，我们还可以把 $x=x_{N+1}$ 处的边界条件表达成

$$A\begin{pmatrix}1\\q\end{pmatrix}=\prod_{j=0}^{N-1}T_{N-j}^{\mathrm{E}}\begin{pmatrix}1\\-q_0\end{pmatrix}, \tag{4.26}$$

由此可以得到系数 A 的表达式为

$$A=(1,0)\prod_{j=0}^{N-1}T_{N-j}^{\mathrm{E}}\begin{pmatrix}1\\-q_0\end{pmatrix}, \tag{4.27}$$

以及确定传播常数 β 的色散方程：

$$(q,-1)\prod_{j=0}^{N-1}T_{N-j}^{\mathrm{E}}\begin{pmatrix}1\\-q_0\end{pmatrix}=0. \tag{4.28}$$

在传播常数 β 确定后，我们可以利用传递矩阵把导波电场分布表达成如下形式：
当 $x\geqslant x_1$ 时，

$$f(x)=\mathrm{e}^{-q_0(x-x_1)}; \tag{4.29}$$

当 $x_{N+1}\leqslant x_{l+1}\leqslant x\leqslant x_l$ 时，

$$f(x)=\left(\cos\left[(x-x_l)q_l\right],\frac{\sin\left[(x-x_l)q_l\right]}{q_l}\right)\prod_{j=1}^{l}T_{l-j}^{\mathrm{E}}\begin{pmatrix}1\\-q_0\end{pmatrix}, \tag{4.30}$$

其中，$T_0^{\mathrm{E}}\equiv 1$; 当 $x\leqslant x_{N+1}$ 时，

$$f(x)=(\mathrm{e}^{q(x-x_{N+1})},0)\prod_{j=0}^{N-1}T_{N-j}^{\mathrm{E}}\begin{pmatrix}1\\-q_0\end{pmatrix}. \tag{4.31}$$

4.1.2 TM 模式

对于沿 z 方向传播的 TM 模式，磁场强度只有 y 分量，即 $\boldsymbol{H}=H\boldsymbol{e}_y$. 采用分离变量的解法，并注意到横波条件

$$\nabla\cdot\boldsymbol{H}=\frac{\partial H}{\partial y}=0, \tag{4.32}$$

我们可以将磁场 H 写成如下形式：

$$H=H_0 g(x)\mathrm{e}^{\mathrm{i}\beta z}. \tag{4.33}$$

由磁场强度 $\boldsymbol{H}$ 满足的方程和导波条件可以得到场分布 $g(x)$ 满足的方程和导波条件. 在阶跃型折射率分布的多层平板波导中，场分布 $g(x)$ 满足方程

$$\frac{\mathrm{d}^2 g}{\mathrm{d}x^2}+\left[n^2(x)k_0^2-\beta^2\right]g=0,\quad k_0=\frac{\omega}{c}, \tag{4.34}$$

以及导波条件

$$\lim_{|x|\to+\infty}g(x)=0. \tag{4.35}$$

由麦克斯韦方程组可得

$$\begin{aligned}\boldsymbol{E} &= \mathrm{i}(\varepsilon\omega)^{-1}\nabla\times\left[H_0 g(x)\mathrm{e}^{\mathrm{i}\beta z}\boldsymbol{e}_y\right] \\ &= (\varepsilon_0\omega n^2)^{-1}H_0\mathrm{e}^{\mathrm{i}\beta z}\left[\beta g(x)\boldsymbol{e}_x + \mathrm{i}g'(x)\boldsymbol{e}_z\right],\end{aligned} \tag{4.36}$$

这样，为满足电磁场的边界条件，场分布 $g(x)$ 及 $n^{-2}(x)g'(x)$ 在各层边界上必须连续.

利用电磁场的表达式可以计算 TM 模式的平均能流密度：

$$\begin{aligned}\boldsymbol{J}(x) &= \frac{1}{2}\mathrm{Re}(\boldsymbol{E}\times\boldsymbol{H}^*) \\ &= \frac{c\beta\mu_0}{2k_0 n^2(x)}|H_0 g(x)|^2\boldsymbol{e}_z.\end{aligned} \tag{4.37}$$

1. 三层对称波导

我们可以把三层对称波导中的场分布 $g(x)$ 写成如下形式：

$$g_l(x) = \begin{cases} A\cos(qx - l\pi/2), & |x| \leqslant \dfrac{d}{2}, \\ \\ A\cos\left[\mathrm{sign}(x)qd/2 - l\pi/2\right]\mathrm{e}^{-q_0(|x|-d/2)}, & |x| \geqslant \dfrac{d}{2}, \end{cases} \tag{4.38}$$

其中，

$$q = \sqrt{n^2k_0^2 - \beta^2}, \quad q_0 = \sqrt{\beta^2 - n_0^2k_0^2}, \tag{4.39}$$

这里的 l 是 qd/π 的整数部分，即 l 为满足条件 $0 < qd - l\pi < \pi$ 的整数. 与 TE 模式的情形一样，l 等于模式的节点数.

应用边界条件，可以得到确定传播常数 β 的色散方程：

$$n_0^2 q\tan\left(\frac{qd - l\pi}{2}\right) = n^2 q_0. \tag{4.40}$$

容易验证，与 TE 模式类似，式 (4.40) 至少有一个解，l 阶解存在的条件为 $d\sqrt{n^2 - n_0^2} > l\lambda/2$，而解的总数小于 $2d\sqrt{n^2 - n_0^2}/\lambda + 1$，其中，$\lambda$ 为光波在真空中的波长. 同样，式 (4.40) 也可以化成不含 l 的形式：

$$\cot(qd) = \frac{1}{2}\left(\frac{n_0^2 q}{n^2 q_0} - \frac{n^2 q_0}{n_0^2 q}\right). \tag{4.41}$$

2. 多层波导

与 TE 模式类似，场分布 $g(x)$ 可写成如下形式：

$$g(x)=\begin{cases}e^{-q_0(x-x_1)}, & x\geqslant x_1,\\ A_l\cos[(x-x_l)q_l]+B_l\dfrac{n_l^2}{q_l}\sin[(x-x_l)q_l], & x_{l+1}\leqslant x\leqslant x_l,\\ & l=1,2,\cdots,N,\\ Ae^{q(x-x_{N+1})}, & x\leqslant x_{N+1},\end{cases} \tag{4.42}$$

其中，

$$\begin{aligned}&q=\sqrt{\beta^2-n^2k_0^2},\\ &q_l=\sqrt{n_l^2k_0^2-\beta^2}\,,l=1,2,\cdots,N,\\ &q_0=\sqrt{\beta^2-n_0^2k_0^2}.\end{aligned} \tag{4.43}$$

参照求解 TE 模式的方法，应用各界面的边界条件可以得到

$$\begin{pmatrix}A_{l+1}\\ B_{l+1}\end{pmatrix}=\prod_{j=0}^{l-1}T_{l-j}^{\mathrm{M}}\begin{pmatrix}1\\ -q_0/n_0^2\end{pmatrix}, \tag{4.44}$$

其中，$0\leqslant l\leqslant N-1$，$T_l^{\mathrm{M}}$为 TM 模式的传递矩阵：

$$T_l^{\mathrm{M}}=\begin{pmatrix}\cos(d_lq_l) & -\dfrac{n_l^2}{q_l}\sin(d_lq_l)\\ \dfrac{q_l}{n_l^2}\sin(d_lq_l) & \cos(d_lq_l)\end{pmatrix}, \tag{4.45}$$

以及

$$A\begin{pmatrix}1\\ q/n^2\end{pmatrix}=\prod_{j=0}^{N-1}T_{N-j}^{\mathrm{M}}\begin{pmatrix}1\\ -q_0/n_0^2\end{pmatrix}. \tag{4.46}$$

由式 (4.46) 可以得到系数 A 的表达式：

$$A=(1,0)\prod_{j=0}^{N-1}T_{N-j}^{\mathrm{M}}\begin{pmatrix}1\\ -q_0/n_0^2\end{pmatrix}, \tag{4.47}$$

以及确定传播常数 β 的色散方程：

$$(n^{-2}q,-1)\prod_{j=0}^{N-1}T_{N-j}^{\mathrm{M}}\begin{pmatrix}1\\-q_0/n_0^2\end{pmatrix}=0. \tag{4.48}$$

在传播常数 β 确定后，我们可以利用传递矩阵把导波磁场分布表达成如下形式：
当 $x\geqslant x_1$ 时，

$$g(x)=\mathrm{e}^{-q_0(x-x_1)}; \tag{4.49}$$

当 $x_{N+1}\leqslant x_{l+1}\leqslant x\leqslant x_l$ 时，

$$g(x)=\left(\cos\left[(x-x_l)q_l\right],\frac{n_l^2}{q_l}\sin\left[(x-x_l)q_l\right]\right)\prod_{j=1}^{l}T_{l-j}^{\mathrm{M}}\begin{pmatrix}1\\-q_0/n_0^2\end{pmatrix}, \tag{4.50}$$

其中，$T_0^{\mathrm{M}}\equiv 1$; 当 $x\leqslant x_{N+1}$ 时，

$$g(x)=\left(\mathrm{e}^{q(x-x_{N+1})},0\right)\prod_{j=0}^{N-1}T_{N-j}^{\mathrm{M}}\begin{pmatrix}1\\-q_0/n_0^2\end{pmatrix}. \tag{4.51}$$

3. 表面等离子体波

在两种介质组成的两层介质结构中不存在导波，但在介质和金属的两层结构中却可以存在 TM 极化的导波. 这种导波也被称为表面波或表面等离子体波.

在光波波段，金属的介电常数的实部为负数. 忽略介电常数的虚部，近似有 $\varepsilon_{\mathrm{m}}=-|\varepsilon_{\mathrm{m}}|$. 考虑由介质和金属组成的两层结构，其中，折射率为 n 的介质分布在 $x\geqslant 0$ 的区间，相对介电常数为 $-|\varepsilon_{\mathrm{m}}|$ 的金属分布在 $x<0$ 的区间. 我们可以把导波磁场的分布 $g(x)$ 写成如下形式：

$$g(x)=\begin{cases}\mathrm{e}^{-qx}, & x\geqslant 0,\\ \mathrm{e}^{q_{\mathrm{m}}x}, & x<0,\end{cases} \tag{4.52}$$

其中，

$$q=\sqrt{\beta^2-n^2k_0^2},\quad q_{\mathrm{m}}=\sqrt{\beta^2+|\varepsilon_{\mathrm{m}}|k_0^2}. \tag{4.53}$$

应用在 $x=0$ 处的边界条件，可以得到

$$\frac{q}{n^2}=\frac{q_{\mathrm{m}}}{|\varepsilon_{\mathrm{m}}|}. \tag{4.54}$$

将 q 和 q_{m} 的表达式代入式 (4.54), 解得

$$\beta^2 = \frac{|\varepsilon_{\mathrm{m}}|n^2}{|\varepsilon_{\mathrm{m}}| - n^2}k_0^2. \tag{4.55}$$

当 $\beta^2 > 0$ 时, 表面等离子体波存在. 这样, 我们可以得到表面等离子体波存在的条件: $|\varepsilon_{\mathrm{m}}| > n^2$. 将式 (4.55) 代入式 (4.53), 可以得到

$$q = \frac{n^2 k_0}{\sqrt{|\varepsilon_{\mathrm{m}}| - n^2 k_0^2}}, \quad q_{\mathrm{m}} = \frac{|\varepsilon_{\mathrm{m}}| k_0}{\sqrt{|\varepsilon_{\mathrm{m}}| - n^2 k_0^2}}. \tag{4.56}$$

根据式 (4.56), 我们有 $q_{\mathrm{m}} > q$, 即表面等离子体波在介质中分布的范围大于其在金属中分布的范围.

表面等离子体波的平均能流密度分布为

$$\boldsymbol{J}(x) = \begin{cases} \dfrac{c\beta\mu_0|H_0|^2}{2k_0 n^2}\mathrm{e}^{-2qx}\boldsymbol{e}_z, & x \geqslant 0, \\ \\ -\dfrac{c\beta\mu_0|H_0|^2}{2k_0|\varepsilon_{\mathrm{m}}|}\mathrm{e}^{2q_{\mathrm{m}}x}\boldsymbol{e}_z, & x < 0. \end{cases} \tag{4.57}$$

在金属中, 平均能流密度的方向与波传播的方向相反, 这是表面等离子体波的一个奇特之处. 值得强调的是, 这个结论是在忽略介电常数的虚部的条件下得到的.

§4.2 圆柱型光波导

4.2.1 导波解的一般形式

在圆柱型光波导 (见图 4.4) 中, 导波沿波导轴向传播, 导波光场在远离波导对称轴处趋于 0. 圆柱型光波导是二维波导, 光场分布在两个维度上受到限制. 在圆柱型光波导中, 折射率分布具有柱对称性, 所以在研究圆柱型光波导时, 我们采用柱坐标系. 在柱坐标系中, 标量场的梯度、矢量场的散度和旋度具有如下形式:

$$\begin{aligned} \nabla f &= \boldsymbol{e}_\rho \frac{\partial f}{\partial \rho} + \boldsymbol{e}_\theta \frac{1}{\rho}\frac{\partial f}{\partial \theta} + \boldsymbol{e}_z \frac{\partial f}{\partial z}, \\ \nabla \cdot \boldsymbol{A} &= \frac{1}{\rho}\frac{\partial}{\partial \rho}(\rho A_\rho) + \frac{1}{\rho}\frac{\partial A_\theta}{\partial \theta} + \frac{\partial A_z}{\partial z}, \\ \nabla \times \boldsymbol{A} &= \boldsymbol{e}_\rho \left(\frac{1}{\rho}\frac{\partial A_z}{\partial \theta} - \frac{\partial A_\theta}{\partial z}\right) + \boldsymbol{e}_\theta \left(\frac{\partial A_\rho}{\partial z} - \frac{\partial A_z}{\partial \rho}\right) \\ &\quad + \boldsymbol{e}_z \left[\frac{1}{\rho}\frac{\partial}{\partial \rho}(\rho A_\theta) - \frac{1}{\rho}\frac{\partial A_\rho}{\partial \theta}\right]. \end{aligned} \tag{4.58}$$

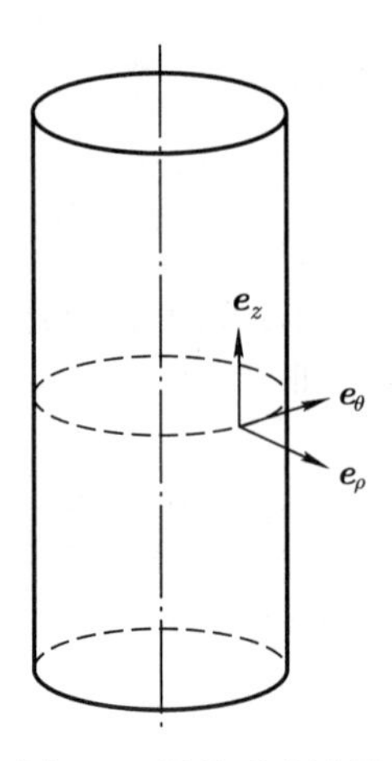

图 4.4 圆柱型光波导

我们采用矢量势 $\boldsymbol{A}$ 和标量势 ϕ 来描述电磁场. 由于电磁场具有规范不变性，相比受到横波条件限制的 $\boldsymbol{E}$ 和 $\boldsymbol{H}$，$\boldsymbol{A}$ 和 ϕ 解的形式选择有更大的自由度. 电磁场的场强与矢量势和标量势之间有如下关系：

$$\boldsymbol{E}=-\frac{\partial \boldsymbol{A}}{\partial t}-\nabla\phi, \quad \boldsymbol{H}=\frac{1}{\mu_0}\nabla\times\boldsymbol{A}. \tag{4.59}$$

容易验证，采用矢量势、标量势描述电磁场，在麦克斯韦方程组中，方程

$$\nabla\times\boldsymbol{E}=-\mu_0\frac{\partial \boldsymbol{H}}{\partial t}, \quad \nabla\cdot\boldsymbol{H}=0 \tag{4.60}$$

自然得到满足. 在均匀介质中，由方程

$$\nabla\times\boldsymbol{H}=\frac{\partial \boldsymbol{D}}{\partial t}, \quad \nabla\cdot\boldsymbol{D}=0, \tag{4.61}$$

可以得到关于矢量势和标量势的方程：

$$\begin{aligned}&\Delta\boldsymbol{A}+n^2k_0^2\boldsymbol{A}=\nabla(\nabla\cdot\boldsymbol{A})-\mathrm{i}\omega n^2c^{-2}\nabla\phi,\\&\Delta\phi-\mathrm{i}\omega\nabla\cdot\boldsymbol{A}=0.\end{aligned} \tag{4.62}$$

我们采用规范

$$\nabla\cdot\boldsymbol{A}-\mathrm{i}\omega n^2c^{-2}\phi=0, \tag{4.63}$$

可以使 $\boldsymbol{A}$ 和 ϕ 的方程 (4.62) 化为

$$\begin{aligned}&\Delta\boldsymbol{A}+n^2k_0^2\boldsymbol{A}=\boldsymbol{0},\\&\Delta\phi+n^2k_0^2\phi=0,\end{aligned} \tag{4.64}$$

而电场强度的表达式则可以写成

$$\boldsymbol{E}=\mathrm{i}\omega\boldsymbol{A}+\frac{\mathrm{i}c^2}{\omega n^2}\nabla(\nabla\cdot\boldsymbol{A}). \tag{4.65}$$

注意到麦克斯韦方程组在 $(\boldsymbol{H},-\mu_0)\leftrightarrow(\boldsymbol{E},\varepsilon)$ 变换下保持不变，所以我们也有如下形式的电场强度和磁场强度的表达式：

$$\boldsymbol{E}=\frac{1}{\varepsilon}\nabla\times\boldsymbol{F},\quad \boldsymbol{H}=-\mathrm{i}\omega\boldsymbol{F}-\frac{\mathrm{i}c^2}{\omega n^2}\nabla(\nabla\cdot\boldsymbol{F}), \tag{4.66}$$

其中，在均匀介质中，$\boldsymbol{F}$ 满足与 $\boldsymbol{A}$ 相同的方程. 根据系统的对称性，我们可以取

$$\boldsymbol{A}=\mu_0k_0g\boldsymbol{e}_z,\quad \boldsymbol{F}=\mathrm{i}n^2k_0c^{-1}f\boldsymbol{e}_z, \tag{4.67}$$

这样就有

$$\begin{aligned}E_z&=\mathrm{i}\mu_0c\left(k_0^2g+\frac{1}{n^2}\frac{\partial^2g}{\partial z^2}\right),\\ E_\rho&=\mathrm{i}\mu_0c\left(\frac{1}{n^2}\frac{\partial^2g}{\partial\rho\partial z}+k_0\frac{\partial f}{\rho\partial\theta}\right),\\ E_\theta&=\mathrm{i}\mu_0c\left(\frac{1}{n^2}\frac{\partial^2g}{\rho\partial\theta\partial z}-k_0\frac{\partial f}{\partial\rho}\right),\end{aligned} \tag{4.68}$$

以及

$$\begin{aligned}H_z&=n^2k_0^2f+\frac{\partial^2f}{\partial z^2},\\ H_\rho&=\frac{\partial^2f}{\partial\rho\partial z}+k_0\frac{\partial g}{\rho\partial\theta},\\ H_\theta&=\frac{\partial^2f}{\rho\partial\theta\partial z}-k_0\frac{\partial g}{\partial\rho}.\end{aligned} \tag{4.69}$$

在折射率为 n 的均匀介质中，函数 f 和 g 满足亥姆霍兹方程：

$$\left(\Delta+n^2k_0^2\right)[f,g]=0. \tag{4.70}$$

在多层结构的光波导中，$n^2(\rho)$ 是 ρ 的阶跃型函数，所以在每一层中，以上关系式都成立. 在各层边界上，f,g 满足的条件由电磁场的边界条件给出. 电磁场的边界条件为 H_z，E_z，H_θ，E_θ，H_ρ 及 εE_ρ 连续. 由于后两个条件可以从前四个条件得到，因此我们只需考虑前四个条件，即电磁场切向分量连续.

我们考虑满足条件

$$[f,g]\propto\mathrm{e}^{\mathrm{i}\beta z},\quad \lim_{\rho\to+\infty}[f,g]=0 \tag{4.71}$$

的导波解. 根据波导的对称性，我们可以把导波解写成如下形式：

$$f_m = F_m(\rho)\mathrm{e}^{\mathrm{i}(\beta z+m\theta)}, \quad g_m = G_m(\rho)\mathrm{e}^{\mathrm{i}(\beta z+m\theta)}, \tag{4.72}$$

其中，F_m 和 G_m 满足的方程可由亥姆霍兹方程导出, 即

$$\begin{aligned}&\frac{1}{\rho}\frac{\mathrm{d}}{\mathrm{d}\rho}\left(\rho\frac{\mathrm{d}F_m}{\mathrm{d}\rho}\right)+\left[n^2(\rho)k_0^2-\beta^2-\frac{m^2}{\rho^2}\right]F_m=0,\\&\frac{1}{\rho}\frac{\mathrm{d}}{\mathrm{d}\rho}\left(\rho\frac{\mathrm{d}G_m}{\mathrm{d}\rho}\right)+\left[n^2(\rho)k_0^2-\beta^2-\frac{m^2}{\rho^2}\right]G_m=0.\end{aligned} \tag{4.73}$$

由于折射率 $n(\rho)$ 在每层介质中都是常数，因此式 (4.73) 为贝塞尔 (Bessel) 方程. 贝塞尔方程的两个线性无关解可以选为贝塞尔函数和诺伊曼 (Neumann) 函数，也可以选为第一类汉克尔 (Hankel) 函数和第二类汉克尔函数. 导波的电磁场可以写成如下形式：

$$\begin{aligned}E_z&=\mathrm{i}\mu_0cq^2n^{-2}g_m,\\E_\rho&=-\mu_0c\left(\frac{\beta}{n^2}\frac{\partial g_m}{\partial\rho}+k_0m\rho^{-1}f_m\right),\\E_\theta&=-\mathrm{i}\mu_0c\left(\frac{m\beta g_m}{n^2\rho}+k_0\frac{\partial f_m}{\partial\rho}\right),\end{aligned} \tag{4.74}$$

以及

$$\begin{aligned}H_z&=q^2f_m,\\H_\rho&=\mathrm{i}\beta\frac{\partial f_m}{\partial\rho}+\mathrm{i}k_0m\rho^{-1}g_m,\\H_\theta&=-m\beta\rho^{-1}f_m-k_0\frac{\partial g_m}{\partial\rho},\end{aligned} \tag{4.75}$$

其中，$q^2=n^2k_0^2-\beta^2$. 由电磁场的表达式可以得到关于 F_m 和 G_m 的边界条件：

$$D[q^2F_m]=0,\ D\left[\frac{m\beta}{n^2\rho k_0}G_m+F_m'\right]=0, \tag{4.76}$$

$$D\left[\frac{q^2}{n^2}G_m\right]=0,\ D\left[\frac{m\beta}{\rho k_0}F_m+G_m'\right]=0. \tag{4.77}$$

从式 (4.76) 和式 (4.77) 可以看出，在一般情况下，F_m 和 G_m 都不为零，即 E_z，H_z 都不为零. 这类模式被称为 HE 模式. 当 $m=0$ 时，F_m，G_m 的边界条件互不相关，E_z，H_z 可分别为零. 我们称 E_z 为零的模式为 TE 模式，H_z 为零的模式为 TM 模式.

把从中心到最外层的折射率分别记为

$$n_0, n_1, n_2, \cdots, n_N, n, \tag{4.78}$$

从中心到最外层的界面半径分别记为

$$R_0, R_1, \cdots, R_N. \tag{4.79}$$

在中心层，由于 $\rho=0$ 处为诺伊曼函数的奇点，因此 F_m 和 G_m 只能取如下形式:

$$F_m(\rho)=a_0\mathrm{J}_m(q_0\rho), \quad G_m(\rho)=b_0\mathrm{J}_m(q_0\rho), \tag{4.80}$$

其中，$\mathrm{J}_m(x)$ 为 m 阶贝塞尔函数. 在最外层，F_m 和 G_m 则必须为

$$F_m(\rho)=a\mathrm{H}_m^{(1)}(\mathrm{i}|q|\rho), \quad G_m(\rho)=b\mathrm{H}_m^{(1)}(\mathrm{i}|q|\rho), \tag{4.81}$$

其中，$\mathrm{H}_m^{(1)}(x)$ 为 m 阶第一类汉克尔函数，因为只有第一类汉克尔函数满足条件：在 $\rho\to+\infty$ 时，$\mathrm{H}_m^{(1)}(\mathrm{i}|q|\rho)\to 0$. 这正是导波模式需要满足的条件. 在 $R_{l-1}<\rho\leqslant R_l$. $l=1,2,\cdots,N$ 的区间内，我们取

$$F_m=a_l^C\frac{C_l(\rho)}{q_l^2}+a_l^S S_l(\rho), \quad G_m=b_l^C\frac{n_l^2 C_l(\rho)}{q_l^2}+b_l^S S_l(\rho), \tag{4.82}$$

其中，$C_l(\rho)$ 和 $S_l(\rho)$ 是两个贝塞尔函数 $\mathrm{J}_m(q_l\rho)$ 和诺伊曼函数 $\mathrm{N}_m(q_l\rho)$ 的线性组合：

$$\begin{aligned}C_l(\rho)&=\frac{\mathrm{J}_m(q_l\rho)\mathrm{N}'_m(q_lR_{l-1})-\mathrm{N}_m(q_l\rho)\mathrm{J}'_m(q_lR_{l-1})}{\mathrm{J}_m(q_lR_{l-1})\mathrm{N}'_m(q_lR_{l-1})-\mathrm{N}_m(q_lR_{l-1})\mathrm{J}'_m(q_lR_{l-1})},\\ S_l(\rho)&=\frac{1}{q_l}\frac{\mathrm{J}_m(q_l\rho)\mathrm{N}_m(q_lR_{l-1})-\mathrm{N}_m(q_l\rho)\mathrm{J}_m(q_lR_{l-1})}{\mathrm{J}'_m(q_lR_{l-1})\mathrm{N}_m(q_lR_{l-1})-\mathrm{N}'_m(q_lR_{l-1})\mathrm{J}_m(q_lR_{l-1})}.\end{aligned} \tag{4.83}$$

式 (4.83) 亦可写成

$$\begin{pmatrix}C_l(\rho)\\ S_l(\rho)\end{pmatrix}=M_l^m\begin{pmatrix}\mathrm{J}_m(q_l\rho)\\ \mathrm{N}_m(q_l\rho)\end{pmatrix}, \tag{4.84}$$

其中，变换矩阵 M_l^m 为

$$M_l^m=\alpha\begin{pmatrix}q_l\mathrm{N}'_m(q_lR_{l-1}) & -q_l\mathrm{J}'_m(q_lR_{l-1})\\ \\ -\mathrm{N}_m(q_lR_{l-1}) & \mathrm{J}_m(q_lR_{l-1})\end{pmatrix}, \tag{4.85}$$

这里,

$$\alpha = \begin{vmatrix} q_l \mathrm{N}'_m(q_l R_{l-1}) & -q_l \mathrm{J}'_m(q_l R_{l-1}) \\ \\ -\mathrm{N}_m(q_l R_{l-1}) & \mathrm{J}_m(q_l R_{l-1}) \end{vmatrix}^{-1}. \tag{4.86}$$

容易验证, 函数 $C_l(\rho)$ 和 $S_l(\rho)$ 具有如下特性:

$$C_l(R_{l-1}) = 1,\ S_l(R_{l-1}) = 0,\ C'_l(R_{l-1}) = 0,\ S'_l(R_{l-1}) = 1. \tag{4.87}$$

利用式 (4.84), 我们也可以将式 (4.82) 写成

$$F_m(\rho) = \left(a_l^C, a_l^S\right) \begin{pmatrix} q_l^{-2} & 0 \\ 0 & 1 \end{pmatrix} M_l^m \begin{pmatrix} \mathrm{J}_m(q_l\rho) \\ \mathrm{N}_m(q_l\rho) \end{pmatrix}, \tag{4.88}$$

$$G_m(\rho) = \left(b_l^C, b_l^S\right) \begin{pmatrix} n_l^2 q_l^{-2} & 0 \\ 0 & 1 \end{pmatrix} M_l^m \begin{pmatrix} \mathrm{J}_m(q_l\rho) \\ \mathrm{N}_m(q_l\rho) \end{pmatrix}. \tag{4.89}$$

4.2.2 TE 模式

TE 模式为 $m=0$, $g_m=0$ 的导波模式. 对于 TE 模式, 导波的电磁场为

$$\begin{aligned} &E_z = 0, && H_z = q^2 f_0, \\ &E_\rho = 0, && H_\rho = \mathrm{i}\beta\frac{\partial f_0}{\partial \rho}, \\ &E_\theta = -\mathrm{i}\mu_0 c k_0 \frac{\partial f_0}{\partial \rho}, && H_\theta = 0, \end{aligned} \tag{4.90}$$

而边界条件 (4.76) 可以化成 $D[q^2F_0]=0, D[F'_0]=0$.

注意到 TE 模式中, 电场强度的轴向分量和径向分量均为 0, 所以电场线为闭合的圆 (见图 4.5).

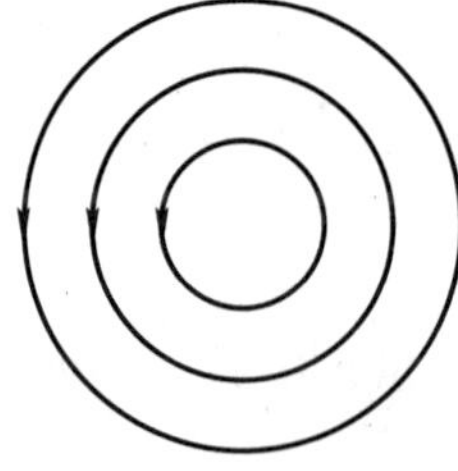

图 4.5 TE 模式导波的电场线

由 $\rho = R_0$ 处的边界条件, 可以得到

$$a_1^C = a_0 q_0^2 \mathrm{J}_0(q_0 R_0), \quad a_1^S = a_0 q_0 \mathrm{J}_0'(q_0 R_0). \tag{4.91}$$

应用 $\rho = R_l\,(l = 1, 2, \cdots, N-1)$ 处的边界条件, 可以得到

$$\begin{pmatrix} a_{l+1}^C \\ a_{l+1}^S \end{pmatrix} = \tau_l^{\mathrm{E}} \begin{pmatrix} a_l^C \\ a_l^S \end{pmatrix}, \tag{4.92}$$

其中,

$$\tau_l^{\mathrm{E}} = \begin{pmatrix} C_l(R_l) & q_l^2 S_l(R_l) \\ \\ q_l^{-2} C_l'(R_l) & S_l'(R_l) \end{pmatrix} \tag{4.93}$$

为圆柱型光波导中 TE 模式的传递矩阵. 令 $\tau_0^{\mathrm{E}} \equiv 1$, 由式 (4.91) 和式 (4.92) 可得

$$\begin{pmatrix} a_l^C \\ a_l^S \end{pmatrix} = a_0 q_0 \prod_{j=1}^{l} \tau_{l-j}^{\mathrm{E}} \begin{pmatrix} q_0 \mathrm{J}_0(q_0 R_0) \\ \mathrm{J}_0'(q_0 R_0) \end{pmatrix}, \quad l = 1, 2, \cdots, N. \tag{4.94}$$

再应用 $\rho = R_N$ 处的边界条件, 可以得到

$$aq \begin{pmatrix} q\mathrm{H}_0^{(1)}(\mathrm{i}|q|R_N) \\ \mathrm{i}\mathrm{H}_0^{(1)\prime}(\mathrm{i}|q|R_N) \end{pmatrix} = a_0 q_0 \prod_{j=0}^{N} \tau_{N-j}^{\mathrm{E}} \begin{pmatrix} q_0 \mathrm{J}_0(q_0 R_0) \\ \mathrm{J}_0'(q_0 R_0) \end{pmatrix}. \tag{4.95}$$

由式 (4.95) 可以解出

$$a = \frac{a_0 q_0}{2q^2} \frac{\begin{pmatrix} \mathrm{H}_0^{(1)\prime}(\mathrm{i}|q|R_N) \\ -\mathrm{i}q\mathrm{H}_0^{(1)}(\mathrm{i}|q|R_N) \end{pmatrix}^{\mathrm{T}} \prod_{j=0}^{N} \tau_{N-j}^{\mathrm{E}} \begin{pmatrix} q_0 \mathrm{J}_0(q_0 R_0) \\ \mathrm{J}_0'(q_0 R_0) \end{pmatrix}}{\mathrm{H}_0^{(1)}(\mathrm{i}|q|R_N)\mathrm{H}_0^{(1)\prime}(\mathrm{i}|q|R_N)}, \tag{4.96}$$

并可得到确定传播常数 β 的色散方程:

$$\begin{pmatrix} \mathrm{H}_0^{(1)\prime}(\mathrm{i}|q|R_N) \\ \mathrm{i}q\mathrm{H}_0^{(1)}(\mathrm{i}|q|R_N) \end{pmatrix}^{\mathrm{T}} \prod_{j=0}^{N} \tau_{N-j}^{\mathrm{E}} \begin{pmatrix} q_0 \mathrm{J}_0(q_0 R_0) \\ \mathrm{J}_0'(q_0 R_0) \end{pmatrix} = 0. \tag{4.97}$$

解出传播常数 β 后, 光场分布亦可得以确定. 在中心区, 我们有

$$F_0(\rho) = a_0 \mathrm{J}_0(q_0 \rho); \tag{4.98}$$

在 $R_{l-1} < \rho \leqslant R_l (l = 1, 2, \cdots, N)$ 的区间内，我们有

$$F_0(\rho) = a_0 q_0 \left(\prod_{j=1}^{l-1} \tau_{l-j}^{\mathrm{E}} \begin{pmatrix} q_0 \mathrm{J}_0(q_0 R_0) \\ \mathrm{J}_0'(q_0 R_0) \end{pmatrix} \right)^{\mathrm{T}} \begin{pmatrix} q_l^{-2} & 0 \\ 0 & 1 \end{pmatrix} M_l^0 \begin{pmatrix} \mathrm{J}_0(q_l \rho) \\ \mathrm{N}_0(q_l \rho) \end{pmatrix}; \tag{4.99}$$

在最外边，我们有

$$F_0(\rho) = a \mathrm{H}_0^{(1)}(\mathrm{i}|q|\rho). \tag{4.100}$$

TE 模式的平均能流密度为

$$\boldsymbol{J}(\rho) = \frac{1}{2} \mathrm{Re}(\boldsymbol{E} \times \boldsymbol{H}^*) = \frac{1}{2} c \beta k_0 \mu_0 \left| \frac{\partial f_0}{\partial \rho} \right|^2 \boldsymbol{e}_z. \tag{4.101}$$

在 $\rho = 0$ 处，$f_0(\rho)$ 取极值，因此 $\rho = 0$ 为 TE 模式的节点. 一般记 TE 模式为 TE_r，其中，r 为平均能流密度的径向节点数.

4.2.3 TM 模式

TM 模式为 $m = 0$，$f_m = 0$ 的导波模式. 对于 TM 模式，导波的电磁场为

$$\begin{aligned} E_z &= \mathrm{i}\mu_0 c q^2 n^{-2} g_0, & H_z &= 0, \\ E_\rho &= -\mu_0 c \frac{\beta}{n^2} \frac{\partial g_0}{\partial \rho}, & H_\rho &= 0, \\ E_\theta &= 0, & H_\theta &= -k_0 \frac{\partial g_0}{\partial \rho}, \end{aligned} \tag{4.102}$$

而边界条件 (4.77) 可以化为 $D[q^2 n^{-2} G_0] = 0$，$D[G_0'] = 0$.

在 TM 模式中，电场强度不等于 0 的分量为轴向分量和径向分量，电场线与波导的对称轴共面 (见图 4.6).

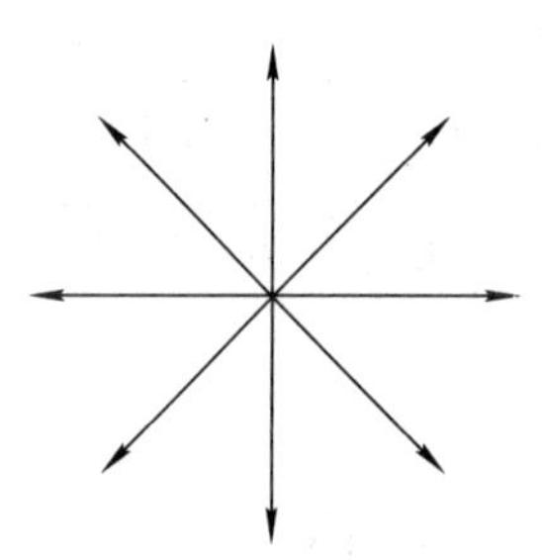

图 4.6 TM 模式导波的电场线

由 $\rho = R_0$ 处的边界条件，可以得到

$$b_1^C = \frac{b_0 q_0^2}{n_0^2} \mathrm{J}_0(q_0 R_0), \quad b_1^S = b_0 q_0 \mathrm{J}_0'(q_0 R_0). \tag{4.103}$$

应用 $\rho = R_l\,(l = 1, 2, \cdots, N-1)$ 处的边界条件，可以得到

$$\begin{pmatrix} b_{l+1}^C \\ b_{l+1}^S \end{pmatrix} = \tau_l^{\mathrm{M}} \begin{pmatrix} b_l^C \\ b_l^S \end{pmatrix}, \tag{4.104}$$

其中，

$$\tau_l^{\mathrm{M}} = \begin{pmatrix} C_l(R_l) & q_l^2 n_l^{-2} S_l(R_l) \\ q_l^{-2} n_l^2 C_l'(R_l) & S_l'(R_l) \end{pmatrix} \tag{4.105}$$

为圆柱型光波导中 TM 模式的传递矩阵. 令 $\tau_0^{\mathrm{M}} \equiv 1$，由式 (4.103) 和式 (4.104) 可得

$$\begin{pmatrix} b_l^C \\ b_l^S \end{pmatrix} = \frac{b_0 q_0}{n_0^2} \prod_{j=1}^{l} \tau_{l-j}^{\mathrm{M}} \begin{pmatrix} q_0 \mathrm{J}_0(q_0 R_0) \\ n_0^2 \mathrm{J}_0'(q_0 R_0) \end{pmatrix}, \quad l = 1, 2, \cdots, N. \tag{4.106}$$

再应用 $\rho = R_N$ 处的边界条件，可以得到

$$\frac{bq}{n^2} \begin{pmatrix} q\mathrm{H}_0^{(1)}(\mathrm{i}|q|R_N) \\ \mathrm{i}n^2 \mathrm{H}_0^{(1)\prime}(\mathrm{i}|q|R_N) \end{pmatrix} = \frac{b_0 q_0}{n_0^2} \prod_{j=0}^{N} \tau_{N-j}^{\mathrm{M}} \begin{pmatrix} q_0 \mathrm{J}_0(q_0 R_0) \\ n_0^2 \mathrm{J}_0'(q_0 R_0) \end{pmatrix}. \tag{4.107}$$

由式 (4.107) 可以解出

$$b = \frac{b_0 q_0}{2 n_0^2 q} \frac{\begin{pmatrix} n^2 \mathrm{H}_0^{(1)\prime}(\mathrm{i}|q|R_N) \\ -\mathrm{i}q\mathrm{H}_0^{(1)}(\mathrm{i}|q|R_N) \end{pmatrix}^{\mathrm{T}} \prod_{j=0}^{N} \tau_{N-j}^{\mathrm{M}} \begin{pmatrix} q_0 \mathrm{J}_0(q_0 R_0) \\ n_0^2 \mathrm{J}_0'(q_0 R_0) \end{pmatrix}}{\mathrm{H}_0^{(1)}(\mathrm{i}|q|R_N) \mathrm{H}_0^{(1)\prime}(\mathrm{i}|q|R_N)}, \tag{4.108}$$

并可得到确定传播常数 β 的色散方程：

$$\begin{pmatrix} n^2 \mathrm{H}_0^{(1)\prime}(\mathrm{i}|q|R_N) \\ \mathrm{i}q\mathrm{H}_m^{(1)}(\mathrm{i}|q|R_N) \end{pmatrix}^{\mathrm{T}} \prod_{j=0}^{N} \tau_{N-j}^{\mathrm{M}} \begin{pmatrix} q_0 \mathrm{J}_m(q_0 R_0) \\ n_0^2 \mathrm{J}_m'(q_0 R_0) \end{pmatrix} = 0. \tag{4.109}$$

解出传播常数 β 后，光场分布亦可得以确定. 在中心区，我们有

$$G_0(\rho) = b_0 \mathrm{J}_0(q_0 \rho); \tag{4.110}$$

在 $R_{l-1} < \rho \leqslant R_l (l = 1, 2, \cdots, N)$ 的区间内，我们有

$$G_0(\rho) = \left(\prod_{j=1}^{l-1} \tau_{l-j}^{\mathrm{M}} \begin{pmatrix} q_0 n_0 \mathrm{J}_0(q_0 R_0) \\ n_0^2 \mathrm{J}_0'(q_0 R_0) \end{pmatrix} \right)^{\mathrm{T}} \begin{pmatrix} \left(\dfrac{n_l}{q_l}\right)^2 & 0 \\ 0 & 1 \end{pmatrix} M_l^0 \begin{pmatrix} \mathrm{J}_0(q_l \rho) \\ \mathrm{N}_0(q_l \rho) \end{pmatrix}; \tag{4.111}$$

在最外边，我们有

$$G_0(\rho) = b\mathrm{H}_0^{(1)}(\mathrm{i}|q|\rho). \tag{4.112}$$

TM 模式的平均能流密度为

$$\boldsymbol{J}(\rho) = \frac{1}{2}\mathrm{Re}(\boldsymbol{E} \times \boldsymbol{H}^*) = \frac{c\beta k_0 \mu_0}{2n^2(\rho)} \left| \frac{\partial g_0}{\partial \rho} \right|^2 \boldsymbol{e}_z. \tag{4.113}$$

在 $\rho = 0$ 处，$g_0(\rho)$ 取极值，因此 $\rho = 0$ 为 TM 模式的节点. 一般记 TM 模式为 TM_r，其中，r 为平均能流密度的径向节点数.

4.2.4 HE 模式

对于 HE 模式，f_m 和 g_m 都不等于 0. 考虑 $\rho = R_0$ 的界面，应用边界条件 (4.76) 和 (4.77) 可得

$$\begin{aligned} a_1^C &= a_0 q_0^2 \mathrm{J}_m(q_0 R_0), \\ b_1^C &= b_0 q_0^2 n_0^{-2} \mathrm{J}_m(q_0 R_0), \end{aligned} \tag{4.114}$$

以及

$$\begin{aligned} a_1^S + \frac{m\beta}{q_1^2 k_0 R_0} b_1^C &= q_0 \mathrm{J}_m'(q_0 R_0) a_0 + \frac{m\beta}{n_0^2 k_0 R_0} \mathrm{J}_m(q_0 R_0) b_0, \\ b_1^S + \frac{m\beta}{q_1^2 k_0 R_0} a_1^C &= q_0 \mathrm{J}_m'(q_0 R_0) b_0 + \frac{m\beta}{k_0 R_0} \mathrm{J}_m(q_0 R_0) a_0. \end{aligned} \tag{4.115}$$

引入两个 4×4 矩阵：

$$\lambda_l = 1 + \frac{m\beta}{k_0 R_{l-1} q_l^2} \begin{pmatrix} 0 & \sigma \\ \sigma & 0 \end{pmatrix}, \tag{4.116}$$

$$\chi_l = 1 + \frac{m\beta}{k_0 R_l q_l^2} \begin{pmatrix} 0 & \sigma \\ \sigma & 0 \end{pmatrix}, \tag{4.117}$$

其中，

$$\sigma = \begin{pmatrix} 0 & 0 \\ 1 & 0 \end{pmatrix}, \tag{4.118}$$

$l=0,1,\cdots,N$, 并令

$$v_l=\begin{pmatrix}a_l^C\\a_l^S\\b_l^C\\b_l^S\end{pmatrix},\quad l=0,1,\cdots,N, \tag{4.119}$$

以及

$$u_1=\begin{pmatrix}q_0^2\mathrm{J}_m(q_0R_0)\\q_0\mathrm{J}_m'(q_0R_0)\\0\\0\end{pmatrix},\ u_2=\begin{pmatrix}0\\0\\q_0^2n_0^{-2}\mathrm{J}_m(q_0R_0)\\q_0\mathrm{J}_m'(q_0R_0)\end{pmatrix}, \tag{4.120}$$

我们可以将 $\rho=R_0$ 处的边界条件 (4.114) 和 (4.115) 写成

$$\lambda_1v_1=\chi_0(a_0u_1+b_0u_2). \tag{4.121}$$

将边界条件 (4.76) 和 (4.77) 应用于 $\rho=R_l$ 处的界面可得

$$\begin{aligned}a_{l+1}^C&=C_l(q_0R_l)a_l^C+q_l^2S_l(q_lR_l)a_l^S,\\b_{l+1}^C&=C_l(q_0R_l)b_l^C+\frac{q_l^2}{n_l^2}S_l(q_lR_l)b_l^S,\end{aligned} \tag{4.122}$$

以及

$$\begin{aligned}a_{l+1}^S+\frac{m\beta}{q_{l+1}^2k_0R_l}b_{l+1}^C=&S_l'(q_lR_l)a_l^S+\frac{1}{q_l^2}C_l'(q_lR_l)a_l^C\\&+\frac{m\beta}{q_l^2k_0R_l}C_l(q_lR_l)b_l^C+\frac{m\beta}{n_l^2k_0R_l}S_l(q_lR_l)b_l^S,\\b_{l+1}^S+\frac{m\beta}{q_{l+1}^2k_0R_l}a_{l+1}^C=&S_l'(q_lR_l)b_l^S+\frac{n_l^2}{q_l^2}C_l'(q_lR_l)b_l^C\\&+\frac{m\beta}{q_l^2k_0R_l}C_l(q_lR_l)a_l^C+\frac{m\beta}{k_0R_l}S_l(q_lR_l)a_l^S.\end{aligned} \tag{4.123}$$

以上条件亦可写成矩阵形式：

$$\lambda_{l+1}v_{l+1}=\chi_l\tau_lv_l, \tag{4.124}$$

其中，

$$\tau_l=\begin{pmatrix}\tau_l^{\mathrm{E}}&0\\0&\tau_l^{\mathrm{M}}\end{pmatrix}. \tag{4.125}$$

这样，我们可以得到

$$v_l = \lambda_l^{-1} \prod_{j=1}^{l-1} \left(\chi_{l-j} \tau_{l-j} \lambda_{l-j}^{-1} \right) \chi_0 (a_0 u_1 + b_0 u_2). \tag{4.126}$$

容易验证

$$\lambda_l^{-1} = 1 - \frac{m\beta}{k_0 R_{l-1} q_l^2} \begin{pmatrix} 0 & \sigma \\ \sigma & 0 \end{pmatrix}, \quad l = 0, 1, \cdots, N. \tag{4.127}$$

令

$$\lambda = 1 + \frac{m\beta}{k_0 R_N q^2} \begin{pmatrix} 0 & \sigma \\ \sigma & 0 \end{pmatrix}, \tag{4.128}$$

$$u_3 = \begin{pmatrix} q^2 \mathrm{H}_m^{(1)}(\mathrm{i}|q|R_N) \\ \mathrm{i}|q|\mathrm{H}_m^{(1)\prime}(\mathrm{i}|q|R_N) \\ 0 \\ 0 \end{pmatrix}, \ u_4 = \begin{pmatrix} 0 \\ 0 \\ q^2 n^{-2} \mathrm{H}_m^{(1)}(\mathrm{i}|q|R_N) \\ \mathrm{i}|q|\mathrm{H}_m^{(1)\prime}(\mathrm{i}|q|R_N) \end{pmatrix}, \tag{4.129}$$

我们可以把 $\rho = R_N$ 处的边界条件写成矩阵形式：

$$\lambda(a u_3 + b u_4) = \prod_{j=0}^{N-1} \left(\chi_{N-j} \tau_{N-j} \lambda_{N-j}^{-1} \right) \chi_0 (a_0 u_1 + b_0 u_2). \tag{4.130}$$

利用记号

$$M = \lambda^{-1} \prod_{j=0}^{N-1} \left(\chi_{N-j} \tau_{N-j} \lambda_{N-j}^{-1} \right) \chi_0, \tag{4.131}$$

可以将式 (4.130) 化成如下形式：

$$a u_3 + b u_4 = M (a_0 u_1 + b_0 u_2). \tag{4.132}$$

不难验证

$$\lambda^{-1} = 1 - \frac{m\beta}{k_0 R_N q^2} \begin{pmatrix} 0 & \sigma \\ \sigma & 0 \end{pmatrix}. \tag{4.133}$$

从式 (4.132) 可以得到 a 和 b的表达式：

$$a = \frac{(1,0,0,0) M (a_0 u_1 + b_0 u_2)}{q^2 \mathrm{H}_m^{(1)}(\mathrm{i}|q|R_N)}, \ b = \frac{n^2 (0,0,1,0) M (a_0 u_1 + b_0 u_2)}{q^2 \mathrm{H}_m^{(1)}(\mathrm{i}|q|R_N)}. \tag{4.134}$$

令

$$
\begin{aligned}
w_1 &= \left(|q|\mathrm{H}_m^{(1)\prime}(\mathrm{i}|q|R_N), \mathrm{i}q^2\mathrm{H}_m^{(1)}(\mathrm{i}|q|R_N), 0, 0\right), \\
w_2 &= \left(0, 0, |q|\mathrm{H}_m^{(1)\prime}(\mathrm{i}|q|R_N), \mathrm{i}q^2 n^{-2}\mathrm{H}_m^{(1)}(\mathrm{i}|q|R_N)\right),
\end{aligned} \tag{4.135}
$$

显然，

$$
w_{1,2}u_{3,4} = 0, \tag{4.136}
$$

于是，由式 (4.132) 可得

$$
\begin{aligned}
a_0(w_1Mu_1) + b_0(w_1Mu_2) = 0, \\
a_0(w_2Mu_1) + b_0(w_2Mu_2) = 0.
\end{aligned} \tag{4.137}
$$

从式 (4.137) 中可以解出

$$
b_0 = -\frac{w_1Mu_1}{w_2Mu_2}a_0, \tag{4.138}
$$

并可得到确定传播常数 β 的色散方程：

$$
(w_1Mu_1)(w_2Mu_2) - (w_2Mu_1)(w_1Mu_2) = 0. \tag{4.139}
$$

解出传播常数 β 后，光场分布亦可得以确定. 在中心区，我们有

$$
F_m(\rho) = a_0\mathrm{J}_m(q_0\rho), \quad G_m(\rho) = -\frac{a_0(w_1Mu_1)}{w_1Mu_2}\mathrm{J}_m(q_0\rho); \tag{4.140}
$$

在 $R_{l-1} < \rho \leqslant R_l (l = 1, 2, \cdots, N)$ 的区间内，我们有

$$
\begin{aligned}
F_m(\rho) = {} & \frac{a_0}{w_1Mu_2}\left(\frac{C_l(\rho)}{q_l^2}, S_l(\rho), 0, 0\right)\lambda_l^{-1}\prod_{j=1}^{l-1}\left(\chi_{l-j}\tau_{l-j}\lambda_{l-j}^{-1}\right) \\
& \times\chi_0\left[(w_1Mu_2)u_1 - (w_1Mu_1)u_2\right],
\end{aligned} \tag{4.141}
$$

以及

$$
\begin{aligned}
G_m(\rho) = {} & \frac{a_0}{w_1Mu_2}\left(0, 0, \frac{n_l^2C_l(\rho)}{q_l^2}, S_l(\rho)\right)\lambda_l^{-1}\prod_{j=1}^{l-1}\left(\chi_{l-j}\tau_{l-j}\lambda_{l-j}^{-1}\right) \\
& \times\chi_0\left[(w_1Mu_2)u_1 - (w_1Mu_1)u_2\right];
\end{aligned} \tag{4.142}
$$

在最外边，我们有

$$
F_m(\rho) = a\mathrm{H}_m^{(1)}(\mathrm{i}|q|\rho), \quad G_m(\rho) = b\mathrm{H}_m^{(1)}(\mathrm{i}|q|\rho), \tag{4.143}
$$

其中,

$$a=\frac{a_0(1,0,0,0)M\left[(w_1Mu_2)u_1-(w_1Mu_1)u_2\right]}{q^2\mathrm{H}_m^{(1)}(\mathrm{i}|q|R_N)\big(w_1Mu_2\big)},\tag{4.144}$$

$$b=\frac{a_0n^2(0,0,1,0)M\left[(w_1Mu_2)u_1-(w_1Mu_1)u_2\right]}{q^2\mathrm{H}_m^{(1)}(\mathrm{i}|q|R_N)\big(w_1Mu_2\big)}.\tag{4.145}$$

一般记 HE 模式为 HE_{rm}, 其中, r 为平均能流密度的径向节点数. 值得注意的是, 只有 HE_{r1} 模式中心处的平均能流密度不为 0 (见图 4.7).

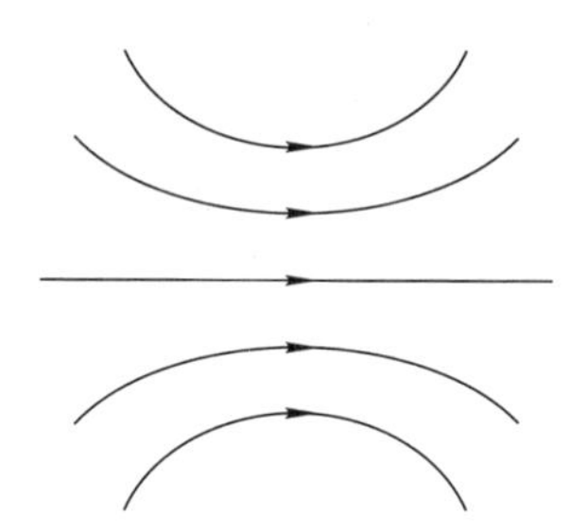

图 4.7 HE_{r1} 模式导波的电场线

§4.3 二维波导的 TEM 模式

当二维波导中心区的尺度远大于导波波长时, 光场主要分布在波导中心区的模式的传播常数 β 可以十分接近 nk_0. 这些模式导波的电磁场沿传播方向的分量远小于垂直传播方向的分量, 即电磁场接近横向, 所以称之为 TEM 模式.

设导波沿 z 方向传播, 令电场的横向分量为

$$E(x,y,z;t)=A(x,y,z)\mathrm{e}^{\mathrm{i}(kz-\omega t)},\quad k=nk_0,\tag{4.146}$$

将之代入电场的波动方程可得

$$\frac{\partial^2A}{\partial z^2}+2\mathrm{i}k\frac{\partial A}{\partial z}+\left(\frac{\partial^2}{\partial x^2}+\frac{\partial^2}{\partial y^2}\right)A+\left[n^2(x,y)-n^2\right]k_0^2A=0.\tag{4.147}$$

由于光场主要分布在波导中心区, 因此可取 $n^2(x,y)k_0^2A=n^2k_0^2A$, 于是有

$$\frac{\partial^2A}{\partial z^2}+2\mathrm{i}k\frac{\partial A}{\partial z}+\left(\frac{\partial^2}{\partial x^2}+\frac{\partial^2}{\partial y^2}\right)A=0.\tag{4.148}$$

对于 TEM 模式, $A(x,y,z)$ 随 z 坐标变化缓慢, 因此可以略去 $\dfrac{\partial^2A}{\partial z^2}$, 从而得到

$$\frac{\partial A}{\partial z}-\frac{\mathrm{i}}{2k}\left(\frac{\partial^2}{\partial x^2}+\frac{\partial^2}{\partial y^2}\right)A=0.\tag{4.149}$$

对式 (4.149) 做傅里叶变换:

$$\widetilde{A}(z,q_x,q_y)=\frac{1}{(2\pi)^2}\iint\limits_{-\infty}^{+\infty}\mathrm{d}x\mathrm{d}yA(x,y,z)\mathrm{e}^{-\mathrm{i}(q_xx+q_yy)},\tag{4.150}$$

可将式 (4.149) 变换为

$$\frac{\partial\widetilde{A}}{\partial z}+\frac{\mathrm{i}}{2k}\left(q_x^2+q_y^2\right)\widetilde{A}=0.\tag{4.151}$$

式 (4.151) 的解可表达成如下形式:

$$\widetilde{A}(z,q_x,q_y)=C(q_x,q_y)\exp\left[-\frac{\mathrm{i}}{2k}(q_x^2+q_y^2)(z-\mathrm{i}z_0)\right].\tag{4.152}$$

这里引入的 $\mathrm{i}z_0$ 项可以保证 $C(q_x,q_y)$ 的幂级数展开对 q_x, q_y 的积分收敛.

1. 高斯光束

考虑最简单的情形:

$$C(q_x,q_y)=A_0.\tag{4.153}$$

记这时的解为 A_{00}, 做傅里叶逆变换可得

$$\begin{aligned}A_{00}(x,y,z)&=A_0\iint\limits_{-\infty}^{+\infty}\mathrm{d}q_x\mathrm{d}q_y\exp\left[-\frac{\mathrm{i}(q_x^2+q_y^2)}{2k}(z-\mathrm{i}z_0)+\mathrm{i}(q_xx+q_yy)\right]\\&=A_0\iint\limits_{-\infty}^{+\infty}\mathrm{d}q_x\mathrm{d}q_y\exp\left[-\frac{\mathrm{i}(z-\mathrm{i}z_0)}{2k}\left(q_x-\frac{kx}{z-\mathrm{i}z_0}\right)^2\right]\\&\quad\times\exp\left[-\frac{\mathrm{i}(z-\mathrm{i}z_0)}{2k}\left(q_y-\frac{ky}{z-\mathrm{i}z_0}\right)^2\right]\exp\left[\mathrm{i}\frac{k(x^2+y^2)}{2(z-\mathrm{i}z_0)}\right]\\&=-\frac{\mathrm{i}2k\pi A_0}{z-\mathrm{i}z_0}\exp\left[\mathrm{i}\frac{k(x^2+y^2)}{2(z-\mathrm{i}z_0)}\right].\end{aligned}\tag{4.154}$$

当 $z=0$ 时, 振幅 $A_{00}(x,y,0)$ 呈高斯 (Gauss) 型分布:

$$A_{00}(x,y,0)=\frac{4\pi A_0}{w_0^2}\mathrm{e}^{-\frac{x^2+y^2}{w_0^2}}.\tag{4.155}$$

这样的光束称为高斯光束, 其中,

$$w_0=\sqrt{\frac{2z_0}{k}}\tag{4.156}$$

称为光束的束腰. 应用振幅 $A_{00}(x,y,z)$ 的表达式, 可将任一点的电场表达成

$$E_{00}(x,y,z;t)=\frac{2\pi kA_0}{z_0\left(1+\mathrm{i}\dfrac{z}{z_0}\right)}\exp\left[-\frac{k(x^2+y^2)}{2z_0\left(1+\mathrm{i}\dfrac{z}{z_0}\right)}+\mathrm{i}kz-\mathrm{i}\omega t\right],\tag{4.157}$$

或将指数中分式的实部与虚部分开, 即

$$E_{00}(x,y,z;t)=\frac{A}{w(z)}\exp\left[-\frac{x^2+y^2}{w(z)^2}+\mathrm{i}\frac{k(x^2+y^2)}{2R(z)}-\mathrm{i}\tan^{-1}\frac{z}{z_0}\right]\times\mathrm{e}^{\mathrm{i}kz-\mathrm{i}\omega t},\tag{4.158}$$

其中,

$$w(z)=w_0\sqrt{1+\frac{z^2}{z_0^2}},\quad R(z)=z+\frac{z_0^2}{z},\quad A=\frac{4\pi A_0}{w_0}.\tag{4.159}$$

磁场的分布可由电场的分布导出. 在傍轴区域, 我们有

$$H_{00}(x,y,z;t)=\frac{1}{\mathrm{i}\mu_0\omega}\frac{\partial}{\partial z}E_{00}(x,y,z;t)=c\varepsilon_0 nE_{00}(x,y,z;t).\tag{4.160}$$

确定了电磁场的分布之后, 我们就可以计算高斯光束的光强分布, 即平均能流密度的分布:

$$\begin{aligned}J_{00}(x,y,z)&=\frac{1}{2}\mathrm{Re}\left[E_{00}(x,y,z;t)H_{00}^*(x,y,z;t)\right]\\&=J_0(z)\exp\left[-\frac{2(x^2+y^2)}{w^2(z)}\right],\end{aligned}\tag{4.161}$$

其中,

$$J_0(z)=\frac{c\varepsilon_0 nA^2}{2w^2(z)}.\tag{4.162}$$

高斯光束的功率为

$$P=\iint_{-\infty}^{+\infty}J_{00}(x,y,z)\mathrm{d}x\mathrm{d}y=\frac{1}{4}c\varepsilon_0\pi nA^2.\tag{4.163}$$

当 $z\gg z_0$ 时,

$$w(z)\to\frac{w_0 z}{z_0}=\theta_0 z,\tag{4.164}$$

其中,

$$\theta_0=\frac{w_0}{z_0}=\frac{2}{kw_0}=\frac{\lambda}{\pi w_0}.\tag{4.165}$$

这样，我们可以得到高斯光束的光强的远场分布：

$$J_{00}(x,y,z)=J_0(z)\exp\left[-\frac{2(x^2+y^2)}{\theta_0^2z^2}\right]. \tag{4.166}$$

注意到在远场 $\sqrt{x^2+y^2}/z$ 等于 (x,y,z) 位置矢量与 z 轴的夹角，我们得到结论：高斯光束在远场有确定的光强角分布，而 θ_0 即为高斯光束的远场发散角.

2. 厄米-高斯模式

令

$$E_{rs}^0(x,y,z;t)=w_0^{r+s}\frac{\partial^{r+s}}{\partial x^r\partial y^s}E_{00}(x,y,z;t), \tag{4.167}$$

由

$$\begin{aligned}&\left[\frac{\partial}{\partial z}-\frac{\mathrm{i}}{2k}\left(\frac{\partial^2}{\partial x^2}+\frac{\partial^2}{\partial y^2}\right)\right]\frac{\partial^{r+s}A_{00}}{\partial x^r\partial y^s}\\&\quad=\frac{\partial^{r+s}}{\partial x^r\partial y^s}\left[\frac{\partial A_{00}}{\partial z}-\frac{\mathrm{i}}{2k}\left(\frac{\partial^2}{\partial x^2}+\frac{\partial^2}{\partial y^2}\right)A_{00}\right]=0,\end{aligned} \tag{4.168}$$

可知 $E_{rs}^0(x,y,z;t)$ 同样是 TEM 模式的电场分布. 根据式 (4.167) 和罗德里格斯 (Rodrigues) 公式：

$$\mathrm{H}_r(\xi)=\mathrm{e}^{\xi^2}\frac{\mathrm{d}^r}{\mathrm{d}\xi^r}\mathrm{e}^{-\xi^2}, \tag{4.169}$$

我们可以得到 $E_{rs}^0(x,y,z;t)$ 的表达式，即

$$\begin{aligned}E_{rs}^0(x,y,z;t)=&\frac{A}{w(z)}\left(\frac{w_0}{w(z)}\right)^{\frac{r+s}{2}}\mathrm{H}_r(\alpha x)\mathrm{H}_s(\alpha y)\mathrm{e}^{\mathrm{i}(kz-\omega t)}\\&\times\exp\left[-\frac{x^2+y^2}{w(z)^2}+\mathrm{i}\frac{k(x^2+y^2)}{2R(z)}-\mathrm{i}\Big(\frac{r+s}{2}+1\Big)\tan^{-1}\frac{z}{z_0}\right],\end{aligned} \tag{4.170}$$

其中，$\mathrm{H}_r(\xi)$ 为 r 阶厄米多项式，参数 α 为

$$\alpha=\frac{1}{w_0\sqrt{1+\mathrm{i}\dfrac{z}{z_0}}}. \tag{4.171}$$

以上得到的解为复宗量厄米-高斯模式. 注意到 $\dfrac{\partial^{r+s}A_{00}}{\partial x^r\partial y^s}$ 的复共轭不是式 (4.149) 的解，不难验证，不同 r,s 的复宗量厄米-高斯模式之间并不正交，即

$$\iint\limits_{-\infty}^{+\infty}E_{rs}(x,y,z;t)E_{r's'}^*(x,y,z;t)\mathrm{d}x\mathrm{d}y\neq 0, \tag{4.172}$$

无论 (r,s) 与 (r',s') 是否相同.

如果把电场表达成如下形式：

$$E_{rs}(x,y,z;t)=\frac{A}{w(z)}\mathrm{P}_r(x)\mathrm{P}_s(y)\mathrm{e}^{\mathrm{i}(kz-\omega t)}\\ \times\exp\left[-\frac{x^2+y^2}{w(z)^2}+\mathrm{i}\frac{x^2+y^2}{2R(z)}-\mathrm{i}\tan^{-1}\frac{z}{z_0}\right],\tag{4.173}$$

其中，$\mathrm{P}_r(x)$ 是一个 r 阶多项式，那么 $E_{rs}(x,y,z;t)$ 的正交条件

$$\iint\limits_{-\infty}^{+\infty}E_{rs}(x,y,z;t)E^*_{r's'}(x,y,z;t)\mathrm{d}x\mathrm{d}y=N_{rs}(z)\delta_{rr'}\delta_{ss'}\tag{4.174}$$

等效于 $\mathrm{P}_r(x)$ 的正交条件

$$\int_{-\infty}^{+\infty}\mathrm{P}_r(x)\mathrm{P}^*_{r'}(x)\exp\left(-\frac{2x^2}{w^2(z)}\right)\mathrm{d}x=0,\quad 当\ r\neq r'\ 时.\tag{4.175}$$

厄米多项式

$$\mathrm{P}_r(x)=\mathrm{H}_r\left(\sqrt{2}\frac{x}{w(z)}\right)\exp\left(-\mathrm{i}r\tan^{-1}\frac{z}{z_0}\right)\tag{4.176}$$

满足这一条件. 这样, 正交的厄米-高斯模式可以写成如下形式：

$$u_{rs}(x,y,z;t)=\frac{1}{w(z)}\mathrm{H}_r\left(\sqrt{2}\frac{x}{w(z)}\right)\mathrm{H}_s\left(\sqrt{2}\frac{y}{w(z)}\right)\exp\left(-\frac{x^2+y^2}{w(z)^2}\right)\\ \times\exp\left[\mathrm{i}kz+\mathrm{i}\frac{x^2+y^2}{2R(z)}-\mathrm{i}(r+s+1)\tan^{-1}\frac{z}{z_0}-\mathrm{i}\omega t\right],\tag{4.177}$$

记为 $\mathrm{TEM}^{\mathrm{H}}_{rs}$ 或 TEM_{rs}.

由于

$$\alpha^{r+s}=\left(\frac{1}{w_0w(z)}\right)^{\frac{r+s}{2}}\exp\left[-\mathrm{i}\left(\frac{r+s}{2}\right)\tan^{-1}\frac{z}{z_0}\right],\tag{4.178}$$

因此

$$\left(\frac{w_0}{w(z)}\right)^{\frac{r+s}{2}}(\alpha x)^r(\alpha y)^s\exp\left[-\mathrm{i}\left(\frac{r+s}{2}\right)\tan^{-1}\frac{z}{z_0}\right]\\ =\left(\frac{x}{w(z)}\right)^r\left(\frac{y}{w(z)}\right)^s\exp\left[-\mathrm{i}(r+s)\tan^{-1}\frac{z}{z_0}\right],\tag{4.179}$$

即 $u_{rs}(x,y,z;t)$ 中 x^ry^s 项的系数与 $E^0_{rs}(x,y,z;t)$ 中 x^ry^s 项的系数只差一个比例常数. 也就是说，如果用 $u_{r's'}(x,y,z;t)$ (其中，$r',s'\leqslant r,s$) 来展开 $E^0_{rs}(x,y,z;t)$ 的话，那么 $u_{rs}(x,y,z;t)$ 项的系数为常数，而 $(r',s')<(r,s)$ 项的系数会随 z 变化.

应用厄米多项式满足的厄米方程

$$\mathrm{H}_r''(\xi)-2\xi\mathrm{H}_r'(\xi)+2r\mathrm{H}_r(\xi)=0, \tag{4.180}$$

可以发现 $u_{rs}(x,y,z;t)$ 并不满足 TEM 模式近似下的亥姆霍兹方程，但方程的解仍可用 $u_{rs}(x,y,z;t)$ 展开，只是展开系数会随 z 变化.

图 4.8 给出的是正交厄米-高斯模式的光强分布. 与正交厄米-高斯模式相比，复宗量厄米-高斯模式光强分布中的节点要模糊一些，一些节点有可能完全消失.

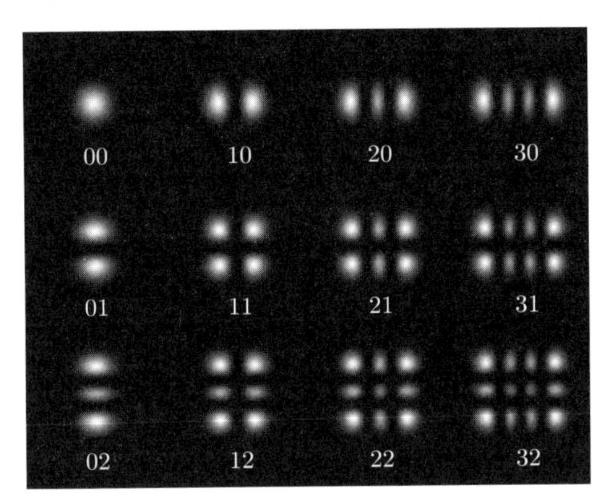

图 4.8 正交厄米-高斯模式的光强分布

3. 拉盖尔-高斯模式

拉盖尔 (Laguerre)-高斯模式是具有轴对称性的模式. 令

$$E_{nl}^{\mathrm{L}}(x,y,z;t)=\left(\frac{w_0}{2}\right)^{2n+l}\left(\frac{\partial}{\partial x}+\mathrm{i}\frac{\partial}{\partial y}\right)^n\left(\frac{\partial}{\partial x}-\mathrm{i}\frac{\partial}{\partial y}\right)^{n+l}E_{00}(x,y,z;t). \tag{4.181}$$

显然，$E_{nl}^{\mathrm{L}}(x,y,z;t)$ 可以看作是不同阶复宗量厄米-高斯模式的叠加，所以 $E_{nl}^{\mathrm{L}}(x,y,z;t)$ 也是 TEM 模式的电场分布.

做变量代换

$$\rho_+=x+\mathrm{i}y,\quad \rho_-=x-\mathrm{i}y, \tag{4.182}$$

则有

$$\frac{\partial}{\partial x}+\mathrm{i}\frac{\partial}{\partial y}=2\frac{\partial}{\partial\rho_-},\quad \frac{\partial}{\partial x}-\mathrm{i}\frac{\partial}{\partial y}=2\frac{\partial}{\partial\rho_+}, \tag{4.183}$$

以及

$$E_{00}(\rho_+,\rho_-,z;t)=\frac{A}{w(z)}\exp\left(-\gamma\rho_+\rho_- -\mathrm{i}\tan^{-1}\frac{z}{z_0}+\mathrm{i}kz-\mathrm{i}\omega t\right), \tag{4.184}$$

其中,

$$\gamma = \frac{1}{w_0^2\left(1+\mathrm{i}\dfrac{z}{z_0}\right)}. \tag{4.185}$$

这样, 可以得到如下等式:

$$E_{nl}^{\mathrm{L}}(\rho_+,\rho_-,z;t) = w_0^{2n+l}\frac{\partial^{2n+l}}{\partial\rho_-^n\partial\rho_+^{n+l}}E_{00}(\rho_+,\rho_-,z;t). \tag{4.186}$$

将 $E_{00}(\rho_+,\rho_-,z;t)$ 的表达式代入式 (4.186), 可得

$$E_{nl}^{\mathrm{L}}(\rho_+,\rho_-,z;t) = (-1)^{n+l}\frac{w_0^n}{[w(z)]^{n+l}}\frac{\partial^n}{\partial\rho_-^n}\left[\rho_-^{n+l}E_{00}(\rho_+,\rho_-,z;t)\right] \times \exp\left[-\mathrm{i}(n+l)\tan^{-1}\frac{z}{z_0}\right]. \tag{4.187}$$

由于

$$\frac{\mathrm{d}^n}{\mathrm{d}\xi^n}\left(\xi^{n+l}\mathrm{e}^{-\xi}\right) = n!\xi^l\mathrm{e}^{-\xi}\mathrm{L}_n^l(\xi), \tag{4.188}$$

其中, $\mathrm{L}_n^l(\xi)$ 为拉盖尔多项式, 因此

$$E_{nl}^{\mathrm{L}}(\rho_+,\rho_-,z;t) = \frac{A'w_0^n}{[w(z)]^{n+l+1}}\rho_-^l\mathrm{L}_n^l(\gamma\rho_+\rho_-) \times \exp\left[-\gamma\rho_+\rho_- + \mathrm{i}kz - \mathrm{i}\omega t - \mathrm{i}(n+l+1)\tan^{-1}\frac{z}{z_0}\right]. \tag{4.189}$$

采用柱坐标, 我们有

$$\rho_+\rho_- = \rho^2, \quad \rho_- = \rho\mathrm{e}^{-\mathrm{i}\phi}, \tag{4.190}$$

因此式 (4.189) 可化为

$$E_{nl}^{\mathrm{L}}(\rho,\phi,z;t) = \frac{A'w_0^n}{[w(z)]^{n+l+1}}\rho^l\mathrm{e}^{-\mathrm{i}l\phi}\mathrm{L}_n^l(\gamma\rho^2) \times \exp\left[-\gamma\rho^2 - +\mathrm{i}kz - \mathrm{i}\omega t - \mathrm{i}(n+l+1)\tan^{-1}\frac{z}{z_0}\right]. \tag{4.191}$$

$E_{nl}^{\mathrm{L}}(\rho,\phi,z;t)$ 称为复宗量拉盖尔-高斯模式. 由于 $E_{nl}^{\mathrm{L}*}(\rho,\phi,z;t)$ 不满足 TEM 模式的方程, 因此不同 (l,n) 的复宗量拉盖尔-高斯模式之间并不正交.

如果把电场表达成如下形式:

$$E_{nl}^{\lambda}(\rho,\phi,z;t) = \frac{A'w_0^n}{[w(z)]^{n+l+1}}\rho^l\mathrm{e}^{-\mathrm{i}l\phi}\mathrm{P}_n^l(\rho^2)\mathrm{e}^{\mathrm{i}(kz-\omega t)} \times \exp\left[-\frac{\rho^2}{w(z)^2} + \mathrm{i}\frac{\rho^2}{2R(z)} - \mathrm{i}\tan^{-1}\frac{z}{z_0}\right], \tag{4.192}$$

其中，$\mathrm{P}_n^l(\xi)$ 是一个 n 阶多项式，那么 $E_{nl}^{\lambda}(\rho,\phi,z;t)$ 的正交条件

$$\int_0^{2\pi}\int_0^{+\infty} E_{nl}^{\lambda}(\rho,\phi,z;t)E_{n'l'}^{\lambda*}(\rho,\phi,z;t)\rho\mathrm{d}\phi\mathrm{d}\rho = N_{nl}^{\lambda}(z)\delta_{nn'}\delta_{ll'} \tag{4.193}$$

等效于 $\mathrm{P}_n^l(\xi)$ 的正交条件

$$\int_{-\infty}^{+\infty} \mathrm{P}_n^l(\rho^2)\mathrm{P}_{n'}^{l*}(\rho^2)\exp\left(-\frac{2\rho^2}{w^2(z)}\right)\rho^{2l+1}\mathrm{d}\rho = 0,\quad \text{当 } n\neq n' \text{时}. \tag{4.194}$$

实宗量的拉盖尔多项式

$$\mathrm{P}_n^l(\rho^2) = \mathrm{L}_n^l\left(\frac{2\rho^2}{w(z)^2}\right)\exp\left[-\mathrm{i}(2n+l)\tan^{-1}\frac{z}{z_0}\right] \tag{4.195}$$

满足这一条件. 这种正交的拉盖尔-高斯模式可以写成如下形式：

$$\begin{aligned} u_{nl}^{\mathrm{L}}(\rho,\phi,z;t) = &\frac{\mathrm{e}^{-\mathrm{i}l\phi}}{w(z)}\left(\frac{\rho}{w(z)}\right)^l \mathrm{L}_n^l\left(\frac{2\rho^2}{w(z)^2}\right)\exp\left(-\frac{\rho^2}{w(z)^2}\right)\\ &\times\exp\left[\mathrm{i}kz+\mathrm{i}\frac{\rho^2}{2R(z)}-\mathrm{i}(2n+l+1)\tan^{-1}\frac{z}{z_0}-\mathrm{i}\omega t\right], \end{aligned} \tag{4.196}$$

记为 $\mathrm{TEM}_{nl}^{\mathrm{L}}$. 不难验证，$u_{nl}^{\mathrm{L}}(\rho,\phi,z;t)$ 中 ρ^{2n+l} 项的系数与 $E_{nl}^{\mathrm{L}}(\rho,\phi,z;t)$ 中 ρ^{2n+l} 项的系数只差一个比例常数, 因此，用 $u_{n'l}^{\mathrm{L}}(\rho,\phi,z;t)$ (其中，$n'\leqslant n$) 展开 $E_{nl}^{\mathrm{L}}(\rho,\phi,z;t)$ 时，$u_{nl}^{\mathrm{L}}(\rho,\phi,z;t)$ 项的系数为常数，而 $n'<n$ 项的系数会随 z 变化. 应用拉盖尔多项式满足的微分方程

$$\xi \mathrm{L}_n^{l\,''}(\xi)+(l+1-\xi)\mathrm{L}_n^{l\,'}(\xi)+n\mathrm{L}_n^l(\xi)=0, \tag{4.197}$$

可以验证 $u_{nl}^{\mathrm{L}}(\rho,\phi,z;t)$ 并不满足 TEM 模式近似下的亥姆霍兹方程，但方程的解仍可用 $u_{nl}^{\mathrm{L}}(\rho,\phi,z;t)$ 展开，只是展开系数是 z 的函数.

在式 (4.196) 中也可用 $\cos\left[l(\phi-\phi_0)\right]$ 替代 $\mathrm{e}^{-\mathrm{i}l\phi}$. 图 4.9 和图 4.10 分别给出了这两种实宗量拉盖尔-高斯模式的光强分布. 与实宗量拉盖尔-高斯模式相比，复宗量拉盖尔-高斯模式光强分布中的径向节点相对模糊，一些节点有可能完全消失.

习　题

4.1　试证明，在三层对称波导中，TE 基模的传播常数大于 TM 基模的传播常数.

4.2　试计算，在三层对称波导中，TE 和 TM 模式导波分布在中心层的能流与总能流之比. 这一比例亦被称为波导的限制因子.

4.3　在折射率只随 x 坐标变化的介质系统中，存在 TE 模式电磁波

$$\boldsymbol{E}(x,y,z)=\boldsymbol{e}_y f(x)\mathrm{e}^{\mathrm{i}\beta z}.$$

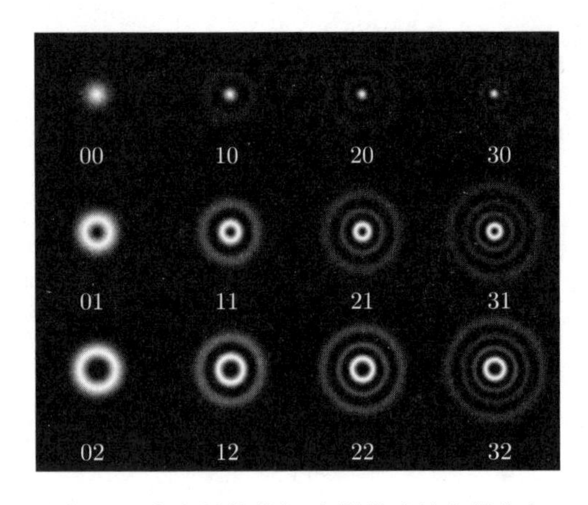

图 4.9 实宗量拉盖尔-高斯模式的光强分布 $\left(u_{nl}^{\mathrm{L}} \propto \mathrm{e}^{-\mathrm{i}l\phi}\right)$

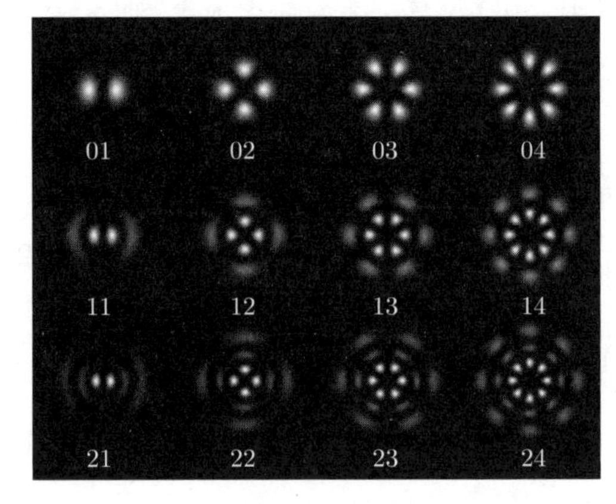

图 4.10 实宗量拉盖尔-高斯模式的光强分布 $\left(u_{nl}^{\mathrm{L}} \propto \cos l\phi\right)$

试导出关于 $f(x)$ 的微分方程.

4.4 在折射率只随 x 坐标变化的介质系统中, 存在 TM 模式电磁波

$$\boldsymbol{H}(x, y, z) = \boldsymbol{e}_y g(x) \mathrm{e}^{\mathrm{i}\beta z}.$$

试导出关于 $g(x)$ 的微分方程.

4.5 试利用数值计算的结果比较复宗量厄米-高斯模式与实宗量厄米-高斯模式的光强分布.

4.6 试利用数值计算的结果比较复宗量拉盖尔-高斯模式与实宗量拉盖尔-高斯模式的光强分布.

第 5 章 光在晶体中的传播

§5.1 晶体中的单色平面波

我们考虑在透明、非磁性晶体中传播的光波. 通常情况下，我们可以把晶体看作是均匀介质，而晶体中微观粒子排列的各向异性一般会导致晶体电学性质的各向异性. 可以证明，透明、非磁性晶体的介电张量 $\hat{\varepsilon}$ 为对称张量.

的确，在一般介质中，电磁场的能量密度满足连续方程：

$$\frac{\partial w}{\partial t}+\nabla\cdot\boldsymbol{S}=-\rho, \tag{5.1}$$

其中，w 为电磁场的能量密度，$\boldsymbol{S}$ 为能流密度矢量，即坡印亭矢量，ρ 为单位体积内电磁场能量的耗散速率. 在透明介质中，ρ 的时间平均值为 0. 因此

$$\frac{\partial}{\partial t}\left[\frac{1}{2}(\boldsymbol{E}\cdot\boldsymbol{D}^*+\boldsymbol{E}^*\cdot\boldsymbol{D})+\frac{1}{2}(\boldsymbol{H}\cdot\boldsymbol{B}^*+\boldsymbol{H}^*\cdot\boldsymbol{B})\right]+\nabla\cdot(\boldsymbol{E}\times\boldsymbol{H}^*+\boldsymbol{E}^*\times\boldsymbol{H})=0. \tag{5.2}$$

注意到 $\boldsymbol{B}=\mu_0\boldsymbol{H}$，应用麦克斯韦方程组，由式 (5.2) 可得

$$\frac{1}{2}\left(\boldsymbol{D}^*\cdot\frac{\partial\boldsymbol{E}}{\partial t}+\boldsymbol{D}\cdot\frac{\partial\boldsymbol{E}^*}{\partial t}-\boldsymbol{E}^*\cdot\frac{\partial\boldsymbol{D}}{\partial t}-\boldsymbol{E}\cdot\frac{\partial\boldsymbol{D}^*}{\partial t}\right)=0. \tag{5.3}$$

对于单频光场，式 (5.3) 可化为

$$\mathrm{i}\omega\left(\boldsymbol{E}^*\cdot\boldsymbol{D}-\boldsymbol{E}\cdot\boldsymbol{D}^*\right)=\mathrm{i}\omega\sum_{l,m=x,y,z}E_l(\varepsilon_{ml}-\varepsilon_{lm})E_m^*=0, \tag{5.4}$$

即

$$\varepsilon_{lm}=\varepsilon_{ml}. \tag{5.5}$$

以下我们考虑单色平面波. 单色平面波的电磁场随时间和空间按如下规律变化：

$$(\boldsymbol{E},\boldsymbol{H})\propto\mathrm{e}^{\mathrm{i}(k_0\boldsymbol{n}\cdot\boldsymbol{r}-\omega t)}, \tag{5.6}$$

在此情形下，麦克斯韦方程组可以化为

$$\begin{aligned}\boldsymbol{n}\times\boldsymbol{H}&=-c\boldsymbol{D}, &\quad \boldsymbol{n}\cdot\boldsymbol{B}&=0,\\ \boldsymbol{n}\times\boldsymbol{E}&=c\boldsymbol{B}, &\quad \boldsymbol{n}\cdot\boldsymbol{D}&=0,\end{aligned} \tag{5.7}$$

其中，$\boldsymbol{n}$ 为波法线矢量. 波法线矢量也称为折射率矢量. 在非磁性晶体中，$\boldsymbol{B}=\mu_0\boldsymbol{H}$，而 $\boldsymbol{D}=\hat{\varepsilon}\boldsymbol{E}$. 注意到介电张量 $\hat{\varepsilon}$ 是对称张量，我们可以方便地采用介电张量主坐标系. 在介电张量主坐标系中，我们有

$$\varepsilon_{lm}=\varepsilon_0\varepsilon_l\delta_{lm},\quad l,m=x,y,z. \tag{5.8}$$

另一个重要的量是坡印亭矢量 $\boldsymbol{S}=\boldsymbol{E}\times\boldsymbol{H}$. 图 5.1 给出了矢量 $\boldsymbol{E}$, $\boldsymbol{H}$, $\boldsymbol{D}$, $\boldsymbol{S}$ 和 $\boldsymbol{n}$ 之间的方向关系.

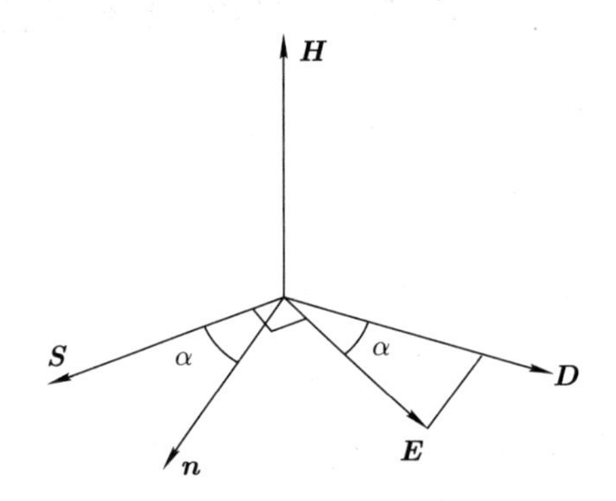

图 5.1 晶体中电磁场、光线和波矢之间的方向关系

从方程组 (5.7) 中消去 $\boldsymbol{H}$，可以得到

$$\varepsilon_0\boldsymbol{n}\times(\boldsymbol{n}\times\boldsymbol{E})=-\hat{\varepsilon}\boldsymbol{E}, \tag{5.9}$$

即

$$\sum_{m=x,y,z}\left(n^2\delta_{lm}-n_ln_m-\delta_{lm}\varepsilon_l\right)E_m=0,\quad l=x,y,z. \tag{5.10}$$

式 (5.10) 具有非平庸解的条件为

$$\det\left[n^2\delta_{lm}-n_ln_m-\delta_{lm}\varepsilon_l\right]=0,\quad l,m=x,y,z. \tag{5.11}$$

这样，在介电张量主坐标系中，可以得到如下确定色散关系的菲涅耳方程：

$$n^2\left(\varepsilon_xn_x^2+\varepsilon_yn_y^2+\varepsilon_zn_z^2\right)-\left[\varepsilon_xn_x^2(\varepsilon_y+\varepsilon_z)+\varepsilon_yn_y^2(\varepsilon_z+\varepsilon_x)+\varepsilon_zn_z^2(\varepsilon_x+\varepsilon_y)\right]+\varepsilon_x\varepsilon_y\varepsilon_z=0. \tag{5.12}$$

由于介电张量主值随频率变化，因此菲涅耳方程给出的是波法线矢量与光波频率和矢量方向的关系. 菲涅耳方程是关于 n^2 的二次方程. 对于一个确定的方向，该方程有两个解，对应

两个不同的偏振态. 矢量 $\boldsymbol{n}$ 的端点轨迹一般为四次曲面, 称为波法面或折射率面. 由于在给定矢量 $\boldsymbol{n}$ 的方向的情况下, n^2 可取两个不同的值, 因此可以存在两个分离的波法面, 对应两个正交的电场矢量方向. 这里, 电场矢量 $\boldsymbol{E}_1, \boldsymbol{E}_2$ 相互正交是指 $\boldsymbol{E}_1\hat{\varepsilon}\boldsymbol{E}_2 = 0$.

光波的传播也可以用光线矢量 $\boldsymbol{s}$ 来描述. 为了引入光线矢量, 我们先考虑光波的射线速度. 射线速度定义为

$$\boldsymbol{v}_{\mathrm{r}} = \frac{\boldsymbol{S}}{w}, \tag{5.13}$$

它反映的是能量传播的速度. 由于

$$\begin{aligned} w &= \frac{1}{2}(\boldsymbol{E}\cdot\boldsymbol{D} + \boldsymbol{H}\cdot\boldsymbol{B}) \\ &= \frac{1}{2c}[\boldsymbol{E}\cdot(\boldsymbol{H}\times\boldsymbol{n}) + \boldsymbol{H}\cdot(\boldsymbol{n}\times\boldsymbol{E})] \\ &= \frac{1}{c}\boldsymbol{n}\cdot(\boldsymbol{E}\times\boldsymbol{H}), \end{aligned} \tag{5.14}$$

因此

$$\boldsymbol{v}_{\mathrm{r}}\cdot\boldsymbol{n} = c, \tag{5.15}$$

或

$$\boldsymbol{v}_{\mathrm{r}}\cdot\boldsymbol{k} = \omega. \tag{5.16}$$

射线速度与波法面垂直. 的确, 由式 (5.7) 可得

$$\delta\boldsymbol{B} = \frac{1}{c}(\delta\boldsymbol{n}\times\boldsymbol{E} + \boldsymbol{n}\times\delta\boldsymbol{E}), \quad \delta\boldsymbol{D} = -\frac{1}{c}(\delta\boldsymbol{n}\times\boldsymbol{H} + \boldsymbol{n}\times\delta\boldsymbol{H}), \tag{5.17}$$

因此

$$\begin{aligned} \boldsymbol{E}\cdot\delta\boldsymbol{D} + \boldsymbol{H}\cdot\delta\boldsymbol{B} &= \frac{1}{c}[2\delta\boldsymbol{n}\cdot(\boldsymbol{E}\times\boldsymbol{H}) + (\boldsymbol{H}\times\boldsymbol{n})\cdot\delta\boldsymbol{E} - (\boldsymbol{E}\times\boldsymbol{n})\cdot\delta\boldsymbol{H}] \\ &= \frac{2}{c}\delta\boldsymbol{n}\cdot(\boldsymbol{E}\times\boldsymbol{H}) + \boldsymbol{D}\cdot\delta\boldsymbol{E} + \boldsymbol{B}\cdot\delta\boldsymbol{H}. \end{aligned} \tag{5.18}$$

对于线性介质, 存在关系 $\boldsymbol{D}\cdot\delta\boldsymbol{E} = \boldsymbol{E}\cdot\delta\boldsymbol{D}$, 以及 $\boldsymbol{B}\cdot\delta\boldsymbol{H} = \boldsymbol{H}\cdot\delta\boldsymbol{B}$. 将这两个关系式代入式 (5.18), 可得

$$\boldsymbol{E}\cdot\delta\boldsymbol{D} + \boldsymbol{H}\cdot\delta\boldsymbol{B} = \frac{2}{c}\delta\boldsymbol{n}\cdot(\boldsymbol{E}\times\boldsymbol{H}) + \boldsymbol{E}\cdot\delta\boldsymbol{D} + \boldsymbol{H}\cdot\delta\boldsymbol{B}, \tag{5.19}$$

由此可得

$$\delta\boldsymbol{n}\cdot\boldsymbol{S} = \delta\boldsymbol{n}\cdot(\boldsymbol{E}\times\boldsymbol{H}) = 0, \tag{5.20}$$

所以

$$\delta \boldsymbol{n} \cdot \boldsymbol{v}_{\mathrm{r}} = 0, \tag{5.21}$$

即射线速度与波法面垂直. 根据式 (5.15), 我们有

$$\boldsymbol{n} \cdot \delta \boldsymbol{v}_{\mathrm{r}} + \delta \boldsymbol{n} \cdot \boldsymbol{v}_{\mathrm{r}} = 0, \tag{5.22}$$

所以

$$\boldsymbol{k} \cdot \delta \boldsymbol{v}_{\mathrm{r}} = -k_0 \delta \boldsymbol{n} \cdot \boldsymbol{v}_{\mathrm{r}} = 0. \tag{5.23}$$

这样, 由式 (5.16) 可得

$$\delta\omega = \boldsymbol{k} \cdot \delta \boldsymbol{v}_{\mathrm{r}} + \boldsymbol{v}_{\mathrm{r}} \cdot \delta \boldsymbol{k} = \boldsymbol{v}_{\mathrm{r}} \cdot \delta \boldsymbol{k}, \tag{5.24}$$

于是有

$$\boldsymbol{v}_{\mathrm{r}} = \nabla_{\boldsymbol{k}} \omega(\boldsymbol{k}), \tag{5.25}$$

其中,

$$\nabla_{\boldsymbol{k}} = \boldsymbol{e}_x \frac{\partial}{\partial k_x} + \boldsymbol{e}_y \frac{\partial}{\partial k_y} + \boldsymbol{e}_z \frac{\partial}{\partial k_z}. \tag{5.26}$$

由式 (5.12) 可以得到 ω 与 $\boldsymbol{k}$ 之间的函数关系, 即 $\omega(\boldsymbol{k})$. 这样, 再应用式 (5.25), 便可以得到与 $\boldsymbol{n}$ 对应的 $\boldsymbol{v}_{\mathrm{r}}$ 的表达式.

我们定义光线矢量 $\boldsymbol{s}$ 为

$$\boldsymbol{s} = \frac{\boldsymbol{v}_{\mathrm{r}}}{c}, \tag{5.27}$$

光线矢量 $\boldsymbol{s}$ 的端点轨迹称为射线面. 由式 (5.15) 和式 (5.21), 我们可以得到

$$\boldsymbol{s} \cdot \boldsymbol{n} = 1, \tag{5.28}$$

以及

$$\delta \boldsymbol{n} \cdot \boldsymbol{s} = 0, \quad \delta \boldsymbol{s} \cdot \boldsymbol{n} = 0. \tag{5.29}$$

式 (5.29) 说明 $\boldsymbol{s}$ 垂直于波法面, 而 $\boldsymbol{n}$ 垂直于射线面. 利用光线矢量 $\boldsymbol{s}$, 我们可以写出如下类似方程组 (5.7) 的方程组:

$$\begin{aligned} &\boldsymbol{s} \times \boldsymbol{B} = -\frac{1}{c} \boldsymbol{E}, \qquad \boldsymbol{s} \cdot \boldsymbol{H} = 0, \\ &\boldsymbol{s} \times \boldsymbol{D} = \frac{1}{c} \boldsymbol{H}, \qquad \boldsymbol{s} \cdot \boldsymbol{E} = 0. \end{aligned} \tag{5.30}$$

$\boldsymbol{s}$ 与 $\boldsymbol{E}$ 及 $\boldsymbol{H}$ 正交是显而易见的，我们只需证明另外两个方程成立即可. 我们有

$$\begin{aligned}\boldsymbol{s}\times\boldsymbol{B}&=\frac{1}{c}[\boldsymbol{s}\times(\boldsymbol{n}\times\boldsymbol{E})]\\&=-\frac{1}{c}[\boldsymbol{E}(\boldsymbol{n}\cdot\boldsymbol{s})-\boldsymbol{n}(\boldsymbol{s}\cdot\boldsymbol{E})]\\&=-\frac{1}{c}\boldsymbol{E},\end{aligned}\tag{5.31}$$

同样，

$$\begin{aligned}\boldsymbol{s}\times\boldsymbol{D}&=-\frac{1}{c}[\boldsymbol{s}\times(\boldsymbol{n}\times\boldsymbol{H})]\\&=\frac{1}{c}[\boldsymbol{H}(\boldsymbol{n}\cdot\boldsymbol{s})-\boldsymbol{n}(\boldsymbol{s}\cdot\boldsymbol{H})]\\&=\frac{1}{c}\boldsymbol{H}.\end{aligned}\tag{5.32}$$

采用与从方程组 (5.7) 导出菲涅耳方程 (5.12) 类似的步骤，我们可以从方程组 (5.30) 导出关于 $\boldsymbol{s}$ 的方程，即

$$s^2\left(\varepsilon_y\varepsilon_z s_x^2+\varepsilon_z\varepsilon_x s_y^2+\varepsilon_x\varepsilon_y s_z^2\right)-\left[s_x^2(\varepsilon_y+\varepsilon_z)+s_y^2(\varepsilon_z+\varepsilon_x)+s_z^2(\varepsilon_x+\varepsilon_y)\right]+1=0.\tag{5.33}$$

与关于波法线矢量的菲涅耳方程类似，这也是一个四次方程. 在给定 $\boldsymbol{s}$ 的方向的条件下，可能存在两个不同的 s^2 的解，所以射线面一般是两个分离的四次曲面.

§5.2 单 轴 晶 体

5.2.1 o 光与 e 光

介电张量的主值中有两个相等的晶体为单轴晶体. 记

$$\varepsilon_x=\varepsilon_y=n_{\mathrm{o}}^2,\quad \varepsilon_z=n_{\mathrm{e}}^2,\tag{5.34}$$

这样，对于单轴晶体，菲涅耳方程 (5.12) 可化为如下形式：

$$n^2\left[n_{\mathrm{o}}^2(n_x^2+n_y^2)+n_{\mathrm{e}}^2n_z^2\right]-\left[n_{\mathrm{o}}^2(n_{\mathrm{o}}^2+n_{\mathrm{e}}^2)(n_x^2+n_y^2)+2n_{\mathrm{e}}^2n_{\mathrm{o}}^2n_z^2\right]+n_{\mathrm{o}}^4n_{\mathrm{e}}^2=0.\tag{5.35}$$

我们称 n_{o} 为 o 光的主折射率，n_{e} 为 e 光的主折射率. 对式 (5.35) 做因式分解，可以得到

$$(n^2-n_{\mathrm{o}}^2)\left[n_{\mathrm{e}}^2n_z^2+n_{\mathrm{o}}^2(n_x^2+n_y^2)-n_{\mathrm{o}}^2n_{\mathrm{e}}^2\right]=0,\tag{5.36}$$

即菲涅耳方程的两个解分别满足如下两个方程：

$$n^2=n_{\mathrm{o}}^2,\tag{5.37}$$

$$\frac{n_z^2}{n_o^2}+\frac{n_x^2+n_y^2}{n_e^2}=1, \tag{5.38}$$

相应的光波分别为 o 光和 e 光. 当 $\boldsymbol{n}$ 沿 z 轴时, 两个解相等, 即 z 轴为单轴晶体的光轴, 而波法面为在光轴方向相切的球面和绕光轴的旋转椭球面.

式 (5.38) 的解可表达为如下形式:

$$n^2(\theta)=\frac{n_o^2n_e^2}{n_e^2\cos^2\theta+n_o^2\sin^2\theta}, \tag{5.39}$$

其中, θ 为 $\boldsymbol{n}$ 与光轴的夹角.

把式 (5.37) 和式 (5.39) 分别代入式 (5.10), 可以求得 o 光和 e 光的电场方向:

$$\boldsymbol{E}_o \parallel (n_y\boldsymbol{e}_x-n_x\boldsymbol{e}_y), \tag{5.40}$$

和

$$\boldsymbol{E}_e \parallel \left[-n_e^2n_z(n_x\boldsymbol{e}_x+n_y\boldsymbol{e}_y)+n_o^2(n_x^2+n_y^2)\boldsymbol{e}_z\right]. \tag{5.41}$$

对于单轴晶体, 式 (5.33) 亦可做因式分解:

$$(n_o^2s^2-1)\left[n_o^2s_z^2+n_e^2(s_x^2+s_y^2)-1\right]=0. \tag{5.42}$$

对于 o 光, 有

$$\boldsymbol{s}=\frac{\boldsymbol{n}}{n_o^2}, \tag{5.43}$$

对于 e 光, 则有

$$n_o^2s_z^2+n_e^2(s_x^2+s_y^2)=1, \tag{5.44}$$

或

$$s^2(\xi)=\frac{1}{n_o^2\cos^2\xi+n_e^2\sin^2\xi}, \tag{5.45}$$

其中, ξ 为 $\boldsymbol{s}$ 与光轴的夹角. o 光和 e 光的射线面也在光轴方向相切, o 光的射线面为球面, e 光的射线面为绕光轴的旋转椭球面.

我们也可以在给定 $\boldsymbol{n}$ 的条件下计算光线矢量 $\boldsymbol{s}$. 对于 e 光, 式 (5.38) 可变形为

$$\omega=c\sqrt{\frac{k_y^2+k_x^2}{n_e^2}+\frac{k_z^2}{n_o^2}}, \tag{5.46}$$

于是

$$s = \frac{1}{c}\nabla_{\boldsymbol{k}}\omega(\boldsymbol{k}) = \frac{n_x\boldsymbol{e}_x + n_y\boldsymbol{e}_y}{n_{\mathrm{e}}^2} + \frac{n_z\boldsymbol{e}_z}{n_{\mathrm{o}}^2}, \tag{5.47}$$

以及

$$s^2(\theta) = \frac{\dfrac{n_{\mathrm{e}}^2}{n_{\mathrm{o}}^2}\cos^2\theta + \dfrac{n_{\mathrm{o}}^2}{n_{\mathrm{e}}^2}\sin^2\theta}{n_{\mathrm{e}}^2\cos^2\theta + n_{\mathrm{o}}^2\sin^2\theta}. \tag{5.48}$$

值得注意的是，当 $n_x = n_y = 0$ 时，o 光和 e 光的光线矢量相等. 这是由于 o 光的波法面 (球面) 和 e 光的波法面 (旋转椭球面) 在光轴方向相切，因此沿光轴方向只有一个光线矢量. 这样，在单轴晶体中，当非偏振的折射光波沿光轴方向传播时不发生双折射.

由式 (5.47) 可得

$$\boldsymbol{n} = n_{\mathrm{e}}^2(s_x\boldsymbol{e}_x + s_y\boldsymbol{e}_y) + n_{\mathrm{o}}^2 s_z\boldsymbol{e}_z. \tag{5.49}$$

由于

$$\tan\theta = \frac{n_z}{\sqrt{n_x^2 + n_y^2}}, \quad \tan\xi = \frac{s_z}{\sqrt{s_x^2 + s_y^2}}, \tag{5.50}$$

根据式 (5.47) 或式 (5.49)，我们可以得到角度 ξ 和 θ 之间的关系：

$$n_{\mathrm{e}}^2\tan\xi = n_{\mathrm{o}}^2\tan\theta. \tag{5.51}$$

利用 ξ 和 θ 之间的关系，我们还可以计算 $\boldsymbol{n}$ 和 $\boldsymbol{s}$ 之间的夹角 α . 我们有

$$\cos\alpha = \frac{\boldsymbol{n}\cdot\boldsymbol{s}}{sn} = \frac{1}{sn}. \tag{5.52}$$

将式 (5.39) 和式 (5.48) 代入式 (5.52)，并注意到 ξ 和 θ 之间的关系式 (5.51)，可以得到关于 α 的如下表达式：

$$\cos\alpha = \frac{n_{\mathrm{e}}^2\cos^2\theta + n_{\mathrm{o}}^2\sin^2\theta}{\sqrt{n_{\mathrm{e}}^4\cos^2\theta + n_{\mathrm{o}}^4\sin^2\theta}} = \frac{n_{\mathrm{o}}^2\cos^2\xi + n_{\mathrm{e}}^2\sin^2\xi}{\sqrt{n_{\mathrm{o}}^4\cos^2\xi + n_{\mathrm{e}}^4\sin^2\xi}}. \tag{5.53}$$

5.2.2 双折射

考虑光波在各向同性介质与单轴晶体界面的折射. 选取界面坐标系，使得界面为 (x', y') 平面， $z' \leqslant 0$ 的空间为折射率等于 n_1 的介质所填充，而单轴晶体占据 $z' > 0$ 的空间范围. 光波从各向同性介质入射. 在界面坐标系中，光轴方向的单位矢量为

$$\boldsymbol{e}_{\mathrm{a}} = (\sin\phi, 0, \cos\phi), \tag{5.54}$$

即晶体的主截面为 (x', z') 平面，而光轴与界面法线的夹角为 ϕ.

令入射光波的波矢为

$$\boldsymbol{k}_1 = n_1 k_0 (\sin i \cos\gamma, \sin i \sin\gamma, \cos i), \tag{5.55}$$

即入射角为 i，入射面与主截面之间的夹角为 γ，则反射光波的波矢为

$$\boldsymbol{k}_1' = n_1 k_0 (\sin i \cos\gamma, \sin i \sin\gamma, -\cos i). \tag{5.56}$$

由于介质的介电张量只与 z' 坐标有关，因此在求解电磁场时可以采用分离变量的方法，即要求电磁场随 x' 和 y' 坐标的变化规律与 z' 坐标无关. 这样，界面上下波矢的切向分量必须相同. 由此条件可以方便地得到晶体中 o 光的波矢：

$$\boldsymbol{k}_{\mathrm{o}} = n_{\mathrm{o}} k_0 (\sin r_{\mathrm{o}} \cos\gamma, \sin r_{\mathrm{o}} \sin\gamma, \cos r_{\mathrm{o}}), \tag{5.57}$$

其中，o 光的折射角 r_{o} 满足如下方程：

$$n_1 \sin i = n_{\mathrm{o}} \sin r_{\mathrm{o}}. \tag{5.58}$$

再考虑 e 光. 在晶体介电张量主坐标系中，我们可以将 e 光的波矢表达为

$$\boldsymbol{k}_{\mathrm{e}} = n(\theta) k_0 (\sin\theta \cos\beta, \sin\theta \sin\beta, \cos\theta), \tag{5.59}$$

而在界面坐标系中，则有

$$\boldsymbol{k}_{\mathrm{e}} = n(\theta) k_0 (\sin\theta\cos\beta\cos\phi + \cos\theta\sin\phi, \sin\theta\sin\beta, \cos\theta\cos\phi - \sin\theta\cos\beta\sin\phi). \tag{5.60}$$

应用波矢的边界条件可以得到确定 θ 和 β 的方程：

$$\begin{aligned} n_1 \sin i \cos\gamma &= n(\theta)(\sin\theta\cos\beta\cos\phi + \cos\theta\sin\phi), \\ n_1 \sin i \sin\gamma &= n(\theta)\sin\theta\sin\beta. \end{aligned} \tag{5.61}$$

解出 θ 和 β 之后，可以计算光线矢量 $\boldsymbol{s}$. 在晶体介电张量主坐标系中，有

$$\boldsymbol{s} = n(\theta)\left(\frac{\sin\theta\cos\beta}{n_{\mathrm{e}}^2}, \frac{\sin\theta\sin\beta}{n_{\mathrm{e}}^2}, \frac{\cos\theta}{n_{\mathrm{o}}^2}\right), \tag{5.62}$$

而在界面坐标系中，则有

$$\boldsymbol{s} = n(\theta)\left(\frac{\sin\theta\cos\beta\cos\phi}{n_{\mathrm{e}}^2} + \frac{\cos\theta\sin\phi}{n_{\mathrm{o}}^2}, \frac{\sin\theta\sin\beta}{n_{\mathrm{e}}^2}, \frac{\cos\theta\cos\phi}{n_{\mathrm{o}}^2} - \frac{\sin\theta\cos\beta\sin\phi}{n_{\mathrm{e}}^2}\right), \tag{5.63}$$

由此可以得到沿 $\boldsymbol{s}$ 方向的单位矢量：

$$\boldsymbol{e}_s=\left(\frac{n_{\mathrm{o}}^2\sin\theta\cos\beta\cos\phi+n_{\mathrm{e}}^2\cos\theta\sin\phi}{\sqrt{n_{\mathrm{e}}^4\cos^2\theta+n_{\mathrm{o}}^4\sin^2\theta}},\right.$$
$$\left.\frac{n_{\mathrm{o}}^2\sin\theta\sin\beta}{\sqrt{n_{\mathrm{e}}^4\cos^2\theta+n_{\mathrm{o}}^4\sin^2\theta}},\frac{n_{\mathrm{e}}^2\cos\theta\cos\phi-n_{\mathrm{o}}^2\sin\theta\cos\beta\sin\phi}{\sqrt{n_{\mathrm{e}}^4\cos^2\theta+n_{\mathrm{o}}^4\sin^2\theta}}\right). \tag{5.64}$$

式 (5.64) 亦可写成

$$\boldsymbol{e}_s=(\sin r_{\mathrm{e}}\cos\delta,\sin r_{\mathrm{e}}\sin\delta,\cos r_{\mathrm{e}}), \tag{5.65}$$

其中，r_{e} 和 δ 满足如下关系：

$$\begin{aligned}\cos r_{\mathrm{e}}&=\frac{n_{\mathrm{e}}^2\cos\theta\cos\phi-n_{\mathrm{o}}^2\sin\theta\cos\beta\sin\phi}{\sqrt{n_{\mathrm{e}}^4\cos^2\theta+n_{\mathrm{o}}^4\sin^2\theta}},\\ \tan\delta&=\frac{n_{\mathrm{o}}^2\sin\theta\sin\beta}{n_{\mathrm{o}}^2\sin\theta\cos\beta\cos\phi+n_{\mathrm{e}}^2\cos\theta\sin\phi},\end{aligned} \tag{5.66}$$

r_{e} 和 δ 分别是 e 光的折射角和 e 光折射面与主截面之间的夹角. 应用式 (5.61)，可以得到

$$\tan\delta=\frac{n_1n_{\mathrm{o}}^2\sin i\sin\gamma}{n_1n_{\mathrm{o}}^2\sin i\cos\gamma+(n_{\mathrm{e}}^2-n_{\mathrm{o}}^2)n(\theta)\cos\theta\sin\phi}. \tag{5.67}$$

显然，一般情况下，$\delta\neq\gamma$，即 e 光光线一般不在入射面内.

容易验证，当 $\phi=0$，$i=0$ 时，$\boldsymbol{e}_s\parallel\boldsymbol{k}_{\mathrm{o}}$，即当晶体光轴垂直于界面，并且光波沿界面法线方向入射时不会发生双折射.

如果 $\phi=\pi/2$，$\gamma=\pi/2$，那么 e 光的相关公式可以得到简化. 这对应光轴平行于界面，并且入射面与光轴垂直的情形. 此时由式 (5.61) 和式 (5.66) 可得

$$n_1\sin i=n_{\mathrm{e}}\sin r_{\mathrm{e}}, \tag{5.68}$$

以及

$$\theta=\frac{\pi}{2},\quad \delta=\frac{\pi}{2},\quad \beta=\pi-r_{\mathrm{e}}. \tag{5.69}$$

式 (5.68) 表明，在光轴平行于界面，且入射面垂直于光轴的条件下，e 光也满足斯涅尔 (Snell) 定律.

一般情况下，当入射光波为 s 波时，晶体中的折射光波既有 o 光又有 e 光，即发生双折射，而反射光波中既有 s 波又有 p 波. 当入射光波为 p 波时，情况也类似. 但如果晶体

光轴平行于界面，且入射面垂直于光轴，即 $\phi=\pi/2$，$\gamma=\pi/2$，或入射面与主截面一致，即 $\gamma=0$，则当入射光波为 s 波或 p 波时，晶体内只出现 o 光或 e 光，而反射光波中也只有 s 波或 p 波. 应用电磁场的边界条件可得，在第一种情况下，即 $\phi=\pi/2$，$\gamma=\pi/2$ 时，s 波和 p 波的电场反射率与透射率分别为

$$\begin{aligned} r_{\mathrm{s}} &= \frac{n_1\cos i - n_{\mathrm{e}}\cos r_{\mathrm{e}}}{n_1\cos i + n_{\mathrm{e}}\cos r_{\mathrm{e}}}, \\ t_{\mathrm{es}} &= \frac{2n_1\cos i}{n_1\cos i + n_{\mathrm{e}}\cos r_{\mathrm{e}}}, \end{aligned} \tag{5.70}$$

和

$$\begin{aligned} r_{\mathrm{p}} &= \frac{n_{\mathrm{o}}\cos i - n_1\cos r_{\mathrm{o}}}{n_{\mathrm{o}}\cos i + n_1\cos r_{\mathrm{o}}}, \\ t_{\mathrm{op}} &= \frac{2n_1\cos i}{n_{\mathrm{o}}\cos i + n_1\cos r_{\mathrm{o}}}. \end{aligned} \tag{5.71}$$

式 (5.70) 和式 (5.71) 中，电场反射率与透射率的下标的意义是：折射光波中 e 光的电场正比于入射光波的 s 分量，且与 p 分量无关，o 光的电场正比于入射光波的 p 分量，且与 s 分量无关；而反射光波的 s 分量只与入射光波的 s 分量相关，p 分量只与入射光波的 p 分量相关.

在第二种情况下，即 $\gamma=0$ 时，s 波和 p 波的电场反射率与透射率分别为

$$\begin{aligned} r_{\mathrm{s}} &= \frac{n_1\cos i - n_{\mathrm{o}}\cos r_{\mathrm{o}}}{n_1\cos i + n_{\mathrm{o}}\cos r_{\mathrm{o}}}, \\ t_{\mathrm{os}} &= \frac{2n_1\cos i}{n_1\cos i + n_{\mathrm{o}}\cos r_{\mathrm{o}}}, \end{aligned} \tag{5.72}$$

和

$$\begin{aligned} r_{\mathrm{p}} &= \frac{n(\theta)\cos(r_{\mathrm{e}}-\theta-\phi)\cos i - n_1\cos r_{\mathrm{e}}}{n(\theta)\cos(r_{\mathrm{e}}-\theta-\phi)\cos i + n_1\cos r_{\mathrm{e}}}, \\ t_{\mathrm{ep}} &= \frac{2n_1\cos i}{n(\theta)\cos(r_{\mathrm{e}}-\theta-\phi)\cos i + n_1\cos r_{\mathrm{e}}}, \end{aligned} \tag{5.73}$$

这里，电场透射率的下标表明：当入射面与主截面一致时，折射光波中 o 光的电场正比于入射光波的 s 分量，且与 p 分量无关，而 e 光的电场正比于入射光波的 p 分量，且与 s 分量无关.

§5.3 双 轴 晶 体

介电张量的三个主值各不相等的晶体为双轴晶体. 设

$$\varepsilon_x < \varepsilon_y < \varepsilon_z. \tag{5.74}$$

虽然这时的波法面为较复杂的四次曲面, 但是波法面与坐标平面的交线却是相对简单的二次曲线. 在 $n_z = 0$ 面, 由菲涅耳方程 (5.12) 可得

$$n_x^2 + n_y^2 = \varepsilon_z, \quad \frac{n_x^2}{\varepsilon_y} + \frac{n_y^2}{\varepsilon_x} = 1, \tag{5.75}$$

电场方向分别为

$$\boldsymbol{E} \parallel \boldsymbol{e}_z \quad 及 \quad \boldsymbol{E} \parallel -\varepsilon_y n_y \boldsymbol{e}_x + \varepsilon_x n_x \boldsymbol{e}_y; \tag{5.76}$$

在 $n_y = 0$ 面,

$$n_z^2 + n_x^2 = \varepsilon_y, \quad \frac{n_z^2}{\varepsilon_x} + \frac{n_x^2}{\varepsilon_z} = 1, \tag{5.77}$$

电场方向分别为

$$\boldsymbol{E} \parallel \boldsymbol{e}_y \quad 及 \quad \boldsymbol{E} \parallel -\varepsilon_z n_z \boldsymbol{e}_x + \varepsilon_x n_x \boldsymbol{e}_z; \tag{5.78}$$

而在 $n_x = 0$ 面,

$$n_y^2 + n_z^2 = \varepsilon_x, \quad \frac{n_y^2}{\varepsilon_z} + \frac{n_z^2}{\varepsilon_y} = 1, \tag{5.79}$$

电场方向分别为

$$\boldsymbol{E} \parallel \boldsymbol{e}_x \quad 及 \quad \boldsymbol{E} \parallel -\varepsilon_z n_z \boldsymbol{e}_y + \varepsilon_y n_y \boldsymbol{e}_z. \tag{5.80}$$

容易看出, 重根, 即波法面相交只发生在 (n_x, n_z) 平面, 相应方向即为光轴方向 (见图 5.2). 我们用 β 表达光轴方向与 z 轴的夹角. 波法线矢量的重根为

$$\boldsymbol{n}_{\mathrm{a}} = \left(\sqrt{\frac{\varepsilon_z(\varepsilon_y - \varepsilon_x)}{\varepsilon_z - \varepsilon_x}},\ 0,\ \sqrt{\frac{\varepsilon_x(\varepsilon_z - \varepsilon_y)}{\varepsilon_z - \varepsilon_x}} \right), \tag{5.81}$$

β 为

$$\beta = \arctan \sqrt{\frac{\varepsilon_z(\varepsilon_y - \varepsilon_x)}{\varepsilon_x(\varepsilon_z - \varepsilon_y)}}. \tag{5.82}$$

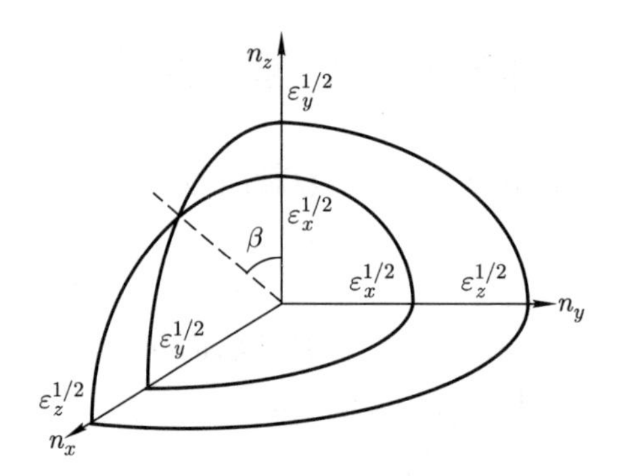

图 5.2 双轴晶体的光轴

双轴晶体有两个光轴. 当 $\varepsilon_z = \varepsilon_y$ 或 $\varepsilon_y = \varepsilon_x$ 时, 两个光轴合并为单一光轴. 波法面的两个曲面在光轴方向并不相切, 所以沿光轴方向的波矢并非只对应一个光线矢量.

设 $\boldsymbol{D}$ 与 y 轴的夹角为 θ, 这样就有

$$\boldsymbol{D} = \left(\frac{n_z}{n}\sin\theta\boldsymbol{e}_x + \cos\theta\boldsymbol{e}_y - \frac{n_x}{n}\sin\theta\boldsymbol{e}_z\right)D, \tag{5.83}$$

相应的电场强度为

$$\boldsymbol{E} = \left(\frac{n_z}{n\varepsilon_x}\sin\theta\boldsymbol{e}_x + \frac{1}{\varepsilon_y}\cos\theta\boldsymbol{e}_y - \frac{n_x}{n\varepsilon_z}\sin\theta\boldsymbol{e}_z\right)\frac{D}{\varepsilon_0}. \tag{5.84}$$

根据式 (5.13)、式 (5.14) 和式 (5.27), 可以得到

$$\boldsymbol{s} = \frac{\boldsymbol{E}\times\boldsymbol{H}}{\boldsymbol{n}\cdot(\boldsymbol{E}\times\boldsymbol{H})}. \tag{5.85}$$

代入关系式 $c\mu_0\boldsymbol{H} = \boldsymbol{n}\times\boldsymbol{E}$, 可得

$$s^2 = \frac{|\boldsymbol{E}|^2}{n^2|\boldsymbol{E}|^2 - (\boldsymbol{n}\cdot\boldsymbol{E})^2}. \tag{5.86}$$

把 $\boldsymbol{E}$ 和 $\boldsymbol{n}$ 的表达式代入式 (5.86), 可以得到

$$s^2 = \frac{1}{\varepsilon_y} + \frac{(\varepsilon_z - \varepsilon_y)(\varepsilon_y - \varepsilon_x)}{\varepsilon_x\varepsilon_y\varepsilon_z}\sin^2\theta. \tag{5.87}$$

令 α 为 $\boldsymbol{s}$ 与光轴的夹角, 注意到关系式 $\boldsymbol{s}\cdot\boldsymbol{n} = 1$, 我们有

$$\sin^2\alpha = 1 - \frac{1}{n^2s^2} = \frac{\sin^2\theta}{\dfrac{\varepsilon_x\varepsilon_z}{(\varepsilon_z - \varepsilon_y)(\varepsilon_y - \varepsilon_x)} + \sin^2\theta}. \tag{5.88}$$

式 (5.88) 表明, 光线矢量的方向随着偏振方向的变化而连续变化, 所有光线矢量构成一个锥面. 与单轴晶体的情形不同, 当光在各向同性介质与双轴晶体的界面反生折射时, 如果双轴

晶体中的非偏振折射光波的波矢恰好沿双轴晶体的光轴方向，那么就会发生锥形折射. 这种锥形折射也称为内锥形折射.

除了作为特殊波矢方向的光轴，在双轴晶体中还存在两个特殊的光线矢量方向，当光线矢量的取向沿着这两个方向时，关于 s 的方程有重根. 这两个特殊的光线矢量方向称为射线光轴，其方向由 γ 角给出：

$$\gamma = \arctan\sqrt{\frac{\varepsilon_y - \varepsilon_x}{\varepsilon_z - \varepsilon_y}}, \tag{5.89}$$

相应的光线矢量为

$$\boldsymbol{s}_{\mathrm{a}} = \left(\sqrt{\frac{\varepsilon_y - \varepsilon_x}{\varepsilon_y(\varepsilon_z - \varepsilon_x)}},\ 0,\ \sqrt{\frac{\varepsilon_z - \varepsilon_y}{\varepsilon_y(\varepsilon_z - \varepsilon_x)}}\right). \tag{5.90}$$

与 $\boldsymbol{n}$ 沿光轴的情形类似，当 $\boldsymbol{s}$ 沿射线光轴时，我们有

$$n^2 \doteq \varepsilon_y + \frac{(\varepsilon_z - \varepsilon_y)(\varepsilon_y - \varepsilon_x)}{\varepsilon_y}\sin^2\xi, \tag{5.91}$$

以及

$$\sin^2\phi = \frac{\sin^2\xi}{\dfrac{\varepsilon_y^2}{(\varepsilon_z - \varepsilon_y)(\varepsilon_y - \varepsilon_x)} + \sin^2\xi}, \tag{5.92}$$

其中，ξ 为 $\boldsymbol{E}$ 与 y 轴的夹角，ϕ 为 $\boldsymbol{n}$ 与射线光轴的夹角. 式 (5.92) 表明，$\boldsymbol{n}$ 的方向随着偏振方向的变化而连续变化，所有 $\boldsymbol{n}$ 构成一个锥面. 如果在晶体中非偏振光的光线矢量沿射线光轴方向，那么在与各向同性介质的界面上发生折射时，也会出现锥形折射. 此时锥形分布的折射光波出现在各向同性介质中，因此这种锥形折射称为外锥形折射.

§5.4 旋光晶体

一般情况下，晶体中电荷分布在微观尺度下的非均匀性不会产生显著的光学效应. 但如果晶体具有手征性，或者说晶体具有非中心对称结构，那么电荷分布的非均匀性会导致晶体具有旋光性.

电荷分布在微观尺度下的非均匀性导致微观尺度下电场的涨落，而光场是实际电场在一个晶胞内的平均值，即

$$\boldsymbol{E} = V_0^{-1}\int_{V_0}\boldsymbol{E}_0(\boldsymbol{r})\mathrm{d}v, \quad \boldsymbol{D} = V_0^{-1}\int_{V_0}\widehat{\varepsilon}^0(\boldsymbol{r})\boldsymbol{E}_0(\boldsymbol{r})\mathrm{d}v, \tag{5.93}$$

其中，V_0 为晶胞的体积，$\boldsymbol{E}_0(\boldsymbol{r})$ 为晶胞内一点的实际电场强度，$\widehat{\varepsilon}^0(\boldsymbol{r})$ 为相应点的实际介电张量. 光场与实际电场之间存在线性关系，考虑到光波波长远大于晶胞的尺度，我们有

$$\boldsymbol{E}_0(\boldsymbol{r})=\widehat{\boldsymbol{U}}(\boldsymbol{r})\boldsymbol{E}\mathrm{e}^{\mathrm{i}\boldsymbol{k}\cdot\boldsymbol{r}}=(1+\mathrm{i}\boldsymbol{k}\cdot\boldsymbol{r})\widehat{\boldsymbol{U}}(\boldsymbol{r})\boldsymbol{E}, \tag{5.94}$$

其中，$\widehat{\boldsymbol{U}}(\boldsymbol{r})$ 是一个给出实际电场强度和光场比例关系的张量. 由式 (5.94) 可以得到光波波段晶体的介电张量的表达式：

$$\widehat{\varepsilon}=V_0^{-1}\int_{V_0}(1+\mathrm{i}\boldsymbol{k}\cdot\boldsymbol{r})\widehat{\varepsilon}^0(\boldsymbol{r})\widehat{\boldsymbol{U}}(\boldsymbol{r})\mathrm{d}v=\overline{\widehat{\varepsilon}^0}+\mathrm{i}V_0^{-1}\int_{V_0}(\boldsymbol{k}\cdot\boldsymbol{r})\,\widehat{\varepsilon}^0(\boldsymbol{r})\widehat{\boldsymbol{U}}(\boldsymbol{r})\mathrm{d}v, \tag{5.95}$$

其中，

$$\overline{\widehat{\varepsilon}^0}=V_0^{-1}\int_{V_0}\widehat{\varepsilon}^0(\boldsymbol{r})\widehat{\boldsymbol{U}}(\boldsymbol{r})\mathrm{d}v. \tag{5.96}$$

式 (5.95) 亦可写成

$$\varepsilon_{lm}=\overline{\varepsilon_{lm}^0}+\mathrm{i}\sum_{h=x,y,z}\gamma_{lmh}n_h, \tag{5.97}$$

其中，

$$\gamma_{lmh}=\frac{k_0}{V_0}\int_{V_0}h\left[\widehat{\varepsilon}^0(\boldsymbol{r})\widehat{\boldsymbol{U}}(\boldsymbol{r})\right]_{lm}\mathrm{d}v,\quad h,l,m=x,y,z. \tag{5.98}$$

在 γ_{lmh} 的计算式 (5.98) 中，k_0 因子的存在表明 γ_{lmh} 有很强的色散. 容易验证，如果晶体具有中心对称结构，即在 $\boldsymbol{r}\to-\boldsymbol{r}$ 变化下晶体的结构保持不变，则一定有 $\widehat{\gamma}=0$, 这对应单轴或双轴晶体的情形. 如果晶体具有手征性，则一般有 $\widehat{\gamma}\neq0$，这对应旋光晶体的情形.

由式 (5.97) 可知，旋光晶体的介电张量为复值张量. 对于复值介电张量，式 (5.4) 可以化为如下形式：

$$\mathrm{i}\omega\left(\boldsymbol{E}^*\cdot\boldsymbol{D}-\boldsymbol{E}\cdot\boldsymbol{D}^*\right)=\mathrm{i}\omega\sum_{l,m=x,y,z}E_l(\varepsilon_{ml}-\varepsilon_{lm}^*)E_m^*=0, \tag{5.99}$$

由此可得

$$\varepsilon_{ml}=\varepsilon_{lm}^*, \tag{5.100}$$

即透明旋光晶体的介电张量为厄米张量. 由介电张量的厄米性和表达式 (5.97) 可以得到如下关系式：

$$\gamma_{lmh}=-\gamma_{mlh}. \tag{5.101}$$

注意到这一关系式，在介电张量实部的主坐标系中，我们可以把介电张量写成如下形式：

$$\widehat{\varepsilon}=\varepsilon_0\begin{pmatrix}\varepsilon_x & \mathrm{i}g_z & -\mathrm{i}g_y\\ -\mathrm{i}g_z & \varepsilon_y & \mathrm{i}g_x\\ \mathrm{i}g_y & -\mathrm{i}g_x & \varepsilon_z\end{pmatrix}, \tag{5.102}$$

其中，

$$g_x=\sum_{h=x,y,z}\gamma_{yzh}n_h,\quad g_y=\sum_{h=x,y,z}\gamma_{zxh}n_h,\quad g_z=\sum_{h=x,y,z}\gamma_{xyh}n_h. \tag{5.103}$$

根据介电张量在空间坐标变换下的变换关系可以发现，$\boldsymbol{g}\equiv(g_x,g_y,g_z)$ 构成一个三维矢量. 由于光波波长远大于晶胞的尺度，因此 $|\boldsymbol{g}|\ll\varepsilon_x,\varepsilon_y,\varepsilon_z$. 这样，在大多数情况下，旋光晶体中光波传播规律与单轴或双轴晶体中光波传播规律没有显著不同，而只有当光波的传播方向与光轴十分接近时，介电张量中的非对角元素才会产生显著的效应.

当光沿光轴传播时，波法线矢量的大小可以取两个不同的值：n_+ 和 n_-，波法面由两个不相互接触的曲面构成. 设

$$\varepsilon_x\leqslant\varepsilon_y\leqslant\varepsilon_z, \tag{5.104}$$

可以求得

$$n_\pm^2=\varepsilon_y\pm\frac{\left|g_x\sqrt{\varepsilon_x\varepsilon_y(\varepsilon_y-\varepsilon_x)}-g_z\sqrt{\varepsilon_z\varepsilon_y(\varepsilon_z-\varepsilon_y)}\right|}{\sqrt{\varepsilon_x\varepsilon_z(\varepsilon_z-\varepsilon_x)}}, \tag{5.105}$$

相应的偏振形态为圆偏振. 对于单轴晶体，$\varepsilon_x=\varepsilon_y=n_\mathrm{o}^2$，式 (5.105) 可以简化为

$$n_\pm^2=n_\mathrm{o}^2\pm|g_z|. \tag{5.106}$$

除了旋光晶体，由具有手征性的分子构成的介质也具有旋光性，其中一个重要的情形是手征性分子的溶液. 在溶液中，手征性分子的取向是各向同性的，所以有

$$\varepsilon_x=\varepsilon_y=\varepsilon_z=n_s^2, \tag{5.107}$$

以及

$$\boldsymbol{g}=\frac{g\boldsymbol{n}}{n}. \tag{5.108}$$

在溶液中，沿任何方向传播的光波都有

$$n_\pm^2=n_s^2\pm|g|. \tag{5.109}$$

习 题

5.1 试求单轴晶体中 e 光波矢与射线速度之间夹角的最大值.

5.2 试求双轴晶体光轴与射线光轴之间的夹角.

5.3 试证明, 晶体的光轴一定出现在 $\boldsymbol{n}$ 空间的坐标平面内.

5.4 在单轴旋光晶体中, 真空波长为 λ_0 的光波沿光轴方向传播. 令 z 轴与光轴平行. 已知在 z 坐标为 z_0 处, 电场方向与 x 轴平行, 晶体的 o 光主折射率为 n_{o}. 求坐标为 z 处的电场方向.

第 6 章 光在非线性介质中的传播

§6.1 介质极化的一般规律

一般情况下，介质的电极化强度与电场强度、温度、应力等因素有关. 在温度、应力等条件保持不变的情况下，我们可以认为介质的电极化是介质对外加电场的响应. 在引起介质极化的外加电场消除后，介质的极化并不会立即消失，而是会继续保持一段时间. 因此，某一时刻介质的电极化强度不仅与这一时刻介质中的电场强度有关，也与其他时刻介质中的电场强度有关. 这样，考虑到因果关系，介质的电极化强度与电场强度之间的关系可表达为

$$P_j(t)=\int_{-\infty}^{t} p_j\big(E_x(\tau),E_y(\tau),E_z(\tau)\big)\mathrm{d}\tau,\quad j=x,y,z. \tag{6.1}$$

如果在考察的时间范围内，介质的性质没有发生显著变化，我们就可以认为介质的电极化规律与时间原点的选择无关，即响应函数 P_j 仅为时间差 $(t-\tau)$ 的函数. 我们可以将响应函数 P_j 对电场强度做幂级数展开，即

$$\begin{aligned}P_j(t)=&\varepsilon_0\sum_k\int_{-\infty}^{t}\chi_{jk}^{(1)}(t-\tau)E_k(\tau)\mathrm{d}\tau\\&+\varepsilon_0\sum_{kl}\iint_{-\infty}^{t}\chi_{jkl}^{(2)}(t-\tau_1,t-\tau_2)E_k(\tau_1)E_l(\tau_2)\mathrm{d}\tau_1\mathrm{d}\tau_2\\&+\varepsilon_0\sum_{klm}\iiint_{-\infty}^{t}\chi_{jklm}^{(3)}(t-\tau_1,t-\tau_2,t-\tau_3)E_k(\tau_1)E_l(\tau_2)E_m(\tau_3)\mathrm{d}\tau_1\mathrm{d}\tau_2\mathrm{d}\tau_3\\&+\cdots.\end{aligned} \tag{6.2}$$

对 $P_j(t)$ 和 $E_j(t)$ 做傅里叶变换，可得

$$\widetilde{P}_j(\omega)=\frac{1}{2\pi}\int_{-\infty}^{+\infty}\mathrm{e}^{\mathrm{i}\omega t}P_j(t)\mathrm{d}t, \tag{6.3}$$

$$\widetilde{E}_j(\omega)=\frac{1}{2\pi}\int_{-\infty}^{+\infty}\mathrm{e}^{\mathrm{i}\omega t}E_j(t)\mathrm{d}t, \tag{6.4}$$

因此

$$\begin{aligned}\frac{1}{\varepsilon_0}\widetilde{P}_j(\omega)=&\sum_k \widehat{\chi}_{jk}^{(1)}(\omega)\widetilde{E}_k(\omega)\\&+\sum_{kl}\iint\limits_{-\infty}^{+\infty}\widehat{\chi}_{jkl}^{(2)}(\omega_1,\omega_2)\widetilde{E}_k(\omega_1)\widetilde{E}_l(\omega_2)\delta(\omega_1+\omega_2-\omega)\mathrm{d}\omega_1\mathrm{d}\omega_2\\&+\sum_{klm}\iiint\limits_{-\infty}^{+\infty}\widehat{\chi}_{jklm}^{(3)}(\omega_1,\omega_2,\omega_3)\widetilde{E}_k(\omega_1)\widetilde{E}_l(\omega_2)\widetilde{E}_m(\omega_3)\delta(\omega_1+\omega_2+\omega_3-\omega)\mathrm{d}\omega_1\mathrm{d}\omega_2\mathrm{d}\omega_3\\&+\cdots,\end{aligned}\tag{6.5}$$

其中,

$$\widehat{\chi}_{jk}^{(1)}(\omega)=\int_0^{+\infty}\mathrm{e}^{\mathrm{i}\omega t}\chi_{jk}(t)\mathrm{d}t,\tag{6.6}$$

$$\widehat{\chi}_{jkl}^{(2)}(\omega_1,\omega_2)=\iint\limits_{0}^{+\infty}\mathrm{e}^{\mathrm{i}(\omega_1t_1+\omega_2t_2)}\chi_{jkl}^{(2)}(t_1,t_2)\mathrm{d}t_1\mathrm{d}t_2,\tag{6.7}$$

$$\widehat{\chi}_{jklm}^{(3)}(\omega_1,\omega_2,\omega_3)=\iiint\limits_{0}^{+\infty}\mathrm{e}^{\mathrm{i}(\omega_1t_1+\omega_2t_2+\omega_3t_3)}\chi_{jklm}^{(3)}(t_1,t_2,t_3)\mathrm{d}t_1\mathrm{d}t_2\mathrm{d}t_3.\tag{6.8}$$

注意到响应函数为实函数, 容易验证, 张量 $\widehat{\boldsymbol{\chi}}$ 具有如下性质:

$$\widehat{\chi}_{jk}^{(1)}(-\omega)=\widehat{\chi}_{jk}^{(1)*}(\omega),\tag{6.9}$$

$$\widehat{\chi}_{jkl}^{(2)}(-\omega_1,-\omega_2)=\widehat{\chi}_{jkl}^{(2)*}(\omega_1,\omega_2),\tag{6.10}$$

$$\widehat{\chi}_{jklm}^{(3)}(-\omega_1,-\omega_2,-\omega_3)=\widehat{\chi}_{jklm}^{(3)*}(\omega_1,\omega_2,\omega_3).\tag{6.11}$$

张量 $\widehat{\boldsymbol{\chi}}$ 的各元素间存在一定的关系, 具体的关系与介质的空间对称性有关. 对于各向同性介质, 张量 $\widehat{\boldsymbol{\chi}}$ 的形式与坐标系的选取无关, 即 $\widehat{\boldsymbol{\chi}}$ 在坐标旋转下保持不变. 设 U 是一个坐标旋转下矢量的变换矩阵, 那么在各向同性介质中, 对所有整数 m, 都有

$$\widehat{\chi}^{(m)}=U^{-1}\widehat{\chi}^{(m)}\underbrace{U\cdots U}_{m}.\tag{6.12}$$

根据这一性质, 我们可以得到如下结论:

$$\widehat{\chi}_{jk}^{(1)}=\chi\delta_{jk},\quad \widehat{\chi}^{(2)}=0,\tag{6.13}$$

而 $\widehat{\chi}^{(3)}$ 的不为零的元素之间存在如下关系：

$$\widehat{\chi}^{(3)}_{xxxx}=\widehat{\chi}^{(3)}_{yyyy}=\widehat{\chi}^{(3)}_{zzzz}, \tag{6.14}$$

$$\widehat{\chi}^{(3)}_{yyzz}=\widehat{\chi}^{(3)}_{zzyy}=\widehat{\chi}^{(3)}_{xxzz}=\widehat{\chi}^{(3)}_{zzxx}=\widehat{\chi}^{(3)}_{xxyy}=\widehat{\chi}^{(3)}_{yyxx}, \tag{6.15}$$

$$\widehat{\chi}^{(3)}_{yzzy}=\widehat{\chi}^{(3)}_{zyyz}=\widehat{\chi}^{(3)}_{zxxz}=\widehat{\chi}^{(3)}_{xzzx}=\widehat{\chi}^{(3)}_{xyyx}=\widehat{\chi}^{(3)}_{yxyx}, \tag{6.16}$$

$$\widehat{\chi}^{(3)}_{xxxx}=\widehat{\chi}^{(3)}_{xxyy}+\widehat{\chi}^{(3)}_{xyxy}+\widehat{\chi}^{(3)}_{xyyx}. \tag{6.17}$$

在各向同性介质中，由于不存在二阶非线性效应，因此最低阶的非线性效应为三阶非线性效应. 以下我们只考虑各向同性介质中的三阶非线性效应对光波传播的影响.

§6.2 孤 波

6.2.1 波包方程

考虑由波长相近、沿 z 方向传播的平行光构成的波包，即

$$E(z,t)=A(z,t)\mathrm{e}^{\mathrm{i}(k_0z-\omega_0t)}, \tag{6.18}$$

其中，ω_0 为波包中心的圆频率，且有

$$k_0=n_{\mathrm{lin}}(\omega_0)\frac{\omega_0}{c}. \tag{6.19}$$

式 (6.19) 中，$n_{\mathrm{lin}}(\omega_0)$ 为光强趋于 0 时介质的折射率. 考虑三阶非线性效应，由于电场强度模的平方正比于光强，因此折射率与光强之间存在如下关系：

$$n(\omega_0)=n_{\mathrm{lin}}(\omega_0)+n_2I. \tag{6.20}$$

对光场做傅里叶变换，可得

$$\begin{aligned}\widetilde{E}(z,\omega)&=\frac{1}{2\pi}\int_{-\infty}^{+\infty}A(z,t)\mathrm{e}^{\mathrm{i}(k_0z-\omega_0t)}\mathrm{e}^{\mathrm{i}\omega t}\mathrm{d}t\\&=\widetilde{A}(z,\omega)\mathrm{e}^{\mathrm{i}k_0z},\end{aligned} \tag{6.21}$$

其中，

$$\widetilde{A}(z,\omega)=\frac{1}{2\pi}\int_{-\infty}^{+\infty}A(z,t)\mathrm{e}^{\mathrm{i}(\omega-\omega_0)t}\mathrm{d}t. \tag{6.22}$$

将式 (6.21) 代入亥姆霍兹方程，可得

$$\frac{\partial^2}{\partial z^2}\widetilde{E}(z,\omega)+k^2\widetilde{E}(z,\omega)=0. \tag{6.23}$$

略去 $\dfrac{\partial^2}{\partial z^2}\widetilde{A}(z,\omega)$ 项后可得

$$2\mathrm{i}k_0\frac{\partial}{\partial z}\widetilde{A}(z,\omega)+(k^2-k_0^2)\widetilde{A}(z,\omega)=0. \tag{6.24}$$

在式 (6.23) 和式 (6.24) 中，$k=n(\omega)\omega/c$. 对于波包，我们有

$$(k^2-k_0^2)\widetilde{A}(z,\omega)\approx 2k_0(k-k_0)\widetilde{A}(z,\omega), \tag{6.25}$$

所以式 (6.24) 可简化为

$$\frac{\partial}{\partial z}\widetilde{A}(z,\omega)-\mathrm{i}(k-k_0)\widetilde{A}(z,\omega)=0. \tag{6.26}$$

把 $(k-k_0)$ 展开为 $(\omega-\omega_0)$ 的级数，并且只保留一次和二次项，可以得到

$$\begin{aligned}k-k_0&=\left.\frac{\mathrm{d}k}{\mathrm{d}\omega}\right|_{\omega=\omega_0}(\omega-\omega_0)+\frac{1}{2}\left.\frac{\mathrm{d}^2k}{\mathrm{d}\omega^2}\right|_{\omega=\omega_0}(\omega-\omega_0)^2+\frac{n_2\omega_0}{c}I\\&=K_1(\omega-\omega_0)+\frac{1}{2}K_2(\omega-\omega_0)^2+\Delta k_{\mathrm{NL}},\end{aligned} \tag{6.27}$$

其中，

$$K_1=\left.\frac{\mathrm{d}k}{\mathrm{d}\omega}\right|_{\omega=\omega_0}=\frac{1}{v_{\mathrm{g}}(\omega_0)} \tag{6.28}$$

为群速度的倒数，

$$K_2=\left.\frac{\mathrm{d}^2k}{\mathrm{d}\omega^2}\right|_{\omega=\omega_0}=\left.\frac{\mathrm{d}}{\mathrm{d}\omega}\left(\frac{1}{v_{\mathrm{g}}(\omega)}\right)\right|_{\omega=\omega_0}=-\frac{1}{v_{\mathrm{g}}^2(\omega_0)}\left.\frac{\mathrm{d}v_{\mathrm{g}}(\omega)}{\mathrm{d}\omega}\right|_{\omega=\omega_0}, \tag{6.29}$$

以及

$$\Delta k_{\mathrm{NL}}=\frac{n_2\omega_0}{c}I. \tag{6.30}$$

参数 K_2 反映的是群速度色散.

应用展开式 (6.27)，我们可以把振幅 $\widetilde{A}(z,\omega)$ 的方程写成如下形式:

$$\frac{\partial}{\partial z}\widetilde{A}(z,\omega)-\mathrm{i}\left[\Delta k_{\mathrm{NL}}+K_1(\omega-\omega_0)+\frac{1}{2}K_2(\omega-\omega_0)^2\right]\widetilde{A}(z,\omega)=0. \tag{6.31}$$

将式 (6.3) 变换到时域，可以得到

$$\frac{\partial}{\partial z}A(z,t)-\mathrm{i}\Delta k_{\mathrm{NL}}A(z,t)+K_1\frac{\partial}{\partial t}A(z,t)+\mathrm{i}\frac{1}{2}K_2\frac{\partial^2}{\partial t^2}A(z,t)=0. \tag{6.32}$$

令

$$A_{\mathrm{s}}(z,\tau)=A(z,t), \tag{6.33}$$

其中,

$$\tau=t-\frac{z}{v_{\mathrm{g}}}, \tag{6.34}$$

我们可以得到如下关系式:

$$\frac{\partial A}{\partial t}=\frac{\partial A_{\mathrm{s}}}{\partial \tau},\quad \frac{\partial A}{\partial z}=\frac{\partial A_{\mathrm{s}}}{\partial z}-K_1\frac{\partial A_{\mathrm{s}}}{\partial \tau}. \tag{6.35}$$

记

$$\Delta k_{\mathrm{NL}}=\frac{n_2\omega_0}{c}I=\gamma|A_{\mathrm{s}}|^2, \tag{6.36}$$

由式 (6.32) 可以得到如下形式的波包方程:

$$\frac{\partial A_{\mathrm{s}}}{\partial z}+\mathrm{i}\frac{1}{2}K_2\frac{\partial^2 A_{\mathrm{s}}}{\partial \tau^2}=\mathrm{i}\gamma|A_{\mathrm{s}}|^2A_{\mathrm{s}}. \tag{6.37}$$

一般称式 (6.37) 为非线性薛定谔 (Schrödinger) 方程, 而相应的光场分布为

$$E(z,t)=A_{\mathrm{s}}\left(z,t-\frac{z}{v_{\mathrm{g}}}\right)\mathrm{e}^{\mathrm{i}(k_0z-\omega_0t)}. \tag{6.38}$$

6.2.2 时间光孤子

非线性薛定谔方程的一个解可以写成如下形式:

$$A_{\mathrm{s}}(z,\tau)=A_{\mathrm{s}}^0\,\mathrm{sech}\left(\frac{\tau}{\tau_0}\right)\mathrm{e}^{\mathrm{i}\kappa z}. \tag{6.39}$$

将式 (6.39) 代入式 (6.37), 可以得到

$$|A_{\mathrm{s}}^0|^2=-\frac{K_2}{\gamma\tau_0^2},\quad \kappa=-\frac{K_2}{2\tau_0^2}. \tag{6.40}$$

在正常色散情况下, 当光波波长接近吸收峰时, $K_2<0$, 所以要使式 (6.39) 成立, 必须有 $\gamma>0$, 即非线性介质为自聚焦介质. 式 (6.39) 给出的非线性薛定谔方程的解称为孤波或时间光孤子, 其光场分布为

$$E(z,t)=A_{\mathrm{s}}^0\,\mathrm{sech}\left(\frac{z-v_{\mathrm{g}}t}{v_{\mathrm{g}}\tau_0}\right)\mathrm{e}^{\mathrm{i}[(\kappa+k_0)z-\omega_0t]}. \tag{6.41}$$

时间光孤子光场分布的特点是只有一个波峰，并且在传播过程中，光场振幅的分布相对波峰位置保持不变. τ_0 是描述光孤子的脉冲宽度的一个参数，光孤子的脉冲宽度越小，其振幅越大. 我们注意到积分

$$\int_{-\infty}^{+\infty}|E(z,t)|\mathrm{d}t = 2\pi\sqrt{-\frac{K_2}{\gamma}} \tag{6.42}$$

与参数 τ_0 无关.

一个光孤子所携带的能量可以由光功率对时间积分得到. 我们有

$$\begin{aligned} W &\propto \int_{-\infty}^{+\infty}|E(z,t)|^2\mathrm{d}t \\ &= \int_{-\infty}^{+\infty}|A_{\mathrm{s}}^0|^2\operatorname{sech}^2\left(\frac{\tau}{\tau_0}\right)\mathrm{d}\tau \\ &= 2|A_{\mathrm{s}}^0|^2\tau_0. \end{aligned} \tag{6.43}$$

将 A_{s}^0 的表达式代入式 (6.43)，可以得到

$$W \propto -\frac{2K_2}{\gamma\tau_0}, \tag{6.44}$$

即光孤子的能量与脉冲宽度成反比，同时与介质的群速度色散、三阶非线性系数有关. 群速度色散越弱，三阶非线性越强，则光孤子的能量越低.

非线性薛定谔方程还有具有多个波峰的高阶光孤子解.

以上讨论也适用于色散可忽略的非线性光波导中的导波. 对于导波，需要将以上分析中的 k 替换为传播常数 β，并将平面波替换为相应模式的导波.

§6.3 空间光孤子

现在考虑在各向同性的非线性介质中传播的单色光波. 我们假设光波沿 z 方向传播，且光场分布与 y 坐标无关. 这样, 电场的空间分布可表达为

$$E(x,z) = A(x,z)\mathrm{e}^{\mathrm{i}n_0k_0z}, \tag{6.45}$$

其中，n_0 是光强趋于 0 时介质的折射率，且有

$$k_0 = \frac{\omega}{c}, \tag{6.46}$$

ω 为单色光波的圆频率. 三阶非线性效应导致介质的折射率与光强成线性关系，即

$$n = n_0 + n_2 I. \tag{6.47}$$

将式 (6.45) 代入电场的亥姆霍兹方程，并略去 $\dfrac{\partial^2}{\partial z^2}A(x,z)$ 项后得到关于振幅 A 的方程：

$$\frac{\partial^2}{\partial x^2}A(x,z)+2\mathrm{i}k_0n_0\frac{\partial}{\partial z}A(x,z)+2k_0^2n_0n_2IA(x,z)=0. \tag{6.48}$$

记 $k_0n_2I=\lambda|A|^2$，式 (6.48) 可化为如下非线性薛定谔方程：

$$\frac{\partial A}{\partial z}=\frac{\mathrm{i}}{2k_0n_0}\frac{\partial^2 A}{\partial x^2}+\mathrm{i}\lambda|A|^2A. \tag{6.49}$$

对于自聚焦介质，$\lambda>0$，式 (6.49) 有如下基模空间光孤子解：

$$A(x,z)=\frac{1}{\sqrt{\lambda n_0k_0}\,x_0}\operatorname{sech}\left(\frac{x}{x_0}\right)\exp\left(\frac{\mathrm{i}z}{2n_0k_0x_0^2}\right), \tag{6.50}$$

其中，x_0 是一个与光强成反比的参数. x_0 可以理解为空间光孤子的横向宽度. 显然，基模空间光孤子在传播过程中光场的横向分布保持不变. 与时间光孤子类似，积分

$$\int_{-\infty}^{+\infty}|E(z,t)|\mathrm{d}x=\frac{2\pi}{\sqrt{\lambda n_0k_0}} \tag{6.51}$$

完全由光波频率和介质的参数确定，与参数 x_0 无关.

除这里讨论的一维空间光孤子外，还存在二维空间光孤子. 求解二维空间光孤子一般需要采用数值计算的方法.

习　题

6.1　试证明，对于各向同性介质，

$$\hat{\chi}^{(2)}=0.$$

6.2　试证明，对于各向同性介质，$\hat{\chi}^{(3)}$ 的非零元素之间存在如下关系：

$$\begin{aligned}
&\hat{\chi}^{(3)}_{xxxx}=\hat{\chi}^{(3)}_{yyyy}=\hat{\chi}^{(3)}_{zzzz},\\
&\hat{\chi}^{(3)}_{yyzz}=\hat{\chi}^{(3)}_{zzyy}=\hat{\chi}^{(3)}_{xxzz}=\hat{\chi}^{(3)}_{zzxx}=\hat{\chi}^{(3)}_{xxyy}=\hat{\chi}^{(3)}_{yyxx},\\
&\hat{\chi}^{(3)}_{yzzy}=\hat{\chi}^{(3)}_{zyyz}=\hat{\chi}^{(3)}_{zxxz}=\hat{\chi}^{(3)}_{xzzx}=\hat{\chi}^{(3)}_{xyxy}=\hat{\chi}^{(3)}_{yxyx},\\
&\hat{\chi}^{(3)}_{xxxx}=\hat{\chi}^{(3)}_{xxyy}+\hat{\chi}^{(3)}_{xyxy}+\hat{\chi}^{(3)}_{xyyx}.
\end{aligned}$$

6.3　试证明，

$$A_{\mathrm{s}}(z,\tau)=A_{\mathrm{s}}^0\operatorname{sech}\left(\frac{\tau}{\tau_0}\right)\mathrm{e}^{\mathrm{i}\kappa z},$$

其中，

$$|A_{\mathrm{s}}^0|^2 = -\frac{K_2}{\gamma\,\tau_0^2}, \quad \kappa = -\frac{K_2}{2\tau_0^2}$$

是非线性薛定谔方程

$$\frac{\partial A_{\mathrm{s}}}{\partial z} + \mathrm{i}\frac{1}{2}K_2\frac{\partial^2 A_{\mathrm{s}}}{\partial \tau^2} = \mathrm{i}\gamma|A_{\mathrm{s}}|^2 A_{\mathrm{s}}$$

的解.

第二部分

光场的量子性

第 7 章　光场的量子化

这五十年的苦思冥想并没有使我接近“什么是光子”这个问题的答案. 现在每个人都以为他们知道答案, 但是他们都错了.

—— 爱因斯坦 (Einstein)

§7.1　自由光场的量子化

考虑没有自由电荷与传导电流的真空中的电磁场. 采用库仑 (Coulomb) 规范

$$\nabla \cdot \boldsymbol{A} = 0, \quad \phi \equiv 0, \tag{7.1}$$

我们可以将电磁场表达成如下形式:

$$\boldsymbol{H} = \frac{1}{\mu_0}\nabla \times \boldsymbol{A}, \quad \boldsymbol{E} = -\frac{\partial \boldsymbol{A}}{\partial t}, \tag{7.2}$$

其中, 矢量势 $\boldsymbol{A}$ 满足如下方程:

$$\Delta \boldsymbol{A} - \frac{1}{c^2}\frac{\partial^2 \boldsymbol{A}}{\partial t^2} = \boldsymbol{0}. \tag{7.3}$$

采用箱归一化, 归一化的空间为边长等于 L 的立方体, 我们可以用平面波将矢量势 $\boldsymbol{A}$ 展开成如下形式:

$$\boldsymbol{A} = \sum_{\boldsymbol{k}}\sum_{r}\left(\frac{\mu_0 \hbar c^2}{2V\omega_{\boldsymbol{k}}}\right)^{1/2} \boldsymbol{e}_r(\boldsymbol{k})\left[a_r(\boldsymbol{k},t)\mathrm{e}^{\mathrm{i}\boldsymbol{k}\cdot\boldsymbol{r}} + a_r^{\dagger}(\boldsymbol{k},t)\mathrm{e}^{-\mathrm{i}\boldsymbol{k}\cdot\boldsymbol{r}}\right], \tag{7.4}$$

其中,

$$\omega_{\boldsymbol{k}} = c|\boldsymbol{k}|, \quad \boldsymbol{k} = \frac{2\pi}{L}(n_1, n_2, n_3), \quad n_1, n_2, n_3 = 0, \pm 1, \pm 2, \cdots, \tag{7.5}$$

V 为边长等于 L 的立方体的体积, 而 $\boldsymbol{e}_r(\boldsymbol{k})$ 是一个垂直于 $\boldsymbol{k}$ 的单位矢量. 指标 r 可以取两个不同的值, 不同指标 r 对应的单位矢量 $\boldsymbol{e}_r(\boldsymbol{k})$ 相互垂直, 即

$$\boldsymbol{e}_{r'}(\boldsymbol{k}) \cdot \boldsymbol{e}_r(\boldsymbol{k}) = \delta_{r'r}. \tag{7.6}$$

光场的哈密顿 (Hamilton) 量可以由光场能量密度的体积分得到:

$$\mathcal{H} = \frac{1}{2}\int \mathrm{d}v\,(\boldsymbol{E}\cdot\boldsymbol{D}+\boldsymbol{H}\cdot\boldsymbol{B}). \tag{7.7}$$

由式 (7.2) 和式 (7.4), 可以得到

$$\boldsymbol{E} = -\sum_{\boldsymbol{k}}\sum_{r}\left(\frac{\mu_0\hbar c^2}{2V\omega_{\boldsymbol{k}}}\right)^{1/2}\boldsymbol{e}_r(\boldsymbol{k})\left[\dot{a}_r(\boldsymbol{k},t)\mathrm{e}^{\mathrm{i}\boldsymbol{k}\cdot\boldsymbol{r}}+\dot{a}_r^\dagger(\boldsymbol{k},t)\mathrm{e}^{-\mathrm{i}\boldsymbol{k}\cdot\boldsymbol{r}}\right], \tag{7.8}$$

$$\boldsymbol{H} = \mathrm{i}\sum_{\boldsymbol{k}}\sum_{r}\left(\frac{\hbar c^2}{2V\mu_0\omega_{\boldsymbol{k}}}\right)^{1/2}\boldsymbol{k}\times\boldsymbol{e}_r(\boldsymbol{k})\left[a_r(\boldsymbol{k},t)\mathrm{e}^{\mathrm{i}\boldsymbol{k}\cdot\boldsymbol{r}}-a_r^\dagger(\boldsymbol{k},t)\mathrm{e}^{-\mathrm{i}\boldsymbol{k}\cdot\boldsymbol{r}}\right]. \tag{7.9}$$

这样, 光场的哈密顿量可以表达为如下形式:

$$\begin{aligned}\mathcal{H} = \frac{1}{2}\sum_{\boldsymbol{k}}\sum_{r}\frac{\hbar\mu_0 c^2}{2\omega_{\boldsymbol{k}}}\Big\{&\varepsilon_0\left[\dot{a}_r(\boldsymbol{k},t)\dot{a}_r^\dagger(\boldsymbol{k},t)+\dot{a}_r^\dagger(\boldsymbol{k},t)\dot{a}_r(\boldsymbol{k},t)\right]\\ &+\frac{|\boldsymbol{k}|^2}{\mu_0}\left[a_r(\boldsymbol{k},t)a_r^\dagger(\boldsymbol{k},t)+a_r^\dagger(\boldsymbol{k},t)a_r(\boldsymbol{k},t)\right]\Big\}.\end{aligned} \tag{7.10}$$

由式 (7.3) 可以解得

$$a_r(\boldsymbol{k},t) = a_r(\boldsymbol{k})\mathrm{e}^{-\mathrm{i}\omega_{\boldsymbol{k}}t}, \tag{7.11}$$

于是有

$$\mathcal{H} = \frac{1}{2}\sum_{\boldsymbol{k}}\sum_{r}\hbar\omega_{\boldsymbol{k}}\left[a_r(\boldsymbol{k},t)a_r^\dagger(\boldsymbol{k},t)+a_r^\dagger(\boldsymbol{k},t)a_r(\boldsymbol{k},t)\right]. \tag{7.12}$$

取 a_r 为光场的广义坐标 q, 那么对应的正则动量为 $\mathrm{i}\hbar a_r^\dagger$, 它们满足正则方程:

$$\dot{q} = \frac{\partial\mathcal{H}}{\partial p},\quad \dot{p} = -\frac{\partial\mathcal{H}}{\partial q}. \tag{7.13}$$

应用正则量子化条件

$$[q,p] = \mathrm{i}\hbar, \tag{7.14}$$

可以得到光场的量子化条件

$$[a_r(\boldsymbol{k}),a_s^\dagger(\boldsymbol{l})] = \delta_{sr}\delta_{\boldsymbol{kl}}. \tag{7.15}$$

我们称 $a_r^\dagger(\boldsymbol{k})$ 为光子产生算符, $a_r(\boldsymbol{k})$ 为光子湮灭算符.

光场的哈密顿量现在可以写成如下形式：

$$\mathcal{H}=\sum_{\boldsymbol{k}}\sum_{r}\hbar\omega_{\boldsymbol{k}}\left[N_r(\boldsymbol{k})+\frac{1}{2}\right], \tag{7.16}$$

其中，

$$N_r(\boldsymbol{k})=a_r^{\dagger}(\boldsymbol{k})a_r(\boldsymbol{k}) \tag{7.17}$$

为 $(\boldsymbol{k},r)$ 模式的光子数算符. 光子数增加 1，光场能量增加 $\hbar\omega_{\boldsymbol{k}}$，所以单个光子能量为 $\hbar\omega_{\boldsymbol{k}}$.

再计算光场的动量. 光场的动量可以由光场动量密度的体积分得到：

$$\boldsymbol{P}=\int(\boldsymbol{D}\times\boldsymbol{B})\,\mathrm{d}v. \tag{7.18}$$

将 $\boldsymbol{E}$ 和 $\boldsymbol{H}$ 的展开式 (7.8) 和 (7.9) 代入式 (7.18)，可得

$$\boldsymbol{P}=\frac{1}{2}\sum_{\boldsymbol{k}}\sum_{r}\hbar\boldsymbol{k}\left[a_r(\boldsymbol{k},t)a_r^{\dagger}(\boldsymbol{k},t)+a_r^{\dagger}(\boldsymbol{k},t)a_r(\boldsymbol{k},t)\right], \tag{7.19}$$

或

$$\boldsymbol{P}=\sum_{\boldsymbol{k}}\sum_{r}\hbar\boldsymbol{k}\left[N_r(\boldsymbol{k})+\frac{1}{2}\right]. \tag{7.20}$$

式 (7.20) 表明单个光子的动量等于 $\hbar\boldsymbol{k}$.

§7.2 光子的自旋

我们先考虑一个标量波函数在空间旋转 (坐标旋转) 下的变换. 尽管波函数的形式，以及空间中某一点的坐标的值与坐标系的选取有关，但是空间中某一点的波函数的值却是与坐标系的选取无关的. 如果 $\psi'(x,y,z)$ 和 $\psi(x',y',z')$ 是同一波函数在不同坐标系下的表达形式，(x,y,z) 和 (x',y',z') 是空间中同一点在不同坐标系下的坐标，那么一定有

$$\psi'(x,y,z)=\psi(x',y',z'). \tag{7.21}$$

对于绕 $\boldsymbol{n}$ 方向的无限小转动 ($\boldsymbol{n}$ 为单位矢量)，$\boldsymbol{r}$ 与 $\boldsymbol{r}'$ 之间存在如下关系：

$$\boldsymbol{r}'=\boldsymbol{r}+\delta\theta\boldsymbol{n}\times\boldsymbol{r}, \tag{7.22}$$

其中，$\delta\theta$ 为转动角，$\boldsymbol{r}$ 对应 (x,y,z)，$\boldsymbol{r}'$ 对应 (x',y',z'). 这里，(x',y',z') 是转动之前的坐标，(x,y,z) 是转动之后的坐标. 由式 (7.21) 可以得到坐标转动以后的波函数：

$$\begin{aligned}\psi'(\boldsymbol{r}) &= \psi(\boldsymbol{r}') \\ &= \psi(\boldsymbol{r} + \delta\theta\boldsymbol{n} \times \boldsymbol{r}) \\ &= [1 + \delta\theta(\boldsymbol{n} \times \boldsymbol{r}) \cdot \nabla]\psi(\boldsymbol{r}) \\ &= [1 + \delta\theta\boldsymbol{n} \cdot (\boldsymbol{r} \times \nabla)]\psi(\boldsymbol{r}),\end{aligned} \tag{7.23}$$

或

$$\psi'(\boldsymbol{r}) = \left(1 + \mathrm{i}\delta\theta\frac{\boldsymbol{n} \cdot \boldsymbol{L}}{\hbar}\right)\psi(\boldsymbol{r}), \tag{7.24}$$

其中，

$$\boldsymbol{L} = \hbar\boldsymbol{r} \times (-\mathrm{i}\nabla) \tag{7.25}$$

为轨道角动量算符. 应用以上关系式，我们可以得到在有限角度旋转下波函数变换的关系式：

$$\psi'(\boldsymbol{r}) = \lim_{N\to+\infty}\left(1 + \mathrm{i}\frac{\theta}{N}\frac{\boldsymbol{n} \cdot \boldsymbol{L}}{\hbar}\right)^N \psi(\boldsymbol{r}) = \mathrm{e}^{\mathrm{i}\hbar^{-1}\boldsymbol{\theta}\cdot\boldsymbol{L}}\psi(\boldsymbol{r}), \tag{7.26}$$

其中，$\boldsymbol{\theta} = \boldsymbol{n}\theta$. 以上变换关系也清楚地表明了算符 $\boldsymbol{L}$ 在量子力学中的意义. 算符 $\boldsymbol{L}$ 和角动量的联系可以由对称性与守恒量的关系得到. 不难证明，如果系统具有空间旋转不变性，则 $\boldsymbol{L}$ 与系统的哈密顿量对易，即 $\boldsymbol{L}$ 守恒. 而在经典力学中，相应的守恒量为角动量.

我们再来考察矢量势 $\boldsymbol{A}(\boldsymbol{r})$ 在空间旋转下的变换. 对于矢量势，与式 (7.21) 相应的关系为

$$\sum_l A_l'(\boldsymbol{r})\boldsymbol{e}_l = \sum_k A_k(\boldsymbol{r}')\boldsymbol{e}_k', \tag{7.27}$$

其中，$\boldsymbol{e}_k'$ 和 $\boldsymbol{e}_l$ 分别是坐标系旋转前和旋转后的坐标轴方向的单位矢量. 对于绕 $\boldsymbol{n}$ 方向的无限小转动，$\boldsymbol{e}_k$ 与 $\boldsymbol{e}_k'$ 之间存在如下关系：

$$\boldsymbol{e}_k' = \boldsymbol{e}_k - \delta\theta\boldsymbol{n} \times \boldsymbol{e}_k, \quad k = x,y,z. \tag{7.28}$$

由式 (7.27) 和式 (7.28)，可得

$$
\begin{aligned}
A_l'(\boldsymbol{r}) &= \sum_k A_k(\boldsymbol{r}')\boldsymbol{e}_k' \cdot \boldsymbol{e}_l \\
&= \left(1 + \mathrm{i}\delta\theta \frac{\boldsymbol{n}\cdot\boldsymbol{L}}{\hbar}\right)\left[A_l(\boldsymbol{r}) - \sum_k \delta\theta(\boldsymbol{n}\times\boldsymbol{e}_k)\cdot\boldsymbol{e}_l A_k(\boldsymbol{r})\right] \\
&= \left(1 + \mathrm{i}\delta\theta \frac{\boldsymbol{n}\cdot\boldsymbol{L}}{\hbar}\right) A_l(\boldsymbol{r}) + \sum_k \mathrm{i}\delta\theta\boldsymbol{n}\cdot(\mathrm{i}\boldsymbol{e}_k\times\boldsymbol{e}_l)A_k(\boldsymbol{r}).
\end{aligned}
\tag{7.29}
$$

式 (7.29) 可以写成矩阵形式：

$$
\begin{pmatrix} A_x'(\boldsymbol{r}) \\ A_y'(\boldsymbol{r}) \\ A_z'(\boldsymbol{r}) \end{pmatrix} = \left[1 + \mathrm{i}\delta\theta\boldsymbol{n}\cdot(\boldsymbol{L}+\hbar\boldsymbol{s})\hbar^{-1}\right]\begin{pmatrix} A_x(\boldsymbol{r}) \\ A_y(\boldsymbol{r}) \\ A_z(\boldsymbol{r}) \end{pmatrix}, \tag{7.30}
$$

其中，

$$
s_x = \begin{pmatrix} 0 & 0 & 0 \\ 0 & 0 & -\mathrm{i} \\ 0 & \mathrm{i} & 0 \end{pmatrix},\ s_y = \begin{pmatrix} 0 & 0 & \mathrm{i} \\ 0 & 0 & 0 \\ -\mathrm{i} & 0 & 0 \end{pmatrix},\ s_z = \begin{pmatrix} 0 & -\mathrm{i} & 0 \\ \mathrm{i} & 0 & 0 \\ 0 & 0 & 0 \end{pmatrix}. \tag{7.31}
$$

在有限角度旋转下的变换关系可由无限小转动下的变换关系得到，因此

$$
\begin{pmatrix} A_x'(\boldsymbol{r}) \\ A_y'(\boldsymbol{r}) \\ A_z'(\boldsymbol{r}) \end{pmatrix} = \exp\left[\mathrm{i}\boldsymbol{\theta}\cdot(\boldsymbol{L}+\hbar\boldsymbol{s})\hbar^{-1}\right]\begin{pmatrix} A_x(\boldsymbol{r}) \\ A_y(\boldsymbol{r}) \\ A_z(\boldsymbol{r}) \end{pmatrix}. \tag{7.32}
$$

值得注意的是，如果系统具有空间旋转不变性，则矢量场的守恒量为总角动量 $\boldsymbol{J} = \boldsymbol{L} + \hbar\boldsymbol{s}$，而非轨道角动量 $\boldsymbol{L}$. $\boldsymbol{s}$ 为光子的自旋，其分量满足对易关系，即

$$
[s_x, s_y] = \mathrm{i}s_z,\ [s_y, s_z] = \mathrm{i}s_x,\ [s_z, s_x] = \mathrm{i}s_y. \tag{7.33}
$$

容易验证，自旋算符 s_x, s_y, s_z 的本征值为 $0, \pm 1$ ，所以光子的自旋为1. 考虑沿 z 方向运动的光子的自旋 z 分量的本征态，我们有

$$
s_z\begin{pmatrix} 1 \\ \pm\mathrm{i} \\ 0 \end{pmatrix} = \pm\begin{pmatrix} 1 \\ \pm\mathrm{i} \\ 0 \end{pmatrix},\quad s_z\begin{pmatrix} 0 \\ 0 \\ 1 \end{pmatrix} = 0. \tag{7.34}
$$

光的横波性要求 $A_z=0$，所以光子没有自旋沿运动方向分量的本征值为 0 的本征态. 圆偏振态是沿光子运动方向自旋分量的本征态. 不难验证，左旋圆偏振态的本征值为 1，右旋圆偏振态的本征值为 -1. 线偏振态是沿光偏振方向自旋分量的本征值为 0 的本征态.

我们可以用光场的轨道角动量算符和自旋算符来表达光场的角动量. 考虑分布在有限范围内的光场. 光场的动量密度为 $\boldsymbol{D}\times\boldsymbol{B}$，因此光场的角动量可以通过下式计算：

$$\boldsymbol{J}=\int\boldsymbol{r}\times(\boldsymbol{D}\times\boldsymbol{B})\,\mathrm{d}v. \tag{7.35}$$

由 $\boldsymbol{B}=\nabla\times\boldsymbol{A}$ 可得

$$\begin{aligned}\boldsymbol{r}\times(\boldsymbol{D}\times\boldsymbol{B})&=\boldsymbol{r}\times[\boldsymbol{D}\times(\nabla\times\boldsymbol{A})]\\&=\sum_{l=x,y,z}D_l\,(\boldsymbol{r}\times\nabla)\,A_l-\boldsymbol{r}\times(\boldsymbol{D}\cdot\nabla)\,\boldsymbol{A}.\end{aligned} \tag{7.36}$$

注意到 $\nabla\cdot\boldsymbol{D}=0$，我们有

$$\begin{aligned}\boldsymbol{r}\times(\boldsymbol{D}\times\boldsymbol{B})=&\sum_{l=x,y,z}D_l\,(\boldsymbol{r}\times\nabla)\,A_l+\boldsymbol{D}\times\boldsymbol{A}\\&-\sum_{l=x,y,z}\frac{\partial}{\partial x_l}\,(D_l\boldsymbol{r}\times\boldsymbol{A})\,.\end{aligned} \tag{7.37}$$

由于无限远处的光场为 0，因此

$$\begin{aligned}\boldsymbol{J}&=\int\left[\sum_{l=x,y,z}D_l\,(\boldsymbol{r}\times\nabla)\,A_l+\boldsymbol{D}\times\boldsymbol{A}-\sum_{l=x,y,z}\frac{\partial}{\partial x_l}\,(D_l\boldsymbol{r}\times\boldsymbol{A})\right]\mathrm{d}v\\&=\varepsilon_0\int\left[\sum_{l=x,y,z}E_l\,(\boldsymbol{r}\times\nabla)\,A_l+\sum_{l,m=x,y,z}E_l\,(\boldsymbol{e}_l\times\boldsymbol{e}_m)\,A_m\right]\mathrm{d}v.\end{aligned} \tag{7.38}$$

式 (7.38) 亦可写成

$$\boldsymbol{J}=\frac{\mathrm{i}\varepsilon_0}{\hbar}\int(E_x,E_y,E_z)\,(\boldsymbol{L}+\hbar\boldsymbol{s})\begin{pmatrix}A_x\\A_y\\A_z\end{pmatrix}\mathrm{d}v. \tag{7.39}$$

式 (7.39) 表明，光场的角动量为轨道角动量与自旋角动量之和，其中，自旋角动量可以通过光子的自旋算符求得：

$$\boldsymbol{J}_s=\mathrm{i}\varepsilon_0\int(E_x,E_y,E_z)\,\boldsymbol{s}\begin{pmatrix}A_x\\A_y\\A_z\end{pmatrix}\mathrm{d}v. \tag{7.40}$$

为了便于描述光场的偏振形态，我们可以把展开式 (7.4) 中描述方向的单位矢量 $\boldsymbol{e}_r$ 替换为描述偏振形态的单位矢量 $\boldsymbol{\epsilon}_p$，而将 $\boldsymbol{A}$ 表达为如下形式：

$$\boldsymbol{A}=\sum_{\boldsymbol{k}}\sum_{p}\left(\frac{\mu_0\hbar c^2}{2V\omega_{\boldsymbol{k}}}\right)^{1/2}\left[\boldsymbol{\epsilon}_p(\boldsymbol{k})a_p(\boldsymbol{k},t)\mathrm{e}^{\mathrm{i}\boldsymbol{k}\cdot\boldsymbol{r}}+\boldsymbol{\epsilon}_p^*(\boldsymbol{k})a_p^\dagger(\boldsymbol{k},t)\mathrm{e}^{-\mathrm{i}\boldsymbol{k}\cdot\boldsymbol{r}}\right], \tag{7.41}$$

其中，$\boldsymbol{\epsilon}_p$ 一般为复值矢量，对应的偏振形态为椭圆偏振，满足的正交关系为

$$\boldsymbol{\epsilon}_{p'}^*(\boldsymbol{k})\cdot\boldsymbol{\epsilon}_p(\boldsymbol{k})=\delta_{p'p}. \tag{7.42}$$

相应地，我们可以把 $\boldsymbol{E}$ 表达为

$$\boldsymbol{E}=\mathrm{i}\sum_{\boldsymbol{k}}\sum_{p}\left(\frac{\hbar\omega_{\boldsymbol{k}}}{2\varepsilon_0 V}\right)^{1/2}\left[\boldsymbol{\epsilon}_p(\boldsymbol{k})a_p(\boldsymbol{k},t)\mathrm{e}^{\mathrm{i}\boldsymbol{k}\cdot\boldsymbol{r}}-\boldsymbol{\epsilon}_p^*(\boldsymbol{k})a_p^\dagger(\boldsymbol{k},t)\mathrm{e}^{-\mathrm{i}\boldsymbol{k}\cdot\boldsymbol{r}}\right]. \tag{7.43}$$

将式 (7.41) 和式 (7.43) 代入式 (7.40)，可得

$$\boldsymbol{J}_s=\sum_{\boldsymbol{k}}\sum_{p}\hbar\overline{\boldsymbol{s}_p}(\boldsymbol{k})\left[N_p(\boldsymbol{k})+\frac{1}{2}\right], \tag{7.44}$$

其中，

$$\overline{\boldsymbol{s}_p}(\boldsymbol{k})=(\epsilon_p(\boldsymbol{k})_x,\epsilon_p(\boldsymbol{k})_y,\epsilon_p(\boldsymbol{k})_z)^*\,\boldsymbol{s}\begin{pmatrix}\epsilon_p(\boldsymbol{k})_x\\ \epsilon_p(\boldsymbol{k})_y\\ \epsilon_p(\boldsymbol{k})_z\end{pmatrix} \tag{7.45}$$

为 $(\boldsymbol{k},p)$ 模式光子的平均自旋.

习　题

7.1　试证明，光子的自旋算符 $\boldsymbol{s}$ 的分量满足对易关系

$$[s_x,s_y]=\mathrm{i}s_z,\ [s_y,s_z]=\mathrm{i}s_x,\ [s_z,s_x]=\mathrm{i}s_y.$$

7.2　已知沿 z 方向传播的光波的电场分量为

$$E_x=A\cos\omega t,\qquad E_y=A\sin(\omega t+2\pi/3),$$

求光子自旋的平均值.

7.3　试将算符 $\exp(\mathrm{i}\theta\boldsymbol{n}\cdot\boldsymbol{s})$ 表达成矩阵形式.

第 8 章 光场的量子态

§8.1 光场的粒子数态

量子化光场的矢量势、电场强度和磁场强度均为作用于光场量子态构成的希尔伯特 (Hilbert) 空间的算符，要计算这些矢量场及其函数的平均值，我们需要知道光场的量子态.

光场最重要的量子态是粒子数态.

我们考虑 $(\boldsymbol{k},p)$ 模式的单模光场. 光场的粒子数态是光子数算符 $N_{\boldsymbol{k}p}$ 的本征态，记作 $|n_{\boldsymbol{k}p}\rangle$，即

$$N_{\boldsymbol{k}p}|n_{\boldsymbol{k}p}\rangle = n_{\boldsymbol{k}p}|n_{\boldsymbol{k}p}\rangle. \tag{8.1}$$

显然，$|n_{\boldsymbol{k}p}\rangle$ 也是哈密顿量的本征态. $|n_{\boldsymbol{k}p}\rangle$ 满足归一化条件：

$$\langle n_{\boldsymbol{k}p}|n_{\boldsymbol{k}p}\rangle = 1. \tag{8.2}$$

不同的粒子数态是相互正交的. 由关系式

$$(n'_{\boldsymbol{k}p} - n_{\boldsymbol{k}p})\langle n'_{\boldsymbol{k}p}|n_{\boldsymbol{k}p}\rangle = \langle n'_{\boldsymbol{k}p}|N_{\boldsymbol{k}p}|n_{\boldsymbol{k}p}\rangle - \langle n'_{\boldsymbol{k}p}|N_{\boldsymbol{k}p}|n_{\boldsymbol{k}p}\rangle = 0, \tag{8.3}$$

可得

$$\langle n'_{\boldsymbol{k}p}|n_{\boldsymbol{k}p}\rangle = 0, \quad 当\ n'_{\boldsymbol{k}p} \neq n_{\boldsymbol{k}p}\ 时. \tag{8.4}$$

一个特殊的粒子数态是光子数为零的真空态. 一般将真空态记为 $|0\rangle$. 真空态满足

$$N_{\boldsymbol{k}p}|0\rangle = 0. \tag{8.5}$$

我们先考虑光子湮灭算符作用于粒子数态的结果. 容易验证，光子数算符与光子湮灭算符满足对易关系

$$[N_{\boldsymbol{k}p}, a_{\boldsymbol{k}p}] = -a_{\boldsymbol{k}p}, \tag{8.6}$$

于是有

$$\begin{aligned} N_{\boldsymbol{k}p}a_{\boldsymbol{k}p}|n_{\boldsymbol{k}p}\rangle &= a_{\boldsymbol{k}p}N_{\boldsymbol{k}p}|n_{\boldsymbol{k}p}\rangle + [N_{\boldsymbol{k}p}, a_{\boldsymbol{k}p}]|n_{\boldsymbol{k}p}\rangle \\ &= n_{\boldsymbol{k}p}a_{\boldsymbol{k}p}|n_{\boldsymbol{k}p}\rangle - a_{\boldsymbol{k}p}|n_{\boldsymbol{k}p}\rangle \\ &= (n_{\boldsymbol{k}p} - 1)a_{\boldsymbol{k}p}|n_{\boldsymbol{k}p}\rangle, \end{aligned} \tag{8.7}$$

即 $a_{\boldsymbol{k}p}|n_{\boldsymbol{k}p}\rangle$ 为光子数等于 $(n_{\boldsymbol{k}p}-1)$ 的粒子数态，而湮灭算符的作用就是使粒子数减少 1，或者说湮灭一个光子. 由于 $N_{\boldsymbol{k}p}=a^\dagger_{\boldsymbol{k}p}a_{\boldsymbol{k}p}$，因此

$$\langle n_{\boldsymbol{k}p}|a^\dagger_{\boldsymbol{k}p}a_{\boldsymbol{k}p}|n_{\boldsymbol{k}p}\rangle = n_{\boldsymbol{k}p}, \tag{8.8}$$

由此可得

$$a_{\boldsymbol{k}p}|n_{\boldsymbol{k}p}\rangle = \sqrt{n_{\boldsymbol{k}p}}\,|n_{\boldsymbol{k}p}-1\rangle. \tag{8.9}$$

现在考虑将 m 个湮灭算符作用于粒子数为 n 的粒子数态的情形. 根据湮灭算符的性质，我们知道这样得到的量子态仍然是粒子数态，相应的粒子数为 $(n-m)$. 如果 $m>n$，那么得到的量子态的粒子数就会为负值. 由式 (8.8) 可知，粒子数不能取负值. 我们注意到只要 n 为非负整数，粒子数为负值的量子态就不会出现. 这是因为对于一个大于或等于 0 的整数 $n_{\boldsymbol{k}p}$，有

$$(a_{\boldsymbol{k}p})^{n_{\boldsymbol{k}p}}|n_{\boldsymbol{k}p}\rangle \propto |0\rangle. \tag{8.10}$$

由于

$$a_{\boldsymbol{k}p}|0\rangle = 0, \tag{8.11}$$

因此当 $m>n_{\boldsymbol{k}p}$ 时，

$$(a_{\boldsymbol{k}p})^m|n_{\boldsymbol{k}p}\rangle = 0, \tag{8.12}$$

而粒子数为负值的量子态也就不会出现了. 由此我们可以得到结论：光子数算符的本征值只能是非负整数.

再考虑光子产生算符对粒子数态的作用. 可以验证，光子数算符与光子产生算符满足对易关系

$$[N_{\boldsymbol{k}p}, a^\dagger_{\boldsymbol{k}p}] = a^\dagger_{\boldsymbol{k}p}, \tag{8.13}$$

于是有

$$\begin{aligned} N_{\boldsymbol{k}p}a^\dagger_{\boldsymbol{k}p}|n_{\boldsymbol{k}p}\rangle &= a^\dagger_{\boldsymbol{k}p}N_{\boldsymbol{k}p}|n_{\boldsymbol{k}p}\rangle + [N_{\boldsymbol{k}p}, a^\dagger_{\boldsymbol{k}p}]|n_{\boldsymbol{k}p}\rangle \\ &= n_{\boldsymbol{k}p}a^\dagger_{\boldsymbol{k}p}|n_{\boldsymbol{k}p}\rangle + a^\dagger_{\boldsymbol{k}p}|n_{\boldsymbol{k}p}\rangle \\ &= a^\dagger_{\boldsymbol{k}p}(n_{\boldsymbol{k}p}+1)|n_{\boldsymbol{k}p}\rangle, \end{aligned} \tag{8.14}$$

即光子产生算符的作用就是使量子态的粒子数增加 1，或者说产生一个光子. 由等式

$$\langle n_{\boldsymbol{k}p}|a_{\boldsymbol{k}p}a_{\boldsymbol{k}p}^{\dagger}|n_{\boldsymbol{k}p}\rangle = n_{\boldsymbol{k}p}+1, \tag{8.15}$$

可得

$$a_{\boldsymbol{k}p}^{\dagger}|n_{\boldsymbol{k}p}\rangle = \sqrt{n_{\boldsymbol{k}p}+1}\,|n_{\boldsymbol{k}p}+1\rangle. \tag{8.16}$$

式 (8.16) 亦可写成

$$|n_{\boldsymbol{k}p}+1\rangle = \frac{1}{\sqrt{n_{\boldsymbol{k}p}+1}}a_{\boldsymbol{k}p}^{\dagger}|n_{\boldsymbol{k}p}\rangle. \tag{8.17}$$

应用以上递推关系，我们还可以将光场的粒子数态写成如下形式：

$$|n_{\boldsymbol{k}p}\rangle = \frac{(a_{\boldsymbol{k}p}^{\dagger})^{n}}{\sqrt{n_{\boldsymbol{k}p}!}}\,|0\rangle. \tag{8.18}$$

§8.2 光场的相位态

光场的相位态 $|\phi_{\boldsymbol{k}p}\rangle$ 是光场相位算符 $\widehat{\phi}_{\boldsymbol{k}p}$ 的本征态，即

$$\widehat{\phi}_{\boldsymbol{k}p}|\phi_{\boldsymbol{k}p}\rangle = \phi_{\boldsymbol{k}p}|\phi_{\boldsymbol{k}p}\rangle. \tag{8.19}$$

为了书写简便，之后我们不再标出下标 $\boldsymbol{k}p$.

在定义式 (8.19) 中，相位本征值的取值范围为 $(-\infty,+\infty)$. 在光场中，相位总是以周期为 2π 的周期函数的宗量形式出现，所以必须有

$$|\phi\rangle = |\phi+2\pi\rangle. \tag{8.20}$$

这样, 我们可以将相位变量的取值范围限定为 $(-\pi,\pi]$，而相位态的本征方程则可以化为

$$\widehat{\phi}|\phi\rangle = (\phi+2K\pi)|\phi\rangle, \tag{8.21}$$

其中，K 为任意整数.

显然，光场的相位态也是光场相位算符 $\widehat{\phi}$ 的函数的本征态. 相位算符的一个最重要的函数是相位因子算符 $\mathrm{e}^{-\mathrm{i}\widehat{\phi}}$. 我们有

$$\mathrm{e}^{-\mathrm{i}\widehat{\phi}}|\phi\rangle = \mathrm{e}^{-\mathrm{i}\phi}|\phi\rangle. \tag{8.22}$$

相位因子算符可以用光子湮灭算符和光子产生算符来表达：

$$\mathrm{e}^{-\mathrm{i}\widehat{\phi}} = a\frac{1}{\sqrt{a^{\dagger}a}}. \tag{8.23}$$

显然，$\mathrm{e}^{-\mathrm{i}\widehat{\phi}}$ 与 a 有相同的相位，并且相位因子算符的所有本征值的绝对值都等于 1. 事实上，对任何量子态，都有

$$\langle\phi|\left(\mathrm{e}^{-\mathrm{i}\widehat{\phi}}\right)^{\dagger}\mathrm{e}^{-\mathrm{i}\widehat{\phi}}|\phi\rangle = \langle\phi|\frac{1}{\sqrt{a^{\dagger}a}}a^{\dagger}a\frac{1}{\sqrt{a^{\dagger}a}}|\phi\rangle = 1. \tag{8.24}$$

相位态 $|\phi\rangle$ 可以用粒子数态 $|n\rangle$ 展开，即

$$|\phi\rangle = \sum_{n=0}^{+\infty} c_n|n\rangle. \tag{8.25}$$

由

$$a\frac{1}{\sqrt{a^{\dagger}a}}|\phi\rangle = \mathrm{e}^{-\mathrm{i}\phi}|\phi\rangle, \tag{8.26}$$

可得

$$\sum_{n=0}^{+\infty} c_n|n-1\rangle = \sum_{n=0}^{+\infty} \mathrm{e}^{-\mathrm{i}\phi}c_n|n\rangle. \tag{8.27}$$

比较式 (8.27) 两边 $|n\rangle$ 的系数，可以得到

$$c_n = \mathrm{e}^{-\mathrm{i}\phi}c_{n-1}. \tag{8.28}$$

应用以上递推关系，可得

$$c_n = \mathrm{e}^{-\mathrm{i}n\phi}c_0. \tag{8.29}$$

这样，式 (8.25) 可以化为

$$|\phi\rangle = c_0\sum_{n=0}^{+\infty} \mathrm{e}^{-\mathrm{i}n\phi}|n\rangle, \tag{8.30}$$

其中，ϕ 是取值范围为 $(-\pi,\pi]$ 的连续变量. 在确定参数 c_0 之前，我们先证明相位态的完备性. 根据式 (8.30)，有

$$\begin{aligned}\int_{-\pi}^{\pi}\mathrm{d}\phi|\phi\rangle\langle\phi| &= \int_{-\pi}^{\pi}\mathrm{d}\phi|c_0|^2\sum_{n=0}^{+\infty}\sum_{m=0}^{+\infty}\mathrm{e}^{\mathrm{i}(m-n)\phi}|n\rangle\langle m| \\ &= 2\pi|c_0|^2\sum_{n=0}^{+\infty}\sum_{m=0}^{+\infty}\delta_{nm}|n\rangle\langle m| \\ &= 2\pi|c_0|^2\sum_{n=0}^{+\infty}|n\rangle\langle n|.\end{aligned} \tag{8.31}$$

因为粒子数态是完备的，所以

$$\sum_{n=0}^{+\infty}|n\rangle\langle n|=1, \tag{8.32}$$

于是有

$$\int_{-\pi}^{\pi}\mathrm{d}\phi|\phi\rangle\langle\phi|=2\pi|c_0|^2. \tag{8.33}$$

我们取 $c_0=1/\sqrt{2\pi}$，可以得到

$$\int_{-\pi}^{\pi}\mathrm{d}\phi|\phi\rangle\langle\phi|=1, \tag{8.34}$$

即相位态是完备的，其归一化的粒子数态展开式为

$$|\phi\rangle=\frac{1}{\sqrt{2\pi}}\sum_{n=0}^{+\infty}\mathrm{e}^{-\mathrm{i}n\phi}|n\rangle. \tag{8.35}$$

注意到粒子数态是离散的，因此式 (8.35) 应理解为

$$|\phi\rangle=\lim_{M\to+\infty}\frac{1}{\sqrt{2\pi}}\sum_{n=0}^{M}\mathrm{e}^{-\mathrm{i}n\phi_M}|n\rangle, \tag{8.36}$$

其中，

$$\phi_M=\frac{2m\pi}{M+1}-\pi\,,\quad m=0,1,\cdots,M, \tag{8.37}$$

而连续变量 ϕ 是离散变量 ϕ_M 在 M 趋于无穷大时的极限.

相位态是正交的，即

$$\begin{aligned}\langle\phi'|\phi\rangle&=\frac{1}{2\pi}\sum_{n=0}^{+\infty}\sum_{m=0}^{+\infty}\langle m|\mathrm{e}^{\mathrm{i}(m\phi'-n\phi)}|n\rangle\\&=\frac{1}{2\pi}\sum_{n=0}^{+\infty}\mathrm{e}^{\mathrm{i}n(\phi'-\phi)}\\&=\delta(\phi'-\phi).\end{aligned} \tag{8.38}$$

根据相位态的完备性和正交性，我们可以把相位因子算符写成如下形式：

$$\mathrm{e}^{-\mathrm{i}\widehat{\phi}}=\int_{-\pi}^{\pi}\mathrm{d}\phi\,\mathrm{e}^{-\mathrm{i}\phi}\,|\phi\rangle\langle\phi|, \tag{8.39}$$

而相位算符则可以表达为

$$\widehat{\phi}=\int_{-\pi}^{\pi}\mathrm{d}\phi\,[\phi+2\pi K(\phi)]\,|\phi\rangle\langle\phi|\,, \tag{8.40}$$

其中，$K(\phi)$ 是一个取值与 ϕ 相关的整数，$K(\phi)$ 的选取必须使 $[\phi+2\pi K(\phi)]$ 的取值分布在一个宽度为 2π 的区间. 式 (8.40) 亦可写为

$$\widehat{\phi}=\int_{-\pi+\phi_a}^{\pi+\phi_a}\mathrm{d}\phi\,\phi\,|\phi\rangle\langle\phi|, \tag{8.41}$$

其中，ϕ_a 的取值与相位因子的平均值相匹配，即

$$\overline{\mathrm{e}^{-\mathrm{i}\phi}}=|\overline{\mathrm{e}^{-\mathrm{i}\phi}}|\mathrm{e}^{-\mathrm{i}\phi_a}. \tag{8.42}$$

考虑粒子数算符 N 对相位态的作用：

$$\begin{aligned}N|\phi\rangle&=\frac{1}{\sqrt{2\pi}}\sum_{n=0}^{+\infty}\mathrm{e}^{-\mathrm{i}n\phi}N|n\rangle\\&=\frac{1}{\sqrt{2\pi}}\sum_{n=0}^{+\infty}\mathrm{e}^{-\mathrm{i}n\phi}n|n\rangle\\&=\frac{\mathrm{i}}{\sqrt{2\pi}}\sum_{n=0}^{+\infty}\frac{\partial}{\partial\phi}\mathrm{e}^{-\mathrm{i}n\phi}|n\rangle\\&=\mathrm{i}\frac{\partial}{\partial\phi}|\phi\rangle.\end{aligned} \tag{8.43}$$

利用式 (8.43)，我们可以导出在相位表象下的粒子数算符的表达式. 在相位表象下，任何量子态都可以通过波函数 $f(\phi)$ 来表达：

$$|\psi\rangle=\int_{-\pi}^{\pi}\mathrm{d}\phi\,f(\phi)\,|\phi\rangle. \tag{8.44}$$

利用相位态的正交性，可以得到

$$f(\phi)=\langle\phi|\psi\rangle. \tag{8.45}$$

根据式 (8.43)，有

$$\begin{aligned}N|\psi\rangle&=\mathrm{i}\int_{-\pi}^{\pi}\mathrm{d}\phi\,f(\phi)\,\frac{\partial}{\partial\phi}|\phi\rangle\\&=\mathrm{i}\int_{-\pi}^{\pi}\mathrm{d}\phi\,\frac{\partial}{\partial\phi}\big(f(\phi)\,|\phi\rangle\big)-\mathrm{i}\int_{-\pi}^{\pi}\mathrm{d}\phi\left(\frac{\partial}{\partial\phi}f(\phi)\right)|\phi\rangle.\end{aligned} \tag{8.46}$$

注意到 $f(\phi)\,|\phi\rangle$ 的周期性，由式 (8.46) 可得

$$N|\psi\rangle = -\mathrm{i}\int_{-\pi}^{\pi} \mathrm{d}\phi \left(\frac{\partial}{\partial\phi} f(\phi)\right)|\phi\rangle, \tag{8.47}$$

亦即，相位表象下的粒子数算符为

$$N = -\mathrm{i}\frac{\partial}{\partial\phi}. \tag{8.48}$$

利用相位表象下粒子数算符的表达式可以导出如下对易关系：

$$[\widehat{\phi}, N] = \mathrm{i}. \tag{8.49}$$

对易关系 (8.49) 也可由 N 与 $\mathrm{e}^{-\mathrm{i}\widehat{\phi}}$ 间的对易关系导出. 由式 (8.23) 和式 (8.6) 可得

$$[N, \mathrm{e}^{-\mathrm{i}\widehat{\phi}}] = -\mathrm{e}^{-\mathrm{i}\widehat{\phi}}, \quad [N, (\mathrm{e}^{-\mathrm{i}\widehat{\phi}})^m] = -m(\mathrm{e}^{-\mathrm{i}\widehat{\phi}})^m. \tag{8.50}$$

我们可以用相位因子算符来表达相位算符：

$$\widehat{\phi} = \mathrm{i}\ln\left(\mathrm{e}^{-\mathrm{i}\widehat{\phi}}\right) + 2K\pi. \tag{8.51}$$

对式 (8.51) 做泰勒 (Taylor) 展开：

$$\begin{aligned}
\widehat{\phi} &= \mathrm{i}\ln\left[1 - \left(1 - \mathrm{e}^{-\mathrm{i}\widehat{\phi}}\right)\right] + 2K\pi \\
&= -\mathrm{i}\sum_{n=1}^{+\infty}\frac{1}{n}\left(1 - \mathrm{e}^{-\mathrm{i}\widehat{\phi}}\right)^n + 2K\pi \\
&= -\mathrm{i}\sum_{n=1}^{+\infty}\frac{1}{n}\sum_{m=0}^{n}(-1)^m \mathrm{C}_n^m \left(\mathrm{e}^{-\mathrm{i}\widehat{\phi}}\right)^m + 2K\pi\,.
\end{aligned} \tag{8.52}$$

这样，我们有

$$\begin{aligned}
[N, \widehat{\phi}] &= -\mathrm{i}\sum_{n=1}^{+\infty}\frac{1}{n}\sum_{m=0}^{n}(-1)^m \mathrm{C}_n^m [N, \left(\mathrm{e}^{-\mathrm{i}\widehat{\phi}}\right)^m] \\
&= \mathrm{i}\sum_{n=1}^{+\infty}\sum_{m=1}^{n}(-1)^m \mathrm{C}_{n-1}^{m-1}\left(\mathrm{e}^{-\mathrm{i}\widehat{\phi}}\right)^m,
\end{aligned} \tag{8.53}$$

而

$$\begin{aligned}
\sum_{m=1}^{n}(-1)^m \mathrm{C}_{n-1}^{m-1}\left(\mathrm{e}^{-\mathrm{i}\widehat{\phi}}\right)^m &= -\mathrm{e}^{-\mathrm{i}\widehat{\phi}}\sum_{m=0}^{n-1}(-1)^m \mathrm{C}_{n-1}^{m}\left(\mathrm{e}^{-\mathrm{i}\widehat{\phi}}\right)^m \\
&= -\mathrm{e}^{-\mathrm{i}\widehat{\phi}}\left(1 - \mathrm{e}^{-\mathrm{i}\widehat{\phi}}\right)^{n-1},
\end{aligned} \tag{8.54}$$

所以

$$[N, \widehat{\phi}] = -\mathrm{i}\mathrm{e}^{-\mathrm{i}\widehat{\phi}} \sum_{n=0}^{+\infty} \left(1 - \mathrm{e}^{-\mathrm{i}\widehat{\phi}}\right)^n = -\frac{\mathrm{i}\mathrm{e}^{-\mathrm{i}\widehat{\phi}}}{1 - \left(1 - \mathrm{e}^{-\mathrm{i}\widehat{\phi}}\right)}, \tag{8.55}$$

即

$$[\widehat{\phi}, N] = \mathrm{i}. \tag{8.56}$$

§8.3 光场的相干态

光场的相干态 $|\alpha_{\boldsymbol{k}p}\rangle$ 是湮灭算符 $a_{\boldsymbol{k}p}$ 的本征态：

$$a_{\boldsymbol{k}p}|\alpha_{\boldsymbol{k}p}\rangle = \alpha_{\boldsymbol{k}p}|\alpha_{\boldsymbol{k}p}\rangle. \tag{8.57}$$

为了书写简便，以下我们略去下标 $\boldsymbol{k}p$.

相干态 $|\alpha\rangle$ 可以用粒子数态 $|n\rangle$ 展开：

$$|\alpha\rangle = \sum_{n=0}^{+\infty} c_n|n\rangle. \tag{8.58}$$

因为 $|\alpha\rangle$ 是 a 的本征态，所以

$$\begin{aligned} a|\alpha\rangle &= \sum_{n=1}^{+\infty} c_n\sqrt{n}|n-1\rangle \\ &= \alpha\sum_{n=0}^{+\infty} c_n|n\rangle. \end{aligned} \tag{8.59}$$

比较式 (8.59) 两个求和式中 $|n\rangle$ 的系数，可以得到

$$\sqrt{n+1}c_{n+1} = \alpha c_n, \tag{8.60}$$

即展开系数之间存在递推关系

$$c_n = \frac{\alpha}{\sqrt{n}}c_{n-1}. \tag{8.61}$$

应用以上递推关系，可以得到

$$c_n = \frac{\alpha^n}{\sqrt{n!}}c_0. \tag{8.62}$$

于是展开式 (8.58) 可以化为

$$|\alpha\rangle = c_0 \sum_{n=0}^{+\infty} \frac{\alpha^n}{\sqrt{n!}} |n\rangle. \tag{8.63}$$

$|\alpha\rangle$ 是归一化的, 即

$$\langle\alpha|\alpha\rangle = 1, \tag{8.64}$$

所以

$$|c_0|^2 \sum_{n=0}^{+\infty} \sum_{m=0}^{+\infty} \langle m| \frac{\alpha^n \alpha^{*m}}{\sqrt{n!m!}} |n\rangle = 1. \tag{8.65}$$

另一方面, 我们有

$$\sum_{n=0}^{+\infty} \sum_{m=0}^{+\infty} \langle m| \frac{\alpha^n \alpha^{*m}}{\sqrt{n!m!}} |n\rangle = \sum_{n=0}^{+\infty} \frac{|\alpha|^{2n}}{n!} = \mathrm{e}^{|\alpha|^2}, \tag{8.66}$$

因此

$$|c_0| = \mathrm{e}^{-\frac{1}{2}|\alpha|^2}. \tag{8.67}$$

最后我们得到完整的表达式:

$$|\alpha\rangle = \mathrm{e}^{-\frac{1}{2}|\alpha|^2} \sum_{n=0}^{+\infty} \frac{\alpha^n}{\sqrt{n!}} |n\rangle. \tag{8.68}$$

由于

$$|n\rangle = \frac{(a^\dagger)^n}{\sqrt{n!}} |0\rangle, \tag{8.69}$$

因此相干态 $|\alpha\rangle$ 还可以写成

$$\begin{aligned} |\alpha\rangle &= \mathrm{e}^{-\frac{1}{2}|\alpha|^2} \sum_{n=0}^{+\infty} \frac{\alpha^n (a^\dagger)^n}{n!} |0\rangle \\ &= \mathrm{e}^{-\frac{1}{2}|\alpha|^2 + \alpha a^\dagger} |0\rangle. \end{aligned} \tag{8.70}$$

又因为

$$\mathrm{e}^{-\alpha^* a} |0\rangle = |0\rangle, \tag{8.71}$$

以及

$$e^{\alpha a^\dagger}e^{-\alpha^* a}=e^{\alpha a^\dagger-\alpha^* a}e^{-\frac{1}{2}[\alpha a^\dagger,\alpha^* a]}, \tag{8.72}$$

我们还可以将相干态表达成

$$|\alpha\rangle=e^{\alpha a^\dagger-\alpha^* a}|0\rangle. \tag{8.73}$$

算符 $D(\alpha)=e^{\alpha a^\dagger-\alpha^* a}$ 称为位移算符.

相干态是非正交的. 设 $|\alpha\rangle$ 和 $|\beta\rangle$ 为两个不同的相干态, 那么

$$\begin{aligned}\langle\beta|\alpha\rangle&=e^{-\frac{1}{2}(|\alpha|^2+|\beta|^2)}\sum_{n=0}^{+\infty}\sum_{m=0}^{+\infty}\langle m|\frac{\alpha^n\beta^{*m}}{\sqrt{n!m!}}|n\rangle\\&=e^{-\frac{1}{2}(|\alpha|^2+|\beta|^2)}\sum_{n=0}^{+\infty}\frac{\alpha^n\beta^{*n}}{n!}\\&=e^{-\frac{1}{2}(|\alpha|^2+|\beta|^2)+\beta^*\alpha}\\&\neq 0.\end{aligned} \tag{8.74}$$

相干态是完备的. 记 $\alpha=\alpha_r+i\alpha_i$, 我们有

$$\begin{aligned}\int d^2\alpha|\alpha\rangle\langle\alpha|&=\iint d\alpha_r d\alpha_i e^{-|\alpha|^2}\sum_{n=0}^{+\infty}\sum_{m=0}^{+\infty}\frac{\alpha^n\alpha^{*m}}{\sqrt{n!m!}}|n\rangle\langle m|\\&=\int_0^{2\pi}d\theta\int_0^{+\infty}d|\alpha|e^{-|\alpha|^2}|\alpha|\sum_{n=0}^{+\infty}\sum_{m=0}^{+\infty}\frac{e^{i(n-m)\theta}}{\sqrt{n!m!}}|\alpha|^{n+m}|n\rangle\langle m|\\&=2\pi\int_0^{+\infty}d|\alpha|e^{-|\alpha|^2}|\alpha|\sum_{n=0}^{+\infty}\frac{|\alpha|^{2n}}{n!}|n\rangle\langle n|,\end{aligned} \tag{8.75}$$

而

$$2\int_0^{+\infty}d|\alpha|e^{-|\alpha|^2}|\alpha|^{2n+1}=\int_0^{+\infty}ds e^{-s}s^n=n!, \tag{8.76}$$

所以

$$\int d^2\alpha|\alpha\rangle\langle\alpha|=\pi\sum_{n=0}^{+\infty}|n\rangle\langle n|=\pi. \tag{8.77}$$

利用式 (8.77), 我们可以把相干态的完备条件写成如下形式:

$$\frac{1}{\pi}\int d^2\alpha|\alpha\rangle\langle\alpha|=1. \tag{8.78}$$

$|\alpha\rangle\langle\alpha|$ 是一个相干态的投影算符. 在对投影算符积分的积分号前存在一个小于 1 的因子，表明相干态实际上是超完备的. 由于超完备的原因，用相干态展开其他量子态时，展开方式是非唯一的. 事实上，对任何解析函数 $f(\alpha)$，都有

$$\int \mathrm{d}^2\alpha\, \alpha f(\alpha)|\alpha\rangle = 0. \tag{8.79}$$

因此，如果某一量子态可展开为

$$|\psi\rangle = \int \mathrm{d}^2\alpha\, F(\alpha)|\alpha\rangle, \tag{8.80}$$

则这一量子态亦可展开为

$$|\psi\rangle = \int \mathrm{d}^2\alpha \left[F(\alpha) + \alpha f(\alpha)\right]|\alpha\rangle, \tag{8.81}$$

其中，$f(\alpha)$ 为任一解析函数.

接下来计算相干态的平均光子数和光子数的方差. 我们有

$$\begin{aligned}\overline{n} &= \langle\alpha|N|\alpha\rangle \\ &= \langle\alpha|a^\dagger a|\alpha\rangle \\ &= |\alpha|^2,\end{aligned} \tag{8.82}$$

以及

$$\begin{aligned}(\Delta n)^2 &= \langle\alpha|(N^2 - |\alpha|^4)|\alpha\rangle \\ &= \langle\alpha|(a^\dagger a a^\dagger a - |\alpha|^4)|\alpha\rangle \\ &= \langle\alpha|(a^\dagger a^\dagger a a + a^\dagger a - |\alpha|^4)|\alpha\rangle \\ &= |\alpha|^2,\end{aligned} \tag{8.83}$$

即

$$(\Delta n)^2 = \overline{n}. \tag{8.84}$$

应用相干态的光子数态展开式，可以方便地计算在相干态下探测到 n 个光子的概率：

$$\begin{aligned}P(n) &= |\langle n|\alpha\rangle|^2 \\ &= \frac{|\alpha|^{2n}}{n!}\,\mathrm{e}^{-|\alpha|^2}.\end{aligned} \tag{8.85}$$

概率分布 $P(n)$ 为泊松 (Poisson) 分布. 注意到 $|\alpha|^2 = \overline{n}$，我们可以将 $P(n)$ 写成泊松分布的一般形式：

$$P(n) = \frac{\overline{n}^{\,n}}{n!}\,\mathrm{e}^{-\overline{n}}. \tag{8.86}$$

我们知道厄米广义坐标与正则动量之间存在不确定性关系，或称测不准关系：

$$\Delta q\Delta p \geqslant \frac{\hbar}{2}. \tag{8.87}$$

如果式 (8.87) 为等式，即

$$\Delta q\Delta p = \frac{\hbar}{2}, \tag{8.88}$$

那么我们称相应的量子态为最小不确定态. 相干态是光场的最小不确定态. 我们引入厄米变量

$$q = \sqrt{\frac{\hbar}{2\omega}}(a^\dagger + a) \tag{8.89}$$

作为光场的广义坐标，相应的正则动量亦为厄米变量：

$$p = \mathrm{i}\sqrt{\frac{\hbar\omega}{2}}(a^\dagger - a). \tag{8.90}$$

容易验证，q，p 之间满足对易关系

$$[q, p] = \mathrm{i}\hbar. \tag{8.91}$$

与式 (7.4)、式(7.8) 和式 (7.9) 比较，容易看出 q 正比于矢量势，而 p 正比于电场强度和磁场强度. 利用 q 和 p，我们可以将光子的哈密顿量写成类似谐振子的哈密顿量的形式：

$$\hbar\omega a^\dagger a = \frac{1}{2}(\omega^2 q^2 + p^2). \tag{8.92}$$

要得到 q 与 p 之间在相干态下的不确定性关系，我们首先计算其平均值

$$\langle\alpha|q|\alpha\rangle = \sqrt{\frac{2\hbar}{\omega}}\,\mathrm{Re}\,\alpha, \quad \langle\alpha|p|\alpha\rangle = \sqrt{2\hbar\omega}\,\mathrm{Im}\,\alpha, \tag{8.93}$$

然后再分别计算 q 和 p 的量子涨落. 我们有

$$\begin{aligned}(\Delta q)^2 &= \langle\alpha|\left[q^2 - 2\hbar\omega^{-1}(\mathrm{Re}\,\alpha)^2\right]|\alpha\rangle \\ &= \frac{\hbar}{2\omega}\langle\alpha|\left[a^{\dagger 2} + 2a^\dagger a + a^2 + 1 - 4(\mathrm{Re}\,\alpha)^2\right]|\alpha\rangle \\ &= \frac{\hbar}{2\omega}\langle\alpha|\left[\alpha^{*2} + 2|\alpha|^2 + \alpha^2 + 1 - (\alpha + \alpha^*)^2\right]|\alpha\rangle \\ &= \frac{\hbar}{2\omega},\end{aligned} \tag{8.94}$$

所以

$$\Delta q = \sqrt{\frac{\hbar}{2\omega}}. \tag{8.95}$$

类似地,

$$
\begin{aligned}
(\Delta p)^2 &= \langle\alpha|\left[p^2 - 2\hbar\omega(\operatorname{Im}\alpha)^2\right]|\alpha\rangle \\
&= \frac{\hbar\omega}{2}\langle\alpha|\left[-a^{\dagger 2} + 2a^\dagger a - a^2 + 1 - 4(\operatorname{Im}\alpha)^2\right]|\alpha\rangle \\
&= \frac{\hbar}{2\omega}\langle\alpha|\left[-\alpha^{*2} + 2|\alpha|^2 - \alpha^2 + 1 + (\alpha - \alpha^*)^2\right]|\alpha\rangle \\
&= \frac{\hbar\omega}{2},
\end{aligned}
\tag{8.96}
$$

于是有

$$
\Delta p = \sqrt{\frac{\hbar\omega}{2}}. \tag{8.97}
$$

这样, q 与 p 之间在相干态下的不确定性关系为等式:

$$
\Delta q \Delta p = \frac{\hbar}{2}, \tag{8.98}
$$

这表明相干态是最小不确定态.

不确定性关系也存在于光子数和光场相位之间. 由对易关系 $[\widehat{\phi}, N] = \mathrm{i}$, 可得

$$
\Delta\phi\Delta n \geqslant \frac{1}{2}. \tag{8.99}
$$

通过计算 $\Delta\phi$ 和 Δn 可以验证, 在相干态下, 当 $|\alpha| \gg 1$ 时, 光子数和光场相位之间的不确定性关系也为等式.

首先计算光场相位的平均值. 对于相干态 $|\alpha\rangle$, 我们有

$$
\begin{aligned}
\overline{\phi} &= \langle\alpha|\widehat{\phi}|\alpha\rangle \\
&= \int_{-\pi+\phi_a}^{\pi+\phi_a} \mathrm{d}\phi\phi\left|\langle\phi|\alpha\rangle\right|^2.
\end{aligned}
\tag{8.100}
$$

利用 $|\alpha\rangle$ 和 $|\phi\rangle$ 的展开式, 可以得到如下关系:

$$
\langle\phi|\alpha\rangle = \frac{1}{\sqrt{2\pi}}\mathrm{e}^{-\frac{1}{2}|\alpha|^2}\sum_{n=0}^{+\infty}\frac{\alpha^n}{\sqrt{n!}}\mathrm{e}^{\mathrm{i}n\phi}. \tag{8.101}
$$

令 $\alpha = |\alpha|\mathrm{e}^{-\mathrm{i}\phi_0}$, 则有

$$
\langle\phi|\alpha\rangle = \frac{1}{\sqrt{2\pi}}\mathrm{e}^{-\frac{1}{2}|\alpha|^2}\sum_{n=0}^{+\infty}\frac{|\alpha|^n}{\sqrt{n!}}\mathrm{e}^{\mathrm{i}n(\phi-\phi_0)}. \tag{8.102}
$$

不难验证 $\phi_a = \phi_0$，所以

$$\begin{aligned}\overline{\phi} &= \frac{1}{2\pi}\mathrm{e}^{-|\alpha|^2}\int_{-\pi+\phi_0}^{\pi+\phi_0}\mathrm{d}\phi\,\phi\sum_{n=0}^{+\infty}\sum_{m=0}^{+\infty}\frac{|\alpha|^{m+n}}{\sqrt{m!n!}}\mathrm{e}^{\mathrm{i}(n-m)(\phi-\phi_0)}\\ &= \phi_0,\end{aligned}\tag{8.103}$$

即光场相位的平均值为参数 α 辐角的负值.

光场相位的不确定量 $\Delta\phi$ 由下式给出:

$$(\Delta\phi)^2 = \int_{-\pi+\phi_0}^{\pi+\phi_0}\mathrm{d}\phi\,(\phi-\phi_0)^2\,|\langle\phi|\alpha\rangle|^2\,.\tag{8.104}$$

考虑 $|\alpha|\gg 1$ 的情形. 在此条件下，展开式 (8.102) 中求和的主要贡献来自 $n\sim|\alpha|^2$ 的项. 此时可以用积分替代求和：

$$\begin{aligned}\langle\phi|\alpha\rangle &= \frac{1}{\sqrt{2\pi}}\mathrm{e}^{-\frac{1}{2}|\alpha|^2}\sum_{n=0}^{+\infty}\frac{|\alpha|^n}{\sqrt{n!}}\mathrm{e}^{\mathrm{i}n(\phi-\phi_0)}\\ &\approx \frac{1}{\sqrt{2\pi}}\mathrm{e}^{-\frac{1}{2}|\alpha|^2}\int_0^{+\infty}\mathrm{d}x\frac{|\alpha|^x}{\sqrt{\Gamma(x+1)}}\mathrm{e}^{\mathrm{i}x(\phi-\phi_0)}.\end{aligned}\tag{8.105}$$

应用斯特林 (Stirling) 公式

$$\Gamma(x+1)\approx\sqrt{2\pi x}\,x^x\mathrm{e}^{-x},\ x\gg 1,\tag{8.106}$$

可以得到

$$\begin{aligned}\langle\phi|\alpha\rangle &\approx \frac{\mathrm{e}^{-\frac{1}{2}|\alpha|^2}}{(2\pi)^{3/4}}\int_0^{+\infty}\mathrm{d}x\,|\alpha|^x x^{-x/2-1/4}\mathrm{e}^{x/2}\mathrm{e}^{\mathrm{i}x(\phi-\phi_0)}\\ &= \frac{\mathrm{e}^{-\frac{1}{2}|\alpha|^2}}{(2\pi)^{3/4}}\int_0^{+\infty}\mathrm{d}x\,x^{-1/4}\exp\left(\frac{x}{2}-\frac{x}{2}\ln x + x\ln|\alpha|\right)\mathrm{e}^{\mathrm{i}x(\phi-\phi_0)}.\end{aligned}\tag{8.107}$$

函数 $\left(\dfrac{x}{2}-\dfrac{x}{2}\ln x+x\ln|\alpha|\right)$ 在 $x=|\alpha|^2$ 处有极大值，对积分的主要贡献来自极值附近的区域. 在 $x=|\alpha|^2$ 附近，

$$\frac{x}{2}-\frac{x}{2}\ln x+x\ln|\alpha|\approx\frac{1}{2}|\alpha|^2-\frac{(x-|\alpha|^2)^2}{4|\alpha|^2},\ x^{-1/4}\approx\frac{1}{\sqrt{|\alpha|}},\tag{8.108}$$

所以

$$\begin{aligned}\langle\phi|\alpha\rangle &\approx \frac{\mathrm{e}^{\mathrm{i}|\alpha|^2(\phi-\phi_0)}}{(2\pi)^{3/4}\sqrt{|\alpha|}}\int_{-\infty}^{+\infty}\mathrm{d}y\exp\left(-\frac{y^2}{4|\alpha|^2}\right)\mathrm{e}^{\mathrm{i}y(\phi-\phi_0)}\\ &= \left(\frac{2}{\pi}\right)^{1/4}\sqrt{|\alpha|}\,\mathrm{e}^{\mathrm{i}|\alpha|^2(\phi-\phi_0)}\mathrm{e}^{-|\alpha|^2(\phi-\phi_0)^2}.\end{aligned}\tag{8.109}$$

将式 (8.109) 代入光场相位不确定量的计算公式, 可得

$$
\begin{aligned}
(\Delta\phi)^2 &\approx \sqrt{\frac{2}{\pi}}|\alpha| \int_{-\pi+\phi_0}^{\pi+\phi_0} \mathrm{d}\phi(\phi-\phi_0)^2 \mathrm{e}^{-2|\alpha|^2(\phi-\phi_0)^2} \\
&\approx \frac{1}{2\sqrt{\pi}|\alpha|^2} \int_{-\infty}^{+\infty} \mathrm{d}x x^2 \mathrm{e}^{-x^2} \\
&= \frac{1}{4|\alpha|^2},
\end{aligned}
\tag{8.110}
$$

即

$$
\Delta\phi = \frac{1}{2|\alpha|}. \tag{8.111}
$$

又因为 $\Delta n = |\alpha|$ ，所以

$$
\Delta\phi\Delta n = \frac{1}{2}, \tag{8.112}
$$

即在相干态下，光子数和光场相位之间的不确定性关系为等式，或者说相干态是最小不确定态.

以上关系也可以用一种直观的方式来理解. 令

$$
q' = \sqrt{\frac{\omega}{2\hbar}}q,\ p' = \sqrt{\frac{1}{2\hbar\omega}}p, \tag{8.113}
$$

则有

$$
\langle\alpha|q'|\alpha\rangle = \mathrm{Re}\,\alpha, \quad \langle\alpha|p'|\alpha\rangle = \mathrm{Im}\,\alpha, \tag{8.114}
$$

以及

$$
\Delta q' = \Delta p' = \frac{1}{2}. \tag{8.115}
$$

我们可以以 q' 的测量值为实部，以 p' 的测量值为虚部构成的复数来表示对 q', p' 的测量结果. 这个复数随机分布在一个以平均值 α 为中心的圆形区域，如图 8.1 所示. 在 $|\alpha| \gg 1$ 的条件下，不难得到相位的不确定量为

$$
\Delta\phi = \frac{1}{2|\alpha|}. \tag{8.116}
$$

注意到

$$
\Delta n = \sqrt{\bar{n}} = |\alpha|, \tag{8.117}
$$

所以

$$
\Delta\phi\Delta n = \frac{1}{2}. \tag{8.118}
$$

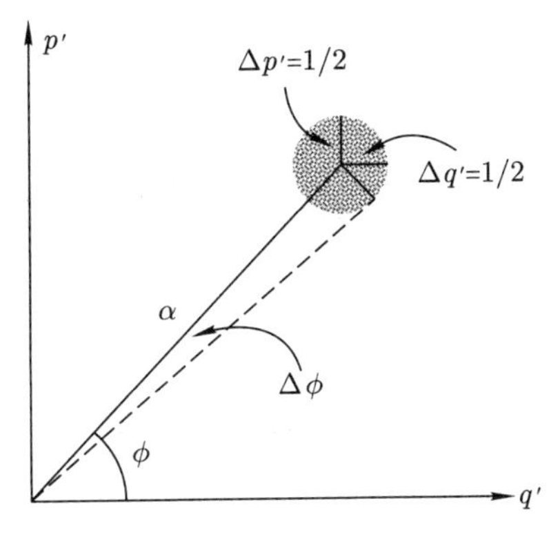

图 8.1　光场相位的不确定量

在经典理论的框架内，单模光场同时有确定的电磁场强度和电磁势，而处于相干态的光场的电磁场强度和电磁势具有最小不确定度. 因此，从统计角度来看，相干态是最接近经典光场的量子态.

如果在某一量子态下，某一参量的不确定量小于这一参量在相干态下的不确定量，则称此量子态为相应参量的挤压态. 可以有场强挤压态、势挤压态、光子数挤压态和相位挤压态.

习　题

8.1　试用相位态 $|\phi\rangle$ 展开粒子数态 $|n\rangle$.

8.2　试用相干态 $|\alpha\rangle$ 展开粒子数态 $|n\rangle$.

8.3　试验证，

$$|\alpha\rangle = \mathrm{e}^{\alpha a^\dagger - \alpha^* a}|0\rangle$$

为光子湮灭算符 a 的归一化本征态.

8.4　试证明，对任何解析函数 $f(\alpha)$ 都有

$$\int \mathrm{d}^2\alpha\, \alpha f(\alpha)|\alpha\rangle = 0.$$

8.5　试证明，

$$N|\alpha\rangle = \left(\alpha\frac{\partial}{\partial\alpha} + \frac{1}{2}|\alpha|^2\right)|\alpha\rangle,$$

并计算 $a^\dagger|\alpha\rangle$.

第 9 章　光子场

§9.1　电磁场方程的旋量形式

在没有自由电荷与传导电流的真空中，麦克斯韦方程组可以写成如下形式:

$$\frac{\partial}{\partial x_0}(\sqrt{\varepsilon_0}\boldsymbol{E}) = \nabla \times (\sqrt{\mu_0}\boldsymbol{H}), \tag{9.1}$$

$$\frac{\partial}{\partial x_0}(\sqrt{\mu_0}\boldsymbol{H}) = -\nabla \times (\sqrt{\varepsilon_0}\boldsymbol{E}), \tag{9.2}$$

$$0 = -\nabla \cdot (\sqrt{\mu_0}\boldsymbol{H}), \tag{9.3}$$

$$0 = \nabla \cdot (\sqrt{\varepsilon_0}\boldsymbol{E}), \tag{9.4}$$

其中，$x_0 = ct$. 电磁场为实值矢量场，因此电磁场可以由其正频率部分完全确定. 通过引入 8 分量的电磁场旋量

$$\psi_{\text{em}} = (\sqrt{\varepsilon_0}E_1, \sqrt{\varepsilon_0}E_2, \sqrt{\varepsilon_0}E_3, 0, \sqrt{\mu_0}H_1, \sqrt{\mu_0}H_2, \sqrt{\mu_0}H_3, 0)^{\mathrm{T}}, \tag{9.5}$$

我们可以把麦克斯韦方程组 (式 (9.1) ~ (9.4)) 改写成如下形式：

$$\frac{\partial}{\partial x_0}\psi_{\text{em}} = -\boldsymbol{\alpha}_{\text{e}} \cdot \nabla\psi_{\text{em}}, \tag{9.6}$$

这里，

$$\alpha_{\text{e}1} = \begin{pmatrix} 0 & 0 & 0 & -\mathrm{i}\sigma_2 \\ 0 & 0 & -\mathrm{i}\sigma_2 & 0 \\ 0 & \mathrm{i}\sigma_2 & 0 & 0 \\ \mathrm{i}\sigma_2 & 0 & 0 & 0 \end{pmatrix}, \tag{9.7}$$

$$\alpha_{\text{e}2} = \begin{pmatrix} 0 & 0 & 0 & -I_2 \\ 0 & 0 & I_2 & 0 \\ 0 & I_2 & 0 & 0 \\ -I_2 & 0 & 0 & 0 \end{pmatrix}, \tag{9.8}$$

$$\alpha_{e3} = \begin{pmatrix} 0 & 0 & i\sigma_2 & 0 \\ 0 & 0 & 0 & -i\sigma_2 \\ -i\sigma_2 & 0 & 0 & 0 \\ 0 & i\sigma_2 & 0 & 0 \end{pmatrix}, \tag{9.9}$$

其中，

$$\sigma_2 = \begin{pmatrix} 0 & -i \\ i & 0 \end{pmatrix}, \quad I_2 = \begin{pmatrix} 1 & 0 \\ 0 & 1 \end{pmatrix}. \tag{9.10}$$

矩阵 α_{e1}，α_{e2} 和 α_{e3} 满足如下关系：

$$\alpha_{em} \cdot \alpha_{en} + \alpha_{en} \cdot \alpha_{em} = 2\delta_{nm} \ , \ n, m = 1, 2, 3. \tag{9.11}$$

四维矢量势 $A(x) = (\phi(x)/c, \boldsymbol{A}(x))$ 与电场和磁场的关系，以及洛伦兹 (Lorentz) 规范条件可以写成如下形式:

$$\frac{\partial}{\partial x_0}\left(\sqrt{\varepsilon_0}\boldsymbol{A}\right) = -\nabla\left(\sqrt{\varepsilon_0}A_0\right) - \frac{1}{c}\sqrt{\varepsilon_0}\boldsymbol{E}, \tag{9.12}$$

$$\boldsymbol{0} = \nabla \times \left(\sqrt{\varepsilon_0}\boldsymbol{A}\right) - \frac{1}{c}\sqrt{\mu_0}\boldsymbol{H}, \tag{9.13}$$

$$\frac{\partial}{\partial x_0}\left(\sqrt{\varepsilon_0}A_0\right) = -\nabla \cdot \left(\sqrt{\varepsilon_0}\boldsymbol{A}\right). \tag{9.14}$$

式 (9.12) ~ (9.14) 也可以写成旋量形式：

$$\frac{\partial}{\partial x_0}\psi_a(x) = \boldsymbol{\alpha}_e \cdot \nabla\psi_a(x) - \frac{1}{\hbar c}\psi_{em}(x), \tag{9.15}$$

其中，$\psi_a(x)$ 为电磁势旋量，其定义为

$$\psi_a(x) = \frac{\sqrt{\varepsilon_0}}{\hbar}\left(A_1(x), A_2(x), A_3(x), 0, 0, 0, 0, A_0(x)\right)^{\mathrm{T}}. \tag{9.16}$$

由电场强度 $\boldsymbol{E}$、磁场强度 $\boldsymbol{H}$ 和四维矢量势 $A(x)$ 在洛伦兹变换下的变换规律，我们可以得到旋量场 $\psi_{em}(x)$ 和 $\psi_a(x)$在洛伦兹变换下的变换规律：

$$\psi'_{em}(x') = \exp\left(-\boldsymbol{\varphi} \cdot \boldsymbol{l}\right)\psi_{em}(x'), \tag{9.17}$$

以及

$$\psi'_a(x') = \exp\left[\boldsymbol{\varphi} \cdot (\boldsymbol{\alpha}_e - \boldsymbol{l})\right]\psi_a(x'), \tag{9.18}$$

这里，

$$\boldsymbol{\varphi} = \frac{\boldsymbol{v}}{v}\left(\ln\sqrt{1 + \frac{v}{c}} - \ln\sqrt{1 - \frac{v}{c}}\right). \tag{9.19}$$

由电场强度 $\boldsymbol{E}$、磁场强度 $\boldsymbol{H}$ 和四维矢量势 $A(x)$ 在空间旋转下的变换规律，我们也可以得到旋量场 $\psi_{\rm em}(x)$ 和 $\psi_{\rm a}(x)$ 在空间旋转下的变换规律. 设旋转角度为 $\boldsymbol{\phi}$，则有

$$\psi'_{\rm em}(x') = \exp\left(\mathrm{i}\boldsymbol{\phi}\cdot\boldsymbol{s}\right)\psi_{\rm em}(x'), \tag{9.20}$$

以及

$$\psi'_{\rm a}(x') = \exp\left(\mathrm{i}\boldsymbol{\phi}\cdot\boldsymbol{s}\right)\psi_{\rm a}(x'), \tag{9.21}$$

其中，

$$\boldsymbol{s} = \begin{pmatrix} \boldsymbol{\Sigma} & 0 \\ 0 & \boldsymbol{\Sigma} \end{pmatrix},\ \boldsymbol{l} = \begin{pmatrix} 0 & \mathrm{i}\boldsymbol{\Sigma} \\ -\mathrm{i}\boldsymbol{\Sigma} & 0 \end{pmatrix}, \tag{9.22}$$

以及

$$\begin{gathered}\Sigma_1 = \begin{pmatrix} 0 & 0 & 0 & 0 \\ 0 & 0 & -\mathrm{i} & 0 \\ 0 & \mathrm{i} & 0 & 0 \\ 0 & 0 & 0 & 0 \end{pmatrix},\quad \Sigma_2 = \begin{pmatrix} 0 & 0 & \mathrm{i} & 0 \\ 0 & 0 & 0 & 0 \\ -\mathrm{i} & 0 & 0 & 0 \\ 0 & 0 & 0 & 0 \end{pmatrix}, \\ \Sigma_3 = \begin{pmatrix} 0 & -\mathrm{i} & 0 & 0 \\ \mathrm{i} & 0 & 0 & 0 \\ 0 & 0 & 0 & 0 \\ 0 & 0 & 0 & 0 \end{pmatrix}.\end{gathered} \tag{9.23}$$

$\boldsymbol{s}$ 的各分量满足如下对易关系:

$$[s_l, s_m] = \mathrm{i}\sum_{n=1}^{3}\varepsilon_{lmn}s_n, \tag{9.24}$$

其中，ε_{lmn} 为莱维-齐维塔 (Levi-Civita)符号，其值由如下关系式给出：

$$\varepsilon_{123} = 1, \tag{9.25}$$

以及

$$\varepsilon_{lmn} = -\varepsilon_{mln} = \varepsilon_{mnl},\quad l,m,n = 1,2,3. \tag{9.26}$$

可以验证，式 (9.6) 和式 (9.15) 的形式在连续时空变化下保持不变.

§9.2 光 子 场

我们可以用旋量场 $\psi_{\mathrm{em}}(x)$ 或 $\psi_{\mathrm{a}}(x)$ 来描述电磁场，但无法把光子密度表达成 $\psi_{\mathrm{em}}(x)$ 或 $\psi_{\mathrm{a}}(x)$ 与其共轭场的内积. 因此 $\psi_{\mathrm{em}}(x)$ 和 $\psi_{\mathrm{a}}(x)$ 都不是光子场.

光子与单频平面电磁波有直接联系，所以我们考虑自由空间内的单频平面电磁波：

$$\psi_{\mathrm{em}}^{k}(x), \psi_{\mathrm{a}}^{k}(x) \propto \exp(-\mathrm{i}kx). \tag{9.27}$$

令 $\psi_{\mathrm{em}}^{+k}(x)$ 和 $\psi_{\mathrm{a}}^{+k}(x)$ 分别为 $\psi_{\mathrm{em}}^{k}(x)$ 和 $\psi_{\mathrm{a}}^{k}(x)$ 的正频率部分. 容易验证，内积 $\psi_{\mathrm{em}}^{+k\dagger}(x)\psi_{\mathrm{em}}^{+k}(x)$ 为能量密度的平均值. 对于单频光波，能量密度的平均值等于光子密度的平均值与光子能量 $\hbar k_0 c$ 的乘积. 另一方面，我们有

$$\varepsilon_0 \boldsymbol{E}^{+k*}(x)\cdot\boldsymbol{E}^{+k}(x) = \mu_0 \boldsymbol{H}^{+k*}(x)\cdot\boldsymbol{H}^{+k}(x) = \frac{1}{2}\psi_{\mathrm{em}}^{+k\dagger}(x)\psi_{\mathrm{em}}^{+k}(x), \tag{9.28}$$

以及

$$\mathrm{i}\boldsymbol{E}^{+k*}(x)\cdot\boldsymbol{A}^{+k}(x) = -\mathrm{i}\boldsymbol{A}^{+k*}(x)\cdot\boldsymbol{E}^{+k}(x) = \frac{1}{k_0 c}\boldsymbol{E}^{+k*}(x)\cdot\boldsymbol{E}^{+k}(x), \tag{9.29}$$

所以光子密度等于

$$-\mathrm{i}\psi_{\mathrm{a}}^{+k\dagger}(x)\psi_{\mathrm{em}}^{+k}(x) + \mathrm{i}\psi_{\mathrm{em}}^{+k\dagger}(x)\psi_{\mathrm{a}}^{+k}(x). \tag{9.30}$$

我们有如下等式：

$$-\mathrm{i}\psi_{\mathrm{a}}^{+k\dagger}(x)\psi_{\mathrm{em}}^{+k}(x) + \mathrm{i}\psi_{\mathrm{em}}^{+k\dagger}(x)\psi_{\mathrm{a}}^{+k}(x) = \left(\psi_{\mathrm{em}}^{+k\dagger}(x), \psi_{\mathrm{a}}^{+k\dagger}(x)\right)\tau_2 \begin{pmatrix} \psi_{\mathrm{em}}^{+k}(x) \\ \psi_{\mathrm{a}}^{+k\dagger}(x) \end{pmatrix}, \tag{9.31}$$

这里，

$$\tau_2 = \begin{pmatrix} 0 & \mathrm{i}\beta_{\mathrm{e}} \\ -\mathrm{i}\beta_{\mathrm{e}} & 0 \end{pmatrix}, \tag{9.32}$$

其中，$\beta_{\mathrm{e}} = \begin{pmatrix} I_4 & 0 \\ 0 & -I_4 \end{pmatrix}$, 而 I_4 为 4×4 单位矩阵.

基于式 (9.31)，我们定义如下光子场 $\psi_{\mathrm{f}}(x)$：

$$\psi_{\mathrm{f}}(x) \triangleq \frac{1}{16\pi^4}\int_{k_0>0}\mathrm{d}^4k \int \mathrm{d}^4x' \exp[\mathrm{i}k(x'-x)] \begin{pmatrix} \psi_{\mathrm{em}}(x') \\ \psi_{\mathrm{a}}(x') \end{pmatrix}, \tag{9.33}$$

对于自由光子场，条件 $k_0>0$ 是协变的，因为自由光子场中不包含 $k_0<|\boldsymbol{k}|$ 的傅里叶成分. 由式 (9.6) 和式 (9.15) 可以导出自由光子场满足的旋量方程：

$$\mathrm{i}\hbar\frac{\partial}{\partial x_0}\psi_{\mathrm{f}}(x)=-\mathrm{i}\hbar\boldsymbol{\alpha}_{\mathrm{w}}\cdot\nabla\psi_{\mathrm{f}}(x)-\frac{\mathrm{i}}{c}\beta_{-}\psi_{\mathrm{f}}(x), \tag{9.34}$$

其中，

$$\boldsymbol{\alpha}_{\mathrm{w}}=\begin{pmatrix}\boldsymbol{\alpha}_{\mathrm{e}} & 0\\ 0 & -\boldsymbol{\alpha}_{\mathrm{e}}\end{pmatrix},\quad \beta_{-}=\begin{pmatrix}0 & 0\\ I_8 & 0\end{pmatrix}, \tag{9.35}$$

而 I_8 为 8×8 单位矩阵.

式 (9.6) 和式 (9.15) 在连续时空变换下的不变性保证了式 (9.34) 在连续时空变换下的不变性. 对于洛伦兹变换，我们有

$$\psi'_{\mathrm{f}}(x')=\exp(\boldsymbol{\varphi}\cdot\boldsymbol{\Lambda})\psi_{\mathrm{f}}(x'), \tag{9.36}$$

其中，

$$\boldsymbol{\Lambda}=\begin{pmatrix}-\boldsymbol{l} & 0\\ 0 & \boldsymbol{\alpha}_{\mathrm{e}}-\boldsymbol{l}\end{pmatrix}. \tag{9.37}$$

对于空间旋转，我们有

$$\psi'_{\mathrm{f}}(x')=\exp\left(\mathrm{i}\boldsymbol{\phi}\cdot\boldsymbol{s}_{\mathrm{f}}\right)\psi_{\mathrm{f}}(x'), \tag{9.38}$$

这里，

$$\boldsymbol{s}_{\mathrm{f}}=\begin{pmatrix}\boldsymbol{s} & 0\\ 0 & \boldsymbol{s}\end{pmatrix}. \tag{9.39}$$

式 (9.34) 也具有空间和时间反演不变性. 容易验证，与 $\psi_{\mathrm{f}}(x_0,\boldsymbol{x})$ 一样，$\tau_0\psi_{\mathrm{f}}(x_0,-\boldsymbol{x})$ 和 $\tau_3\psi_{\mathrm{f}}^{*}(-x_0,\boldsymbol{x})$ 也满足式 (9.34). 这里，

$$\tau_0=\begin{pmatrix}-\beta_{\mathrm{e}} & 0\\ 0 & -\beta_{\mathrm{e}}\end{pmatrix},\ \tau_3=\begin{pmatrix}\beta_{\mathrm{e}} & 0\\ 0 & -\beta_{\mathrm{e}}\end{pmatrix}. \tag{9.40}$$

自由光子场的方程可由如下拉格朗日 (Lagrange) 量密度得到：

$$\mathcal{L}_0=\mathrm{i}\hbar\overline{\psi}_{\mathrm{f}}\left(\frac{\partial}{\partial t}+c\boldsymbol{\alpha}_{\mathrm{w}}\cdot\nabla\right)\psi_{\mathrm{f}}+\mathrm{i}\overline{\psi}_{\mathrm{f}}\beta_{-}\psi_{\mathrm{f}}, \tag{9.41}$$

这里，$\overline{\psi}_{\mathrm{f}}(x)=\psi_{\mathrm{f}}^{\dagger}(x)\tau_2$ 为光子场的共轭场.

光子场 ψ_{f} 的正则共轭场为

$$\pi_{\mathrm{f}}=\frac{\partial \mathcal{L}_0}{\partial \dot{\psi}_{\mathrm{f}}}=\mathrm{i}\hbar\overline{\psi}_{\mathrm{f}}. \tag{9.42}$$

由拉格朗日量密度和正则共轭场可以导出光子场的哈密顿量:

$$\begin{aligned} H_0&=\int \mathrm{d}^3\boldsymbol{x}\left(\pi_{\mathrm{f}}\dot{\psi}_{\mathrm{f}}-\mathcal{L}_0\right)\\ &=\int \mathrm{d}^3\boldsymbol{x}\overline{\psi}_{\mathrm{f}}\left(-\mathrm{i}\hbar c\boldsymbol{\alpha}_{\mathrm{w}}\cdot\nabla-\mathrm{i}\beta_{-}\right)\psi_{\mathrm{f}}. \end{aligned} \tag{9.43}$$

在光子场 $\psi_{\mathrm{f}}(x)$ 的相位发生同步变化时，拉格朗日量密度 (9.41) 保持不变，因此光子数 N 守恒:

$$N=\int \rho_{\mathrm{ph}}\mathrm{d}^3\boldsymbol{x}, \tag{9.44}$$

以及

$$\frac{\partial}{\partial t}\rho_{\mathrm{ph}}+\nabla\cdot\boldsymbol{j}_{\mathrm{ph}}=0, \tag{9.45}$$

其中，光子密度 $\rho_{\mathrm{ph}}(x)$ 由光子场 $\psi_{\mathrm{f}}(x)$ 与其共轭场 $\overline{\psi}_{\mathrm{f}}(x)$ 的内积给出:

$$\rho_{\mathrm{ph}}(x)=\overline{\psi}_{\mathrm{f}}(x)\psi_{\mathrm{f}}(x), \tag{9.46}$$

而

$$\boldsymbol{j}_{\mathrm{ph}}(x)=c\overline{\psi}_{\mathrm{f}}(x)\boldsymbol{\alpha}_{\mathrm{w}}\psi_{\mathrm{f}}(x) \tag{9.47}$$

为光子流密度. 由式 (9.46) 定义的光子密度有可能会出现负值, 但光子是和频率确定的光子场联系在一起的. 不难验证，如果 $\psi_{\mathrm{f}}(x)$ 具有确定的频率，那么 $\rho_{\mathrm{ph}}\geqslant 0$.

根据对称性和守恒定律的关系，我们可以导出光子场的动量 $\boldsymbol{P}$ 和角动量 $\boldsymbol{M}$ 的表达式:

$$\boldsymbol{P}=-\mathrm{i}\hbar\int \mathrm{d}^3\boldsymbol{x}\overline{\psi}_{\mathrm{f}}\nabla\psi_{\mathrm{f}}, \tag{9.48}$$

$$\boldsymbol{M}=\int \mathrm{d}^3\boldsymbol{x}\overline{\psi}_{\mathrm{f}}[\boldsymbol{x}\times(-\mathrm{i}\hbar\nabla)]\psi_{\mathrm{f}}+\int \mathrm{d}^3\boldsymbol{x}\overline{\psi}_{\mathrm{f}}(\hbar\boldsymbol{s}_{\mathrm{f}})\psi_{\mathrm{f}}. \tag{9.49}$$

显然， $\boldsymbol{s}_{\mathrm{f}}$ 可以理解为光子的自旋算符. 依据式 (9.24)，我们有

$$[s_{\mathrm{f}n},s_{\mathrm{f}m}]=\mathrm{i}\sum_{p=1}^{3}\varepsilon_{nmp}s_{\mathrm{f}p}. \tag{9.50}$$

§9.3 光子场的量子化

在动量空间进行光子场的量子化是较为便利的做法. 为此, 我们首先需要得到光子场的平面波解. 将形如

$$\psi_{\mathrm{f}}(x) \propto \exp(-\mathrm{i}kx)w(\boldsymbol{k}) \tag{9.51}$$

的解代入式 (9.34), 可以得到旋量方程:

$$\left(\boldsymbol{\alpha}_{\mathrm{w}} \cdot \boldsymbol{k} - k_0 - \frac{\mathrm{i}\beta_-}{\hbar c}\right) w(\boldsymbol{k}) = 0. \tag{9.52}$$

式 (9.52) 有两个非平庸解. 这两个解满足 $k_0 = |\boldsymbol{k}|$, 并可表达为如下形式:

$$\begin{aligned} w_{\pm 1}(\boldsymbol{k}) = \frac{1}{2\sqrt{\hbar c}} \Big(& \hbar c|\boldsymbol{k}|(q_1 \pm \mathrm{i}r_1), \hbar c|\boldsymbol{k}|(q_2 \pm \mathrm{i}r_2), \hbar c|\boldsymbol{k}|(q_3 \pm \mathrm{i}r_3), 0, \\ & \hbar c|\boldsymbol{k}|(r_1 \mp \mathrm{i}q_1), \hbar c|\boldsymbol{k}|(r_2 \mp \mathrm{i}q_2), \hbar c|\boldsymbol{k}|(r_3 \mp \mathrm{i}q_3), 0, \\ & -\mathrm{i}q_1 \pm r_1, -\mathrm{i}q_2 \pm r_2, -\mathrm{i}q_3 \pm r_3, 0, 0, 0, 0, 0 \Big)^{\mathrm{T}}, \end{aligned} \tag{9.53}$$

令 $\widehat{\boldsymbol{k}} = \boldsymbol{k}/|\boldsymbol{k}|$, 而单位矢量 $\boldsymbol{q}$ 和 $\boldsymbol{r}$ 正交, 并满足如下关系:

$$\widehat{\boldsymbol{k}} \times \boldsymbol{q} = \boldsymbol{r},\ \ \widehat{\boldsymbol{k}} \times \boldsymbol{r} = -\boldsymbol{q},\ \ \boldsymbol{q} \times \boldsymbol{r} = \widehat{\boldsymbol{k}}, \quad \boldsymbol{r}(-\widehat{\boldsymbol{k}}) = -\boldsymbol{r}(\widehat{\boldsymbol{k}}). \tag{9.54}$$

旋量 $w_{+1}(\boldsymbol{k})$ 与 $w_{-1}(\boldsymbol{k})$正交:

$$\overline{w}_h(\boldsymbol{k}) w_{h'}(\boldsymbol{k}) = w_h^{\dagger}(\boldsymbol{k}) \tau_2 w_{h'}(\boldsymbol{k}) = \delta_{hh'}|\boldsymbol{k}|. \tag{9.55}$$

我们还有

$$(\widehat{\boldsymbol{k}} \cdot \boldsymbol{s}) w_h(\boldsymbol{k}) = h w_h(\boldsymbol{k}),\ h = \pm 1, \tag{9.56}$$

以及

$$\boldsymbol{s}_{\mathrm{f}}^2 w_h(\boldsymbol{k}) = s(s+1) w_h(\boldsymbol{k}) = 2 w_h(\boldsymbol{k}). \tag{9.57}$$

由此可知, 光子的自旋为 $s = 1$.

现在我们可以用平面波来展开光子场 $\psi_{\mathrm{f}}(x)$:

$$\begin{aligned} \psi_{\mathrm{f}}(x) &= \sum_{\boldsymbol{k}h} \frac{1}{\sqrt{V|\boldsymbol{k}|}} \mathrm{e}^{-\mathrm{i}kx} w_h(\boldsymbol{k}) a_h(\boldsymbol{k}), \\ \overline{\psi}_{\mathrm{f}}(x) &= \sum_{\boldsymbol{k}h} \frac{1}{\sqrt{V|\boldsymbol{k}|}} \mathrm{e}^{\mathrm{i}kx} \overline{w}_h(\boldsymbol{k}) a_h^{\dagger}(\boldsymbol{k}), \end{aligned} \tag{9.58}$$

其中，$k_0 = |\boldsymbol{k}|$. 利用式 (9.41) 和式 (9.58)，我们可以把光子场的拉格朗日量表达成变量 $q_{h\boldsymbol{k}}(t)$ 的函数：

$$L_0(t,q) = \sum_{\boldsymbol{k}h} \hbar q_{h\boldsymbol{k}}^{\dagger}(t) \left(\mathrm{i}\frac{\partial}{\partial t} - c|\boldsymbol{k}| \right) q_{h\boldsymbol{k}}(t), \tag{9.59}$$

其中，

$$q_{h\boldsymbol{k}}(t) = a_h(\boldsymbol{k}) \exp(-\mathrm{i}\omega t),\ \omega = ck_0. \tag{9.60}$$

$q_{h\boldsymbol{k}}(t)$ 对应的正则动量为

$$p_{h\boldsymbol{k}}(t) = \frac{\partial L_0}{\partial \dot{q}_{h\boldsymbol{k}}(t)} = \mathrm{i}\hbar a_h^{\dagger}(\boldsymbol{k}) \exp(\mathrm{i}\omega t). \tag{9.61}$$

应用正则量子化条件 $[q_{h\boldsymbol{k}}, p_{h'\boldsymbol{k}'}] = \mathrm{i}\hbar \delta_{hh'} \delta_{\boldsymbol{k}\boldsymbol{k}'}$，我们可以得到算符 $a_{\pm 1}(\boldsymbol{k})$，$a_{\pm 1}^{\dagger}(\boldsymbol{k})$ 之间的对易关系：

$$[a_h(\boldsymbol{k}), a_{h'}^{\dagger}(\boldsymbol{k}')] = \delta_{hh'} \delta_{\boldsymbol{k}\boldsymbol{k}'}. \tag{9.62}$$

由以上对易关系可知，算符 $a_{\pm 1}(\boldsymbol{k})$ 和 $a_{\pm 1}^{\dagger}(\boldsymbol{k})$ 正是光子的湮灭算符和产生算符.

再计算哈密顿量，我们有

$$H_0 = \sum_{\boldsymbol{k}h} p_{h\boldsymbol{k}} \dot{q}_{h\boldsymbol{k}} - L_0 = \sum_{\boldsymbol{k}h} \hbar\omega a_h^{\dagger}(\boldsymbol{k}) a_h(\boldsymbol{k}). \tag{9.63}$$

光子场的对易关系可以写成协变的形式. 根据对易关系 (9.62) 和展开式 (9.58)，并做替换

$$\frac{1}{V}\sum_{\boldsymbol{k}} \longrightarrow \frac{1}{(2\pi)^3} \int \mathrm{d}^3\boldsymbol{k}, \tag{9.64}$$

可以得到

$$[\psi_{\mathrm{f}l}^{\dagger}(x), \psi_{\mathrm{f}m}(x')] = D_{lm}(x - x'), \tag{9.65}$$

其中，$l, m = 1, 2, \cdots, 8$, 而 8×8 矩阵 $D(x)$为

$$D(x) = \frac{\hbar c}{2(2\pi)^3} \int_{k_0>0} \mathrm{d}^4 k \delta(k^2) \left[k_0 \boldsymbol{k} \cdot \boldsymbol{l} + (\boldsymbol{k} \cdot \boldsymbol{l})(\boldsymbol{k} \cdot \boldsymbol{l}) \right] \mathrm{e}^{-\mathrm{i}kx}. \tag{9.66}$$

在洛伦兹变换下，$D(x)$ 变为

$$D'(x') = \exp(-\boldsymbol{\varphi} \cdot \boldsymbol{l}) D(x') \exp(-\boldsymbol{\varphi} \cdot \boldsymbol{l}). \tag{9.67}$$

不难验证，利用展开式 (9.58)，可以从对易关系 (9.65) 导出对易关系 (9.62). 因此，对易关系 (9.62) 和 (9.65) 是等价的.

习 题

9.1 试证明，$\boldsymbol{\alpha}_{\mathrm{w}}$ 的分量满足如下关系：

$$\alpha_{\mathrm{w}m}\cdot\alpha_{\mathrm{w}n}+\alpha_{\mathrm{w}n}\cdot\alpha_{\mathrm{w}m}=2\delta_{nm}\ ,\ n,m=1,2,3.$$

9.2 试证明, 光子场 ψ_{f} 满足波动方程

$$\left(\Delta-\frac{\partial^2}{\partial x_0^2}\right)\psi_{\mathrm{f}}=0.$$

第三部分

光场的统计特性

第 10 章 随机变量

§10.1 概率与随机变量

我们先引入两个与概率有关的概念.

随机试验: 结果不可预测的试验.

随机事件: 随机试验中发生的事件, 一般记作 A.

我们用 $\{A\}$ 表示随机事件集合. 如果在 N 次试验中, 事件 A 出现 n 次, 则我们称 n/N 为事件 A 的相对频率. 如果极限

$$P(A) = \lim_{N\to+\infty} \frac{n}{N} \tag{10.1}$$

存在, 则称 $P(A)$ 为事件 A 的概率.

关于概率, 我们有如下公理:

(1) 对于任何事件 A, 都有 $1 \geqslant P(A) \geqslant 0$;

(2) 对于必然事件 S, 有 $P(S) = 1$;

(3) 对于不可能事件, 有 $P(\emptyset) = 0$;

(4) 如果 A_1, A_2 为不相容事件, 即 $P(A_1 \cap A_2) = 0$, 则有 $P(A_1 \cup A_2) = P(A_1) + P(A_2)$.

借助随机事件, 我们可以引入随机变量的概念.

随机变量: 将随机试验中出现的每一个随机事件 A 对应一个实数 $u(A)$, 我们称由所有实数 $u(A)$ 及相应随机事件 A 的概率构成的集合 U 为随机变量.

如果 U 的可能取值为离散值, 我们称 U 为离散随机变量; 而如果 U 的可能取值为连续值, 则称 U 为连续随机变量.

注意: 随机变量 U 既包含 $u(A)$ 的数值构成的集合, 也包含概率 $P(A)$ 构成的集合.

§10.2 分布函数和密度函数

10.2.1 分布函数

随机变量 U 的分布函数的定义为

$$F_U(u) \triangleq \text{Prob}\{U \leqslant u\}, \tag{10.2}$$

其中，Prob{ } 代表括号中随机事件发生的概率.

由概率的基本公理可以得到分布函数的如下性质：

(1) $F_U(u)$ 为递增函数；

(2) $F_U(-\infty) = 0$；

(3) $F_U(+\infty) = 1$.

图 10.1 和图 10.2 中画出的分别是典型的离散随机变量的分布函数和连续随机变量的分布函数. 显然，我们有如下关系：

$$\text{Prob}\{a < U \leqslant b\} = F_U(b) - F_U(a). \tag{10.3}$$

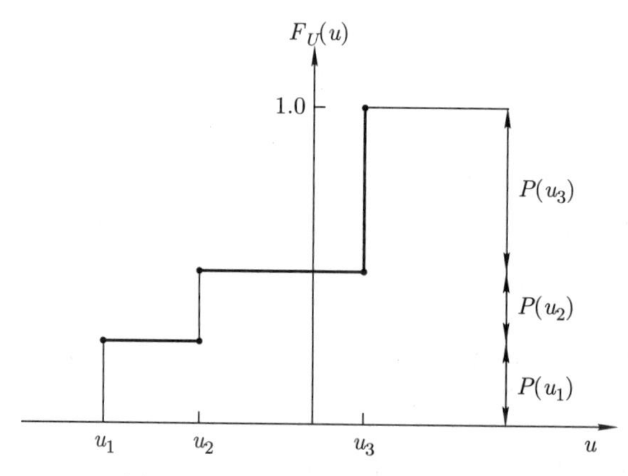

图 10.1 离散随机变量的分布函数

10.2.2 密度函数

在引入概率分布函数之后，我们可以定义概率密度函数 $p_U(u)$：

$$p_U(u) \triangleq \frac{\mathrm{d}}{\mathrm{d}u} F_U(u). \tag{10.4}$$

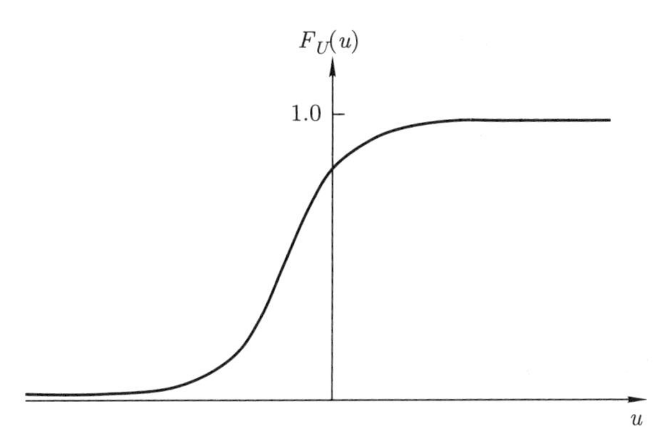

图 10.2 连续随机变量的分布函数

对于连续随机变量，以上定义还可以写成

$$p_U(u)=\lim_{\Delta u\to 0}\frac{F_U(u+\Delta u)-F_U(u)}{\Delta u}. \tag{10.5}$$

由式 (10.5) 可知，对于足够小的 Δu，如下关系式成立：

$$p_U(u)\Delta u\approx F_U(u+\Delta u)-F_U(u)=\mathrm{Prob}\{u<U\leqslant u+\Delta u\}, \tag{10.6}$$

即 $p_U(u)\Delta u$ 为随机变量 U 的取值在 u 附近 $\triangle u$ 区间内的概率. 由分布函数 $F_U(u)$ 的特性可以得到如下结论：

$$p_U(u)\geqslant 0\ ,\quad \int_{-\infty}^{+\infty}p_U(u)\mathrm{d}u=1, \tag{10.7}$$

即密度函数是非负的和归一化的.

离散随机变量的密度函数具有如下形式：

$$p_U(u)=\sum_{k=1}^{+\infty}P(u_k)\delta(u-u_k), \tag{10.8}$$

其中，$P(u_k)$ 是随机变量 U 的取值等于 u_k 的概率.

10.2.3 几个特殊的密度函数

连续随机变量的高斯密度函数：

$$p_U(u)=\frac{1}{\sqrt{2\pi}\sigma}\exp\left[-\frac{(u-\bar{u})^2}{2\sigma^2}\right]; \tag{10.9}$$

离散随机变量的泊松密度函数：

$$p_U(u)=\sum_{k=0}^{+\infty}\frac{(\bar{k})^k}{k!}\mathrm{e}^{-\bar{k}}\delta(u-k); \tag{10.10}$$

离散随机变量的二项式密度函数：

$$p_U(u)=\sum_{k=0}^{N}\frac{N!}{k!(N-k)!}p^k(1-p)^{N-k}\delta(u-k). \tag{10.11}$$

离散随机变量的二项式密度函数给出的是 N 次试验中出现 k 次事件 A 的概率密度. 式 (10.11) 中, p 为每次试验中出现事件 A 的概率. 高斯密度函数和泊松密度函数可以在一定条件下从二项式密度函数得到. 应用斯特林公式

$$\Gamma(x+1)\approx\sqrt{2\pi x}x^x\mathrm{e}^{-x},\quad x\gg 1, \tag{10.12}$$

在 $N\gg 1$ 且 $Np\sim 1$ 的条件下, 我们可以将二项式密度函数化为

$$\begin{aligned}p_U(u)&\approx\sum_{k=0}^{N}\frac{p^k}{k!}(1-p)^{N-k}\frac{N^N}{(N-k)^{N-k}}\mathrm{e}^{-k}\delta(u-k)\\&=\sum_{k=0}^{N}\frac{(Np)^k}{k!}\frac{\left(1-\dfrac{Np}{N}\right)^{N-k}}{\left(1-\dfrac{k}{N}\right)^{N-k}}\mathrm{e}^{-k}\delta(u-k)\\&\approx\sum_{k=0}^{+\infty}\frac{(\bar{k})^k}{k!}\mathrm{e}^{-\bar{k}}\delta(u-k),\end{aligned} \tag{10.13}$$

其中, $\bar{k}=Np$. 这样得到的正是泊松密度函数. 我们注意到

$$\begin{aligned}\int_{-\infty}^{+\infty}up_U(u)\mathrm{d}u&=\sum_{k=0}^{+\infty}\frac{(\bar{k})^k}{k!}\mathrm{e}^{-\bar{k}}k\\&=\sum_{k=1}^{+\infty}\frac{(\bar{k})^k}{(k-1)!}\mathrm{e}^{-\bar{k}}\\&=\bar{k}\sum_{k=0}^{+\infty}\frac{(\bar{k})^k}{k!}\mathrm{e}^{-\bar{k}}\\&=\bar{k}.\end{aligned} \tag{10.14}$$

实际上, $\bar{k}$ 就是我们稍后将定义的相应随机变量的平均值.

当 $\bar{k}\gg 1$, 即离散随机变量取值的不连续量远小于其平均值时, 我们可以将其看成一个连续随机变量, 并用一个连续随机变量的密度函数来替代泊松密度函数. 令 $x=u-\bar{k}\ll\sigma^2=\bar{k}$,

则有

$$p_U(u) \approx \frac{\displaystyle\int_{u-\frac{1}{2}}^{u+\frac{1}{2}} p_U(u')\mathrm{d}u'}{1} \approx \frac{(\bar{k})^{\bar{k}+x}}{\Gamma(x+\bar{k}+1)}\mathrm{e}^{-\bar{k}}. \tag{10.15}$$

应用斯特林公式可得

$$\begin{aligned} p_U(u) &\approx \frac{1}{\sqrt{2\pi(\bar{k}+x)}}\frac{(\bar{k})^{\bar{k}+x}}{(x+\bar{k})^{\bar{k}+x}}\mathrm{e}^{-\bar{k}}\mathrm{e}^{\bar{k}+x} \\ &\approx \frac{1}{\sqrt{2\pi}\sigma}\exp\left[x-(\bar{k}+x)\ln\left(1+\frac{x}{\bar{k}}\right)\right] \\ &\approx \frac{1}{\sqrt{2\pi}\sigma}\exp\left[x-(\bar{k}+x)\frac{x}{\bar{k}}+(\bar{k}+x)\frac{x^2}{2\bar{k}^2}\right] \\ &\approx \frac{1}{\sqrt{2\pi}\sigma}\exp\left(-\frac{x^2}{2\sigma^2}\right). \end{aligned} \tag{10.16}$$

在上述条件下，泊松密度函数过渡到了高斯密度函数. 高斯密度函数又称为正态密度函数.

§10.3 联合随机变量

考虑两个随机事件集合 $\{A\}$ 和 $\{B\}$. 由 $\{A\}$ 中的一个事件 A 与 $\{B\}$ 中的一个事件 B 组成的事件对构成一个新的随机事件. 我们记此新的随机事件集合为 $\{A\times B\}$，记某一事件对的发生概率为 $P(A,B)$. 设 U，V 为与随机事件集合 $\{A\}$，$\{B\}$ 对应的随机变量. 我们称由所有实数对 $(u(A),v(B))$ 及其相应的概率 $P(A,B)$ 构成的集合为联合随机变量 UV. 我们定义联合随机变量的概率分布函数 $F_{UV}(u,v)$ 为

$$F_{UV}(u,v) \triangleq \mathrm{Prob}\{U\leqslant u, V\leqslant v\}, \tag{10.17}$$

定义联合随机变量的概率密度函数 $p_{UV}(u,v)$ 为

$$p_{UV}(u,v) \triangleq \frac{\partial^2}{\partial u\partial v}F_{UV}(u,v). \tag{10.18}$$

显然，联合随机变量的概率密度函数满足归一化条件

$$\iint\limits_{-\infty}^{+\infty} p_{UV}(u,v)\mathrm{d}u\mathrm{d}v = 1. \tag{10.19}$$

如果联合事件 A 和 B 的概率 $P(A,B)$ 是已知的，那么我们可以求出事件 A 和事件 B 的发生概率：

$$P(A) = \sum_{\text{所有 } B} P(A,B), \tag{10.20}$$

$$P(B) = \sum_{\text{所有 } A} P(A,B). \tag{10.21}$$

这样得到的概率 $P(A)$ 和 $P(B)$ 称为边缘概率.

类似地，我们可以定义边缘概率密度函数：

$$\begin{aligned} p_U(u) &\triangleq \int_{-\infty}^{+\infty} p_{UV}(u,v)\mathrm{d}v, \\ p_V(v) &\triangleq \int_{-\infty}^{+\infty} p_{UV}(u,v)\mathrm{d}u. \end{aligned} \tag{10.22}$$

与联合随机变量相关的另一个概率密度函数是条件概率密度函数. 我们称在事件 A 发生的情况下，事件 B 发生的概率为事件 B 在给定事件 A 时的条件概率，记为 $P(B|A)$.

假设在 N 次试验中，事件 A 发生 m 次，而在这 m 次试验中，事件 B 发生 n 次，显然有

$$\frac{n}{N} = \frac{n}{m} \cdot \frac{m}{N}. \tag{10.23}$$

当 $N \to +\infty$ 时，由式 (10.23) 可以得到全概率公式：

$$P(A,B) = P(B|A)P(A). \tag{10.24}$$

式 (10.24) 亦可写成

$$P(B|A) = \frac{P(A,B)}{P(A)}. \tag{10.25}$$

类似地，我们有

$$P(A|B) = \frac{P(A,B)}{P(B)}. \tag{10.26}$$

由式 (10.25) 和式 (10.26)，可以得到贝叶斯 (Bayes) 公式：

$$P(B|A) = \frac{P(B)}{P(A)}P(A|B). \tag{10.27}$$

我们以与条件概率计算公式相类似的形式定义条件概率密度函数：

$$p_{V|U}(v|u) = \frac{p_{UV}(u,v)}{p_U(u)}, \tag{10.28}$$

$$p_{U|V}(u|v) = \frac{p_{UV}(u,v)}{p_V(v)}. \tag{10.29}$$

如果 U, V 是统计无关的随机变量，即 U 的取值不影响 V 的取值，则有

$$p_{V|U}(v|u) = p_V(v), \tag{10.30}$$

这样，我们就有

$$p_{UV}(u,v) = p_U(u)p_V(v), \tag{10.31}$$

即由两个统计无关的随机变量构成的联合随机变量的概率密度函数等于这两个随机变量的概率密度函数的乘积.

§10.4 统 计 平 均

10.4.1 统计平均

我们可以把随机变量 U 的每一个可能取值 u 对应到另一个数值 $g(u)$. 显然，$g(u)$ 也构成一个随机变量的可能取值. 我们定义 $g(u)$ 的统计平均为

$$\bar{g}(u) \equiv E[g(u)] \triangleq \int_{-\infty}^{+\infty} g(u)p_U(u)\mathrm{d}u. \tag{10.32}$$

对于离散随机变量，有

$$p_U(u) = \sum_k P(u_k)\delta(u-u_k), \tag{10.33}$$

所以

$$\bar{g}(u) = \sum_k P(u_k)g(u_k). \tag{10.34}$$

统计平均也称为数学期望.

10.4.2 随机变量的矩

随机变量的矩是 $g(u) = u^n$ 的统计平均. 一阶矩 (平均值) 为

$$\bar{u} = \int_{-\infty}^{+\infty} up_U(u)\mathrm{d}u, \tag{10.35}$$

二阶矩 (方均值) 为

$$\overline{u^2} = \int_{-\infty}^{+\infty} u^2 p_U(u)\mathrm{d}u. \tag{10.36}$$

通常我们更关心随机变量相对平均值的涨落. 我们可以引入中心矩, 即 $g(u) = (u - \bar{u})^n$ 的统计平均, 来描述这一涨落. 二阶中心矩 (方差) 为

$$\sigma^2 = \int_{-\infty}^{+\infty} (u - \bar{u})^2 p_U(u)\mathrm{d}u. \tag{10.37}$$

显然有

$$\overline{u^2} = \bar{u}^2 + \sigma^2, \tag{10.38}$$

其中, σ 称为标准差.

10.4.3 随机变量的联合矩

设 UV 为联合随机变量, 其密度函数为 $p_{UV}(u, v)$. 定义 UV 的联合矩为

$$\overline{u^n v^m} = \iint\limits_{-\infty}^{+\infty} u^n v^m p_{UV}(u, v)\mathrm{d}u\mathrm{d}v. \tag{10.39}$$

最重要的联合矩有相关

$$\Gamma_{UV} = \overline{uv} = \iint\limits_{-\infty}^{+\infty} uv p_{UV}(u, v)\mathrm{d}u\mathrm{d}v, \tag{10.40}$$

以及协方差

$$C_{UV} = \overline{(u - \bar{u})(v - \bar{v})} = \Gamma_{UV} - \bar{u}\bar{v}. \tag{10.41}$$

由协方差可以定义相关系数:

$$\rho = \frac{C_{UV}}{\sigma_U \sigma_V}. \tag{10.42}$$

相关系数是 U 与 V 的涨落的相似性的量度. ρ 的绝对值不大于 1. 的确, 将函数

$$\begin{aligned} f(u, v) &= (u - \bar{u})\sqrt{p_{UV}(u, v)}, \\ g(u, v) &= (v - \bar{v})\sqrt{p_{UV}(u, v)} \end{aligned} \tag{10.43}$$

代入施瓦茨 (Schwarz) 不等式

$$\left|\iint\limits_{-\infty}^{+\infty} f(u,v)g(u,v)\mathrm{d}u\mathrm{d}v\right|^2 \leqslant \iint\limits_{-\infty}^{+\infty} |f(u,v)|^2\mathrm{d}v\mathrm{d}u \iint\limits_{-\infty}^{+\infty} |g(u,v)|^2\mathrm{d}v\mathrm{d}u, \tag{10.44}$$

可得

$$\begin{aligned}&\left|\iint\limits_{-\infty}^{+\infty} (u-\bar{u})(v-\bar{v})p_{UV}(u,v)\mathrm{d}u\mathrm{d}v\right|^2\\ &\leqslant \iint\limits_{-\infty}^{+\infty} (u-\bar{u})^2 p_{UV}(u,v)\mathrm{d}u\mathrm{d}v \iint\limits_{-\infty}^{+\infty} (v-\bar{v})^2 p_{UV}(u,v)\mathrm{d}u\mathrm{d}v,\end{aligned} \tag{10.45}$$

即 $|C_{UV}| \leqslant \sigma_U\sigma_V$，所以

$$0 \leqslant |\rho| \leqslant 1. \tag{10.46}$$

如果 $\rho = 1$，我们称 U 与 V 完全相关；如果 $\rho = -1$，我们称 U 与 V 反相关；如果 $\rho = 0$，我们称 U 与 V 不相关.

统计无关的随机变量是不相关随机变量，但不相关随机变量不一定是统计无关的.

10.4.4 特征函数

随机变量 U 的特征函数的定义为

$$M_U(\omega) \triangleq \int_{-\infty}^{+\infty} \exp(\mathrm{i}\omega u)p_U(u)\mathrm{d}u. \tag{10.47}$$

特征函数可以看作函数 $\exp(\mathrm{i}\omega u)$ 的平均值，也可以看作密度函数的傅里叶变换. 如果如下积分收敛，那么密度函数可以由特征函数得到：

$$p_U(u) = \frac{1}{2\pi}\int_{-\infty}^{+\infty} \exp(-\mathrm{i}\omega u)M_U(\omega)\mathrm{d}\omega. \tag{10.48}$$

随机变量的特征函数和随机变量的矩之间有密切联系. 由指数函数的泰勒展开式

$$\exp(\mathrm{i}\omega u) = \sum_{n=0}^{+\infty}\frac{(\mathrm{i}\omega u)^n}{n!}, \tag{10.49}$$

可得，当级数收敛时，

$$\begin{aligned}M_U(\omega) &= \sum_{n=0}^{+\infty}\frac{(\mathrm{i}\omega)^n}{n!}\int_{-\infty}^{+\infty} u^n p_U(u)\mathrm{d}u\\ &= \sum_{n=0}^{+\infty}\frac{(\mathrm{i}\omega)^n}{n!}\overline{u^n}.\end{aligned} \tag{10.50}$$

这样，如果我们知道随机变量的各阶矩，就可以得到随机变量的特征函数，进而得到随机变量的密度函数. 另一方面，如果积分 $\int_{-\infty}^{+\infty}|u|^n p_U(u)\mathrm{d}u$ 收敛，则有

$$\overline{u^n}=(-\mathrm{i})^n\frac{\mathrm{d}^n}{\mathrm{d}\omega^n}M_U(\omega)\bigg|_{\omega=0}. \tag{10.51}$$

由前面讨论过的三个特殊密度函数，可以得到高斯随机变量的特征函数

$$M_U(\omega)=\exp\left(-\frac{\sigma^2\omega^2}{2}\right)\exp\left(\mathrm{i}\omega\bar{u}\right), \tag{10.52}$$

泊松随机变量的特征函数

$$\begin{aligned}M_U(\omega)&=\sum_{k=0}^{+\infty}\frac{(\bar{k})^k}{k!}\mathrm{e}^{-\bar{k}}\mathrm{e}^{\mathrm{i}\omega k}\\&=\exp\left[\bar{k}\left(\mathrm{e}^{\mathrm{i}\omega}-1\right)\right],\end{aligned} \tag{10.53}$$

以及二项式随机变量的特征函数

$$\begin{aligned}M_U(\omega)&=\sum_{k=0}^{N}\frac{N!}{k!(N-k)!}p^k(1-p)^{N-k}\mathrm{e}^{\mathrm{i}\omega k}\\&=\left(1-p+p\mathrm{e}^{\mathrm{i}\omega}\right)^N.\end{aligned} \tag{10.54}$$

对于联合随机变量，可以引入 n 阶联合特征函数

$$M_U(\varOmega)\triangleq E\left[\exp\left(\mathrm{i}\varOmega^{\mathrm{T}}u\right)\right], \tag{10.55}$$

其中，$\varOmega$, u 为列矩阵：

$$\varOmega=\begin{pmatrix}\omega_1\\\omega_2\\\vdots\\\omega_n\end{pmatrix},\quad u=\begin{pmatrix}u_1\\u_2\\\vdots\\u_n\end{pmatrix}. \tag{10.56}$$

类似地，如果 $\overline{|u^n v^m|}<+\infty$，则有

$$\overline{u^n v^m}=(-\mathrm{i})^{n+m}\frac{\partial^n\partial^m}{\partial\omega_U^n\partial\omega_V^m}M_{UV}(\omega_U,\omega_V)\bigg|_{\omega_U=\omega_V=0}. \tag{10.57}$$

§10.5 随机变量的变换

10.5.1 单个随机变量的变换

我们可以把一个随机变量的每一个可能取值 u 对应到另一个值 $z=f(u)$，这样就得到了一个新的随机变量 Z. 要描述新的随机变量的统计性质，我们需要确定 Z 的密度函数 $p_Z(z)$.

一般情况下，一个 z 值可以对应多个 u 值，即

$$z_0=f(u_1)=f(u_2)=\cdots=f(u_n), \tag{10.58}$$

这样, 一个 z 的区间 Δz 可以对应多个 u 的区间 $\Delta u_1,\Delta u_2,\cdots,\Delta u_n$. 所以

$$\mathrm{Prob}\{|z-z_0|<\Delta z\}=\sum_{k=1}^{n}\mathrm{Prob}\{|u-u_k|<\Delta u_k\}, \tag{10.59}$$

即

$$p_Z(z_0)\Delta z=\sum_{k=1}^{n}p_U(u_k)\Delta u_k. \tag{10.60}$$

注意到

$$\lim_{\Delta u\to 0}\frac{\Delta z}{\Delta u}=\left|\frac{\mathrm{d}z}{\mathrm{d}u}\right|, \tag{10.61}$$

可以得到

$$p_Z(z_0)=\sum_{k=1}^{n}p_U(u_k)\left|\frac{\mathrm{d}z}{\mathrm{d}u}\right|_{u=u_k}^{-1}. \tag{10.62}$$

如果 $f(u)$ 为单调函数，则 $n=1$，那么式 (10.62) 可以化为

$$p_Z(z)=p_U(f^{-1}(z))\left|\frac{\mathrm{d}f^{-1}(z)}{\mathrm{d}z}\right|. \tag{10.63}$$

作为一个特例，我们考虑随机变量的线性变换

$$Z=a(U-u_0). \tag{10.64}$$

由式 (10.63) 可得

$$p_Z(z)=\frac{1}{a}p_U(a^{-1}z+u_0), \tag{10.65}$$

而

$$
\begin{aligned}
M_Z(\omega) &= \frac{1}{a}\int_{-\infty}^{+\infty} \exp(\mathrm{i}\omega z) p_U(a^{-1}z + u_0)\mathrm{d}z \\
&= \int_{-\infty}^{+\infty} \exp\Big[\mathrm{i}\omega a(u - u_0)\Big] p_U(u)\mathrm{d}u \\
&= M_U(a\omega)\exp(-\mathrm{i}\omega a u_0).
\end{aligned} \tag{10.66}
$$

10.5.2 联合随机变量的变换

再考虑联合随机变量 $U_1, U_2, \cdots, U_n$ 到 $Z_1, Z_2, \cdots, Z_n$ 的变换：

$$
\begin{cases}
z_1 = f_1(u_1, u_2, \cdots, u_n), \\
z_2 = f_2(u_1, u_2, \cdots, u_n), \\
\qquad \cdots\cdots \\
z_n = f_n(u_1, u_2, \cdots, u_n).
\end{cases} \tag{10.67}
$$

假设该变换为一一对应的, 那么联合随机变量 $Z_1, Z_2, \cdots, Z_n$ 取值在 Z^n 空间某体积元 ΔV_z 范围内的概率等于联合随机变量 $U_1, U_2, \cdots, U_n$ 取值在 U^n 空间相应体积元 ΔV_u 范围内的概率, 即

$$
p_{Z_1Z_2\cdots Z_n}(z_1, z_2, \cdots, z_n)\Delta V_z = p_{U_1U_2\cdots U_n}(u_1, u_2, \cdots, u_n)\Delta V_u. \tag{10.68}
$$

关于 U^n 空间和 Z^n 空间的体积元, 我们有如下关系：

$$
\Delta V_u = \Delta u_1 \Delta u_2 \cdots \Delta u_n, \tag{10.69}
$$

$$
\Delta V_z = |J|\Delta u_1 \Delta u_2 \cdots \Delta u_n = |J|\Delta V_u, \tag{10.70}
$$

其中, J 为雅可比 (Jacobi) 行列式：

$$
J = \begin{vmatrix}
\dfrac{\partial z_1}{\partial u_1} & \dfrac{\partial z_1}{\partial u_2} & \cdots & \dfrac{\partial z_1}{\partial u_n} \\
\dfrac{\partial z_2}{\partial u_1} & \dfrac{\partial z_2}{\partial u_2} & \cdots & \dfrac{\partial z_2}{\partial u_n} \\
\vdots & \vdots & \ddots & \vdots \\
\dfrac{\partial z_n}{\partial u_1} & \dfrac{\partial z_n}{\partial u_2} & \cdots & \dfrac{\partial z_n}{\partial u_n}
\end{vmatrix}. \tag{10.71}
$$

利用 ΔV_z 与 ΔV_u 之间的关系, 可以得到密度函数的变换关系, 即

$$
p_{Z_1Z_2\cdots Z_n}(z_1, z_2, \cdots, z_n) = |J^{-1}| p_{U_1U_2\cdots U_n}(u_1, u_2, \cdots, u_n). \tag{10.72}
$$

§10.6 随机变量之和

10.6.1 两个随机变量之和

考虑由两个随机变量 U, V 相加得到的随机变量 Z：

$$Z = U + V. \tag{10.73}$$

为描述随机变量之和的统计性质，我们需要从密度函数 $p_{UV}(u,v)$ 导出 Z 的密度函数 $p_Z(z)$.

我们可以先求出分布函数 $F_Z(z)$，再由分布函数得到密度函数. $F_Z(z)$ 可由密度函数 $p_{UV}(u,v)$ 的积分得到，积分区间如图 10.3 所示. 于是有

$$F_Z(z) = \int_{-\infty}^{+\infty} \mathrm{d}v \int_{-\infty}^{z-v} \mathrm{d}u p_{UV}(u,v), \tag{10.74}$$

所以

$$p_Z(z) = \frac{\mathrm{d}}{\mathrm{d}z} F_Z(z) \quad = \int_{-\infty}^{+\infty} \mathrm{d}v p_{UV}(z-v, v). \tag{10.75}$$

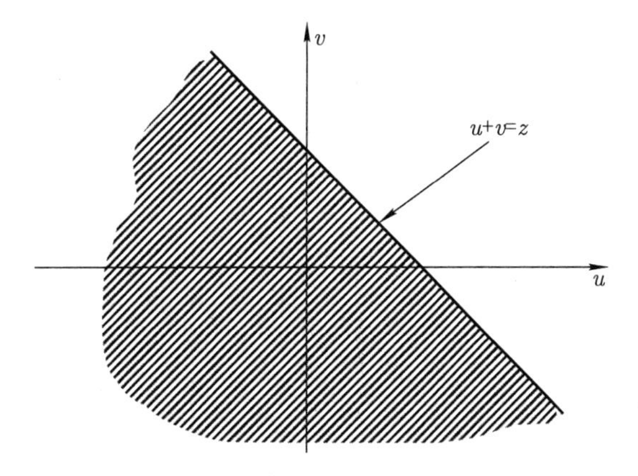

图 10.3 阴影区为 $Z \leqslant z$ 的区域

如果 U 和 V 统计无关，则进一步有

$$p_Z(z) = \int_{-\infty}^{+\infty} p_U(z-v) p_V(v) \mathrm{d}v, \tag{10.76}$$

而 Z 的特征函数可由 U 和 V 的特征函数相乘得到，即

$$M_Z(\omega) = M_U(\omega) M_V(\omega). \tag{10.77}$$

两个随机变量之和的密度函数也可以通过随机变量变换的方法得到. 考虑变换

$$(u,v) \to (z,v), \tag{10.78}$$

其中, $z = u + v$, 显然有

$$J = \begin{vmatrix} 1 & 1 \\ 0 & 1 \end{vmatrix} = 1, \tag{10.79}$$

所以

$$p_{ZV}(z,v) = p_{UV}(z-v,v), \tag{10.80}$$

而密度函数 $p_Z(z)$ 可以作为边缘密度函数, 由 $p_{ZV}(z,v)$ 得到, 即

$$p_Z(z) = \int_{-\infty}^{+\infty} p_{ZV}(z,v)\mathrm{d}v = \int_{-\infty}^{+\infty} p_{UV}(z-v,v)\mathrm{d}v. \tag{10.81}$$

10.6.2 中心极限定理

中心极限定理是概率论中最重要的定理之一. 中心极限定理有不同的形式, 对应的成立条件的强弱不同. 我们考虑成立条件较强, 相对容易证明的林德伯格-列维 (Lindburg-Levy) 定理.

林德伯格-列维定理 设 $U_1, U_2, \cdots, U_n$ 为 n 个统计无关、具有相同分布的随机变量, 其平均值为 $\bar{u}$, 方差为 $\sigma^2 \neq 0$. 记

$$Z_n = \sum_{k=1}^{n} \frac{U_k - \bar{u}}{\sqrt{n}\sigma}, \tag{10.82}$$

则

$$\lim_{n\to+\infty} p_{Z_n}(z) = \frac{1}{\sqrt{2\pi}}\mathrm{e}^{-z^2/2}. \tag{10.83}$$

证明: 令 $M_U(\omega)$ 为随机变量 $(U_k - \bar{u})$ 的特征函数, 根据式 (10.66) 和式 (10.77), 我们有

$$M_{Z_n}(\omega) = \left[M_U\left(\frac{\omega}{\sqrt{n}\sigma}\right)\right]^n, \tag{10.84}$$

而

$$M_U\left(\frac{\omega}{\sqrt{n}\sigma}\right) = \sum_{l=0}^{+\infty} \frac{(\mathrm{i}\omega)^l}{l!}\left(\frac{1}{\sqrt{n}\sigma}\right)^l \overline{(u-\bar{u})^l}, \tag{10.85}$$

所以

$$M_{Z_n}(\omega) = \left[1 - \frac{\omega^2}{2n} + o\left(\frac{\omega^3}{n^{3/2}}\right)\right]^n. \tag{10.86}$$

于是有

$$\lim_{n\to+\infty} M_{Z_n}(\omega) = \lim_{n\to+\infty}\left(1 - \frac{\omega^2}{2n}\right)^n = \mathrm{e}^{-\frac{\omega^2}{2}}, \tag{10.87}$$

由此可得

$$\lim_{n\to+\infty} p_{Z_n}(z) = \frac{1}{\sqrt{2\pi}}\mathrm{e}^{-z^2/2}. \tag{10.88}$$

随机变量的平均值和方差可以通过一个线性变换来改变，所以林德伯格-列维定理也可以推广到平均值和方差各不相同的 n 个统计无关的随机变量的情形. 令 $U_1, U_2, \cdots, U_n$ 为 n 个统计无关的随机变量，其平均值分别为 $\bar{u}_1, \bar{u}_2, \cdots, \bar{u}_n$，方差分别为 $\sigma_1^2, \sigma_2^2, \cdots, \sigma_n^2$. 记

$$Z_n = \sum_{k=1}^{n} \frac{U_k - \bar{u}_k}{\sqrt{n}\sigma_k}, \tag{10.89}$$

在条件 (对所有 k 成立)

$$\begin{aligned} &\sigma_k^2 > p > 0, \\ &E[|u_k - \bar{u}_k|^3] < q \end{aligned} \tag{10.90}$$

之下，我们有

$$\lim_{n\to+\infty} p_{Z_n}(z) = \frac{1}{\sqrt{2\pi}}\mathrm{e}^{-z^2/2}. \tag{10.91}$$

§10.7 正态随机变量

10.7.1 正态随机变量的定义

我们称具有如下特征函数的随机变量为正态随机变量：

$$M_U(\omega) = \exp\left(\mathrm{i}\omega\bar{u} - \frac{\omega^2\sigma^2}{2}\right). \tag{10.92}$$

正态随机变量也称为高斯随机变量. 对于正态随机变量，利用特征函数和随机变量矩的关系，可以得到

$$E[(u-\bar{u})^n] = \begin{cases} (n-1)!!\sigma^n, & n \text{ 为偶数}, \\ 0, & n \text{ 为奇数}, \end{cases} \tag{10.93}$$

以及

$$p_U(u)=\frac{1}{\sqrt{2\pi}\sigma}\exp\left[-\frac{(u-\bar{u})^2}{2\sigma^2}\right].\tag{10.94}$$

我们称具有如下联合特征函数的 n 个随机变量为正态联合随机变量：

$$M_U(\Omega)=\exp\left(\mathrm{i}\Omega^{\mathrm{T}}\overline{u}-\frac{1}{2}\Omega^{\mathrm{T}}C\Omega\right),\tag{10.95}$$

其中，C 是以

$$\sigma_{jk}^2=E[(u_j-\bar{u}_j)(u_k-\bar{u}_k)]\tag{10.96}$$

为第 j 行、第 k 列元素的 $n\times n$ 协方差矩阵. 显然 $\sigma_{jk}^2=\sigma_{kj}^2$ ，即协方差矩阵是对称矩阵.

正态联合随机变量的密度函数可以通过对联合特征函数做傅里叶变换得到：

$$p_U(u)=\frac{1}{(2\pi)^n}\underbrace{\int_{-\infty}^{+\infty}\ldots\int_{-\infty}^{+\infty}}_{n}M_U(\Omega)\exp(-\mathrm{i}\Omega^{\mathrm{T}}u)\mathrm{d}^n\Omega.\tag{10.97}$$

通过对角化协方差矩阵 C，可以将上述 n 重积分化成 n 个高斯函数的傅里叶变换的乘积. 注意到矩阵本征值的乘积等于矩阵的行列式，我们可以把正态联合随机变量的密度函数表达成如下形式：

$$p_U(u)=\frac{1}{\sqrt{(2\pi)^n\det[C]}}\exp\left[-\frac{1}{2}(u-\overline{u})^{\mathrm{T}}C^{-1}(u-\overline{u})\right].\tag{10.98}$$

将式 (10.98) 应用到 $n=2$ 的情形，这时正态联合随机变量的密度函数为

$$p_{UV}(u,v)=\frac{1}{2\pi\sigma_u\sigma_v\sqrt{1-\rho^2}}\exp\left[-\frac{\dfrac{\sigma_v}{\sigma_u}(u-\bar{u})^2+\dfrac{\sigma_u}{\sigma_v}(v-\bar{v})^2-2\rho uv}{2\sigma_u\sigma_v(1-\rho^2)}\right].\tag{10.99}$$

在两个平均值为 0 且方差相等的正态联合随机变量的情况下，式 (10.99) 可简化为

$$p_{UV}(u,v)=\frac{1}{2\pi\sigma^2\sqrt{1-\rho^2}}\exp\left[-\frac{u^2+v^2-2\rho uv}{2\sigma^2(1-\rho^2)}\right],\tag{10.100}$$

其中，

$$\rho=\frac{\overline{uv}}{\sigma^2}.\tag{10.101}$$

10.7.2 正态随机变量的特性

(1) 两个不相关的正态随机变量是统计无关的随机变量.

两个不相关的正态随机变量的相干系数 $\rho=0$, 这样, 由式 (10.99) 可得

$$\begin{aligned} p_{UV}(u,v) &= \frac{1}{2\pi\sigma_u\sigma_v}\exp\left[-\frac{(u-\bar{u})^2}{2\sigma_u^2}-\frac{(v-\bar{v})^2}{2\sigma_v^2}\right] \\ &= p_U(u)p_V(v). \end{aligned} \tag{10.102}$$

式 (10.102) 说明

$$p_{U|V}(u|v)=p_U(u), \quad p_{V|U}(v|u)=p_V(v), \tag{10.103}$$

即 U 与 V 是统计无关的.

(2) 两个统计无关的正态随机变量之和是正态随机变量.

令 U, V 为两个统计无关的正态随机变量, 其特征函数分别为

$$M_U(\omega)=\exp\left(\mathrm{i}\omega\bar{u}-\frac{\omega^2\sigma_u^2}{2}\right), \tag{10.104}$$

$$M_V(\omega)=\exp\left(\mathrm{i}\omega\bar{v}-\frac{\omega^2\sigma_v^2}{2}\right). \tag{10.105}$$

因为 U, V 是两个统计无关的正态随机变量, 所以这两个随机变量之和 $Z=U+V$ 的特征函数为

$$\begin{aligned} M_Z(\omega) &= M_U(\omega)M_V(\omega) \\ &= \exp\left[\mathrm{i}\omega(\bar{u}+\bar{v})-\frac{\omega^2(\sigma_u^2+\sigma_v^2)}{2}\right] \\ &= \exp\left[\mathrm{i}\omega(\bar{z})-\frac{\omega^2(\sigma_z^2)}{2}\right], \end{aligned} \tag{10.106}$$

其中, $\bar{z}=\bar{u}+\bar{v}$, $\sigma_z^2=\sigma_u^2+\sigma_v^2$. 式 (10.106) 说明 Z 也是正态随机变量.

(3) 两个统计相关的正态随机变量之和是正态随机变量.

令 U, V 为两个统计相关的正态随机变量. 为简便起见, 我们假设其平均值为 0, 这样, 联合随机变量 UV 的密度函数可以化为

$$p_{UV}(u,v)=\frac{1}{2\pi\sigma_u\sigma_v\sqrt{1-\rho^2}}\exp\left[-\frac{\dfrac{\sigma_v}{\sigma_u}u^2+\dfrac{\sigma_u}{\sigma_v}v^2-2\rho uv}{2\sigma_u\sigma_v(1-\rho^2)}\right]. \tag{10.107}$$

应用式 (10.75), 可以得到随机变量 $Z=U+V$ 的密度函数为

$$\begin{aligned}p_Z(z)=&\int_{-\infty}^{+\infty}p_{UV}(z-v,v)\mathrm{d}v\\=&\frac{1}{2\pi\sigma_u\sigma_v\sqrt{1-\rho^2}}\\&\times\int_{-\infty}^{+\infty}\exp\left[-\frac{\frac{\sigma_v}{\sigma_u}(z-v)^2+\frac{\sigma_u}{\sigma_v}v^2-2\rho(z-v)v}{2\sigma_u\sigma_v(1-\rho^2)}\right]\mathrm{d}v\\=&\frac{1}{2\pi\sigma_u\sigma_v\sqrt{1-\rho^2}}\exp\left[-\frac{z^2}{2\sigma_u^2(1-\rho^2)}\right]\\&\times\int_{-\infty}^{+\infty}\exp\left[-\frac{(\sigma_u^2+\sigma_v^2+2\rho\sigma_u\sigma_v)v^2}{2\sigma_u^2\sigma_v^2(1-\rho^2)}+\frac{(\sigma_v+\rho\sigma_u)zv}{\sigma_u^2\sigma_v(1-\rho^2)}\right]\mathrm{d}v.\end{aligned}\tag{10.108}$$

由于

$$\begin{aligned}&-(\sigma_u^2+\sigma_v^2+2\rho\sigma_u\sigma_v)v^2+2\sigma_v(\sigma_v+\rho\sigma_u)zv\\&\quad=-(\sigma_u^2+\sigma_v^2+2\rho\sigma_u\sigma_v)(v-v_0)^2+(\sigma_u^2+\sigma_v^2+2\rho\sigma_u\sigma_v)v_0^2,\end{aligned}\tag{10.109}$$

其中,

$$v_0=\frac{(\sigma_v+\rho\sigma_u)\sigma_v z}{\sigma_u^2+\sigma_v^2+2\rho\sigma_u\sigma_v},\tag{10.110}$$

因此

$$\begin{aligned}p_Z(z)=&\frac{\exp\left[-\frac{z^2}{2(\sigma_u^2+\sigma_v^2+2\rho\sigma_u\sigma_v)}\right]}{\sqrt{2\pi(\sigma_u^2+\sigma_v^2+2\rho\sigma_u\sigma_v)}}\frac{\sqrt{\sigma_u^2+\sigma_v^2+2\rho\sigma_u\sigma_v}}{\sqrt{2\pi(1-\rho^2)}\sigma_u\sigma_v}\\&\times\int_{-\infty}^{+\infty}\exp\left[-\frac{(\sigma_u^2+\sigma_v^2+2\rho\sigma_u\sigma_v)(v-v_0)^2}{2\sigma_u^2\sigma_v^2(1-\rho^2)}\right]\mathrm{d}v\\=&\frac{\exp\left[-\frac{z^2}{2(\sigma_u^2+\sigma_v^2+2\rho\sigma_u\sigma_v)}\right]}{\sqrt{2\pi(\sigma_u^2+\sigma_v^2+2\rho\sigma_u\sigma_v)}},\end{aligned}\tag{10.111}$$

即 $Z=U+V$ 为正态随机变量.

(4) 正态随机变量的线性叠加是正态随机变量.

这是特性 (2) 和特性 (3) 的直接推论.

§10.8　复值随机变量

10.8.1　复值随机变量的一般描述

我们可以将每一个随机事件 A 对应一个复数 $\tilde{u}(A)$，由所有复数 $\tilde{u}(A)$ 及相应事件 A 的概率构成的集合 $\tilde{U}$ 即为复值随机变量. 一个复值随机变量可以看成是其实部与虚部之和，即 $\tilde{U}=R+\mathrm{i}J$. 所以我们可以用实部和虚部这两个联合随机变量来描述复值随机变量.

与联合随机变量的情形类似，我们定义复值随机变量的分布函数为

$$F_{\tilde{U}}(\tilde{u}) \triangleq F_{RJ}(r,j) \triangleq \mathrm{Prob}\{R \leqslant r, J \leqslant j\}, \tag{10.112}$$

密度函数为

$$p_{\tilde{U}}(\tilde{u}) \triangleq p_{RJ}(r,j) = \frac{\partial^2}{\partial r \partial j} F_{RJ}(r,j), \tag{10.113}$$

特征函数为

$$M_{\tilde{U}}(\omega^{\mathrm{r}},\omega^{\mathrm{i}}) \triangleq E\left[\exp\left(\mathrm{i}\omega^{\mathrm{r}} r + \mathrm{i}\omega^{\mathrm{i}} j\right)\right]. \tag{10.114}$$

再考虑联合复值随机变量的情形. n 阶联合复值随机变量的分布函数的定义为

$$F_{\tilde{U}}(\tilde{u}) \triangleq \mathrm{Prob}\{R_1 \leqslant r_1, R_2 \leqslant r_2, \cdots, R_n \leqslant r_n, J_1 \leqslant j_1, J_2 \leqslant j_2, \cdots, J_n \leqslant j_n\}, \tag{10.115}$$

其中，

$$\tilde{u} = \begin{pmatrix} \tilde{u}_1 \\ \tilde{u}_2 \\ \vdots \\ \tilde{u}_n \end{pmatrix} = \begin{pmatrix} r_1 \\ r_2 \\ \vdots \\ r_n \end{pmatrix} + \mathrm{i} \begin{pmatrix} j_1 \\ j_2 \\ \vdots \\ j_n \end{pmatrix}. \tag{10.116}$$

相应的密度函数和特征函数的定义分别为

$$p_{\tilde{U}}(\tilde{u}) \triangleq \frac{\partial^{2n}}{\partial r_1 \cdots \partial r_n \partial j_1 \cdots \partial j_n} F_{\tilde{U}}(\tilde{u}), \tag{10.117}$$

$$M_{\tilde{U}}(\varOmega) \triangleq E\left[\exp\left(\mathrm{i}\varOmega^{\mathrm{T}} u\right)\right], \tag{10.118}$$

其中，

$$u = \begin{pmatrix} r_1 \\ \vdots \\ r_n \\ j_1 \\ \vdots \\ j_n \end{pmatrix}, \ \Omega = \begin{pmatrix} \omega_1^{\mathrm{r}} \\ \vdots \\ \omega_n^{\mathrm{r}} \\ \omega_1^{\mathrm{i}} \\ \vdots \\ \omega_n^{\mathrm{i}} \end{pmatrix}. \tag{10.119}$$

10.8.2 正态复值随机变量

我们称具有如下形式特征函数的 n 阶联合复值随机变量为正态复值随机变量：

$$M_{\tilde{U}}(\Omega) = \exp\left(\mathrm{i}\Omega^{\mathrm{T}}\overline{u} - \frac{1}{2}\Omega^{\mathrm{T}}C\Omega\right), \tag{10.120}$$

其中，

$$C = E[(u-\overline{u})(u-\overline{u})^{\mathrm{T}}] \tag{10.121}$$

为 $2n \times 2n$ 实值协方差矩阵.

做傅里叶变换可以得到 n 阶联合复值随机变量的密度函数：

$$p_{\tilde{U}}(\tilde{u}) = \frac{1}{(2\pi)^n\sqrt{\det[C]}}\exp\left[-\frac{1}{2}(u-\overline{u})^{\mathrm{T}}C^{-1}(u-\overline{u})\right]. \tag{10.122}$$

我们可以把协方差矩阵 C 分成四个 $n \times n$ 的部分：

$$C^{\mathrm{rr}} = E[(r-\overline{r})(r-\overline{r})^{\mathrm{T}}], \quad C^{\mathrm{ii}} = E[(j-\overline{j})(j-\overline{j})^{\mathrm{T}}], \tag{10.123}$$

$$C^{\mathrm{ri}} = E[(r-\overline{r})(j-\overline{j})^{\mathrm{T}}], \quad C^{\mathrm{ir}} = E[(j-\overline{j})(r-\overline{r})^{\mathrm{T}}], \tag{10.124}$$

其中，

$$r = \begin{pmatrix} r_1 \\ r_2 \\ \vdots \\ r_n \end{pmatrix}, \ j = \begin{pmatrix} j_1 \\ j_2 \\ \vdots \\ j_n \end{pmatrix}. \tag{10.125}$$

我们称满足条件 $\overline{r} = 0$，$\overline{j} = 0$，$C^{\mathrm{rr}} = C^{\mathrm{ii}}$ 和 $C^{\mathrm{ri}} = -C^{\mathrm{ir}}$ 的正态复值随机变量为圆正态随机变量. 对于圆正态随机变量，有

$$(u-\overline{u})^{\mathrm{T}}C^{-1}(u-\overline{u}) = \tilde{u}^{\dagger}\tilde{C}^{-1}\tilde{u}, \tag{10.126}$$

其中，$\tilde{C}^{-1}$ 是厄米矩阵 $\tilde{C} = C^{\mathrm{rr}} + \mathrm{i}C^{\mathrm{ir}}$ 的逆矩阵. 显然，在同步辐角变换

$$\tilde{u} \to \mathrm{e}^{\mathrm{i}\phi}\tilde{u} \tag{10.127}$$

之下，密度函数 $p_U(\tilde{u})$ 的值保持不变.

§10.9 随机复振幅之和

10.9.1 基本假设

考虑大量随机复振幅之和：

$$\tilde{a} = a\mathrm{e}^{\mathrm{i}\theta} = \frac{1}{\sqrt{N}}\sum_{k=1}^{N}\alpha_k \mathrm{e}^{\mathrm{i}\phi_k}. \tag{10.128}$$

我们假设：

(1) 各复振幅的振幅、相位是统计无关的;

(2) 所有复振幅的振幅满足相同的统计规律，其平均值为 $\overline{\alpha}$ ，方均值为 $\overline{\alpha^2}$；

(3) ϕ_k 在 $(-\pi,\pi]$ 内均匀分布.

令

$$r \equiv \mathrm{Re}\,\tilde{a} = \frac{1}{\sqrt{N}}\sum_{k=1}^{N}\alpha_k \cos\phi_k, \tag{10.129}$$

$$j \equiv \mathrm{Im}\,\tilde{a} = \frac{1}{\sqrt{N}}\sum_{k=1}^{N}\alpha_k \sin\phi_k, \tag{10.130}$$

由中心极限定理可知，当 $N \gg 1$ 时，r, j 近似为正态随机变量.

10.9.2 平均值、方差和相关系数

我们先计算 r 和 j 的平均值：

$$\bar{r} = \frac{1}{\sqrt{N}}\sum_{k=1}^{N}\overline{\alpha_k \cos\phi_k} = \frac{1}{\sqrt{N}}\sum_{k=1}^{N}\bar{\alpha}_k\overline{\cos\phi_k} = \sqrt{N}\bar{\alpha}\,\overline{\cos\phi}, \tag{10.131}$$

$$\bar{j} = \frac{1}{\sqrt{N}}\sum_{k=1}^{N}\overline{\alpha_k \sin\phi_k} = \frac{1}{\sqrt{N}}\sum_{k=1}^{N}\bar{\alpha}_k\overline{\sin\phi_k} = \sqrt{N}\bar{\alpha}\,\overline{\sin\phi}. \tag{10.132}$$

因为 ϕ_k 在 $(-\pi,\pi]$ 内均匀分布，所以 $\overline{\cos\phi} = \overline{\sin\phi} = 0$. 这样，我们得到

$$\bar{r} = \bar{j} = 0. \tag{10.133}$$

再计算 r 和 j 的方差. 由于 $\bar{r}=\bar{j}=0$, 因此

$$\sigma_r^2=\overline{r^2}=\frac{1}{N}\sum_{k=1}^{N}\sum_{h=1}^{N}\overline{\alpha_k\alpha_h}\,\overline{\cos\phi_k\cos\phi_h}\,, \tag{10.134}$$

$$\sigma_i^2=\overline{j^2}=\frac{1}{N}\sum_{k=1}^{N}\sum_{h=1}^{N}\overline{\alpha_k\alpha_h}\,\overline{\sin\phi_k\sin\phi_h}\,. \tag{10.135}$$

由于

$$\overline{\cos\phi_k\cos\phi_h}=\overline{\sin\phi_k\sin\phi_h}=\frac{1}{2}\delta_{kh}, \tag{10.136}$$

因此

$$\sigma_r^2=\sigma_i^2=\sigma^2=\frac{1}{2N}\sum_{k=1}^{N}\overline{\alpha_k^2}=\frac{1}{2}\overline{\alpha^2}. \tag{10.137}$$

还需要计算 r 和 j 的协方差. 由于随机复振幅之和的实部与虚部的平均值均等于 0, 因此 r 和 j 的协方差与相干相等. 而

$$\overline{rj}=\frac{1}{N}\sum_{k=1}^{N}\sum_{h=1}^{N}\overline{\alpha_k\alpha_h}\,\overline{\cos\phi_k\sin\phi_h}=0, \tag{10.138}$$

因此随机复振幅之和的实部与虚部的协方差等于 0, 即这两个随机变量是不相关的. 这样, 当 $N\gg 1$ 时, 我们有

$$p_{RJ}(r,j)=\frac{1}{2\pi\sigma^2}\exp\left(-\frac{r^2+j^2}{2\sigma^2}\right). \tag{10.139}$$

10.9.3 模与辐角的统计

以上讨论的是随机复振幅之和的实部与虚部的统计特性. 通常我们更关心模与辐角的统计特性. 做变换:

$$a=\sqrt{r^2+j^2},\quad \theta=\tan^{-1}\frac{j}{r}. \tag{10.140}$$

这是一个一一对应的变换, 相应的雅可比行列式为

$$J=\begin{vmatrix}\dfrac{\partial a}{\partial r} & \dfrac{\partial a}{\partial j}\\[2ex] \dfrac{\partial\theta}{\partial r} & \dfrac{\partial\theta}{\partial j}\end{vmatrix}=\frac{1}{a}. \tag{10.141}$$

由随机变量变换公式可得

$$p_{A\Theta}(a,\theta)=p_{RJ}(r=a\cos\theta,j=a\sin\theta)a. \tag{10.142}$$

应用式 (10.139)，可以得到

$$p_{A\Theta}(a,\theta)=\begin{cases}\dfrac{a}{2\pi\sigma^2}\exp\left(-\dfrac{a^2}{2\sigma^2}\right), & -\pi<\theta\leqslant\pi, a\geqslant 0,\\ 0, & \text{其他情形}.\end{cases} \tag{10.143}$$

我们可以从密度函数 $p_{A\Theta}(a,\theta)$ 导出模和辐角的边缘密度函数：

$$p_A(a)=\int_{-\pi}^{\pi}p_{A\Theta}(a,\theta)\mathrm{d}\theta=\begin{cases}\dfrac{a}{\sigma^2}\exp\left(-\dfrac{a^2}{2\sigma^2}\right), & a\geqslant 0,\\ 0, & \text{其他情形}.\end{cases} \tag{10.144}$$

这一密度函数称为瑞利 (Rayleigh) 密度函数，相应的平均值和方差分别为

$$\bar{a}=\sqrt{\frac{\pi}{2}}\sigma, \tag{10.145}$$

$$\sigma_a^2=\left(2-\frac{\pi}{2}\right)\sigma^2. \tag{10.146}$$

辐角的边缘密度函数可由如下积分得到：

$$p_\Theta(\theta)=\begin{cases}\dfrac{1}{2\pi}\displaystyle\int_0^{+\infty}\dfrac{a}{\sigma^2}\exp\left(-\dfrac{a^2}{2\sigma^2}\right)\mathrm{d}a, & -\pi<\theta\leqslant\pi,\\ 0, & \text{其他情形}.\end{cases} \tag{10.147}$$

待求积分正是瑞利密度函数的积分，其值等于 1. 所以

$$p_\Theta(\theta)=\begin{cases}\dfrac{1}{2\pi}, & -\pi<\theta\leqslant\pi,\\ 0, & \text{其他情形}.\end{cases} \tag{10.148}$$

10.9.4 随机复振幅之和与常复振幅的叠加

我们考虑一个常复振幅与随机复振幅之和的叠加. 我们可以取此常复振幅为实数 s 而

不失普遍性. 这样, 我们有

$$r = s + \frac{1}{\sqrt{N}} \sum_{k=1}^{N} \alpha_k \cos\phi_k, \tag{10.149}$$

$$j = \frac{1}{\sqrt{N}} \sum_{k=1}^{N} \alpha_k \sin\phi_k. \tag{10.150}$$

当 $N \gg 1$ 时, r, j 仍近似为正态随机变量. 在此条件下,

$$p_{RJ}(r,j) = \frac{1}{2\pi\sigma^2} \exp\left[-\frac{(r-s)^2 + j^2}{2\sigma^2}\right]. \tag{10.151}$$

通过随机变量变换, 可以得到

$$p_{A\Theta}(a,\theta) = \begin{cases} \dfrac{a}{2\pi\sigma^2} \exp\left(-\dfrac{a^2 - 2as\cos\theta + s^2}{2\sigma^2}\right), & -\pi < \theta \leqslant \pi, a > 0, \\ 0, & \text{其他情形}. \end{cases} \tag{10.152}$$

模的边缘密度函数可由如下积分给出:

$$p_A(a) = \begin{cases} \dfrac{a}{2\pi\sigma^2} \exp\left(-\dfrac{a^2 + s^2}{2\sigma^2}\right) \displaystyle\int_{-\pi}^{\pi} \exp\left(\dfrac{as\cos\theta}{\sigma^2}\right) \mathrm{d}\theta, & a \geqslant 0, \\ 0, & \text{其他情形}. \end{cases} \tag{10.153}$$

计算式 (10.153) 中的积分:

$$\begin{aligned} \frac{1}{2\pi} \int_{-\pi}^{\pi} \exp\left(\frac{as\cos\theta}{\sigma^2}\right) \mathrm{d}\theta &= \frac{1}{2\pi} \int_{-\pi}^{\pi} \exp\left[\frac{\mathrm{i}as}{2\sigma^2}\left(\frac{\mathrm{e}^{\mathrm{i}\theta}}{\mathrm{i}} - \frac{\mathrm{i}}{\mathrm{e}^{\mathrm{i}\theta}}\right)\right] \mathrm{d}\theta \\ &= \frac{1}{2\pi} \int_{-\pi}^{\pi} \sum_{k=0}^{+\infty} \mathrm{J}_k\left(\frac{\mathrm{i}as}{\sigma^2}\right) \left(\frac{\mathrm{e}^{\mathrm{i}\theta}}{\mathrm{i}}\right)^k \mathrm{d}\theta \\ &= \mathrm{I}_0\left(\frac{as}{\sigma^2}\right), \end{aligned} \tag{10.154}$$

其中, $\mathrm{J}_k(x)$ 和 $\mathrm{I}_0(x)$ 分别为 k 阶贝塞尔函数和 0 阶变形贝塞尔函数. 应用这一关系式可得

$$p_A(a) = \begin{cases} \dfrac{a}{\sigma^2} \exp\left(-\dfrac{a^2 + s^2}{2\sigma^2}\right) \mathrm{I}_0\left(\dfrac{as}{\sigma^2}\right), & a \geqslant 0, \\ 0, & \text{其他情形}. \end{cases} \tag{10.155}$$

这个密度函数称为里奇 (Ricci) 密度函数.

辐角的边缘密度函数同样可以通过如下积分得到：

$$p_\Theta(\theta)=\begin{cases}\dfrac{\mathrm{e}^{-K^2/2}}{2\pi}+\dfrac{K\cos\theta}{\sqrt{2\pi}}\exp\left(-\dfrac{K^2\sin^2\theta}{2}\right)\varPhi(K\cos\theta), & -\pi<\theta\leqslant\pi,\\[2ex] 0, & \text{其他情形},\end{cases}\tag{10.156}$$

其中，$K=s/\sigma$, 并有

$$\varPhi(x)=\frac{1}{\sqrt{2\pi}}\int_{-\infty}^{x}\mathrm{e}^{-y^2/2}\mathrm{d}y.\tag{10.157}$$

如果条件 $s\gg\sigma$ 得到满足，也就是强常复振幅与弱随机复振幅之和叠加时，$p_A(a)$ 和 $p_\Theta(\theta)$ 的表达式可以简化. 这时有

$$\mathrm{I}_0\left(\frac{as}{\sigma^2}\right)\approx\frac{\sigma}{\sqrt{2\pi as}}\exp\left(\frac{as}{\sigma^2}\right),\tag{10.158}$$

$$\varPhi(K\cos\theta)\approx 1.\tag{10.159}$$

在此条件下，模和辐角的边缘密度函数可以简化为

$$p_A(a)\approx\begin{cases}\dfrac{\sigma}{\sqrt{2\pi as}}\exp\left[-\dfrac{(a-s)^2}{2\sigma^2}\right], & a\geqslant 0,\\[2ex] 0, & \text{其他情形},\end{cases}\tag{10.160}$$

$$p_\Theta(\theta)\approx\begin{cases}\dfrac{K}{\sqrt{2\pi}}\exp\left(-\dfrac{K^2\theta^2}{2}\right), & -\pi<\theta\leqslant\pi,\\[2ex] 0, & \text{其他情形}.\end{cases}\tag{10.161}$$

显然，这时模和辐角都近似为正态随机变量，其平均值和方差分别为

$$\sigma_a^2=\sigma^2,\ \sigma_\theta^2=\frac{\sigma^2}{s^2},\ \bar{a}=s,\ \bar{\theta}=0.\tag{10.162}$$

我们注意到当 $s\gg\sigma$ 时，$K\gg 1$，$p_\Theta(\theta)$ 的值只有在 $\theta\ll 1$ 时才明显不等于 0，而此时 $K\theta\approx j/\sigma$，即辐角与随机变量的虚部近似成正比. 同时，在 $\theta\ll 1$ 的条件下，模与实部也是近似相等的.

习　　题

10.1 试证明, 对于随机变量 $U=\cos\Theta$, $V=\sin\Theta$, 其中,

$$p_{\Theta}(\theta)=\begin{cases}\dfrac{1}{\pi}, & -\dfrac{\pi}{2}<\theta\leqslant\dfrac{\pi}{2},\\ 0, & \text{其他情形},\end{cases}$$

有 $\rho=0$.

10.2 试证明, 如果 $\overline{|u^n v^m|}$ 存在, 则有

$$\overline{u^n v^m}=(-\mathrm{i})^{n+m}\left.\frac{\partial^{n+m}}{\partial\omega_U^n\partial\omega_V^m}M_{UV}(\omega_U,\omega_V)\right|_{\omega_U=\omega_V=0}.$$

10.3 试证明, 可以通过变换

$$z=-\ln u,$$

或

$$z=-\ln(1-u),$$

从密度函数为

$$p_U(u)=\begin{cases}1, & 0<u\leqslant 1,\\ 0, & \text{其他情形}\end{cases}$$

的随机变量 U 得到密度函数为

$$p_Z(z)=\begin{cases}\mathrm{e}^{-z}, & 0\leqslant z<+\infty,\\ 0, & \text{其他情形}\end{cases}$$

的随机变量 Z.

10.4 试由正态联合随机变量 UV 的联合特征函数导出其密度函数.

第 11 章 随机过程

§11.1 随机过程的定义

令 $\{A\}$ 为一随机事件集合. 现将集合 $\{A\}$ 中的每一随机事件 A 对应一个实函数 $u(A;t)$. 我们称由所有样本函数 $u(A;t)$ 及相应事件 A 的概率构成的集合 $U(t)$ 为随机过程.

参量 t 一般可理解为时间. 对于每一个时刻 t, 随机过程 $U(t)$ 的取值都是随机变量. 因此, 原则上, 要完整地描述一个随机过程就必须知道所有阶密度函数:

$$p_U(u_1, u_2, \cdots, u_k; t_1, t_2, \cdots, t_k), \quad k = 1, 2, \cdots.$$

在实际应用中, 我们一般只关心随机过程的一阶和二阶统计平均, 因此一般只需要知道随机过程的一阶密度函数和二阶密度函数:

$$p_U(u;t), \quad p_U(u_1, u_2; t_1, t_2).$$

随机过程在随机试验完成之前是一个有效的数学模型. 这一模型给出随机过程取值随时间的各种演化规律, 以及各种演化规律出现的概率. 而一旦随机事件 A 发生, 样本函数 $u(A;t)$ 得以确定, 我们就只需要了解确定下来的样本函数 $u(A;t)$ 的取值与时间的函数关系了.

§11.2 平稳性与遍历性

如果对所有 k, 随机过程的 k 阶密度函数 $p_U(u_1, u_2, \cdots, u_k; t_1, t_2, \cdots, t_k)$ 都与时间原点的选取无关, 即

$$\begin{aligned} &p_U(u_1, u_2, \cdots, u_k; t_1, t_2, \cdots, t_k) \\ &\qquad = p_U(u_1, u_2, \cdots, u_k; t_1 - T, t_2 - T, \cdots, t_k - T), \quad \text{对所有 } k, T, \end{aligned} \tag{11.1}$$

则称此随机过程是严格平稳的.

如果我们只关心随机过程的一阶统计平均和二阶统计平均, 那么我们还可以定义相应的广义平稳性. 如果随机过程满足

(1) $E[u(t)]$ 与 t 无关,

(2) $E[u(t_1)u(t_2)]$ 只与 $\tau = t_2 - t_1$ 有关,

则称此随机过程是广义平稳的.

显然,所有严格平稳的随机过程都是广义平稳的.

如果对所有 t_1 和 t_2, $U(t_2) - U(t_1)$ 是严格平稳或广义平稳的,则称 $U(t)$ 具有严格或广义平稳增量. 如果 $\varPhi(t)$ 为平稳随机过程,那么

$$U(t) = U(t_0) + \int_{t_0}^{t} \varPhi(\zeta)\mathrm{d}\zeta \tag{11.2}$$

具有平稳增量.

我们可以有两种方式从一个随机过程构造随机变量. 一个方法是取随机过程在某一时刻的值: $U_1 = U(t_1)$. 另一个方法是令随机变量的可能取值为某一样本函数的可能取值,其概率密度为在参数 t 变化的过程中,某一特定值出现的相对频率密度.

如果用这样两种方法构造的随机变量的任意阶联合随机变量的密度函数都一致,那么我们称相应的随机过程为遍历过程.

显然,所有遍历过程都是严格平稳的随机过程,但是并非所有严格平稳的随机过程都是遍历过程. 关于随机过程的遍历性,存在如下定理:

不包含发生概率不等于 0 或 1 的严格平稳样本函数子集的严格平稳过程是遍历过程.

这里说的样本函数子集是由取值范围完全相同的样本函数构成的集合,例如,样本函数集合

$$\left\{ A\cos(\omega t + \phi) \;\middle|\; \phi \in (-\pi, \pi], p_{\varPhi}(\phi) = \frac{1}{2\pi} \right\}.$$

如果我们只关心随机过程的一阶和二阶统计性质,那么我们也可以定义相应的广义遍历性. 如果采用前述的两种方法构造的随机变量的一阶和二阶联合随机变量的密度函数都一致,那么我们称相应的随机过程为广义遍历过程.

对于随机过程,我们定义两种平均: 对时间的平均

$$\langle g \rangle = \lim_{T\to+\infty} \frac{1}{T} \int_{-T/2}^{T/2} g\left(u(t)\right) \mathrm{d}t, \tag{11.3}$$

以及对样本函数的平均 (统计平均)

$$\overline{g} = \int_{-\infty}^{+\infty} g(u) p_U(u) \mathrm{d}u. \tag{11.4}$$

对于遍历过程而言,这两种平均总是一致的,即

$$\overline{g} = \langle g \rangle. \tag{11.5}$$

如果随机过程是遍历的，那么我们可以用统计平均来替代时间平均. 在物理实验中，我们测量的某个物理量的值是这个物理量在测量时间内的平均值. 如果测量过程可以用一个遍历的随机过程来描述，那么我们就可以用统计的方法来分析测量结果. 但如果测量过程不是遍历的，那么统计的方法就不适用了. 在需要用统计的方法来处理的物理问题中，我们往往无法对一个过程是否遍历做出简单判断，而是需要通过对比统计结果与实际测量结果来得到结论.

§11.3　随机过程的频谱分析

11.3.1　函数的谱密度

设 $u(t)$ 是一个时间的函数. 如果

$$\int_{-\infty}^{+\infty} |u(t)|\mathrm{d}t < +\infty, \tag{11.6}$$

则称 $u(t)$ 是傅里叶可变换的.

如果 $u(t)$ 不满足式 (11.6)，但满足

$$\lim_{T\to+\infty} \frac{1}{T}\int_{-T/2}^{T/2} u^2(t)\mathrm{d}t < +\infty, \tag{11.7}$$

则称 $u(t)$ 具有有限平均功率.

如果 $u(t)$ 是傅里叶可变换的，那么傅里叶变换

$$\mathcal{U}(\nu) = \int_{-\infty}^{+\infty} u(t)\mathrm{e}^{\mathrm{i}2\pi\nu t}\mathrm{d}t \tag{11.8}$$

总是存在的. 注意：在这里我们用频率，而非圆频率作为函数傅里叶变换的宗量. 我们定义

$$\mathcal{E}(\nu) \triangleq |\mathcal{U}(\nu)|^2 \tag{11.9}$$

为函数 $u(t)$ 的能量谱密度.

对于傅里叶可变换的函数，存在如下关系：

$$\begin{aligned}\int_{-\infty}^{+\infty} |\mathcal{U}(\nu)|^2\mathrm{d}\nu &= \int_{-\infty}^{+\infty}\mathrm{d}\nu \iint\limits_{-\infty}^{+\infty} \mathrm{d}t_1\mathrm{d}t_2 u(t_1)u(t_2)\mathrm{e}^{\mathrm{i}2\pi\nu(t_1-t_2)} \\ &= \int_{-\infty}^{+\infty} u^2(t)\mathrm{d}t,\end{aligned} \tag{11.10}$$

这一关系称为帕塞瓦尔 (Parseval) 定理.

如果 $u(t)$ 是非傅里叶可变换的, 但具有有限平均功率, 我们可以引入 $u(t)$ 的截断函数

$$u_T(t) = \begin{cases} u(t), & |t| < T/2, \\ 0, & \text{其他情形}. \end{cases} \tag{11.11}$$

显然, $u_T(t)$ 是傅里叶可变换的. 记 $u(t)$ 的截断函数的傅里叶变换为 $\mathcal{U}_T(\nu)$. 我们定义

$$\mathcal{G}(\nu) \triangleq \lim_{T\to+\infty} \frac{|\mathcal{U}_T(\nu)|^2}{T} \tag{11.12}$$

为函数 $u(t)$ 的功率谱密度.

11.3.2　随机过程的谱密度

如果随机过程 $U(t)$ 的样本函数是傅里叶可变换的, 则定义随机过程 $U(t)$ 的能量谱密度为

$$\mathcal{E}_U(\nu) \triangleq E\left[|\mathcal{U}(\nu)|^2\right]. \tag{11.13}$$

如果随机过程 $U(t)$ 的样本函数具有有限平均功率, 则定义随机过程 $U(t)$ 的功率谱密度为

$$\mathcal{G}_U(\nu) \triangleq \lim_{T\to+\infty} \frac{E\left[|\mathcal{U}_T(\nu)|^2\right]}{T}. \tag{11.14}$$

从谱密度的定义可知, 谱密度具有如下性质:

(1) $\mathcal{E}(\nu) \geqslant 0,\ \mathcal{G}(\nu) \geqslant 0$, 即谱密度为非负实函数;

(2) $\mathcal{E}(\nu) = \mathcal{E}(-\nu),\ \mathcal{G}(\nu) = \mathcal{G}(-\nu)$, 即谱密度为偶函数;

(3)

$$\int_{-\infty}^{+\infty} \mathcal{E}_U(\nu)\mathrm{d}\nu = \int_{-\infty}^{+\infty} \overline{u^2(t)}\mathrm{d}t, \tag{11.15}$$

以及

$$\int_{-\infty}^{+\infty} \mathcal{G}_U(\nu)\mathrm{d}\nu = \begin{cases} \overline{u^2}, & U(t)\text{为平稳过程}, \\ \langle\overline{u^2(t)}\rangle, & U(t)\text{为非平稳过程}. \end{cases} \tag{11.16}$$

性质 (1) 是显然的. 因为 $U(t)$ 为实值随机过程, 样本函数为实函数, 所以 $\mathcal{U}(-\nu) = \mathcal{U}^*(\nu)$, $\mathcal{U}_T(-\nu) = \mathcal{U}_T^*(\nu)$, 于是有性质 (2). 性质 (3) 中的式 (11.15) 可由帕塞瓦尔定理直接

得到, 式 (11.16) 的证明如下：

$$\begin{aligned}\int_{-\infty}^{+\infty} \mathcal{G}_U(\nu)\mathrm{d}\nu &= \int_{-\infty}^{+\infty} \lim_{T\to+\infty} \frac{E\left[|\mathcal{U}_T(\nu)|^2\right]}{T}\mathrm{d}\nu \\ &= \lim_{T\to+\infty} \frac{1}{T}E\left[\int_{-\infty}^{+\infty} |\mathcal{U}_T(\nu)|^2\mathrm{d}\nu\right],\end{aligned} \tag{11.17}$$

应用帕塞瓦尔定理可得

$$\begin{aligned}\int_{-\infty}^{+\infty} \mathcal{G}_U(\nu)\mathrm{d}\nu &= \lim_{T\to+\infty} \frac{1}{T}E\left[\int_{-\infty}^{+\infty} u_T^2(t)\mathrm{d}t\right] \\ &= \lim_{T\to+\infty} \frac{1}{T}\int_{-T/2}^{T/2} E\left[u^2(t)\right]\mathrm{d}t \\ &= \langle\overline{u^2(t)}\rangle.\end{aligned} \tag{11.18}$$

如果 $U(t)$ 为平稳过程, 则进一步有 $\langle\overline{u^2(t)}\rangle = \overline{u^2}$.

11.3.3 线性滤波后的随机过程的能量与功率谱密度

令 $V(t)$ 为一随机过程, 其样本函数由随机过程 $U(t)$ 的样本函数通过一个特定的线性滤波器得到. 我们称 $V(t)$ 为线性滤波后的随机过程.

如果随机过程 $U(t)$ 的样本函数是傅里叶可变换的, 则有

$$v(t) = \int_{-\infty}^{+\infty} h(t-\xi)u(\xi)\mathrm{d}\xi, \tag{11.19}$$

其中, $h(t)$ 为滤波器的响应函数. 对式 (11.19) 做傅里叶变换, 可以得到

$$\mathcal{V}(\nu) = \mathcal{H}(\nu)\mathcal{U}(\nu), \tag{11.20}$$

其中, $\mathcal{H}(\nu)$ 为 $h(t)$ 的傅里叶变换, 称为传递函数. 由式 (11.20) 可得

$$\mathcal{E}_V(\nu) = E\left[|\mathcal{H}(\nu)\mathcal{U}(\nu)|^2\right] = |\mathcal{H}(\nu)|^2\mathcal{E}_U(\nu). \tag{11.21}$$

如果随机过程 $U(t)$ 是非傅里叶可变换的, 但具有有限平均功率, 那么我们需要引入样本函数 $u(t)$ 和 $v(t)$ 的截断函数 $u_T(t)$ 和 $v_T(t)$. 对于有限的时间区间 T, 截断函数 $u_T(t)$ 和 $v_T(t)$ 近似满足滤波关系：

$$v_T(t) \approx \int_{-\infty}^{+\infty} h(t-\xi)u_T(\xi)d\xi. \tag{11.22}$$

以上关系在 $T\to+\infty$ 时严格成立. 做傅里叶变换后得到

$$\mathcal{V}_T(\nu) \approx \mathcal{H}(\nu)\mathcal{U}_T(\nu), \tag{11.23}$$

于是

$$\begin{aligned}\mathcal{G}_V(\nu) &= \lim_{T\to+\infty} \frac{E\left[|\mathcal{V}_T(\nu)|^2\right]}{T} \\ &= \lim_{T\to+\infty} \frac{E\left[|\mathcal{H}(\nu)\mathcal{U}_T(\nu)|^2\right]}{T} \\ &= |\mathcal{H}(\nu)|^2 \lim_{T\to+\infty} \frac{E\left[|\mathcal{U}_T(\nu)|^2\right]}{T},\end{aligned} \tag{11.24}$$

即

$$\mathcal{G}_V(\nu) = |\mathcal{H}(\nu)|^2 \mathcal{G}_U(\nu). \tag{11.25}$$

由式 (11.21) 和式 (11.25) 可知，线性滤波后的随机过程的能量或功率谱密度等于滤波前的随机过程的能量或功率谱密度与滤波器功率传递谱的乘积. 滤波器的功率传递谱为其传递函数模的平方.

§11.4 自相关函数

我们定义随机过程 $U(t)$ 的时间自相关函数为

$$\tilde{\Gamma}_U(\tau) \triangleq \langle u(t+\tau)u(t)\rangle, \tag{11.26}$$

定义随机过程的统计自相关函数为

$$\Gamma_U(t_2, t_1) \triangleq \overline{u(t_2)u(t_1)}. \tag{11.27}$$

对于平稳过程，统计自相关函数 $\Gamma_U(t_2, t_1)$ 只是时间差 $\tau = t_2 - t_1$ 的函数. 对于遍历过程，则进一步有

$$\tilde{\Gamma}_U(\tau) = \Gamma_U(\tau). \tag{11.28}$$

平稳过程的统计自相关函数有如下性质：

(1) $\Gamma_U(0) = \overline{u^2}$；

(2) $\Gamma_U(-\tau) = \Gamma_U(\tau)$；

(3) $|\Gamma_U(\tau)| \leqslant \Gamma_U(0)$.

性质 (1) 和性质 (2) 可以从统计自相关函数的定义直接导出，而性质 (3) 可由施瓦茨不等式得到.

对于平稳过程，统计自相关函数与功率谱密度之间存在如下关系：

$$\mathcal{G}_U(\nu) = \int_{-\infty}^{+\infty} \Gamma_U(\tau)\mathrm{e}^{\mathrm{i}2\pi\tau\nu}\mathrm{d}\tau, \tag{11.29}$$

$$\Gamma_U(\tau) = \int_{-\infty}^{+\infty} \mathcal{G}_U(\nu)\mathrm{e}^{-\mathrm{i}2\pi\tau\nu}\mathrm{d}\nu. \tag{11.30}$$

以上关系称为维纳-欣钦 (Wiener-Khinchine) 定理. 维纳-欣钦定理的证明如下：

我们知道平稳过程的统计自相关函数只是时间差的函数，这样，由统计自相关函数的定义可得

$$\begin{aligned}\int_{-\infty}^{+\infty} \Gamma_U(\tau)\mathrm{e}^{\mathrm{i}2\pi\tau\nu}\mathrm{d}\tau &= \int_{-\infty}^{+\infty} \overline{u(t+\tau)u(t)}\mathrm{e}^{\mathrm{i}2\pi\tau\nu}\mathrm{d}\tau \\ &= \int_{-\infty}^{+\infty}\mathrm{d}\tau\int_{-T/2}^{T/2}\mathrm{d}t\frac{\overline{u(t+\tau)u(t)}}{T}\mathrm{e}^{\mathrm{i}2\pi\tau\nu}.\end{aligned} \tag{11.31}$$

做变量代换 $t+\tau=t_1$，可得

$$\begin{aligned}\int_{-\infty}^{+\infty} \Gamma_U(\tau)\mathrm{e}^{\mathrm{i}2\pi\tau\nu}\mathrm{d}\tau &= \int_{-\infty}^{+\infty}\mathrm{d}t_1\int_{-T/2}^{T/2}\mathrm{d}t\frac{\overline{u(t_1)u(t)}}{T}\mathrm{e}^{\mathrm{i}2\pi\nu(t_1-t)} \\ &= \int_{-\infty}^{+\infty}\mathrm{d}t_1\int_{-T/2}^{T/2}\mathrm{d}t\frac{1}{T}E\left[u(t_1)\mathrm{e}^{\mathrm{i}2\pi\nu t_1}u(t)\mathrm{e}^{-\mathrm{i}2\pi\nu t}\right].\end{aligned} \tag{11.32}$$

注意到式 (11.32) 的计算结果与 T 无关，并且

$$\int_{-\infty}^{+\infty}\mathrm{d}t = \lim_{T\to+\infty}\int_{-T/2}^{T/2}\mathrm{d}t,$$

我们可以得到如下等式：

$$\begin{aligned}\int_{-\infty}^{+\infty} \Gamma_U(\tau)\mathrm{e}^{\mathrm{i}2\pi\tau\nu}\mathrm{d}\tau &= \lim_{T\to+\infty}\int_{-T/2}^{T/2}\mathrm{d}t_1\int_{-T/2}^{T/2}\mathrm{d}t\frac{1}{T}E\left[u(t_1)\mathrm{e}^{\mathrm{i}2\pi\nu t_1}u(t)\mathrm{e}^{-\mathrm{i}2\pi\nu t}\right] \\ &= \lim_{T\to+\infty}\frac{1}{T}E\left[\left|\mathcal{U}_T(\nu)\right|^2\right],\end{aligned} \tag{11.33}$$

即

$$\int_{-\infty}^{+\infty} \Gamma_U(\tau)\mathrm{e}^{\mathrm{i}2\pi\tau\nu}\mathrm{d}\tau = \mathcal{G}_U(\nu). \tag{11.34}$$

式 (11.30) 是式 (11.29) 的傅里叶反演.

自相关函数是描述随机过程的一个重要函数. 自相关函数通常是可以直接测量的，其傅里叶变换给出随机过程的功率谱密度. 一般情况下，通过自相关函数计算功率谱密度比通过随机过程的傅里叶变换计算功率谱密度更为便利.

我们还可以引入两个与自相关函数有关的函数：自协方差函数

$$C_U(t_2,t_1) \triangleq \overline{[u(t_1)-\overline{u}(t_1)][u(t_2)-\overline{u}(t_2)]} \tag{11.35}$$

和结构函数

$$D_U(t_2,t_1) \triangleq \overline{[u(t_2)-u(t_1)]^2}. \tag{11.36}$$

显然，

$$C_U(t_2,t_1) = \mathit{\Gamma}_U(t_2,t_1) - \overline{u}(t_1)\overline{u}(t_2), \tag{11.37}$$

$$D_U(t_2,t_1) = \overline{u^2(t_1)} + \overline{u^2(t_2)} - 2\mathit{\Gamma}_U(t_2,t_1). \tag{11.38}$$

对于平稳过程，$D_U(t_2,t_1)$ 只是 $\tau = t_2 - t_1$的函数，且

$$D_U(\tau) = 2\mathit{\Gamma}_U(0) - 2\mathit{\Gamma}_U(\tau). \tag{11.39}$$

由维纳-欣钦定理可得

$$D_U(\tau) = 2\int_{-\infty}^{+\infty} \mathcal{G}_U(\nu)[1-\cos(2\pi\tau\nu)]\mathrm{d}\nu. \tag{11.40}$$

由式 (11.40) 可知，平稳过程的结构函数 $D_U(\tau)$ 与功率谱低频部分的依赖关系相对较弱.

§11.5 互相关函数与交叉谱密度

令 $U(t)$ 和 $V(t)$ 为两个随机过程. 我们定义随机过程 $U(t)$ 和 $V(t)$ 的互相关函数为

$$\mathit{\Gamma}_{UV}(t_2,t_1) \triangleq \overline{u(t_2)v(t_1)}, \tag{11.41}$$

定义其时间互相关函数为

$$\tilde{\mathit{\Gamma}}_{UV}(\tau) \triangleq \langle u(t+\tau)v(t)\rangle. \tag{11.42}$$

我们称随机过程 $U(t)$ 与 $V(t)$ 为联合广义平稳过程，如果其互相关函数 $\mathit{\Gamma}_{UV}(t_2,t_1)$ 只是 $\tau = t_2 - t_1$ 的函数，即

$$\mathit{\Gamma}_{UV}(t_2,t_1) = \mathit{\Gamma}_{UV}(\tau). \tag{11.43}$$

联合广义平稳过程的互相关函数具有如下性质：

(1) $\Gamma_{UV}(0)=\overline{uv}$；

(2) $\Gamma_{UV}(-\tau)=\Gamma_{VU}(\tau)$；

(3) $|\Gamma_{UV}(\tau)|\leqslant\sqrt{\Gamma_U(0)\Gamma_V(0)}$.

与自相关函数类似，性质 (1) 和性质 (2) 可以从统计自相关函数的定义直接得到，而性质 (3) 可由施瓦茨不等式导出.

我们定义随机过程 $U(t)$ 和 $V(t)$ 的交叉谱密度函数为

$$\mathcal{G}_{UV}(\nu)\triangleq\lim_{T\to+\infty}\frac{E\left[\mathcal{U}_T(\nu)\mathcal{V}_T^*(\nu)\right]}{T}. \tag{11.44}$$

交叉谱密度函数一般为复值函数. 实值随机过程的交叉谱密度函数具有如下性质：

(1) $\mathcal{G}_{UV}(\nu)=\mathcal{G}_{VU}^*(\nu)$；

(2) $\mathcal{G}_{UV}(-\nu)=\mathcal{G}_{UV}^*(\nu)$.

互相关函数与交叉谱密度函数之间有类似维纳-欣钦定理的关系：

$$\mathcal{G}_{UV}(\nu)=\int_{-\infty}^{+\infty}\Gamma_{UV}(\tau)\mathrm{e}^{\mathrm{i}2\pi\tau\nu}\mathrm{d}\tau, \tag{11.45}$$

$$\Gamma_{UV}(\tau)=\int_{-\infty}^{+\infty}\mathcal{G}_{UV}(\nu)\mathrm{e}^{-\mathrm{i}2\pi\tau\nu}\mathrm{d}\nu. \tag{11.46}$$

当两个随机过程叠加时，得到的随机过程的自相关函数中会包含参与叠加的随机过程之间的互相关函数，相应地，叠加过程的功率谱密度中会包含参与叠加的随机过程之间的交叉谱密度.

§11.6 泊松脉冲过程

11.6.1 泊松脉冲过程的定义

我们称样本函数为多个 δ 函数之和，且满足如下两个条件的随机过程为泊松脉冲过程，简称泊松过程：

(1) 在时段 $(t_1,t_2]$ 记录到 K 个脉冲的概率为

$$P(K;t_1,t_2)=\frac{(\overline{K})^K}{K!}\mathrm{e}^{-\overline{K}}, \tag{11.47}$$

其中，

$$\overline{K}=\int_{t_1}^{t_2}\lambda(t)\mathrm{d}t. \tag{11.48}$$

$\lambda(t) \geqslant 0$ 称为过程的速率.

(2) 不相重叠时段记录到的脉冲数统计无关.

容易验证，对于泊松脉冲过程，如下等式成立：

$$\overline{K^2} = \overline{K} + (\overline{K})^2, \tag{11.49}$$

$$\overline{\left[\frac{K!}{(K-k)!}\right]} = (\overline{K})^k. \tag{11.50}$$

11.6.2 泊松过程的谱密度

先考虑过程速率 $\lambda(t)$ 为傅里叶可变换的情形. 泊松过程的样本函数为

$$u(t) = \sum_{k=1}^{K} \delta(t - t_k). \tag{11.51}$$

这个样本函数由 $t_1, t_2, \cdots, t_K, K$ 这 $K+1$ 个随机变量确定. 样本函数的傅里叶变换为

$$\mathcal{U}(\nu) = \sum_{k=1}^{K} \mathrm{e}^{\mathrm{i}2\pi\nu t_k}. \tag{11.52}$$

利用式 (11.52)，我们可以计算随机过程的能量谱密度：

$$\begin{aligned}\mathcal{E}_U(\nu) &= E\left[|\mathcal{U}(\nu)|^2\right] \\ &= E\left[\sum_{k=1}^{K}\sum_{q=1}^{K} \mathrm{e}^{\mathrm{i}2\pi\nu(t_k - t_q)}\right].\end{aligned} \tag{11.53}$$

由于 $p_{TK}(t_1, t_2, \cdots, t_K; K) = p_{T|K}(t_1, t_2, \cdots, t_K) p_K(K)$，因此我们可以分两步来计算统计平均：先在给定 K 的条件下对 $t_1, t_2, \cdots, t_K$ 取平均，然后将得到的平均值对 K 取平均. 这样，我们有

$$\begin{aligned}\mathcal{E}_U(\nu) &= E_K\left[\sum_{k=1}^{K}\sum_{q=1}^{K} E_{T|K}\left[\mathrm{e}^{\mathrm{i}2\pi\nu(t_k - t_q)}\right]\right] \\ &= E_K\left[\sum_{k=1}^{K} E_{T|K}[1]\right] + E_K\left[\sum_{\substack{k,q=1 \\ k\neq q}}^{K} E_{T|K}\left[\mathrm{e}^{\mathrm{i}2\pi\nu(t_k - t_q)}\right]\right] \\ &= \overline{K} + E_K\left[\sum_{\substack{k,q=1 \\ k\neq q}}^{K} E_{T|K}\left[\mathrm{e}^{\mathrm{i}2\pi\nu(t_k - t_q)}\right]\right].\end{aligned} \tag{11.54}$$

要计算式 (11.54) 中对脉冲记录时刻的平均，我们需要知道一个脉冲的记录时刻 t_k 落在时段 $(t, t+\mathrm{d}t]$ 内的概率. 根据泊松过程定义中的条件 (1) 可知，在全部时段内记录到

$$\overline{K} = \int_{-\infty}^{+\infty} \lambda(t)\mathrm{d}t$$

个脉冲的条件下，在时段 $(t, t+\mathrm{d}t]$ 内记录到 1 个脉冲的概率为 $\lambda(t)\mathrm{d}t$. 由于各个脉冲之间是统计无关的，并且各个脉冲满足相同的统计规律，因此在全部时段内只记录到 1 个脉冲的条件下，在时段 $(t, t+\mathrm{d}t]$ 内记录到 1 个脉冲的概率为

$$\mathrm{d}P = \frac{\lambda(t)\mathrm{d}t}{\displaystyle\int_{-\infty}^{+\infty} \lambda(t)\mathrm{d}t}, \tag{11.55}$$

即

$$p(t) = \frac{\lambda(t)}{\displaystyle\int_{-\infty}^{+\infty} \lambda(t)\mathrm{d}t}. \tag{11.56}$$

于是

$$\begin{aligned}
E_{T|K}\left[\mathrm{e}^{\mathrm{i}2\pi\nu(t_k-t_q)}\right] &= \frac{\displaystyle\iint_{-\infty}^{+\infty} \mathrm{d}t_k\mathrm{d}t_q\lambda(t_k)\lambda(t_q)\mathrm{e}^{\mathrm{i}2\pi\nu(t_k-t_q)}}{\left[\displaystyle\int_{-\infty}^{+\infty} \lambda(t)\mathrm{d}t\right]^2} \\
&= \frac{|\mathcal{L}(\nu)|^2}{(\overline{K})^2} \\
&= \frac{\mathcal{E}_\lambda(\nu)}{(\overline{K})^2},
\end{aligned} \tag{11.57}$$

其中，$\mathcal{L}(\nu)$ 为 $\lambda(t)$ 的傅里叶变换，$\mathcal{E}_\lambda(\nu) = |\mathcal{L}(\nu)|^2$ 为 $\lambda(t)$ 的能量谱密度. 将式 (11.57) 代入式 (11.54)，可以得到

$$\begin{aligned}
\mathcal{E}_U(\nu) &= \overline{K} + E_K\left[\sum_{\substack{k,q=1\\k\neq q}}^{K} \frac{\mathcal{E}_\lambda(\nu)}{(\overline{K})^2}\right] \\
&= \overline{K} + E_K\left[(K^2 - K)\frac{\mathcal{E}_\lambda(\nu)}{(\overline{K})^2}\right] \\
&= \overline{K} + (\overline{K^2} - \overline{K})\frac{\mathcal{E}_\lambda(\nu)}{(\overline{K})^2} \\
&= \overline{K} + \mathcal{E}_\lambda(\nu).
\end{aligned} \tag{11.58}$$

注意到能量谱密度中包含常数项 $\overline{K}$，所以尽管 $\lambda(t)$ 的能量是有限的，但是 $U(t)$ 的能量却是无限的.

再考虑 $\lambda(t)$ 为非傅里叶可变换，但具有有限平均功率的情形. 我们引入截断函数

$$\lambda_T(t)=\begin{cases}\lambda(t)\,, & |t|<T/2,\\ \\ 0\,, & \text{其他情形.}\end{cases} \tag{11.59}$$

显然，$\lambda_T(t)$ 是傅里叶可变换的，这样，我们可以计算过程速率为 $\lambda_T(t)$ 的泊松过程的能量谱密度

$$|\mathcal{U}_T(\nu)|^2=\overline{K}_T+|\mathcal{L}_T(\nu)|^2, \tag{11.60}$$

进而求得随机过程的功率谱密度

$$\mathcal{G}_U(\nu)=\lim_{T\to+\infty}\frac{\overline{K}_T}{T}+\lim_{T\to+\infty}\frac{|\mathcal{L}_T(\nu)|^2}{T}. \tag{11.61}$$

式 (11.61) 亦可写成如下形式：

$$\mathcal{G}_U(\nu)=\langle\lambda\rangle+\mathcal{G}_\lambda(\nu), \tag{11.62}$$

其中，$\mathcal{G}_\lambda(\nu)$ 为 $\lambda(t)$ 的功率谱密度，而 $\langle\lambda\rangle$ 为泊松过程的平均速率：

$$\langle\lambda\rangle=\lim_{T\to+\infty}\frac{1}{T}\int_{-T/2}^{T/2}\lambda(t)\mathrm{d}t. \tag{11.63}$$

§11.7 双重随机泊松过程

如果泊松过程的速率也是一个随机过程，那么我们称此泊松过程为双重随机泊松过程. 我们可以将前面讨论的 $\lambda(t)$ 看作速率随机过程 $\varLambda(t)$ 的一个样本函数，那么前面得到的平均则为给定 $\lambda(t)$ 的条件平均. 要得到双重随机泊松过程的谱密度，还需要对 $\varLambda(t)$ 的样本函数取平均. 因此，我们有

$$\begin{aligned}\mathcal{E}_U(\nu)&=E[\overline{K}]+E[\mathcal{E}_\lambda(\nu)]\\&=\overline{K}+\mathcal{E}_\varLambda(\nu),\end{aligned} \tag{11.64}$$

$$\begin{aligned}\mathcal{G}_U(\nu)&=E[\langle\lambda\rangle]+E[\mathcal{G}_\lambda(\nu)]\\&=\overline{\lambda}+\mathcal{G}_\varLambda(\nu),\end{aligned} \tag{11.65}$$

其中，$\overline{\lambda}\equiv E[\langle\lambda\rangle]$.

§11.8 线性滤波后的泊松过程

通过线性滤波器后的泊松过程的样本函数为

$$u(t)=\sum_{k=1}^{K}h(t-t_k). \tag{11.66}$$

此样本函数不再是 δ 函数之和，而是若干完全相同的有限脉宽的脉冲函数之和，这些脉冲函数正是滤波器的时间响应函数.

在实际物理过程中产生的脉冲总是有有限脉宽的. 我们可以把 δ 函数看作实际脉冲的理想化极限，而将实际脉冲看作理想脉冲经线性滤波的结果. 由于线性滤波后的随机过程的能量谱密度和功率谱密度可以方便地由滤波前的随机过程的相应谱密度得到，这样，我们就不必逐一分析不同波形的脉冲过程了.

应用线性滤波后的随机过程谱密度的公式 (11.21) 和 (11.25)，可得

$$\mathcal{E}_U(\nu)=\overline{K}|\mathcal{H}(\nu)|^2+\mathcal{E}_\Lambda(\nu)|\mathcal{H}(\nu)|^2, \tag{11.67}$$

$$\mathcal{G}_U(\nu)=\overline{\lambda}|\mathcal{H}(\nu)|^2+|\mathcal{H}(\nu)|^2\mathcal{G}_\Lambda(\nu), \tag{11.68}$$

其中，$\mathcal{H}(\nu)$ 是 $h(t)$ 的傅里叶变换.

习 题

11.1 随机过程 $U(t)$ 的定义如下：

$$U(t)=A\cos(2\pi\nu t-\varPhi),$$

其中，ν 为已知常量，随机变量 $\varPhi$ 均匀分布在区间 $(-\pi,\pi]$ 内，随机变量 A 的密度函数为

$$p_A(a)=\frac{1}{2}\delta(a-1)+\frac{1}{2}\delta(a-2),$$

且 $\varPhi$ 与 A 统计无关. 求 $\overline{u^2}$.

11.2 考虑随机过程

$$Z(t)=U\cos\pi t,$$

其中，随机变量 U 的密度函数为

$$p_U(u)=\frac{1}{\sqrt{2\pi}}\exp\left(-\frac{u^2}{2}\right).$$

(1) 求随机变量 $Z(0)$ 的密度函数；

(2) 求联合随机变量 $Z(0)$ $Z(1)$ 的密度函数；

(3) 分析 $Z(t)$ 的遍历性和平稳性.

11.3 计算随机过程

$$U(t) = a_1 \cos(2\pi\nu_1 t - \varPhi_1) + a_2 \cos(2\pi\nu_2 t - \varPhi_2)$$

的自相关函数和功率谱密度. 上式中，ν_1, ν_2, a_1, a_2 为已知常量，随机变量 $\varPhi_1$, $\varPhi_2$ 均匀分布在区间 $(-\pi, \pi]$ 内，且统计无关.

11.4 计算双重随机泊松过程

$$\varLambda(t) = \lambda_0 \left[1 + \cos(2\pi\nu_0 t + \varPhi)\right]$$

的功率谱密度. 上式中，$\varPhi_1$ 为均匀分布在区间 $(-\pi, \pi]$ 内的随机变量，λ_0 和 ν_0 为常量.

第 12 章 光场的一阶统计特性

§12.1 热　　光

我们称由大量相互独立的微观光源构成的光源为热光源，称由热光源发出的光为热光.

12.1.1 线偏振热光

使热光源发出的光通过起偏器后得到的光为偏振热光.

设起偏器的透振方向为 X ，我们可以把偏振热光的光场写成如下形式：

$$u_x(P,t) = \sum_{\substack{\text{所有微}\\\text{观光源}}} u_i(P,t), \tag{12.1}$$

其中， $u_i(P,t)$ 为第 i 个微观光源对光场的贡献. 由中心极限定理可知，$u_x(P,t)$ 为正态随机过程.

我们一般用复数来描述光场：

$$\widetilde{u}_x(P,t) = \sum_{\substack{\text{所有微}\\\text{观光源}}} \widetilde{u}_i(P,t). \tag{12.2}$$

对于准单色光，我们可以采用复振幅

$$A_x(P,t) = \widetilde{u}_x(P,t)\mathrm{e}^{\mathrm{i}2\pi\overline{\nu}t} \tag{12.3}$$

来描述光场. 这里， $\overline{\nu}$ 为准单色光的中心频率. 同样，我们有

$$A_x(P,t) = \sum_{\substack{\text{所有微}\\\text{观光源}}} A_i(P,t). \tag{12.4}$$

$\widetilde{u}_x(P,t)$，$A_x(P,t)$ 为圆正态随机过程. 我们定义线偏振热光的瞬时光强为

$$I_x(P,t) \triangleq |\widetilde{u}_x(P,t)|^2 = |A_x(P,t)|^2, \tag{12.5}$$

定义光强为瞬时光强的时间平均值

$$I_x(P) \triangleq \langle I_x(P,t) \rangle. \tag{12.6}$$

如果 $\widetilde{u}_x(P,t)$, $A_x(P,t)$ 是遍历过程, 则有

$$I_x(P) = \overline{I}_x(P). \tag{12.7}$$

记 $A = |A_x(P,t)|$, $I = I_x(P,t)$. 应用 10.9 节中得到的结果, 我们可以得到线偏振热光光场振幅的密度函数

$$p_A(A) = \begin{cases} \dfrac{A}{\sigma^2} \exp\left(-\dfrac{A^2}{2\sigma^2}\right), & A \geqslant 0, \\ \\ 0, & \text{其他情形}. \end{cases} \tag{12.8}$$

根据关系式

$$I = A^2, \quad A = \sqrt{I}, \tag{12.9}$$

并应用随机变量的变换公式, 可以得到瞬时光强的密度函数

$$p_I(I) = p_A(A = \sqrt{I}) \left| \frac{\mathrm{d}A}{\mathrm{d}I} \right| = \begin{cases} \dfrac{1}{2\sigma^2} \exp\left(-\dfrac{I}{2\sigma^2}\right), & I \geqslant 0, \\ \\ 0, & \text{其他情形}. \end{cases} \tag{12.10}$$

应用得到的密度函数的表达式, 计算线偏振热光的平均光强, 可以得到

$$\overline{I} = 2\sigma^2. \tag{12.11}$$

这样, 我们也可以把线偏振热光的瞬时光强的密度函数写成如下形式:

$$p_I(I) = \begin{cases} \dfrac{1}{\overline{\overline{I}}} \exp\left(-\dfrac{I}{\overline{\overline{I}}}\right), & I \geqslant 0, \\ \\ 0, & \text{其他情形}. \end{cases} \tag{12.12}$$

这是一个负指数型的密度函数, 相应的特征函数为

$$M_I(\omega) = \int_0^{+\infty} \frac{1}{\overline{\overline{I}}} \exp\left(\mathrm{i}\omega I - \frac{I}{\overline{\overline{I}}}\right) \mathrm{d}I = \frac{1}{1 - \mathrm{i}\omega\overline{\overline{I}}}. \tag{12.13}$$

对于线偏振热光的瞬时光强，我们有如下关系式：

$$\overline{I^s} = \int_0^{+\infty} \frac{I^s}{\overline{I}} \exp\left(-\frac{I}{\overline{I}}\right) \mathrm{d}I = \Gamma(s+1)\overline{I}^s. \tag{12.14}$$

应用式 (12.14) 可得

$$\sigma_I^2 = \overline{I^2} - \overline{I}^2 = \overline{I}^2, \tag{12.15}$$

即

$$\sigma_I = \overline{I} = 2\sigma^2. \tag{12.16}$$

12.1.2 非偏振热光

我们称由热光源发出的光为非偏振热光或自然光，如果热光通过起偏器后的光强与起偏器的透振方向无关，并且对任意选取的两个正交方向 x，y 和任意延时 τ，都有 $\langle\widetilde{u}_x(t+\tau)\widetilde{u}_y^*(t)\rangle = 0$.

对于非偏振热光，$\widetilde{u}_x(P,t)$，$\widetilde{u}_y(P,t)$ 为统计无关的圆正态随机过程. 我们定义非偏振热光的瞬时光强为

$$I(P,t) \triangleq |\widetilde{u}_x(P,t)|^2 + |\widetilde{u}_y(P,t)|^2. \tag{12.17}$$

显然有

$$\begin{aligned} I(P,t) &= |A_x(P,t)|^2 + |A_y(P,t)|^2 \\ &= I_x(P,t) + I_y(P,t). \end{aligned} \tag{12.18}$$

根据前面的分析，$I_x(P,t)$，$I_y(P,t)$ 具有负指数型的密度函数. 又由非偏振热光的定义得到

$$\overline{I}_x(P) = \overline{I}_y(P) = \frac{1}{2}\overline{I}(P). \tag{12.19}$$

这样，我们可以分别写出 $I_x(P,t)$ 和 $I_y(P,t)$ 的密度函数：

$$p_{I_x}(I_x) = \begin{cases} \dfrac{2}{\overline{I}} \exp\left(-\dfrac{2I_x}{\overline{I}}\right), & I_x \geqslant 0, \\ 0, & \text{其他情形}, \end{cases} \tag{12.20}$$

$$p_{I_y}(I_y) = \begin{cases} \dfrac{2}{\overline{I}} \exp\left(-\dfrac{2I_y}{\overline{I}}\right), & I_y \geqslant 0, \\ 0, & \text{其他情形}. \end{cases} \tag{12.21}$$

应用随机变量的加法公式，可以得到瞬时光强的密度函数

$$p_I(I) = \begin{cases} \left(\dfrac{2}{\overline{I}}\right)^2 I \exp\left(-\dfrac{2I}{\overline{I}}\right), & I \geqslant 0, \\ 0, & \text{其他情形}. \end{cases} \tag{12.22}$$

我们注意到，作为两个统计无关的光场正交分量叠加的结果，非偏振热光的瞬时光强取很小值的概率比偏振热光的瞬时光强取很小值的概率要小得多.

对于非偏振热光的瞬时光强，我们有如下关系式：

$$\overline{I^s} = \int_0^{+\infty} \frac{4I^{s+1}}{\overline{I}^2} \exp\left(-\frac{2I}{\overline{I}}\right) \mathrm{d}I = \frac{\Gamma(s+2)}{2^s}\overline{I}^s. \tag{12.23}$$

应用式 (10.23) 可得

$$\sigma_I^2 = \overline{I^2} - \overline{I}^2 = \frac{1}{2}\overline{I}^2. \tag{12.24}$$

比较非偏振热光和线偏振热光光强方差的表达式可以发现，非偏振热光光强的相对涨落要更小一些.

§12.2 部分偏振热光

12.2.1 相干矩阵

光波为横波，所以我们可以用一个二分量矢量来描述光波：

$$\boldsymbol{U} = \begin{pmatrix} \widetilde{u}_x(P,t) \\ \widetilde{u}_y(P,t) \end{pmatrix}, \tag{12.25}$$

而光波的基本特性可以用相干矩阵 J 来表达. 相干矩阵 J 的定义为

$$J \triangleq \langle \boldsymbol{U}\boldsymbol{U}^\dagger \rangle. \tag{12.26}$$

J 也可以写成如下形式：

$$J = \begin{pmatrix} J_{xx} & J_{xy} \\ J_{yx} & J_{yy} \end{pmatrix}, \tag{12.27}$$

其中，

$$\begin{aligned} J_{xx} &= \langle \widetilde{u}_x(t)\widetilde{u}_x^*(t) \rangle, \quad J_{xy} = \langle \widetilde{u}_x(t)\widetilde{u}_y^*(t) \rangle, \\ J_{yx} &= \langle \widetilde{u}_y(t)\widetilde{u}_x^*(t) \rangle, \quad J_{yy} = \langle \widetilde{u}_y(t)\widetilde{u}_y^*(t) \rangle. \end{aligned} \tag{12.28}$$

显然,

$$J_{xx} = J_{xx}^*, \quad J_{yy} = J_{yy}^*, \quad J_{xy} = J_{yx}^*, \tag{12.29}$$

即 J 为厄米矩阵.

计算相干矩阵的迹, 可以得到

$$\mathrm{tr}[J] = J_{xx} + J_{yy} = \overline{I}, \tag{12.30}$$

而由施瓦茨不等式可得

$$\det[J] = J_{xx}J_{yy} - J_{yx}J_{xy} \geqslant 0. \tag{12.31}$$

下面我们讨论几种特定的偏振热光的相干矩阵. 先考虑偏振方向与 x 方向夹角为 θ 的线偏振热光. 不难求得相应的相干矩阵为

$$J = \overline{I}\begin{pmatrix} \cos^2\theta & \sin\theta\cos\theta \\ \sin\theta\cos\theta & \sin^2\theta \end{pmatrix}. \tag{12.32}$$

左旋圆偏振热光的相干矩阵为

$$J = \frac{\overline{I}}{2}\begin{pmatrix} 1 & -\mathrm{i} \\ \mathrm{i} & 1 \end{pmatrix}. \tag{12.33}$$

类似地, 对右旋圆偏振热光, 有

$$J = \frac{\overline{I}}{2}\begin{pmatrix} 1 & \mathrm{i} \\ -\mathrm{i} & 1 \end{pmatrix}. \tag{12.34}$$

在椭圆的本征坐标系中, 左旋和右旋椭圆偏振热光的相干矩阵分别为

$$J = I\begin{pmatrix} \cos^2\alpha & -\mathrm{i}\cos\alpha\sin\alpha \\ \mathrm{i}\cos\alpha\sin\alpha & \sin^2\alpha \end{pmatrix}, \tag{12.35}$$

$$J = I\begin{pmatrix} \cos^2\alpha & \mathrm{i}\cos\alpha\sin\alpha \\ -\mathrm{i}\cos\alpha\sin\alpha & \sin^2\alpha \end{pmatrix}, \tag{12.36}$$

其中, 椭圆的长短轴之比由 $\tan\alpha$ 给出.

在以上几种情况下, 可知光场两分量完全相关, 其相关系数的模为

$$|\mu_{xy}| \equiv \frac{|J_{xy}|}{\sqrt{J_{xx}J_{yy}}} = 1, \tag{12.37}$$

而 $\det[J]=0$.

根据自然光的定义，我们可以得到其相干矩阵

$$J=\frac{\overline{I}}{2}\begin{pmatrix}1 & 0\\ 0 & 1\end{pmatrix}, \tag{12.38}$$

此时，

$$|\mu_{xy}|=0, \quad \det[J]=\frac{(\overline{I})^2}{4}. \tag{12.39}$$

相干矩阵的具体形式与坐标系的选取有关，所以当坐标系旋转时，相干矩阵会发生变化. 同样，光波通过各向异性介质后，相干矩阵也会发生变化. 我们可以通过矢量 $\boldsymbol{U}$ 的变换关系来表达相干矩阵的变换关系.

当坐标系发生旋转，或光波通过各向异性线性介质后，矢量 $\boldsymbol{U}$ 做线性变换：

$$\boldsymbol{U}'=L\boldsymbol{U}. \tag{12.40}$$

根据相干矩阵 J 的定义，我们可以得到变换以后的相干矩阵

$$J'=LJL^{\dagger}. \tag{12.41}$$

一般称变换矩阵 L 为琼斯 (Jones) 矩阵.

不难验证，坐标旋转 θ 角度的变换矩阵为

$$L_r=\begin{pmatrix}\cos\theta & \sin\theta\\ -\sin\theta & \cos\theta\end{pmatrix}, \tag{12.42}$$

准单色光通过光轴沿坐标方向的波片的变换矩阵为

$$L_w=\begin{pmatrix}\mathrm{e}^{\mathrm{i}\delta/2} & 0\\ 0 & \mathrm{e}^{-\mathrm{i}\delta/2}\end{pmatrix}, \tag{12.43}$$

其中，δ 为波片在光矢量的两个正交分量之间引入的相位差. $\lambda/4$ 波片对应的 δ 为 $\pm\pi/2$，$\lambda/2$ 波片对应的 δ 为 π. 以上两种变换均为幺正变换，相应的变换矩阵满足 $LL^{\dagger}=1$.

对比线偏振热光和椭圆偏振热光的相干矩阵可以发现，长短轴之比为 $\tan\alpha$ 的椭圆偏振热光经光轴沿椭圆长轴或短轴方向的 $\lambda/4$ 波片后变为线偏振热光，其偏振方向与椭圆长轴的夹角为 $\pm\alpha$.

光波通过透振方向与 x 方向夹角为 θ 的起偏器的变换矩阵为

$$L_p=\begin{pmatrix}\cos^2\theta & \sin\theta\cos\theta\\ \sin\theta\cos\theta & \sin^2\theta\end{pmatrix}. \tag{12.44}$$

这一变换不是幺正变换，而是投影变换. 容易验证 $L_p^2 = L_p$.

相干矩阵是厄米矩阵，因此可以通过适当旋转坐标轴使其实部对角化，而非对角元素则化为纯虚数. 我们将这样的相干矩阵记为 J_0：

$$J_0 = \begin{pmatrix} J_{xx}^0 & J_{xy}^0 \\ J_{yx}^0 & J_{yy}^0 \end{pmatrix}, \tag{12.45}$$

其中，$\operatorname{Re} J_{xy}^0 = 0$. 借助相干矩阵 J_0 和投影算符 L_p，我们可以方便地计算光波通过起偏器后的光强

$$I(\theta) = \operatorname{tr}(L_p J_0 L_p^\dagger) = J_{xx}^0 \cos^2\theta + J_{yy}^0 \sin^2\theta. \tag{12.46}$$

不妨设 $J_{xx}^0 \geqslant J_{yy}^0$，并记 $I_M = J_{xx}^0$，$I_m = J_{yy}^0$，我们还可以将式 (12.46) 改写为

$$I(\theta) = I_m + (I_M - I_m)\cos^2\theta, \tag{12.47}$$

这正是推广的马吕斯 (Malus) 定律.

12.2.2 偏振度

相干矩阵 J 为厄米矩阵，所以我们可以通过一个幺正变换 P 将其对角化：

$$PJP^\dagger = \begin{pmatrix} \lambda_1 & 0 \\ 0 & \lambda_2 \end{pmatrix}. \tag{12.48}$$

由于矩阵的行列式和迹在幺正变换下保持不变，因此

$$\det[J] = \lambda_1\lambda_2, \quad \operatorname{tr}[J] = \lambda_1 + \lambda_2. \tag{12.49}$$

从式 (12.48) 和式 (12.49) 可以解出相干矩阵的本征值

$$\lambda_{1,2} = \frac{1}{2}\operatorname{tr}[J]\left(1 \pm \sqrt{1 - 4\frac{\det[J]}{(\operatorname{tr}[J])^2}}\right). \tag{12.50}$$

不妨令 $\lambda_1 \geqslant \lambda_2$. 对于线偏振热光、圆偏振热光和椭圆偏振热光，由于 $\det[J] = \lambda_1\lambda_2 = 0$，因此 $\lambda_2 = 0$. 而对于非偏振热光，则有 $\lambda_1 = \lambda_2 \neq 0$. 根据这一特点，我们定义光波的偏振度为

$$\mathcal{P} \triangleq \frac{\lambda_1 - \lambda_2}{\lambda_1 + \lambda_2}. \tag{12.51}$$

这样，线偏振热光、圆偏振热光和椭圆偏振热光的偏振度均为 1，而非偏振热光的偏振度为 0. 由式 (12.50) 和式 (12.51) 可得

$$\mathcal{P} = \sqrt{1 - 4\frac{\det[J]}{(\operatorname{tr}[J])^2}}, \tag{12.52}$$

而式 (12.50) 也可写成

$$\lambda_{1,2}=\frac{1}{2}\overline{I}(1\pm\mathcal{P}). \tag{12.53}$$

幺正变换 P 对应的实际过程可以是坐标旋转和通过波片. 相干矩阵的本征矢量一般对应的是椭圆偏振热光. 相干矩阵的对角化过程表明：部分偏振热光可以表达为两束正交且不相关的椭圆偏振热光的叠加，而经过适当放置的波片后，这两束椭圆偏振热光变为线偏振热光.

12.2.3 瞬时光强

相干矩阵 J 的对角化过程实际上就是把光场分解成两个不相关的正交分量. 光场的这两个正交分量为正态过程，所以它们是统计无关的，而它们对应的瞬时光强也是统计无关的. 总光强为这两个正交分量的光强之和：

$$I(P,t)=I_1(P,t)+I_2(P,t), \tag{12.54}$$

而

$$\overline{I}_{1,2}=\frac{1}{2}(1\pm\mathcal{P})\overline{I}. \tag{12.55}$$

由于 $I_1(P,t)$ 和 $I_2(P,t)$ 均为偏振热光的瞬时光强，因此

$$p_{I_1}(I_1)=\begin{cases}\dfrac{2}{(1+\mathcal{P})\overline{I}}\exp\left[-\dfrac{2I_1}{(1+\mathcal{P})\overline{I}}\right], & I_1\geqslant 0,\\[2ex] 0, & \text{其他情形},\end{cases} \tag{12.56}$$

$$p_{I_2}(I_2)=\begin{cases}\dfrac{2}{(1-\mathcal{P})\overline{I}}\exp\left[-\dfrac{2I_2}{(1-\mathcal{P})\overline{I}}\right], & I_2\geqslant 0,\\[2ex] 0, & \text{其他情形},\end{cases} \tag{12.57}$$

相应的特征函数为

$$M_{I_1}(\omega)=\frac{1}{1-\mathrm{i}\dfrac{\omega}{2}(1+\mathcal{P})\overline{I}},\quad M_{I_2}(\omega)=\frac{1}{1-\mathrm{i}\dfrac{\omega}{2}(1-\mathcal{P})\overline{I}}. \tag{12.58}$$

由随机变量之和的特征函数的计算公式可以得到 $I(P,t)$ 的特征函数为

$$\begin{aligned}M_I(\omega)&=M_{I_1}(\omega)M_{I_2}(\omega)\\&=\frac{1}{2\mathcal{P}}\left[\frac{1+\mathcal{P}}{1-\mathrm{i}\dfrac{\omega}{2}(1+\mathcal{P})\overline{I}}-\frac{1-\mathcal{P}}{1-\mathrm{i}\dfrac{\omega}{2}(1-\mathcal{P})\overline{I}}\right],\end{aligned} \tag{12.59}$$

而应用随机变量的加法公式可以求得瞬时光强的密度函数为

$$\begin{aligned} p_I(I) &= \int_{-\infty}^{+\infty} p_{I_1}(I - I_2) p_{I_2}(I_2) \mathrm{d}I_2 \\ &= \exp\left[-\frac{2I}{(1+\mathcal{P})\overline{I}}\right] \int_0^I \frac{4}{(1-\mathcal{P}^2)\overline{I}^2} \exp\left[-\frac{4\mathcal{P}I_2}{(1-\mathcal{P}^2)\overline{I}}\right] \mathrm{d}I_2, \end{aligned} \tag{12.60}$$

即

$$p_I(I) = \frac{\theta(I)}{\overline{I}\mathcal{P}} \left\{ \exp\left[-\frac{2I}{(1+\mathcal{P})\overline{I}}\right] - \exp\left[-\frac{2I}{(1-\mathcal{P})\overline{I}}\right] \right\}, \tag{12.61}$$

其中，$\theta(x)$ 为赫维赛德 (Heaviside) 函数：

$$\theta(x) = \begin{cases} 1, & x \geqslant 0, \\ 0, & x < 0. \end{cases} \tag{12.62}$$

瞬时光强的密度函数也可以通过特征函数的傅里叶反演得到. 由式 (12.61) 可得

$$\overline{I^s} = \Gamma(s+1) \left[\left(\frac{1+\mathcal{P}}{2}\right)^{s+1} - \left(\frac{1-\mathcal{P}}{2}\right)^{s+1} \right] \frac{\overline{I}^s}{\mathcal{P}}. \tag{12.63}$$

应用式 (12.63) 可以计算出瞬时光强的标准差为

$$\sigma_I = \sqrt{\frac{1+\mathcal{P}^2}{2}} \overline{I}. \tag{12.64}$$

可以看出，偏振度越高，光强的相对涨落越大.

§12.3 单 模 激 光

一个经典的理想单模光场具有完全确定的频率和振幅，但完全不确定的绝对相位，与处于光子数态的量子化单模光场相对应. 这样的光场可以用如下随机过程来描述：

$$u(t) = S\cos(2\pi\nu_0 t + \phi), \tag{12.65}$$

其中，振幅 S 和频率 ν_0 均为常量，ϕ 为取值均匀分布在区间 $(-\pi, \pi]$ 的随机变量. 显然，这是一个遍历过程，所以光场的统计特性与时间原点的选取无关. 做一阶统计分析时，可取 $t = 0$. 先计算特征函数：

$$\begin{aligned} M_U(\omega) &= E[\exp(\mathrm{i}\omega S\cos\phi)] \\ &= \int_{-\pi}^{\pi} \exp(\mathrm{i}\omega S\cos\phi) \mathrm{d}\phi \\ &= J_0(\omega S). \end{aligned} \tag{12.66}$$

对特征函数做傅里叶反演，可以得到光场的密度函数为

$$p_U(u)=\begin{cases}\dfrac{1}{\pi\sqrt{S^2-u^2}}, & |u|\leqslant S,\\[2ex] 0, & \text{其他情形}.\end{cases} \tag{12.67}$$

光场的密度函数也可以由随机变量变换公式

$$p_U(u)=\left[p_\Phi\left(\phi=\cos^{-1}\frac{u}{S}\right)+p_\Phi\left(\phi=-\cos^{-1}\frac{u}{S}\right)\right]\left|\frac{\mathrm{d}\phi}{\mathrm{d}u}\right| \tag{12.68}$$

得到.

经典理想单模光场的光强为

$$I=|S\exp[-\mathrm{i}(2\pi\nu_0t-\phi)]|^2=S^2. \tag{12.69}$$

这是一个确定的值，形式上，我们可以将光强的密度函数写成

$$p_I(I)=\delta(I-S^2). \tag{12.70}$$

在激光产生的过程中，虽然各微观光源之间存在很强的耦合，但是各微观光源发出的光并不是完全相关的. 我们可以近似把单模激光看作经典的理想单模光场与热光的叠加，即

$$u(t)=S\cos(2\pi\nu_0t-\theta)+u_n(t), \tag{12.71}$$

其中，$u_n(t)$ 为热光光场. 式 (12.71) 可以改写为复数形式：

$$\widetilde{u}(t)=\widetilde{S}\mathrm{e}^{-\mathrm{i}2\pi\nu_0t}+\widetilde{A}_n\mathrm{e}^{-\mathrm{i}2\pi\nu_0t}, \tag{12.72}$$

其中，

$$\widetilde{S}=S\mathrm{e}^{\mathrm{i}\theta},\quad \widetilde{A}_n=A_n\mathrm{e}^{\mathrm{i}\phi_n}. \tag{12.73}$$

热光光场 $u_n(t)$ 为准单色光，所以 $\widetilde{A}_n$ 随时间的变换是缓慢的. 假设 $S^2\gg\overline{A_n^2}$，在此条件下，我们可以将光场的光强表达成如下形式：

$$I=|\widetilde{S}+\widetilde{A}_n|^2\approx S^2+2\,\mathrm{Re}(\widetilde{S}^*\widetilde{A})=I_s+2SA_n\cos(\theta-\phi_n). \tag{12.74}$$

这里，$I_s=S^2$. 可以看出单模激光的光强是一个常量与正态随机变量之和，所以单模激光的光强为正态随机变量.

接下来我们计算光强的平均值和方差. 显然，

$$\overline{I}=I_s+2S\overline{A_n\cos(\theta-\phi_n)}=I_s+2S\overline{A_n}\,\overline{\cos(\theta-\phi_n)}=I_s, \tag{12.75}$$

而

$$\sigma_I^2 = 4S^2\overline{A_n^2}\,\overline{\cos^2(\theta-\phi_n)} = 2I_s\overline{I}_n, \tag{12.76}$$

这里，$I_n = \overline{A_n^2}$. 这样，我们得到在 $I_s \gg I_n$ 的条件下，单模激光光强的密度函数为

$$p_I(I) = \frac{\theta(I)}{\sqrt{2\pi I_s\overline{I}_n}}\exp\left[-\frac{(I-I_s)^2}{4I_s\overline{I}_n}\right]. \tag{12.77}$$

习 题

12.1 试证明，偏振热光瞬时光强的特征函数为

$$M_I(\omega) = \frac{1}{1-\mathrm{i}\omega\overline{I}}.$$

12.2 通过检偏器观察一束光的光强，得到的最大和最小光强分别为 $7I_0$ 和 $3I_0$. 经过一个 $\lambda/4$ 波片后再通过检偏器观察，最大光强对应的透振方向沿逆时针方向偏转了 $30°$. 已知所用 $\lambda/4$ 波片在两正交分量间引入的相位差为 $-\pi/2$ ，光轴沿最大光强对应的透振方向. 求光波的相干矩阵.

12.3 试证明，部分偏振热光瞬时光强的标准差为

$$\sigma_I = \sqrt{\frac{1+\mathcal{P}^2}{2}}\overline{I}.$$

12.4 试证明，部分偏振热光瞬时光强的密度为

$$p_I(I) = \frac{\theta(I)}{\overline{I}\mathcal{P}}\left\{\exp\left[-\frac{2I}{(1+\mathcal{P})\overline{I}}\right] - \exp\left[-\frac{2I}{(1-\mathcal{P})\overline{I}}\right]\right\}.$$

12.5 已知随机变量的特征函数为 $J_0(\omega S)$，求随机变量的密度函数.

提示：

$$J_\nu(z) = \frac{(z/2)^\nu}{\sqrt{\pi}\Gamma\left(\nu+\frac{1}{2}\right)}\int_{-1}^{1}\mathrm{e}^{\mathrm{i}zt}(1-t^2)^{\nu-\frac{1}{2}}\,\mathrm{d}t,$$

其中，$\mathrm{Re}\,\nu > -\frac{1}{2}$.

第 13 章　光场的相干性

§13.1　时间相干性

考虑类似迈克耳孙 (Michelson) 干涉仪这样的分波幅干涉装置产生的干涉场. 忽略光场的横向变化，探测到的干涉场的光场可以表达成如下形式：

$$u_{\mathrm{d}}(t)=K_1u\Big(t-\frac{l_1}{c}\Big)+K_2u\Big(t-\frac{l_2}{c}\Big), \tag{13.1}$$

其中， K_1，K_2 为由分波幅干涉装置所确定的实值参数，$u(t)$ 为用复数表达的光源处的光场，l_1，l_2 分别为两个光路的光程. 探测到的干涉场的光强为

$$\begin{aligned}
I_{\mathrm{d}}(l)&=\left\langle\left|K_1u\Big(t-\frac{l_1}{c}\Big)+K_2u\Big(t-\frac{l_2}{c}\Big)\right|^2\right\rangle\\
&=K_1^2\left\langle\left|u\Big(t-\frac{l_1}{c}\Big)\right|^2\right\rangle+K_2^2\left\langle\left|u\Big(t-\frac{l_2}{c}\Big)\right|^2\right\rangle\\
&\quad+K_1K_2\left\langle u^*\Big(t-\frac{l_1}{c}\Big)u\Big(t-\frac{l_2}{c}\Big)\right\rangle\\
&\quad+K_1K_2\left\langle u\Big(t-\frac{l_1}{c}\Big)u^*\Big(t-\frac{l_2}{c}\Big)\right\rangle.
\end{aligned} \tag{13.2}$$

采用记号

$$I_0\triangleq\langle|u(t)|^2\rangle \tag{13.3}$$

和

$$\widetilde{\Gamma}(\tau)\triangleq\langle u(t+\tau)u^*(t)\rangle, \tag{13.4}$$

我们可以把干涉场的光强表达为

$$I_{\mathrm{d}}(l)=(K_1^2+K_2^2)\left\{I_0+\frac{2K_1K_2}{K_1^2+K_2^2}\mathrm{Re}\left[\widetilde{\Gamma}\left(\frac{l}{c}\right)\right]\right\}, \tag{13.5}$$

其中，

$$l=l_1-l_2 \tag{13.6}$$

为两个光路的光程差.

我们称 $\widetilde{\Gamma}(\tau)$ 为光源的时间自相关函数. 在时间自相关函数的基础上, 我们可以定义复相干度 $\widetilde{\gamma}(\tau)$:

$$\widetilde{\gamma}(\tau) \triangleq \frac{\widetilde{\Gamma}(\tau)}{\widetilde{\Gamma}(0)}. \tag{13.7}$$

显然有

$$|\widetilde{\gamma}(\tau)| \leqslant |\widetilde{\gamma}(0)| = 1. \tag{13.8}$$

采用复相干度, 我们可以把干涉场的光强表达成

$$I_{\mathrm{d}}(l) = (K_1^2 + K_2^2) I_0 \left\{1 + \mathcal{V}_{\mathrm{M}} \operatorname{Re}\left[\widetilde{\gamma}\left(\frac{l}{c}\right)\right]\right\}, \tag{13.9}$$

其中,

$$\mathcal{V}_{\mathrm{M}} = \frac{2K_1 K_2}{K_1^2 + K_2^2}. \tag{13.10}$$

稍后我们会发现, $\mathcal{V}_{\mathrm{M}}$ 是干涉条纹可视度的上限.

对于准单色光, 我们可以把复相干度写成如下形式:

$$\widetilde{\gamma}(\tau) = \gamma(\tau) \mathrm{e}^{-\mathrm{i}[2\pi\overline{\nu}\tau - \alpha(\tau)]}, \tag{13.11}$$

其中, $\gamma(\tau) = |\widetilde{\gamma}(\tau)|$. 显然, 对于理想的单色光, $\alpha(\tau)$ 为常数, 而对于实际存在的准单色光, $\alpha(\tau)$ 则是一个缓变函数. 采用以上关于 $\widetilde{\gamma}(\tau)$ 的表达式, 我们可以把干涉场的光强与光程差的关系表达为

$$I_{\mathrm{d}}(l) = (K_1^2 + K_2^2) I_0 \left\{1 + \mathcal{V}_{\mathrm{M}} \gamma\left(\frac{l}{c}\right) \cos\left[\frac{2\pi l}{\overline{\lambda}} - \alpha\left(\frac{l}{c}\right)\right]\right\}. \tag{13.12}$$

干涉条纹的可视度是描述干涉场的一个重要参数, 其定义为

$$\mathcal{V} \triangleq \frac{I_{\mathrm{M}} - I_{\mathrm{m}}}{I_{\mathrm{M}} + I_{\mathrm{m}}}, \tag{13.13}$$

其中, I_{M} 和 I_{m} 分别为相邻的光强极大、极小值. 由式 (13.12) 可得

$$\mathcal{V} = \mathcal{V}_{\mathrm{M}} \gamma\left(\frac{l}{c}\right). \tag{13.14}$$

由于 $\gamma(\tau) \leqslant 1$, 因此 $\mathcal{V} \leqslant \mathcal{V}_{\mathrm{M}}$, 即 $\mathcal{V}_{\mathrm{M}}$ 为干涉条纹可视度的上限.

如果光场是遍历的，根据维纳-欣钦定理，我们有

$$\widetilde{\gamma}(\tau)=\frac{\displaystyle\int_0^{+\infty}\mathcal{G}(\nu)\mathrm{e}^{-\mathrm{i}2\pi\nu\tau}\mathrm{d}\nu}{\displaystyle\int_0^{+\infty}\mathcal{G}(\nu)\mathrm{d}\nu}=\int_0^{+\infty}\hat{\mathcal{G}}(\nu)\mathrm{e}^{-\mathrm{i}2\pi\nu\tau}\mathrm{d}\nu, \tag{13.15}$$

即 $\widetilde{\gamma}(\tau)$ 的傅里叶变换为归一化的功率谱密度：

$$\int_0^{+\infty}\hat{\mathcal{G}}(\nu)\mathrm{d}\nu=\widetilde{\gamma}(0)=1. \tag{13.16}$$

式 (13.15) 和式 (13.16) 中频率的取值范围为 $[0,+\infty)$，这是因为我们采用复数来描述光场，而复数描述的光场是实数描述的光场的正频率部分. 实数描述的光场的功率谱密度为偶函数，因此我们可以方便地由其正频率部分得到其负频率部分.

常见的单色光光源的功率谱主要有两种：高斯线型和洛伦兹线型. 低压气体灯的谱线为高斯线型，其来源为多普勒 (Doppler) 展宽. 高压气体灯的谱线为洛伦兹线型，其来源为碰撞展宽. 激光的谱线也具有洛伦兹线型，并且其线宽随激光功率增大而减小.

高斯线型的归一化功率谱为

$$\hat{\mathcal{G}}(\nu)=\frac{2\sqrt{\ln 2}}{\sqrt{\pi}\Delta\nu}\exp\left[-(4\ln 2)\left(\frac{\nu-\overline{\nu}}{\Delta\nu}\right)^2\right], \tag{13.17}$$

其中，$\Delta\nu$ 为谱线的半高全宽，与之对应的复相干度为

$$\widetilde{\gamma}(\tau)=\exp\left[-\left(\frac{\pi\Delta\nu\tau}{2\sqrt{\ln 2}}\right)^2\right]\exp(-\mathrm{i}2\pi\overline{\nu}\tau). \tag{13.18}$$

洛伦兹线型的归一化功率谱为

$$\hat{\mathcal{G}}(\nu)=\frac{2}{\pi\Delta\nu}\frac{1}{1+4\left(\dfrac{\nu-\overline{\nu}}{\Delta\nu}\right)^2}, \tag{13.19}$$

与之对应的复相干度为

$$\widetilde{\gamma}(\tau)=\exp(-\pi\Delta\nu|\tau|)\exp(-\mathrm{i}2\pi\overline{\nu}\tau). \tag{13.20}$$

注意到 $\nu\geqslant 0$ 的条件，我们可以发现以上功率谱密度表达式中的归一化系数并不严格，但对于准单色光，我们有 $\overline{\nu}\gg\Delta\nu$，所以归一化因子中的误差可以忽略.

图 13.1 和图 13.2 分别给出了高斯线型和洛伦兹线型的归一化功率谱随频率变化和复相干度的模随延时变化的曲线.

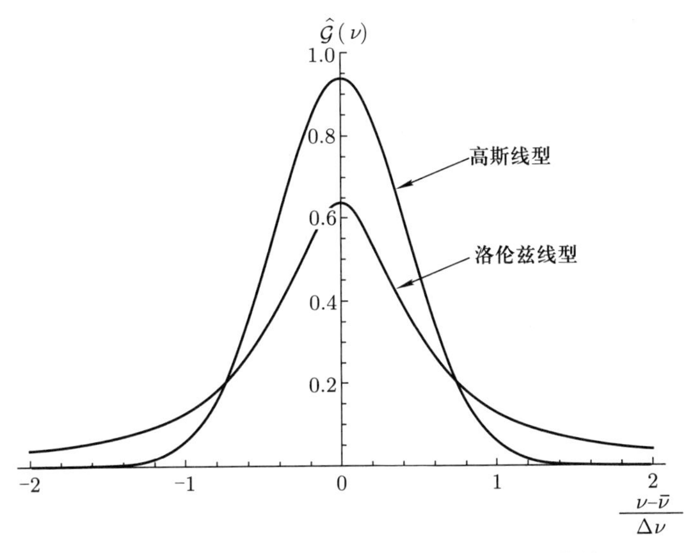

图 13.1 高斯线型和洛伦兹线型的归一化功率谱

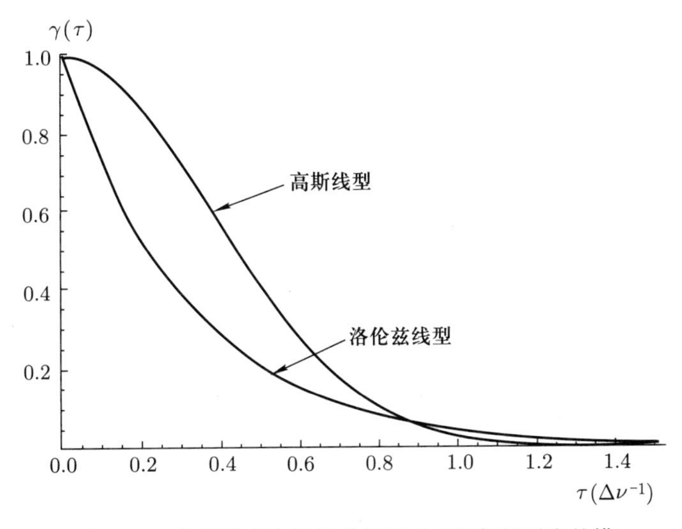

图 13.2 高斯线型和洛伦兹线型对应的复相干度的模

通常采用相干时间来描述光源的时间相干性. 相干时间有两种不同的定义，其中，相干时间 τ_c 的定义为

$$\tau_c \triangleq \int_{-\infty}^{+\infty} |\widetilde{\gamma}(\tau)|^2 \mathrm{d}\tau. \tag{13.21}$$

相干时间 $\Delta\tau$ 的定义为

$$(\Delta\tau)^2 \triangleq \frac{\displaystyle\int_0^{+\infty} \tau^2 |\widetilde{\gamma}(\tau)|^2 \mathrm{d}\tau}{\displaystyle\int_0^{+\infty} |\widetilde{\gamma}(\tau)|^2 \mathrm{d}\tau}. \tag{13.22}$$

除谱线的半高全宽外，还可以采用谱线的有效宽度来描述一个谱线的线宽. 谱线的有效宽度 $\Delta\nu_{\mathrm{e}}$ 的定义为

$$(\Delta\nu_{\mathrm{e}})^2 \triangleq \frac{\displaystyle\int_0^{+\infty} (\nu - \overline{\nu})^2 |\hat{\mathcal{G}}(\nu)|^2 \mathrm{d}\nu}{\displaystyle\int_0^{+\infty} |\hat{\mathcal{G}}(\nu)|^2 \mathrm{d}\nu}. \tag{13.23}$$

可以验证，$\Delta\tau$，$\Delta\nu_{\mathrm{e}}$ 满足

$$\Delta\nu_{\mathrm{e}}\Delta\tau \geqslant \frac{1}{4\pi}. \tag{13.24}$$

一般情况下，τ_{c}，$\Delta\tau$，$(\Delta\nu)^{-1}$ 和 $(\Delta\nu_{\mathrm{e}})^{-1}$ 的大小为同一数量级.

对于高斯线型，我们有

$$\tau_{\mathrm{c}} = \sqrt{\frac{2\ln 2}{\pi}} \frac{1}{\Delta\nu} = \frac{0.664}{\Delta\nu}, \tag{13.25}$$

$$\Delta\tau = \frac{\sqrt{\ln 2}}{\pi} \frac{1}{\Delta\nu} = \frac{0.265}{\Delta\nu}, \tag{13.26}$$

$$\Delta\nu_{\mathrm{e}} = \frac{\Delta\nu}{4\sqrt{\ln 2}} = 0.300\Delta\nu. \tag{13.27}$$

容易发现，对于高斯线型，参数 τ_{c}，$\Delta\tau$，$\Delta\nu_{\mathrm{e}}$ 之间有如下关系：

$$\Delta\tau = \frac{\tau_{\mathrm{c}}}{\sqrt{2\pi}}, \quad \Delta\tau\Delta\nu_{\mathrm{e}} = \frac{1}{4\pi}. \tag{13.28}$$

对于洛伦兹线型，我们有

$$\tau_{\mathrm{c}} = \frac{1}{\pi} \frac{1}{\Delta\nu} = \frac{0.318}{\Delta\nu}, \tag{13.29}$$

$$\Delta\tau = \frac{1}{\sqrt{2}\pi} \frac{1}{\Delta\nu} = \frac{0.225}{\Delta\nu}, \tag{13.30}$$

$$\Delta\nu_{\mathrm{e}} = \frac{\Delta\nu}{2}. \tag{13.31}$$

容易发现，对于洛伦兹线型，参数 τ_{c}，$\Delta\tau$，$\Delta\nu_{\mathrm{e}}$ 之间的关系为

$$\Delta\tau = \frac{\tau_{\mathrm{c}}}{\sqrt{2}}, \quad \Delta\tau\Delta\nu_{\mathrm{e}} = \frac{\sqrt{2}}{4\pi} > \frac{1}{4\pi}. \tag{13.32}$$

§13.2 空间相干性

考虑由图 13.3 中波前上 P_1, P_2 两点发出的光波叠加得到的干涉场.

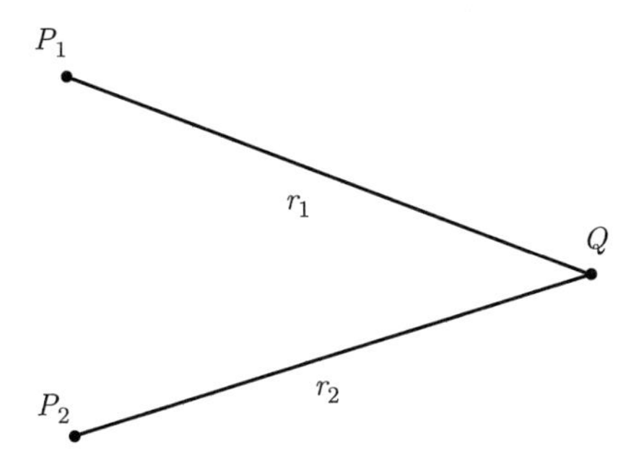

图 13.3 波前上两点发出光波的叠加

在傍轴条件下, Q 点的光场可表达为

$$u(Q,t)=\widetilde{K}_1 u\left(P_1,t-\frac{r_1}{c}\right)+\widetilde{K}_2 u\left(P_2,t-\frac{r_2}{c}\right). \tag{13.33}$$

式 (13.33) 中的常数 $\widetilde{K}_1$, $\widetilde{K}_2$ 为复数, 其值由菲涅耳-基尔霍夫衍射积分给出. 干涉场的光强为

$$\begin{aligned}I(Q,t)&=\left\langle|u(Q,t)|^2\right\rangle\\&=|\widetilde{K}_1|^2\left\langle\left|u\left(P_1,t-\frac{r_1}{c}\right)\right|^2\right\rangle+|\widetilde{K}_2|^2\left\langle\left|u\left(P_2,t-\frac{r_2}{c}\right)\right|^2\right\rangle\\&\quad+2\,\mathrm{Re}\left[\widetilde{K}_1\widetilde{K}_2^*\left\langle u^*\left(P_1,t-\frac{r_1}{c}\right)u\left(P_2,t-\frac{r_2}{c}\right)\right\rangle\right].\end{aligned} \tag{13.34}$$

令

$$I_1(Q)=|\widetilde{K}_1|^2\left\langle\left|u\left(P_1,t-\frac{r_1}{c}\right)\right|^2\right\rangle, \tag{13.35}$$

$$I_2(Q)=|\widetilde{K}_2|^2\left\langle\left|u\left(P_2,t-\frac{r_2}{c}\right)\right|^2\right\rangle, \tag{13.36}$$

并定义互相干函数

$$\widetilde{\Gamma}_{12}(\tau)\triangleq\left\langle u\left(P_1,t+\tau\right)u^*\left(P_2,t\right)\right\rangle, \tag{13.37}$$

同时注意到 $\widetilde{K}_1$ 和 $\widetilde{K}_2$ 有相同的辐角, 我们可以把干涉场的光强写成如下形式:

$$I(Q)=I_1(Q)+I_2(Q)+2K_1K_2\,\mathrm{Re}\left[\widetilde{\Gamma}_{12}\left(\frac{r_2-r_1}{c}\right)\right], \tag{13.38}$$

其中，$K_1 = |\widetilde{K}_1|$, $K_2 = |\widetilde{K}_2|$.

由施瓦茨不等式可以导出如下不等式：

$$|\widetilde{\Gamma}_{12}(\tau)| \leqslant \sqrt{\widetilde{\Gamma}_{11}(0)\widetilde{\Gamma}_{22}(0)}\,, \tag{13.39}$$

其中，$\widetilde{\Gamma}_{11}(\tau)$ 和 $\widetilde{\Gamma}_{22}(\tau)$ 分别为 P_1 点和 P_2 点所单独发出的光的自相干函数. 于是我们定义光场的复值互相干度为

$$\widetilde{\gamma}_{12}(\tau) \triangleq \frac{\widetilde{\Gamma}_{12}(\tau)}{\sqrt{\widetilde{\Gamma}_{11}(0)\widetilde{\Gamma}_{22}(0)}}\,. \tag{13.40}$$

另一方面，

$$I_1(Q) = K_1^2\widetilde{\Gamma}_{11}(0), \quad I_2(Q) = K_2^2\widetilde{\Gamma}_{22}(0), \tag{13.41}$$

于是式 (13.38) 可改写为

$$I(Q) = I_1(Q) + I_2(Q) + 2\sqrt{I_1(Q)I_2(Q)}\,\mathrm{Re}\left[\widetilde{\gamma}_{12}\left(\frac{r_2 - r_1}{c}\right)\right]. \tag{13.42}$$

记

$$\widetilde{\gamma}_{12}(\tau) = \gamma_{12}(\tau)\mathrm{e}^{-\mathrm{i}[2\pi\overline{\nu}\tau - \alpha_{12}(\tau)]}, \tag{13.43}$$

我们可以将干涉场的光强表达为

$$\begin{aligned} I(Q) = {} & I_1(Q) + I_2(Q) + 2\sqrt{I_1(Q)I_2(Q)}\gamma_{12}\left(\frac{r_2 - r_1}{c}\right) \\ & \times \cos\left[2\pi\overline{\nu}\left(\frac{r_2 - r_1}{c}\right) - \alpha_{12}\left(\frac{r_2 - r_1}{c}\right)\right]. \end{aligned} \tag{13.44}$$

在 $r_1 = r_2$ 的点附近，干涉条纹的可视度为

$$\mathcal{V} = \mathcal{V}_{\mathrm{M}}\gamma_{12}(0), \tag{13.45}$$

其中，

$$\mathcal{V}_{\mathrm{M}} = \frac{2\sqrt{I_1 I_2}}{I_1 + I_2} \tag{13.46}$$

为干涉条纹可视度的上限.

$\gamma_{12}(0)$ 反映的是空间两点 P_1 和 P_2 处光场的相关程度，是光场空间相干性的量度. 通过测量等光程点附近干涉条纹的可视度，可以得到 $\gamma_{12}(0)$. $\mathcal{V}_{\mathrm{M}}$ 的值一般也会随空间位置变化，为减少这种变化以方便 $\gamma_{12}(0)$ 的测定，可以采用夫琅禾费衍射装置进行条纹可视度的测量. 例如可以采用双孔分别位于 P_1 点和 P_2 点处的双孔夫琅禾费衍射装置，而非双孔干涉装置，来测量 $\gamma_{12}(0)$.

§13.3 互相干函数的传递

13.3.1 基于惠更斯-菲涅耳原理的方法

1. 准单色光的传播

考虑窄谱线的准单色光：

$$u(P,t)=\int_0^{+\infty}U(P,\nu)\mathrm{e}^{-\mathrm{i}2\pi\nu t}\mathrm{d}\nu. \tag{13.47}$$

根据惠更斯 (Huygens)-菲涅耳原理，在傍轴条件下，对光场的每一个单频成分，都有

$$U(Q,\nu)=\frac{\nu}{\mathrm{i}c}\int_\Sigma U(P,\nu)\frac{\mathrm{e}^{\mathrm{i}2\pi\nu r/c}}{r}\chi(\theta)\mathrm{d}S. \tag{13.48}$$

式 (13.48) 中的几何参数如图 13.4 所示. 应用式 (13.47) 和式 (13.48)，我们可以得到 Q 点的光场为

$$\begin{aligned}u(Q,t)&=\int_0^{+\infty}\mathrm{d}\nu\nu\int_\Sigma U(P,\nu)\frac{\mathrm{e}^{-\mathrm{i}2\pi\nu(t-r/c)}}{\mathrm{i}cr}\chi(\theta)\mathrm{d}S\\&=\frac{1}{2\pi c}\frac{\partial}{\partial t}\int_\Sigma u\left(P,t-\frac{r}{c}\right)\frac{\chi(\theta)}{r}\mathrm{d}S.\end{aligned} \tag{13.49}$$

在准单色光的情况下，式 (13.49) 可近似写成

$$u(Q,t)=\int_\Sigma\frac{1}{\mathrm{i}\bar{\lambda}r}u\left(P,t-\frac{r}{c}\right)\chi(\theta)\mathrm{d}S. \tag{13.50}$$

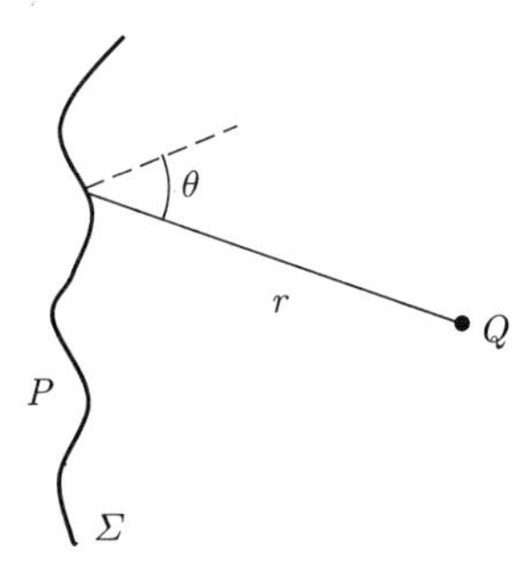

图 13.4 光传播中波前与光场的几何关系

2. 互相干函数的传递

空间两点 Q_1,Q_2 处光场的互相干函数为

$$\widetilde{\Gamma}(Q_1,Q_2;\tau)=\langle u(Q_1,t+\tau)u^*(Q_2,t)\rangle. \tag{13.51}$$

考虑准单色光，由式 (13.50) 可得

$$u(Q_1,t)=\int_\Sigma \frac{1}{\mathrm{i}\overline{\lambda}r_1}u\left(P_1,t-\frac{r_1}{c}\right)\chi(\theta_1)\mathrm{d}S, \tag{13.52}$$

$$u(Q_2,t)=\int_\Sigma \frac{1}{\mathrm{i}\overline{\lambda}r_2}u\left(P_2,t-\frac{r_2}{c}\right)\chi(\theta_2)\mathrm{d}S. \tag{13.53}$$

这样，我们可以得到如下互相干函数的传递公式：

$$\begin{aligned}\widetilde{\Gamma}(Q_1,Q_2;\tau)&=\iint\limits_\Sigma\left\langle u\left(P_1,t+\tau-\frac{r_1}{c}\right)u^*\left(P_2,t-\frac{r_2}{c}\right)\right\rangle\frac{\chi(\theta_1)}{\overline{\lambda}r_1}\frac{\chi(\theta_2)}{\overline{\lambda}r_2}\mathrm{d}S_1\mathrm{d}S_2\\&=\iint\limits_\Sigma\widetilde{\Gamma}\left(P_1,P_2;\tau+\frac{r_2-r_1}{c}\right)\frac{\chi(\theta_1)}{\overline{\lambda}r_1}\frac{\chi(\theta_2)}{\overline{\lambda}r_2}\mathrm{d}S_1\mathrm{d}S_2.\end{aligned} \tag{13.54}$$

式 (13.54) 中的几何参数如图 13.5 所示.

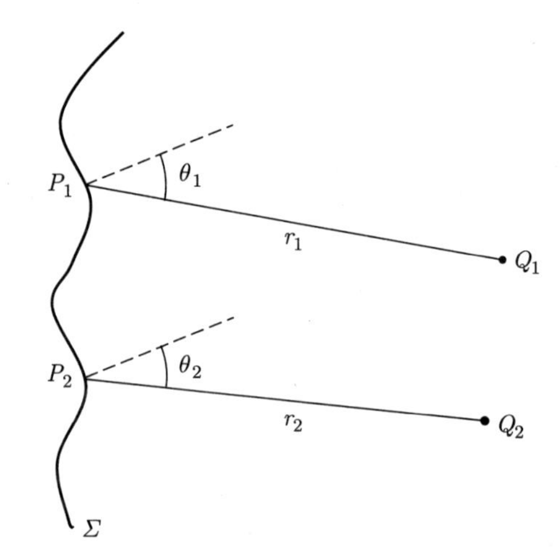

图 13.5 互相干函数传递中波前与光场的几何关系

定义交叉光强为

$$\widetilde{J}(Q_1,Q_2)\triangleq\widetilde{\Gamma}(Q_1,Q_2;0). \tag{13.55}$$

对于准单色光，互相干函数可以通过交叉光强来表达，即

$$\widetilde{\Gamma}(Q_1,Q_2;\tau)=\widetilde{J}(Q_1,Q_2)\mathrm{e}^{-\mathrm{i}2\pi\overline{\nu}\tau}, \tag{13.56}$$

这样，由互相干函数的传递公式可以得到交叉光强的传递关系：

$$\widetilde{J}(Q_1,Q_2)=\iint\limits_\Sigma\widetilde{J}(P_1,P_2)\exp\left[-\mathrm{i}\frac{2\pi}{\overline{\lambda}}(r_2-r_1)\right]\frac{\chi(\theta_1)}{\overline{\lambda}r_1}\frac{\chi(\theta_2)}{\overline{\lambda}r_2}\mathrm{d}S_1\mathrm{d}S_2. \tag{13.57}$$

Q 点的光强也可以由交叉光强得到：

$$\begin{aligned}I(Q) &= \widetilde{J}(Q,Q)\\&= \iint\limits_{\Sigma} \widetilde{J}(P_1,P_2)\exp\left[-\mathrm{i}\frac{2\pi}{\overline{\lambda}}(r_2-r_1)\right]\frac{\chi(\theta_1)}{\overline{\lambda}r_1}\frac{\chi(\theta_2)}{\overline{\lambda}r_2}\mathrm{d}S_1\mathrm{d}S_2.\end{aligned} \tag{13.58}$$

由以上关系式可知，只要确定了准单色光的交叉光强在某一波前上的分布，就可以得到互相干函数、交叉光强和光强在以后任意波前上的分布.

13.3.2 互相干函数传递的波动方程

基于惠更斯-菲涅耳原理的分析相干函数传递的方法适用于傍轴光波的情形. 在分析非傍轴光波的相干函数传递时，我们需要采用求解互相干函数的偏微分方程的方法. 互相干函数满足的偏微分方程可以从光场的波动方程导出. 为方便起见，我们记

$$u(P_1,t)=u_1(t),\quad u(P_2,t)=u_2(t),\quad \widetilde{\Gamma}_{12}(\tau)=\widetilde{\Gamma}(P_1,P_2;\tau), \tag{13.59}$$

以及

$$\Delta_1 \equiv \frac{\partial^2}{\partial x_1^2}+\frac{\partial^2}{\partial y_1^2}+\frac{\partial^2}{\partial z_1^2},\quad \Delta_2 \equiv \frac{\partial^2}{\partial x_2^2}+\frac{\partial^2}{\partial y_2^2}+\frac{\partial^2}{\partial z_2^2}. \tag{13.60}$$

光场满足的波动方程为

$$\Delta_1 u_1(t)-\frac{1}{c^2}\frac{\partial^2}{\partial t^2}u_1(t)=0,\quad \Delta_2 u_2(t)-\frac{1}{c^2}\frac{\partial^2}{\partial t^2}u_2(t)=0. \tag{13.61}$$

我们有

$$\begin{aligned}\Delta_1\widetilde{\Gamma}_{12}(\tau) &= \Delta_1\langle u_1(t+\tau)u_2^*(t)\rangle\\&= \langle \Delta_1 u_1(t+\tau)u_2^*(t)\rangle,\end{aligned} \tag{13.62}$$

而

$$\Delta_1 u_1(t+\tau)=\frac{1}{c^2}\frac{\partial^2}{\partial t^2}u_1(t+\tau)=\frac{1}{c^2}\frac{\partial^2}{\partial \tau^2}u_1(t+\tau), \tag{13.63}$$

所以

$$\Delta_1\widetilde{\Gamma}_{12}(\tau)=\left\langle \frac{1}{c^2}\frac{\partial^2 u_1(t+\tau)}{\partial \tau^2}u_2^*(t)\right\rangle. \tag{13.64}$$

式 (13.64) 中对时间取平均和对 τ 求偏导数的顺序可以交换，于是有

$$\Delta_1\widetilde{\Gamma}_{12}(\tau)=\frac{1}{c^2}\frac{\partial^2}{\partial \tau^2}\langle u_1(t+\tau)u_2^*(t)\rangle, \tag{13.65}$$

即

$$\Delta_1 \widetilde{\Gamma}_{12}(\tau) = \frac{1}{c^2} \frac{\partial^2}{\partial \tau^2} \widetilde{\Gamma}_{12}(\tau). \tag{13.66}$$

类似地，有

$$\Delta_2 \widetilde{\Gamma}_{12}(\tau) = \frac{1}{c^2} \frac{\partial^2}{\partial \tau^2} \widetilde{\Gamma}_{12}(\tau). \tag{13.67}$$

式 (13.66) 和式 (13.67) 即为互相干函数满足的波动方程对. 在惠更斯-菲涅耳原理基础上得到的互相干函数的传递公式 (13.54) 正是这对方程在傍轴条件下的解.

准单色光的互相干函数可以通过交叉光强来表达：

$$\widetilde{\Gamma}_{12}(\tau) = \widetilde{J}(Q_1, Q_2) \mathrm{e}^{-\mathrm{i}2\pi\overline{\nu}\tau}. \tag{13.68}$$

记

$$\widetilde{J}_{12} = \widetilde{J}(Q_1, Q_2), \tag{13.69}$$

并将式 (13.68) 代入互相干函数的波动方程对，我们可以得到关于交叉光强满足的亥姆霍兹方程对：

$$\Delta_1 \widetilde{J}_{12} + \left(\frac{2\pi}{\overline{\lambda}}\right)^2 \widetilde{J}_{12} = 0, \tag{13.70}$$

$$\Delta_2 \widetilde{J}_{12} + \left(\frac{2\pi}{\overline{\lambda}}\right)^2 \widetilde{J}_{12} = 0. \tag{13.71}$$

式 (13.57) 是以上方程对在傍轴条件下的解.

13.3.3 交叉谱密度的传递

交叉谱密度与互相干函数之间存在如下关系：

$$\widetilde{\Gamma}_{12}(\tau) = \int_0^{+\infty} \mathcal{G}_{12}(\nu) \mathrm{e}^{-\mathrm{i}2\pi\nu\tau} \mathrm{d}\nu, \tag{13.72}$$

因此，互相干函数的传递也可以通过交叉谱密度的传递来分析. 对互相干函数的波动方程对做傅里叶变换，可以得到交叉谱密度满足的方程对：

$$\Delta_1 \mathcal{G}_{12}(\nu) + \left(\frac{2\pi\nu}{c}\right)^2 \mathcal{G}_{12}(\nu) = 0, \tag{13.73}$$

$$\Delta_2 \mathcal{G}_{12}(\nu) + \left(\frac{2\pi\nu}{c}\right)^2 \mathcal{G}_{12}(\nu) = 0. \tag{13.74}$$

与互相干度类似，我们可以定义复值谱相干度：

$$\widetilde{\mu}_{12}(\nu) \equiv \frac{\mathcal{G}_{12}(\nu)}{\sqrt{\mathcal{G}_{11}(\nu)\mathcal{G}_{22}(\nu)}}, \tag{13.75}$$

其中，$\mathcal{G}_{11}(\nu)$ 和 $\mathcal{G}_{22}(\nu)$ 分别为 P_1 点和 P_2 点处的功率谱密度. 利用施瓦茨不等式可以证明

$$|\widetilde{\mu}_{12}(\nu)| \leqslant 1. \tag{13.76}$$

复值谱相干度反映的是光波叠加时光波谱干涉的强度.

§13.4 互相干函数的极限形式

13.4.1 相干光场

一个理想的相干光场应该对任意延时 τ 和任意两点 P_1, P_2 都满足条件 $|\widetilde{\gamma}_{12}(\tau)| = 1$. 但满足这样条件的光场并不存在，因此我们只能采用较弱的条件来定义相干光场.

我们称一个光场为相干光场，如果对任意两点 P_1 和 P_2，都有

$$\max_{\tau} |\widetilde{\gamma}_{12}(\tau)| = 1. \tag{13.77}$$

我们可以把光场写成如下形式：

$$u_{1,2} = A_{1,2}(t)\mathrm{e}^{-\mathrm{i}2\pi\overline{\nu}t}. \tag{13.78}$$

根据相干光场的定义，对任意两点 P_1 和 P_2，都存在 τ_{12}，使得

$$|\widetilde{\gamma}_{12}(\tau_{12})| = 1. \tag{13.79}$$

另一方面，根据复值互相干度的定义，我们有

$$\begin{aligned} |\widetilde{\gamma}_{12}(\tau_{12})| &= \frac{|\langle u_1(t+\tau_{12})u_2^*(t)\rangle|}{[\langle |u_1(t+\tau_{12})|^2\rangle\langle |u_2(t)|^2\rangle]^{1/2}} \\ &= \frac{|\langle A_1(t+\tau_{12})A_2^*(t)\rangle|}{[\langle |A_1(t+\tau_{12})|^2\rangle\langle |A_2(t)|^2\rangle]^{1/2}}. \end{aligned} \tag{13.80}$$

由施瓦茨不等式中等式成立的条件可得，对于相干光场，存在如下关系：

$$A_2(t) = K_{12}A_1(t+\tau_{12}). \tag{13.81}$$

式 (13.81) 表明相干光场 u_1 和 u_2 是来自同一个光源，经不同延时和振幅调制后得到的光场，亦即只有来自同一个光源的光场才可能是相干的.

13.4.2 非相干光场

由于光的波动性，在透明介质或真空中，我们不可能将垂直于传播方向的平面内的光场限制在一个小于光波波长的区域内. 由此可知，相干性最低的光场至少也具有尺度为光波波长量级的相干区. 如果光波波长的尺度相对需要考察的光场分布范围可忽略，那么我们可以把非相干光场的交叉光强表达成如下形式：

$$\widetilde{J}_{12} = \kappa I_1 \delta(x_1 - x_2, y_1 - y_2). \tag{13.82}$$

式 (13.82) 中的常数 κ 的值将在后面确定.

§13.5 范西泰特-策尼克定理

考虑一个非相干光源产生的光场的空间相干性，光源和光场的几何关系如图 13.6 所示. 在光源平面，交叉光强的分布为

$$\widetilde{J}(\xi_1, \zeta_1; \xi_2, \zeta_2) = \kappa I(\xi_1, \zeta_1)\delta(\xi_1 - \xi_2, \zeta_1 - \zeta_2). \tag{13.83}$$

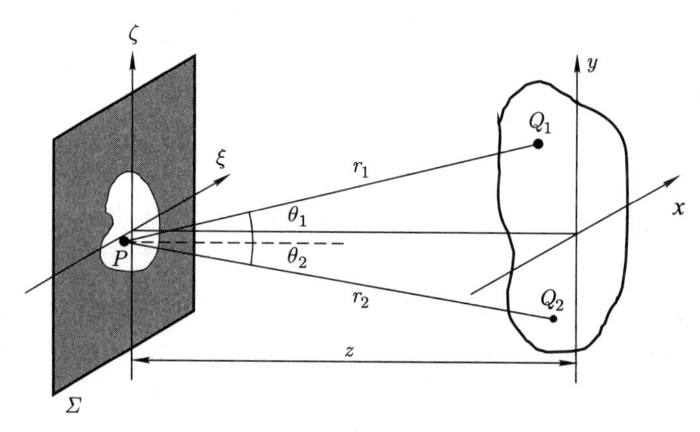

图 13.6 非相干光源与光场的几何关系

应用交叉光强的传递公式可得

$$\widetilde{J}(x_1, y_1; x_2, y_2) = \frac{\kappa}{(\overline{\lambda})^2} \iint_{\Sigma} I(\xi, \zeta) \exp\left[-\mathrm{i}\frac{2\pi}{\overline{\lambda}}(r_2 - r_1)\right] \frac{\chi(\theta_1)}{r_1} \frac{\chi(\theta_2)}{r_2} \mathrm{d}\xi \mathrm{d}\zeta. \tag{13.84}$$

在傍轴条件下，

$$\chi(\theta_1) \approx \chi(\theta_2) \approx 1, \quad \frac{1}{r_1 r_2} \approx \frac{1}{z^2}, \tag{13.85}$$

于是，

$$\widetilde{J}(x_1,y_1;x_2,y_2)=\frac{\kappa}{(\overline{\lambda}z)^2}\iint_{\Sigma} I(\xi,\zeta)\exp\left[-\mathrm{i}\frac{2\pi}{\overline{\lambda}}(r_2-r_1)\right]\mathrm{d}\xi\mathrm{d}\zeta. \tag{13.86}$$

对 r_1 和 r_2 做傍轴展开：

$$r_1=\sqrt{z^2+(x_1-\xi)^2+(y_1-\zeta)^2}\approx z+\frac{(x_1-\xi)^2+(y_1-\zeta)^2}{2z}, \tag{13.87}$$

$$r_2=\sqrt{z^2+(x_2-\xi)^2+(y_2-\zeta)^2}\approx z+\frac{(x_2-\xi)^2+(y_2-\zeta)^2}{2z}, \tag{13.88}$$

可以得到

$$r_2-r_1=-\frac{\xi\Delta x+\zeta\Delta y}{z}+\frac{x_2^2-x_1^2+y_2^2-y_1^2}{2z}, \tag{13.89}$$

其中，

$$\Delta x=x_2-x_1,\quad \Delta y=y_2-y_1. \tag{13.90}$$

将式 (13.90) 代入式 (13.86)，可以得到范西泰特-策尼克 (van Cittert-Zernike) 定理：

$$\widetilde{J}(x_1,y_1;x_2,y_2)=\frac{\kappa\mathrm{e}^{-\mathrm{i}\psi}}{(\overline{\lambda}z)^2}\iint_{\Sigma} I(\xi,\zeta)\exp\left[\mathrm{i}\frac{2\pi}{\overline{\lambda}z}(\xi\Delta x+\zeta\Delta y)\right]\mathrm{d}\xi\mathrm{d}\zeta, \tag{13.91}$$

其中，

$$\psi=\frac{\pi}{\overline{\lambda}z}(x_2^2-x_1^2+y_2^2-y_1^2). \tag{13.92}$$

范西泰特-策尼克定理可以用于计算傍轴区域的光强，显然有

$$I(x,y)=\widetilde{J}(x,y;x,y)=\frac{\kappa}{(\overline{\lambda}z)^2}\iint_{\Sigma} I(\xi,\zeta)\mathrm{d}\xi\mathrm{d}\zeta. \tag{13.93}$$

为确定常数 κ 的值，我们考虑一个圆形的非相干光源发出的光波的空间相干性. 设光源的半径为 a，在光源平面光强的分布为

$$I(\xi,\zeta)=\begin{cases} I_0, & \xi^2+\zeta^2\leqslant a^2,\\ 0, & \xi^2+\zeta^2>a^2. \end{cases} \tag{13.94}$$

应用范西泰特-策尼克定理计算距离光源平面为 z 的平面上的光场的交叉光强：

$$\begin{aligned}\widetilde{J}(x_1, y_1; x_2, y_2) &= \frac{\kappa e^{-i\psi}}{(\overline{\lambda} z)^2} \iint\limits_{-\infty}^{+\infty} I(\xi, \zeta) \exp\left[i\frac{2\pi}{\overline{\lambda} z}(\xi \Delta x + \zeta \Delta y)\right] d\xi d\zeta \\ &= \frac{\kappa e^{-i\psi} I_0}{(\overline{\lambda} z)^2} \int_0^{2\pi} \int_0^a \exp\left(i\frac{2\pi D}{\overline{\lambda} z}\rho \cos\phi\right) \rho d\phi d\rho \\ &= \frac{2\pi\kappa e^{-i\psi} I_0}{(\overline{\lambda} z)^2} \int_0^a J_0\left(\frac{2\pi D}{\overline{\lambda} z}\rho\right) \rho d\rho \\ &= \frac{\kappa e^{-i\psi} I_0}{2\pi D^2} \int_0^{a\left(\frac{2\pi D}{\overline{\lambda} z}\right)} J_0(x) x dx,\end{aligned} \tag{13.95}$$

其中，$D = \sqrt{(\Delta x)^2 + (\Delta y)^2}$.

贝塞尔函数满足如下递推关系：

$$\begin{aligned}x[J_{n-1}(x) + J_{n+1}(x)] &= 2n\, J_n(x), \\ J_{n-1}(x) - J_{n+1}(x) &= 2\, J_n'(x),\end{aligned} \tag{13.96}$$

于是有

$$x\, J_{n-1}(x) = n\, J_n(x) + x\, J_n'(x), \tag{13.97}$$

所以

$$x\, J_0(x) = J_1(x) + x\, J_1'(x) = [x\, J_1(x)]'. \tag{13.98}$$

这样，可以得到圆形的非相干光源产生的光场的交叉光强：

$$\begin{aligned}\widetilde{J}(x_1, y_1; x_2, y_2) &= I_0 \frac{\pi a^2 \kappa e^{-i\psi}}{(\overline{\lambda} z)^2} \left[\frac{2\, J_1\left(\frac{2\pi a D}{\overline{\lambda} z}\right)}{\frac{2\pi a D}{\overline{\lambda} z}}\right] \\ &= I(x_1, y_1) e^{-i\psi} \left[\frac{2\, J_1\left(\frac{2\pi a D}{\overline{\lambda} z}\right)}{\frac{2\pi a D}{\overline{\lambda} z}}\right].\end{aligned} \tag{13.99}$$

当

$$D = D_0 = 0.610 \frac{\overline{\lambda} z}{a} \tag{13.100}$$

时，$\widetilde{J}(x_1,y_1;x_2,y_2)=0$，所以 D_0 可以看作空间相干区的宽度. 令光源直径的张角为 θ，显然有

$$\theta=\frac{2a}{z}. \tag{13.101}$$

这样，式 (13.100) 可改写为

$$D_0=1.220\frac{\overline{\lambda}}{\theta}. \tag{13.102}$$

显然，z 越小，空间相干区越小. 以上关系是在傍轴条件下得到的，因此条件 $z>a$ 必须得到满足. 在 $z>a$ 的条件下，当 $z\to a$ 时，空间相干区最小. 这时的光场的空间相干性最低，对应非相干光场. 所以，对于非相干光场，应有

$$\widetilde{J}(x_1,y_1;x_2,y_2)=I(x_1,y_1)\left[\frac{2\,\mathrm{J}_1\left(\dfrac{2\pi D}{\overline{\lambda}}\right)}{\dfrac{2\pi D}{\overline{\lambda}}}\right]. \tag{13.103}$$

我们可以近似用 $\kappa I(x_1,y_1)\delta(x_1-x_2,y_1-y_2)$ 替代式 (13.103) 的右边. 由于在分析空间性的传递时，交叉光强出现在对波前面的积分中，因此我们要求替代前后交叉光强在整个平面上的积分必须保持不变. 这样，我们就有

$$\kappa=\iint\limits_{-\infty}^{+\infty}\frac{2\,\mathrm{J}_1\left(\dfrac{2\pi}{\overline{\lambda}}\sqrt{(x_2-x_1)^2+(y_2-y_1)^2}\right)}{\dfrac{2\pi}{\overline{\lambda}}\sqrt{(x_2-x_1)^2+(y_2-y_1)^2}}\mathrm{d}x_1\mathrm{d}y_1. \tag{13.104}$$

在以上积分中做变量代换 $x=x_1-x_2, y=y_1-y_2$，可以得到

$$\begin{aligned}\kappa&=\iint\limits_{-\infty}^{+\infty}\frac{2\,\mathrm{J}_1\left(\dfrac{2\pi}{\overline{\lambda}}\sqrt{x^2+y^2}\right)}{\dfrac{2\pi}{\overline{\lambda}}\sqrt{x^2+y^2}}\mathrm{d}x\mathrm{d}y\\&=\frac{\overline{\lambda}^2}{2\pi^2}\int_0^{2\pi}\int_0^{+\infty}\mathrm{J}_1(\rho)\mathrm{d}\phi\mathrm{d}\rho\\&=\frac{\overline{\lambda}^2}{\pi}\int_0^{+\infty}\mathrm{J}_1(\rho)\mathrm{d}\rho.\end{aligned} \tag{13.105}$$

而

$$\int_0^{+\infty}\mathrm{J}_1(\rho)\mathrm{d}\rho=-\int_0^{+\infty}\mathrm{J}_0'(\rho)\mathrm{d}\rho=\mathrm{J}_0(0)=1, \tag{13.106}$$

所以

$$\kappa=\frac{\overline{\lambda}^2}{\pi}. \tag{13.107}$$

确定了系数 κ 之后，范西泰特-策尼克定理可以写成如下形式：

$$\widetilde{J}(x_1,y_1;x_2,y_2)=\frac{\mathrm{e}^{-\mathrm{i}\psi}}{\pi z^2}\iint_{\Sigma}I(\xi,\zeta)\exp\left[\mathrm{i}\frac{2\pi}{\overline{\lambda}z}(\xi\Delta x+\zeta\Delta y)\right]\mathrm{d}\xi\mathrm{d}\zeta, \tag{13.108}$$

其中，

$$\psi=\frac{\pi}{\overline{\lambda}z}(x_2^2-x_1^2+y_2^2-y_1^2). \tag{13.109}$$

相应地，非相干光场的交叉光强可以表达为

$$\widetilde{J}_{12}=\frac{\overline{\lambda}^2}{\pi}I_1\delta(x_1-x_2,y_1-y_2), \tag{13.110}$$

而傍轴区域的光强则为

$$I(x,y)=\widetilde{J}(x,y;x,y)=\frac{1}{\pi z^2}\iint_{\Sigma}I(\xi,\zeta)\mathrm{d}\xi\mathrm{d}\zeta. \tag{13.111}$$

习 题

13.1 试证明，$\Delta\tau$，$\Delta\nu_{\mathrm{e}}$ 满足关系

$$\Delta\nu_{\mathrm{e}}\Delta\tau\geqslant\frac{1}{4\pi}.$$

提示：对于准单色光，近似有 $\hat{\mathcal{G}}(0)\approx 0$.

13.2 试证明，如下不等式成立：

$$|\widetilde{\Gamma}_{12}(\tau)|\leqslant\sqrt{\widetilde{\Gamma}_{11}(0)\widetilde{\Gamma}_{22}(0)}.$$

13.3 已知光源的功率谱具有高斯线型，试将光场的复相干度 $\widetilde{\gamma}$ 表达成相干时间 τ_{c} 和中心频率 $\overline{\nu}$ 的函数.

13.4 已知光源的功率谱具有洛伦兹线型，试将光场的复相干度 $\widetilde{\gamma}$ 表达成相干时间 τ_{c} 和中心频率 $\overline{\nu}$ 的函数.

13.5 氦氖混合气体所发出的光的谱线为多普勒展宽谱线. 谱线中心波长为 632.8 nm，宽度为 1.5×10^9 Hz. 试计算相干时间 τ_{c} 和相干长度 $l_{\mathrm{c}}=c\tau_{\mathrm{c}}$.

13.6 试计算由一个宽度为 a、长度为 b 的非相干光源产生的光场的交叉光强. 已知光源处每一点的光强均为 I_0.

第 14 章 光场的高阶相干性

复值随机过程的 $(n+m)$ 阶相干函数的定义为

$$\widetilde{\Gamma}_{1,2,\cdots,n+m}(t_1,t_2,\cdots,t_{n+m}) \triangleq \langle u(P_1,t_1)\cdots u(P_n,t_n)u^*(P_{n+1},t_{n+1})\cdots u^*(P_{n+m},t_{n+m})\rangle. \tag{14.1}$$

如果过程是遍历的，那么对时间的平均与统计平均相等，式 (14.1) 中对时间的平均可替换为对样本函数的平均. 一般情况下，高阶相干函数的计算是复杂的. 但如果随机过程为圆正态随机过程，例如热光光场的情形，则计算可以简化. 对于圆正态随机过程，利用联合矩与特征函数的关系，可以导出如下等式：

$$\widetilde{\Gamma}_{1,2,\cdots,2n}(t_1,t_2,\cdots,t_{2n}) = \sum_P \widetilde{\Gamma}_{1,p_1}(t_1,t_{p_1})\widetilde{\Gamma}_{2,p_2}(t_2,t_{p_2})\cdots\widetilde{\Gamma}_{n,p_n}(t_n,t_{p_n}), \tag{14.2}$$

其中，$p_1,p_2,\cdots,p_n$ 的取值范围为 $n+1,n+2,\cdots,2n$，而 $\sum\limits_P$ 表示对所有可能的 $(p_1,p_2,\cdots,p_n)$ 的排列求和.

§14.1 热光积分光强的统计特性

令 $I(t)$ 为 P 点的瞬时光强，我们定义 $(t-T,t)$ 时段的积分光强为

$$W(t) = \int_{t-T}^{t} I(\xi)\mathrm{d}\xi. \tag{14.3}$$

假设热光的瞬时光强为遍历过程，那么 $W(t)$ 的统计特性就与 t 无关. 不妨取 $t=T/2$，并记

$$W = \int_{-T/2}^{T/2} I(\xi)\mathrm{d}\xi. \tag{14.4}$$

14.1.1 积分光强的平均值和方差

先计算积分光强的平均值：

$$\overline{W} = \overline{\int_{-T/2}^{T/2} I(\xi)\mathrm{d}\xi} = \int_{-T/2}^{T/2} \overline{I}\mathrm{d}\xi = \overline{I}T. \tag{14.5}$$

我们注意到这个结果与光场的偏振态无关.

再计算积分光强的方差:

$$
\begin{aligned}
\sigma_W^2 &= \overline{\left(\int_{-T/2}^{T/2} I(\xi)\mathrm{d}\xi\right)^2} - (\overline{W})^2 \\
&= \iint_{-T/2}^{T/2} \overline{I(\xi)I(\zeta)}\mathrm{d}\xi\mathrm{d}\zeta - (\overline{W})^2 \\
&= \iint_{-T/2}^{T/2} \Gamma_I(\xi-\zeta)\mathrm{d}\xi\mathrm{d}\zeta - (\overline{W})^2,
\end{aligned}
\tag{14.6}
$$

其中, $\Gamma_I(\tau)$ 是瞬时光强的自相关函数, 也是光场的 4 阶相干函数, 即

$$
\Gamma_I(\tau) = \overline{I(t)I(t+\tau)} = \overline{u(t)u^*(t)u(t+\tau)u^*(t+\tau)}. \tag{14.7}
$$

由于式 (14.6) 中的被积函数的宗量是 $(\xi-\zeta)$, 因此我们可以通过适当的变量代换将双重积分的结果用一个单重积分来表达. 做变量代换

$$
\xi-\zeta=\tau,\ \xi+\zeta=s, \tag{14.8}
$$

容易得到

$$
\mathrm{d}\xi\mathrm{d}\zeta = \frac{1}{2}\mathrm{d}\tau\mathrm{d}s. \tag{14.9}
$$

我们还需要知道 s 和 τ 的积分上下限. 根据 ξ 和 ζ 的积分上下限, 我们有

$$
-T \leqslant 2\xi = s+\tau \leqslant T, \quad -T \leqslant 2\zeta = s-\tau \leqslant T, \tag{14.10}
$$

由此可得

$$
-T \leqslant \tau \leqslant T, \quad -T+|\tau| \leqslant s \leqslant T-|\tau|. \tag{14.11}
$$

这样, 我们可以得到如下积分光强方差的计算式:

$$
\begin{aligned}
\sigma_W^2 &= \frac{1}{2}\int_{-T}^{T}\mathrm{d}\tau\,\Gamma_I(\tau)\int_{-T+|\tau|}^{T-|\tau|}\mathrm{d}s - (\overline{W})^2 \\
&= \int_{-T}^{T}(T-|\tau|)\Gamma_I(\tau)\mathrm{d}\tau - (\overline{W})^2.
\end{aligned}
\tag{14.12}
$$

对于偏振热光，应用关系式 (14.2) 可以得到

$$\begin{aligned}\Gamma_I(\tau) &= \overline{u(t)u^*(t)u(t+\tau)u^*(t+\tau)} \\ &= \overline{u(t)u^*(t)}\,\overline{u(t+\tau)u^*(t+\tau)} + \overline{u(t)u^*(t+\tau)}\,\overline{u(t+\tau)u^*(t)} \\ &= (\overline{I})^2[1+|\widetilde{\gamma}(\tau)|^2],\end{aligned} \tag{14.13}$$

由此可得

$$\sigma_W^2 = (\overline{W})^2\left[\frac{1}{T}\int_{-T}^{T}\left(1-\frac{|\tau|}{T}\right)|\widetilde{\gamma}(\tau)|^2\mathrm{d}\tau\right]. \tag{14.14}$$

如果光波为部分偏振热光，那么我们可以将其分成光强为 $I_1(t)$ 和 $I_2(t)$ 的两个不相关的正交分量：

$$I(t) = I_1(t) + I_2(t). \tag{14.15}$$

$I_1(t)$，$I_2(t)$ 的平均值分别为

$$\overline{I}_1 = \frac{1}{2}\overline{I}(1+\mathcal{P}), \quad \overline{I}_2 = \frac{1}{2}\overline{I}(1-\mathcal{P}), \tag{14.16}$$

其中，$\mathcal{P}$ 为光场的偏振度. 这样，对于部分偏振热光，我们有

$$\begin{aligned}&\Gamma_I(\tau) \\ &= \overline{[u_1(t)u_1^*(t)+u_2(t)u_2^*(t)][u_1(t+\tau)u_1^*(t+\tau)+u_2(t+\tau)u_2^*(t+\tau)]} \\ &= \overline{u_1(t)u_1^*(t)u_1(t+\tau)u_1^*(t+\tau)} + \overline{u_2(t)u_2^*(t)u_2(t+\tau)u_2^*(t+\tau)} \\ &\quad + \overline{u_1(t)u_1^*(t)u_2(t+\tau)u_2^*(t+\tau)} + \overline{u_2(t)u_2^*(t)u_1(t+\tau)u_1^*(t+\tau)} \\ &= 2\overline{I}_1\overline{I}_2 + \left[(\overline{I}_1)^2+(\overline{I}_2)^2\right]\left[1+|\widetilde{\gamma}(\tau)|^2\right],\end{aligned} \tag{14.17}$$

或

$$\Gamma_I(\tau) = \left(\overline{I}\right)^2 + \frac{1}{2}\left(\overline{I}\right)^2\left(1+\mathcal{P}^2\right)|\widetilde{\gamma}(\tau)|^2. \tag{14.18}$$

将式 (14.18) 代入积分光强方差的计算式 (14.12)，可以得到部分偏振热光积分光强的方差为

$$\sigma_W^2 = \frac{1}{2}\left(1+\mathcal{P}^2\right)\left(\overline{W}\right)^2\left[\frac{1}{T}\int_{-T}^{T}\left(1-\frac{|\tau|}{T}\right)|\widetilde{\gamma}(\tau)|^2\mathrm{d}\tau\right]. \tag{14.19}$$

式 (14.19) 亦可写成

$$\sigma_W^2 = \frac{1+\mathcal{P}^2}{2}\frac{\overline{W}^2}{\mathcal{M}}, \tag{14.20}$$

其中,

$$\mathcal{M}=\left[\frac{1}{T}\int_{-T}^{T}\left(1-\frac{|\tau|}{T}\right)|\widetilde{\gamma}(\tau)|^2\mathrm{d}\tau\right]^{-1}. \tag{14.21}$$

定义积分光强的信噪比为

$$\left(\frac{S}{N}\right)_{\mathrm{rms}}\triangleq\frac{\overline{W}}{\sigma_W}. \tag{14.22}$$

对于热光, 应用式 (14.20) 可得

$$\left(\frac{S}{N}\right)_{\mathrm{rms}}=\left(\frac{2\mathcal{M}}{1+\mathcal{P}^2}\right)^{1/2}. \tag{14.23}$$

如果光源的谱线为高斯线型, 则有

$$|\widetilde{\gamma}(\tau)|^2=\mathrm{e}^{-\pi\left(\frac{\tau}{\tau_c}\right)^2}, \tag{14.24}$$

于是可以求得

$$\mathcal{M}=\left\{\frac{\tau_c}{T}\operatorname{erf}\left(\sqrt{\pi}\frac{T}{\tau_c}\right)-\frac{1}{\pi}\left(\frac{\tau_c}{T}\right)^2\left[1-\mathrm{e}^{-\pi\left(\frac{T}{\tau_c}\right)^2}\right]\right\}^{-1}, \tag{14.25}$$

其中,

$$\operatorname{erf}(x)=\frac{2}{\sqrt{\pi}}\int_0^x\mathrm{e}^{-z^2}\mathrm{d}z \tag{14.26}$$

为误差函数. 我们注意到 $\operatorname{erf}(+\infty)=1$. 如果光源的谱线为洛伦兹线型, 则有

$$|\widetilde{\gamma}(\tau)|^2=\mathrm{e}^{-2\left|\frac{\tau}{\tau_c}\right|}, \tag{14.27}$$

于是可以求得

$$\mathcal{M}=\left\{\frac{\tau_c}{T}+\frac{1}{2}\left(\frac{\tau_c}{T}\right)^2\left[\mathrm{e}^{-2\left(\frac{T}{\tau_c}\right)}-1\right]\right\}^{-1}. \tag{14.28}$$

容易验证, 无论是高斯线型, 还是洛伦兹线型, 当 $T\gg\tau_c$ 时, 都有

$$\mathcal{M}\approx\frac{T}{\tau_c}, \tag{14.29}$$

所以, 在此条件下, 偏振光积分光强的信噪比趋于

$$\left(\frac{S}{N}\right)_{\mathrm{rms}}\approx\sqrt{\frac{T}{\tau_c}}. \tag{14.30}$$

事实上，以上结论对任何谱线线型的光场都成立. 对任何光场，$|\widetilde{\gamma}(\tau)|^2$ 只有在 $\tau < A\tau_c$ 时才明显不等于 0，这里的系数 A 与光场谱线的线型有关. 这样，当 $T \gg \tau_c$ 时，就有

$$\left(1-\frac{|\tau|}{T}\right)|\widetilde{\gamma}(\tau)|^2 \approx |\widetilde{\gamma}(\tau)|^2, \tag{14.31}$$

于是有

$$\mathcal{M}^{-1} \approx \frac{1}{T}\int_{-\infty}^{+\infty}|\widetilde{\gamma}(\tau)|^2 \mathrm{d}\tau = \frac{\tau_c}{T}. \tag{14.32}$$

14.1.2 积分光强的概率密度函数的近似表达式

我们已经得到了积分光强的平均值和方差，但要完整描述积分光强的统计性质还需要积分光强的概率密度函数. 我们首先导出此概率密度函数的一个近似的解析表达式.

根据定义，积分光强为

$$W = \int_{-T/2}^{T/2} I(\xi)\mathrm{d}\xi. \tag{14.33}$$

我们把积分区间分成 m 等份，并忽略瞬时光强在每一小时段中的变化，这样，积分光强约为

$$W \approx \frac{T}{m}\sum_j I_j, \tag{14.34}$$

其中，I_j 是第 j 小时段的瞬时光强.

先考虑偏振热光的情形. 对于偏振热光，

$$M_I(\omega) = \frac{1}{1-\mathrm{i}\omega\overline{I}}. \tag{14.35}$$

如果不同小时段中的瞬时光强可以看作是统计无关的，那么就有

$$M_W(\omega) \approx \frac{1}{\left(1-\mathrm{i}\dfrac{\omega\overline{I}}{m}\right)^m}. \tag{14.36}$$

从积分角度来看，式 (14.34) 中的 m 越大，结果越精确. 但如果 m 很大，则相邻时段中的瞬时光强会有显著的统计关联，那么利用统计无关随机变量求和的方式得到的特征函数就会有很大误差. 所以从统计上是否无关的角度来看，m 越小，结果越精确. 因此 m 的数值既不能太大，也不能太小. 我们主要关心的是积分光强的一、二阶统计性质，因此 m 的选取应保证得到的积分光强的一、二阶统计性质是正确的.

对特征函数做傅里叶反演，可以得到积分光强的概率密度函数为

$$p_W(W) \approx \frac{1}{2\pi}\int_{-\infty}^{+\infty}\frac{\mathrm{e}^{-\mathrm{i}\omega W}}{\left(1-\mathrm{i}\dfrac{\omega \bar{I}}{m}\right)^m}\mathrm{d}\omega. \tag{14.37}$$

记

$$I_m(a) = \int_{-\infty}^{+\infty}\frac{\mathrm{e}^{-\mathrm{i}\omega W}}{(1-\mathrm{i}a\omega)^m}\mathrm{d}\omega, \tag{14.38}$$

通过分部积分可以得到递推关系

$$I_m(a) = \left(\frac{W}{a}\right)^{m-1}\frac{I_1(a)}{\Gamma(m)}, \tag{14.39}$$

而 $I_1(a)$ 可以通过直接计算得到：

$$\begin{aligned} I_1(a) &= \int_{-\infty}^{+\infty}\frac{\mathrm{e}^{-\mathrm{i}2\pi\omega W}}{1-\mathrm{i}a\omega}\mathrm{d}\omega \\ &= \theta(W)\left(\frac{2\pi}{a}\right)\mathrm{e}^{-2\pi a^{-1}W}. \end{aligned} \tag{14.40}$$

利用上述关系式，可以得到

$$p_W(W) \approx \theta(W)\left(\frac{m}{\bar{I}T}\right)^m \frac{W^{m-1}\exp\left(-\dfrac{mW}{\bar{I}T}\right)}{\Gamma(m)}. \tag{14.41}$$

接下来还需要确定参数 m. 采用概率密度函数 (14.41) 计算出的积分光强平均值和方差分别为

$$\overline{W} = \bar{I}T, \quad \sigma_W^2 = \frac{(\bar{I}T)^2}{m}. \tag{14.42}$$

这一结果应与前面严格计算的结果一致，所以必须有

$$m = \mathcal{M}, \tag{14.43}$$

相应地，偏振热光积分光强的概率密度函数近似为

$$p_W(W) \approx \theta(W)\left(\frac{\mathcal{M}}{\overline{W}}\right)^{\mathcal{M}} \frac{W^{\mathcal{M}-1}\exp\left(-\dfrac{\mathcal{M}W}{\overline{W}}\right)}{\Gamma(\mathcal{M})}. \tag{14.44}$$

这种形式的概率密度函数称为 Γ 密度函数.

再考虑部分偏振热光的情形. 部分偏振热光可以看作两个统计无关的正交偏振热光的叠加, 所以

$$W = W_1 + W_2. \tag{14.45}$$

W_1 和 W_2 的平均值分别为

$$\overline{W_1} = \frac{\overline{W}}{2}(1+\mathcal{P}), \quad \overline{W_2} = \frac{\overline{W}}{2}(1-\mathcal{P}), \tag{14.46}$$

其中, $\mathcal{P}$ 为光场的偏振度. 由统计无关随机变量之和的公式, 以及偏振热光积分光强的概率密度函数 (14.44) 可以得到

$$\begin{aligned} p_W(W) \approx & \frac{\theta(W)}{[\Gamma(\mathcal{M})]^2}\left[\frac{4\mathcal{M}^2}{\overline{W}^2(1-\mathcal{P}^2)}\right]^{\mathcal{M}} \\ & \times \int_0^W W_1^{\mathcal{M}-1}(W-W_1)^{\mathcal{M}-1}\exp\left[-\frac{2\mathcal{M}W_1}{\overline{W}(1+\mathcal{P})}-\frac{2\mathcal{M}(W-W_1)}{\overline{W}(1-\mathcal{P})}\right]\mathrm{d}W_1. \end{aligned} \tag{14.47}$$

做变量代换

$$W_1 = xW, \tag{14.48}$$

可以得到

$$\begin{aligned} p_W(W) \approx & \frac{\theta(W)}{W[\Gamma(\mathcal{M})]^2}\left[\frac{4W^2\mathcal{M}^2}{\overline{W}^2(1-\mathcal{P}^2)}\right]^{\mathcal{M}}\exp\left[-\frac{2\mathcal{M}W}{\overline{W}(1-\mathcal{P})}\right] \\ & \times \int_0^1 x^{\mathcal{M}-1}(1-x)^{\mathcal{M}-1}\exp\left[\frac{4\mathcal{P}\mathcal{M}W}{\overline{W}(1-\mathcal{P}^2)}x\right]\mathrm{d}x. \end{aligned} \tag{14.49}$$

利用合流超几何函数的积分表达式

$${}_1\mathrm{F}_1(\alpha;\gamma;z) = \frac{\Gamma(\gamma)}{\Gamma(\alpha)\Gamma(\gamma-\alpha)}\int_0^1 \mathrm{e}^{zx}x^{\alpha-1}(1-x)^{\gamma-\alpha-1}\mathrm{d}x, \tag{14.50}$$

我们可以把式 (14.49) 写成

$$\begin{aligned} p_W(W) \approx & \frac{\theta(W)}{\Gamma(2\mathcal{M})\overline{W}}\left(\frac{4\mathcal{M}^2}{1-\mathcal{P}^2}\right)^{\mathcal{M}}\left(\frac{W}{\overline{W}}\right)^{2\mathcal{M}-1}\exp\left[-\frac{2\mathcal{M}W}{\overline{W}(1-\mathcal{P})}\right] \\ & \times {}_1\mathrm{F}_1\left(\mathcal{M};2\mathcal{M};\frac{4\mathcal{P}\mathcal{M}W}{\overline{W}(1-\mathcal{P}^2)}\right). \end{aligned} \tag{14.51}$$

除了积分表达式, 合流超几何函数还有如下级数表达式:

$${}_1\mathrm{F}_1(\alpha;\gamma;z) = \frac{\Gamma(\gamma)}{\Gamma(\alpha)}\sum_{n=0}^{+\infty}\frac{\Gamma(\alpha+n)}{\Gamma(\gamma+n)}\frac{z^n}{n!}. \tag{14.52}$$

非偏振热光可以看作部分偏振热光的特例. 在式 (14.51) 中取 $\mathcal{P}=0$, 并注意到 ${}_1\mathrm{F}_1(\mathcal{M};2\mathcal{M};0)=1$, 我们可以得到非偏振热光积分光强的概率密度函数的近似表达式:

$$p_W(W)=\theta(W)\left(\frac{2\mathcal{M}}{\overline{W}}\right)^{2\mathcal{M}}\frac{W^{2\mathcal{M}-1}\exp\left(-\dfrac{2\mathcal{M}W}{\overline{W}}\right)}{\Gamma(2\mathcal{M})}. \tag{14.53}$$

这个概率密度函数也是 Γ 密度函数.

由合流超几何函数的积分表达式可以方便地得到在 $z\to+\infty$ 极限下的合流超几何函数的渐近表达式:

$${}_1\mathrm{F}_1(\alpha;\gamma;z)\to\frac{\Gamma(\gamma)}{\Gamma(\alpha)}\frac{\mathrm{e}^z}{z^{\gamma-\alpha}},\quad \text{当}\quad z\to+\infty\ \text{时}. \tag{14.54}$$

利用合流超几何函数的渐近表达式可以验证概率密度函数 (14.44) 是概率密度函数 (14.51) 在 $\mathcal{P}\to1$ 时的极限.

14.1.3 严格的积分光强的概率密度函数

要得到严格的积分光强的概率密度函数, 我们需要把积分光强严格地表达成统计无关且概率密度函数已知的随机变量之和. 以下考虑偏振热光的情形. 我们可以用光场的复振幅来表达积分光强:

$$W=\int_{-T/2}^{T/2}I(t)\mathrm{d}t=\int_{-T/2}^{T/2}A(t)A^*(t)\mathrm{d}t. \tag{14.55}$$

我们将复振幅 $A(t)$ 用一组在 $[-T/2,T/2]$ 区间正交归一的完备函数 $\psi_l(t)$ 展开:

$$A(t)=\sum_l b_l\psi_l(t). \tag{14.56}$$

这样, 我们就有

$$W=\sum_{lm}b_lb_m^*\int_{-T/2}^{T/2}\psi_l(t)\psi_m^*(t)\mathrm{d}t=\sum_l|b_l|^2. \tag{14.57}$$

利用 $\psi_l(t)$ 的正交归一性, 从 $A(t)$ 的展开式可得

$$b_l=\int_{-T/2}^{T/2}A(t)\psi_l^*(t)\mathrm{d}t, \tag{14.58}$$

即 b_l 是 $A(t)$ 的线性叠加. 对于热光, $A(t)$ 是圆正态随机过程, 所以 b_l 也是圆正态随机变量.

计算对应不同指标 l 的展开系数 b_l 之间的相关，我们有

$$\begin{aligned}\overline{b_l b_m^*} &= \iint\limits_{-T/2}^{T/2} \overline{A(t_1)A^*(t_2)}\, \psi_l^*(t_1)\psi_m(t_2)\mathrm{d}t_1\mathrm{d}t_2 \\ &= \iint\limits_{-T/2}^{T/2} \varGamma_A(t_1-t_2)\psi_l^*(t_1)\psi_m(t_2)\mathrm{d}t_1\mathrm{d}t_2.\end{aligned} \tag{14.59}$$

选取 $\psi_l(t)$ 为本征方程

$$\int_{-T/2}^{T/2} \varGamma_A(t_1-t_2)\psi_l(t_2)\mathrm{d}t_2 = \lambda_l\psi_l(t_1) \tag{14.60}$$

的解，则有

$$\overline{b_l b_m^*} = \overline{|b_l|^2}\delta_{lm} = \lambda_l\delta_{lm}, \tag{14.61}$$

即 b_l 之间是不相关的. 因为 b_l 是正态随机变量，所以对应不同指标 l 的 b_l 之间也是统计无关的. 同样，因为 b_l 是正态随机变量，所以 $|b_l|^2$ 具有负指数型的密度函数：

$$p_{|b_l|^2}(u) = \frac{\theta(u)}{\overline{|b_l|^2}}\exp\left(-\frac{u}{\overline{|b_l|^2}}\right) = \frac{\theta(u)}{\lambda_l}\exp\left(-\frac{u}{\lambda_l}\right), \tag{14.62}$$

其特征函数为

$$M_{|b_l|^2}(\omega) = \frac{1}{1-\mathrm{i}\lambda_l\omega}. \tag{14.63}$$

应用 $|b_l|^2$ 的密度函数可以方便地得到 $|b_l|^2$ 的各阶矩. 我们有

$$\overline{(|b_l|^2)^k} = \lambda_l^k k!\,. \tag{14.64}$$

由于对应不同指标 l 的 b_l 之间是统计无关的，因此由 $|b_l|^2$ 的一阶和二阶矩的结果可以计算出积分光强的平均值和方差：

$$\overline{W} = \sum_l \lambda_l, \quad \sigma_W^2 = \sum_l \lambda_l^2. \tag{14.65}$$

积分光强的特征函数是所有 $|b_l|^2$ 的特征函数的乘积：

$$M_W(\omega) = \prod_l \frac{1}{1-\mathrm{i}\lambda_l\omega}, \tag{14.66}$$

而积分光强的密度函数可以通过其特征函数的傅里叶反演得到：

$$p_W(W)=\frac{1}{2\pi}\int_{-\infty}^{+\infty}\mathrm{e}^{-\mathrm{i}\omega W}\prod_l\frac{1}{1-\mathrm{i}\lambda_l\omega}\mathrm{d}\omega. \tag{14.67}$$

注意到 $\widetilde{\omega}_l=-\mathrm{i}\lambda_l^{-1}$ 为特征函数 $M_W(\omega)$ 在复平面上的一阶极点，并且 $M_W(\omega)$ 在 $\widetilde{\omega}_l$ 点的留数为

$$\frac{\mathrm{i}}{\lambda_l}\prod_{m\neq l}\left(1-\frac{\lambda_m}{\lambda_l}\right)^{-1},$$

我们采用围道积分的方法，可以方便地得到特征函数的傅里叶反演的结果:

$$p_W(W)=\theta(W)\sum_l\left(\prod_{m\neq l}\frac{\lambda_l}{\lambda_l-\lambda_m}\right)\frac{1}{\lambda_l}\exp\left(-\frac{W}{\lambda_l}\right). \tag{14.68}$$

有了密度函数的表达式 (14.68)，我们可以计算积分光强的各阶矩：

$$\overline{W^k}=\sum_l\left(\prod_{m\neq l}\frac{\lambda_l}{\lambda_l-\lambda_m}\right)\lambda_l^k. \tag{14.69}$$

利用式 (14.69)，我们可以得到另外两个计算积分光强的平均值和方差的公式：

$$\overline{W}=\sum_l\left(\prod_{m\neq l}\frac{\lambda_l}{\lambda_l-\lambda_m}\right)\lambda_l, \tag{14.70}$$

$$\sigma_W^2=\sum_l\left(\prod_{m\neq l}\frac{\lambda_l}{\lambda_l-\lambda_m}\right)2\lambda_l^2-\left[\sum_l\left(\prod_{m\neq l}\frac{\lambda_l}{\lambda_l-\lambda_m}\right)\lambda_l\right]^2, \tag{14.71}$$

以及两个有意思的关系式：

$$\sum_l\left(\prod_{m\neq l}\frac{\lambda_l}{\lambda_l-\lambda_m}\right)=1, \tag{14.72}$$

$$\sum_l\left(\prod_{m\neq l}\frac{\lambda_l}{\lambda_l-\lambda_m}\right)\lambda_l=\sum_l\lambda_l. \tag{14.73}$$

以上分析方法可以推广到部分偏振热光的情形. 部分偏振热光可以看作两个统计无关的正交偏振热光的叠加. 这样，我们就有两个本征方程，而积分光强的密度函数仍具有式 (14.68) 的形式，但两个本征方程的本征值都需要包括在内. 如果这两个正交偏振热光具有相

同的归一化功率谱，那么对应的两个本征方程具有完全相同的本征模式，并且对应的本征值的比为常数：

$$\frac{\lambda_l^-}{\lambda_l^+}=\frac{1-\mathcal{P}}{1+\mathcal{P}}. \tag{14.74}$$

本征方程的本征值一般需要通过数值计算的方法求得. 数值计算的结果表明，一般情况下，严格的密度函数与 14.1.2 小节导出的近似密度函数差别并不大.

14.1.4 有限时段平均光强

与积分光强紧密相关的一个随机变量是光场在有限时段内的平均光强

$$I_T(t)\triangleq\frac{1}{T}\int_{t-T/2}^{t+T/2}I(\xi)\mathrm{d}\xi. \tag{14.75}$$

我们在实验中测量光强得到的结果就是有限时段内的平均光强. 显然，当 $T\to 0$ 时，$I_T(t)$ 即为瞬时光强 $I(t)$，而当 $T\to+\infty$ 时，$I_T(t)$ 则为平均光强 $\overline{I}$. 前者为随机过程，而后者为确定量.

考虑热光，并认为 $I_T(t)$ 是遍历的，那么 $I_T(t)$ 的统计特性与 t 无关. 我们取 $t=0$. 记 $I_T=I_T(0)$，显然有

$$I_T=\frac{W}{T}. \tag{14.76}$$

根据 I_T 与 W 的关系可得

$$\overline{I}_T=\overline{I},\quad \sigma_{I_T}^2=\frac{1+\mathcal{P}^2}{2\mathcal{M}}(\overline{I})^2. \tag{14.77}$$

I_T 的密度函数可以由 W 的密度函数得到. 为便于应用，我们采用解析形式的密度函数的近似表达式. 对于部分偏振热光和非偏振热光，I_T 的密度函数为

$$\begin{aligned}p_{I_T}(I_T)\approx&\frac{\theta(I_T)}{\Gamma(2\mathcal{M})\overline{I}}\left(\frac{4\mathcal{M}^2}{1-\mathcal{P}^2}\right)^{\mathcal{M}}\left(\frac{I_T}{\overline{I}}\right)^{2\mathcal{M}-1}\exp\left[-\frac{2\mathcal{M}I_T}{\overline{I}(1-\mathcal{P})}\right]\\&\times{}_1\mathrm{F}_1\left(\mathcal{M};2\mathcal{M};\frac{4\mathcal{P}\mathcal{M}I_T}{\overline{I}(1-\mathcal{P}^2)}\right).\end{aligned} \tag{14.78}$$

对于偏振热光，密度函数 $p_{I_T}(I_T)$ 可以通过在式 (14.78) 中取 $\mathcal{P}\to 1$ 的极限得到：

$$p_{I_T}(I_T)\approx\frac{\theta(I_T)}{\Gamma(\mathcal{M})}\left(\frac{\mathcal{M}}{\overline{I}}\right)^{\mathcal{M}}I_T^{\mathcal{M}-1}\exp\left(-\frac{\mathcal{M}I_T}{\overline{I}}\right). \tag{14.79}$$

考虑 $T\ll\tau_\mathrm{c}$ 和 $T\gg\tau_\mathrm{c}$ 这两个极限下的密度函数的形式. 当$T\ll\tau_\mathrm{c}$ 时，在 $\mathcal{M}$ 的计算公式中，$|\widetilde{\gamma}(\tau)|^2\to 1$，于是有

$$\lim_{T\to 0}\mathcal{M}=1, \tag{14.80}$$

而

$$ {}_1\mathrm{F}_1(1;2;z)=\frac{\mathrm{e}^z-1}{z}, \tag{14.81} $$

所以当 $T\ll\tau_{\mathrm{c}}$ 时,

$$ p_{I_T}(I_T)=\frac{\theta(I_T)}{\overline{I}\mathcal{P}}\left\{\exp\left[-\frac{2I_T}{\overline{I}(1+\mathcal{P})}\right]-\exp\left[-\frac{2I_T}{\overline{I}(1-\mathcal{P})}\right]\right\}. \tag{14.82} $$

这正是瞬时光强的密度函数. 的确, 当 $T\ll\tau_{\mathrm{c}}$ 时, 瞬时光强在时段 T 内几乎不发生变化, 所以此时的有限时段平均光强就是瞬时光强.

当 $\mathcal{M}\gg1$ 时, 对偏振热光, 我们可以将密度函数 (14.79) 改写成

$$ p_{I_T}(I_T)\approx\frac{\theta(I_T)}{\Gamma(\mathcal{M})I_T}\mathcal{M}^{\mathcal{M}}\exp\left[\mathcal{M}\ln\left(\frac{I_T}{\overline{I}}\right)-\frac{\mathcal{M}I_T}{\overline{I}}\right]. \tag{14.83} $$

应用斯特林公式

$$ \Gamma(z)\approx\sqrt{2\pi z}z^{z-1}\mathrm{e}^{-z},\quad z\gg1, \tag{14.84} $$

可得

$$ \begin{aligned} p_{I_T}(I_T)&\approx\theta(I_T)\sqrt{\frac{\mathcal{M}}{2\pi I_T^2}}\exp\left[\mathcal{M}\ln\left(1+\frac{I_T-\overline{I}}{\overline{I}}\right)-\frac{\mathcal{M}(I_T-\overline{I})}{\overline{I}}\right]\\ &\approx\theta(I_T)\sqrt{\frac{\mathcal{M}}{2\pi I_T^2}}\exp\left[-\frac{\mathcal{M}}{2}\left(\frac{I_T-\overline{I}}{\overline{I}}\right)^2\right]\\ &\approx\theta(I_T)\sqrt{\frac{\mathcal{M}}{2\pi\overline{I}^2}}\exp\left[-\frac{\mathcal{M}}{2}\left(\frac{I_T-\overline{I}}{\overline{I}}\right)^2\right]. \end{aligned} \tag{14.85} $$

对非偏振热光也有类似的结果:

$$ p_{I_T}(I_T)\approx\theta(I_T)\sqrt{\frac{\mathcal{M}}{\pi\overline{I}^2}}\exp\left[-\mathcal{M}\left(\frac{I_T-\overline{I}}{\overline{I}}\right)^2\right]. \tag{14.86} $$

即当 $\mathcal{M}\gg1$ 时, 有限时段平均光强 I_T 为正态随机变量.

在 $T\to+\infty$ 的极限下, $\mathcal{M}\to+\infty$, 这时

$$ \lim_{T\to+\infty}p_{I_T}(I_T)=\delta(I_T-\overline{I}), \tag{14.87} $$

即 I_T 趋于确定量 $\overline{I}$.

§14.2 光强干涉学

14.2.1 光强的互干涉

光强的干涉需要借助探测器将光强信号转换成电流信号，并通过特定电路处理得到的电信号来实现. 这样的光强干涉装置如图 14.1 所示. 光波入射到探测器 D_1 和 D_2 上，产生电流信号 $j_1(t)$ 和 $j_2(t)$. 我们假设电流信号的强度与光强成正比：

$$j_1(t) = \alpha_1 I_1(t), \quad j_2(t) = \alpha_2 I_2(t). \tag{14.88}$$

电流信号 $j_1(t)$ 和 $j_2(t)$ 经延时后输入到乘法器，乘法器输出信号 $j_1(t+\tau)j_2(t)$. 这一信号经低通滤波器后产生光强干涉信号：

$$z(\tau) = \langle j_1(t+\tau)j_2(t)\rangle. \tag{14.89}$$

如果过程是遍历的，则有

$$z(\tau) = \overline{j_1(t+\tau)j_2(t)}. \tag{14.90}$$

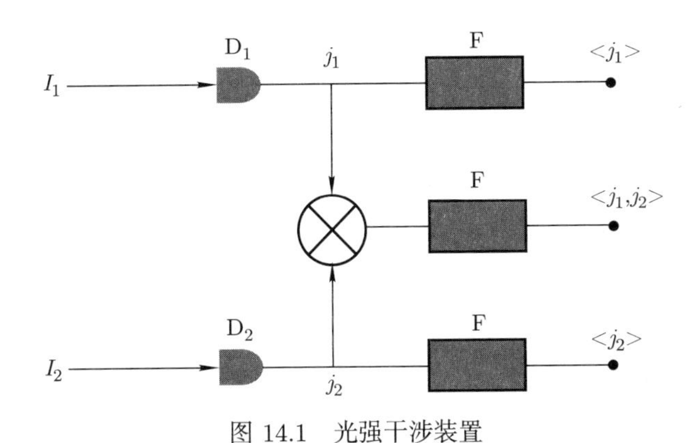

图 14.1 光强干涉装置

我们定义光强相干度为

$$g(\tau) = \frac{\overline{j_1(t+\tau)j_2(t)}}{\bar{j}_1\bar{j}_2}. \tag{14.91}$$

由光强与信号的关系，可以得到

$$g(\tau) = \frac{\overline{I_1(t+\tau)I_2(t)}}{\bar{I}_1\bar{I}_2} = \frac{\overline{u_1(t+\tau)u_2(t)u_1^*(t+\tau)u_2^*(t)}}{\overline{|u_1(t+\tau)|^2}\,\overline{|u_2(t)|^2}}. \tag{14.92}$$

如果入射光波为相同偏振态的偏振热光，那么就有

$$\overline{u_1(t+\tau)u_2(t)u_1^*(t+\tau)u_2^*(t)} = \overline{I}_1\overline{I}_2 + |\widetilde{\Gamma}_{12}(\tau)|^2, \tag{14.93}$$

而光强相干度则为

$$g(\tau) = 1 + \frac{|\widetilde{\Gamma}_{12}(\tau)|^2}{\overline{I}_1\overline{I}_2}, \tag{14.94}$$

或

$$g(\tau) = 1 + |\widetilde{\gamma}_{12}(\tau)|^2, \tag{14.95}$$

即对于偏振热光，光强相干度取决于光场的互相干度. 另一方面，光场的互相干度可以通过光波干涉的方法来测量. 这样，通过空间相干实验结果和光强相干实验结果的对比，我们就可以判断光场是否具有热光光场的统计特性.

14.2.2 光强的自干涉

一个重要的光强干涉实验是汉伯利·布朗-特维斯 (Hanbury Brown-Twiss) 实验. 汉伯利·布朗-特维斯实验装置如图 14.2 所示. 这是一个光强的自干涉实验，光波 I_1，I_2 由分波幅装置从同一束光波产生.

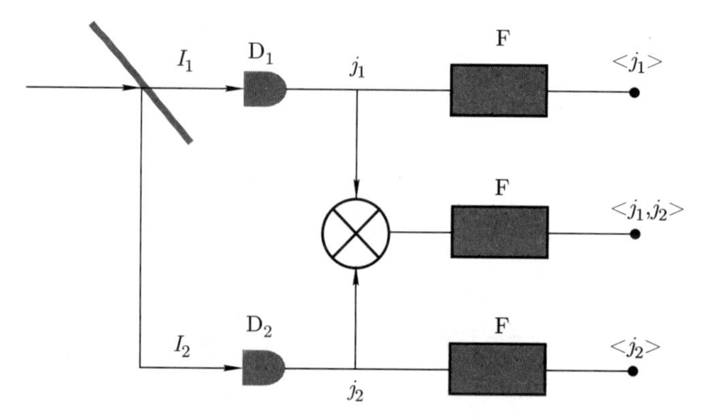

图 14.2 汉伯利·布朗-特维斯实验装置

按照经典理论，这时有

$$g(\tau) = \frac{\overline{u(t+\tau)u(t)u^*(t+\tau)u^*(t)}}{[\overline{|u(t)|^2}]^2}. \tag{14.96}$$

如果入射光波为偏振热光，则有

$$g(\tau) = 1 + |\widetilde{\gamma}(\tau)|^2, \tag{14.97}$$

而如果入射光波为部分偏振热光，则有

$$g(\tau)=1+\frac{1}{2}(1+\mathcal{P}^2)|\widetilde{\gamma}(\tau)|^2. \tag{14.98}$$

在这两种情况下，光强相干度都满足 $g(\tau)\geqslant 1$.

在汉伯利·布朗-特维斯实验中，无论光源具有怎样的统计特性，按照经典理论，都有

$$g(0)\geqslant 1, \tag{14.99}$$

这是因为

$$g(0)=\frac{\overline{[I(t)]^2}}{[\overline{I(t)}]^2}, \tag{14.100}$$

而

$$\overline{[I(t)]^2}\geqslant[\overline{I(t)}]^2. \tag{14.101}$$

但按照量子理论，这一结论并不正确. 按照量子理论，应有

$$g(0)=\frac{\langle\psi|a^\dagger a^\dagger aa|\psi\rangle}{\overline{n}^2}, \tag{14.102}$$

其值与光场的状态有关. 例如，对于处于量子态为

$$|\psi_N\rangle=\frac{1}{\sqrt{N+1}}\sum_{n=0}^{N}|n\rangle \tag{14.103}$$

的光场，有

$$g(0)=\frac{4}{3}\left(1-\frac{1}{N}\right). \tag{14.104}$$

如果 $N>4$，则 $g(0)>1$，取值为经典允许值. 如果光场处于相干态，即 $|\psi\rangle=|\alpha\rangle$，则有

$$\overline{n}=|\alpha|^2,\quad \langle\psi|a^\dagger a^\dagger aa|\psi\rangle=|\alpha|^4,\quad g(0)=1. \tag{14.105}$$

这时 $g(0)$ 的取值仍为经典允许值. 但如果光场处于粒子数态，即 $|\psi\rangle=|n\rangle$，则有

$$\overline{n}=n,\quad \langle\psi|a^\dagger a^\dagger aa|\psi\rangle=n(n-1), \tag{14.106}$$

于是

$$g(0)=1-\frac{1}{n}<1. \tag{14.107}$$

特别地，在 $n=1$ 的情况下，有 $g(0)=0$. 由于经典理论和量子理论的结果之间存在显著差别，因此汉伯利·布朗-特维斯实验可以用来验证光场的量子性. 实验上观察到了 $g(0)<1$ 的结果，但 $g(0)=0$ 的情形至今还没有观察到.

习 题

14.1 试证明, 对于圆正态随机过程, 有

$$\begin{aligned}&\widetilde{\Gamma}_{1,2,\cdots,2n}(t_1,t_2,\cdots,t_{2n})\\&\quad=\sum_P\widetilde{\Gamma}_{1,p_1}(t_1,t_{p_1})\widetilde{\Gamma}_{2,p_2}(t_2,t_{p_2})\cdots\widetilde{\Gamma}_{n,p_n}(t_n,t_{p_n}),\end{aligned}$$

其中, $p_1,p_2,\cdots,p_n$ 的取值范围为 $n+1,n+2,\cdots,2n$, 而 $\sum\limits_P$ 表示对所有可能的 $(p_1,p_2,\cdots,p_n)$ 的排列求和.

14.2 试证明, 对于具有高斯线型谱线的光源,

$$\mathcal{M}=\left\{\frac{\tau_{\mathrm{c}}}{T}\operatorname{erf}\left(\sqrt{\pi}\frac{T}{\tau_{\mathrm{c}}}\right)-\frac{1}{\pi}\left(\frac{\tau_{\mathrm{c}}}{T}\right)^2\left[1-\mathrm{e}^{-\pi\left(\frac{T}{\tau_{\mathrm{c}}}\right)^2}\right]\right\}^{-1}.$$

14.3 试证明, 对于具有洛伦兹线型谱线的光源,

$$\mathcal{M}=\left\{\frac{\tau_{\mathrm{c}}}{T}+\frac{1}{2}\left(\frac{\tau_{\mathrm{c}}}{T}\right)^2\left[\mathrm{e}^{-2\left(\frac{T}{\tau_{\mathrm{c}}}\right)}-1\right]\right\}^{-1}.$$

14.4 试求密度函数

$$\begin{aligned}p_{I_T}(I_T)\approx{}&\frac{\theta(I_T)}{\Gamma(2\mathcal{M})\bar{I}}\left(\frac{4\mathcal{M}^2}{1-\mathcal{P}^2}\right)^{\mathcal{M}}\left(\frac{I_T}{\bar{I}}\right)^{2\mathcal{M}-1}\exp\left[-\frac{2\mathcal{M}I_T}{\bar{I}(1-\mathcal{P})}\right]\\&\times{}_1\mathrm{F}_1\left(\mathcal{M};2\mathcal{M};\frac{4\mathcal{P}\mathcal{M}I_T}{\bar{I}(1-\mathcal{P}^2)}\right)\end{aligned}$$

在 $\mathcal{P}\to 1$ 时的极限.

第 15 章 光电探测的半经典理论

§15.1 光电探测的半经典模型

光电探测过程是光与探测介质相互作用而产生光计数的过程. 我们用经典理论处理光场, 用量子理论描述光与探测介质的相互作用, 并做如下假设:

(1) 在远小于光波的相干时间 τ_c 的时段 Δt 内, 在远小于光波的相干面积 A_c 的探测区域 ΔA 中产生一个光计数的概率与探测时间、探测区域的面积和入射光强成正比:

$$P(1;\Delta t,\Delta A)=\alpha\Delta t\Delta AI(x,y;t), \tag{15.1}$$

其中, α 为探测器常数. 这一假设与量子跃迁理论的结论是一致的.

(2) 在同一时段、同一探测区域产生多个光计数的概率远小于 1.

(3) 在不相重叠时段记录到的光计数统计无关.

如果忽略探测器的响应时间, 我们可以用 δ 函数来描述每一个光计数. 那么根据以上假设, 光计数是一个泊松脉冲过程. 根据泊松脉冲过程的统计特性, 在时段 $(t,t+\tau]$ 内记录到 K 个光计数的概率为

$$P(K)\equiv P(K;t,t+\tau)=\frac{(\overline{K})^K}{K!}\mathrm{e}^{-\overline{K}}, \tag{15.2}$$

其中, 平均光计数 $\overline{K}$ 为

$$\overline{K}=\alpha\iint\limits_{\mathcal{A}}\int_t^{t+\tau}I(x,y;t')\mathrm{d}x\mathrm{d}y\mathrm{d}t', \tag{15.3}$$

这里, $\mathcal{A}$ 为全部探测区域.

引入积分光强

$$W=\iint\limits_{\mathcal{A}}\int_t^{t+\tau}I(x,y;t')\mathrm{d}x\mathrm{d}y\mathrm{d}t', \tag{15.4}$$

我们可以将概率 $P(K)$ 写成如下形式:

$$P(K)=\frac{(\alpha W)^K}{K!}\mathrm{e}^{-\alpha W}. \tag{15.5}$$

积分光强 W 是在 τ 时间内入射到探测器的光波的总能量. 将 W 除以光子能量 $h\nu$, 即可得到相同时间内入射到探测器的光子数. 令 η 为探测器的量子效率, 即由一个光子产生的平均光计数. 显然有

$$\overline{K} = \frac{\eta W}{h\nu}, \tag{15.6}$$

所以

$$\alpha = \frac{\eta}{h\nu}. \tag{15.7}$$

§15.2 光强的随机涨落效应

在 15.1 节的讨论中我们看到, 光计数的统计直接与积分光强有关. 而积分光强本身也可以是随机变量. 这样, 式 (15.5) 应被看作条件概率 $P(K|W)$, 而 $P(K)$ 则为边缘概率. 要得到边缘概率, 还需要对 W 取平均. 令 $p_W(W)$ 为 W 的概率密度函数, 那么边缘概率 $P(K)$ 就可以表达为

$$\begin{aligned} P(K) &= \int_0^{+\infty} P(K|W)p_W(W)\mathrm{d}W \\ &= \int_0^{+\infty} \frac{(\alpha W)^K}{K!}\mathrm{e}^{-\alpha W}p_W(W)\mathrm{d}W. \end{aligned} \tag{15.8}$$

式 (15.8) 称为曼德尔 (Mandel) 公式, 概率 $P(K)$ 称为概率密度函数 $p_W(W)$ 的泊松变换. 利用这一关系, 我们可以把 K 的统计和 W 的统计联系起来. 直接计算可得

$$\begin{aligned} E\left[\frac{K!}{(K-n)!}\right] &= \sum_{K=0}^{+\infty} \frac{K!}{(K-n)!}P(K) \\ &= \sum_{K=n}^{+\infty} \frac{K!}{(K-n)!}\int_0^{+\infty} \frac{(\alpha W)^K}{K!}\mathrm{e}^{-\alpha W}p_W(W)\mathrm{d}W. \end{aligned} \tag{15.9}$$

交换积分与求和的顺序, 可以得到

$$\begin{aligned} E\left[\frac{K!}{(K-n)!}\right] &= \int_0^{+\infty} \sum_{K=n}^{+\infty} \frac{(\alpha W)^K}{(K-n)!}\mathrm{e}^{-\alpha W}p_W(W)\mathrm{d}W \\ &= \int_0^{+\infty} (\alpha W)^n p_W(W)\mathrm{d}W \\ &= \alpha^n\overline{W^n}. \end{aligned} \tag{15.10}$$

分别取 $n = 1, 2$, 可以得到

$$\overline{K} = \alpha\overline{W}, \qquad \overline{K^2} - \overline{K} = \alpha^2\overline{W^2}. \tag{15.11}$$

利用以上关系式可以求得光计数的方差:

$$\begin{aligned}\sigma_K^2 &= \overline{K^2} - (\overline{K})^2 \\ &= \alpha^2\overline{W^2} + \alpha\overline{W} - \alpha^2(\overline{W})^2 \\ &= \alpha^2\sigma_W^2 + \alpha\overline{W}.\end{aligned} \tag{15.12}$$

我们注意到光计数的方差由具有不同来源的两项组成，其中，第一项为光强涨落的影响，而第二项则来源于泊松脉冲过程. 尽管光计数的平均值由光强确定，但是在光计数的方差中还有测量过程的贡献. 测量过程中，探测器输出的信号是来自光场的信号与伴随测量过程的噪声的叠加.

15.2.1　理想单模激光的光计数统计

考虑光源为光强稳定的理想单模激光的情形. 这时有

$$W = I_0 A\tau, \tag{15.13}$$

而积分光强的概率密度函数为

$$p_W(W) = \delta(W - I_0 A\tau). \tag{15.14}$$

将式 (15.14) 代入曼德尔公式 (15.8), 可得

$$\begin{aligned}P(K) &= \int_0^{+\infty} \frac{(\alpha W)^K}{K!}\mathrm{e}^{-\alpha W}\delta(W - I_0 A\tau)\mathrm{d}W \\ &= \frac{(\alpha I_0 A\tau)^K}{K!}\mathrm{e}^{-\alpha I_0 A\tau},\end{aligned} \tag{15.15}$$

或

$$P(K) = \frac{(\overline{K})^K}{K!}\mathrm{e}^{-\overline{K}}, \tag{15.16}$$

其中，平均光计数为

$$\overline{K} = \alpha I_0 A\tau. \tag{15.17}$$

由于

$$\sigma_W^2 = 0, \tag{15.18}$$

因此

$$\sigma_K^2 = \alpha^2\sigma_W^2 + \alpha\overline{W} = \alpha\overline{W} = \overline{K}. \tag{15.19}$$

利用光计数的平均值和方差的表达式，可以得到光计数的信噪比：

$$\left(\frac{S}{N}\right)_{\text{rms}} = \frac{\overline{K}}{\sigma_K} = \sqrt{\overline{K}}. \tag{15.20}$$

我们注意到虽然输入信号中没有噪声，但是探测信号中却是有噪声的. 这一噪声称为散粒噪声.

15.2.2 偏振热光的光计数统计 (一)

我们先考虑探测时间远小于相干时间的情形. 由于探测时间远小于相干时间，因此光强在探测过程中的变化可以忽略，于是有

$$W = I(t)A\tau. \tag{15.21}$$

在此条件下，积分光强的概率密度函数与瞬时光强的概率密度函数具有相同的形式：

$$p_W(W) = \theta(W)\frac{1}{\overline{W}}\exp\left(-\frac{W}{\overline{W}}\right). \tag{15.22}$$

将 $p_W(W)$ 的表达式 (15.22) 代入曼德尔公式 (15.8)，可以得到

$$\begin{aligned} P(K) &= \int_0^{+\infty}\frac{(\alpha W)^K}{K!}\mathrm{e}^{-\alpha W}\frac{1}{\overline{W}}\exp\left(-\frac{W}{\overline{W}}\right)\mathrm{d}W \\ &= \frac{\alpha^K}{K!\overline{W}}\int_0^{+\infty}W^K\exp\left[-\left(\alpha+\frac{1}{\overline{W}}\right)W\right]\mathrm{d}W \\ &= \frac{\alpha^K}{K!\overline{W}}\left(\alpha+\frac{1}{\overline{W}}\right)^{-K-1}\int_0^{+\infty}w^K\mathrm{e}^{-w}\mathrm{d}w \\ &= \frac{1}{1+\alpha\overline{W}}\left(\frac{\alpha\overline{W}}{1+\alpha\overline{W}}\right)^K. \end{aligned} \tag{15.23}$$

又因为 $\overline{K} = \alpha\overline{W}$，所以

$$P(K) = \frac{1}{1+\overline{K}}\left(\frac{\overline{K}}{1+\overline{K}}\right)^K. \tag{15.24}$$

式 (15.24) 称为玻色 (Bose)-爱因斯坦分布或几何分布. 应用 $p_W(W)$ 的表达式可以计算出 W 的各阶矩：

$$\begin{aligned} \overline{W^n} &= \int_0^{+\infty}\frac{W^n}{\overline{W}}\exp\left(-\frac{W}{\overline{W}}\right)\mathrm{d}W \\ &= n!(\overline{W})^n, \end{aligned} \tag{15.25}$$

由此可得

$$E\left[\frac{K!}{(K-n)!}\right]=n!(\overline{K})^n. \tag{15.26}$$

取 $n=2$, 可以得到

$$\sigma_K^2=\overline{K}+(\overline{K})^2, \tag{15.27}$$

而信噪比则为

$$\left(\frac{S}{N}\right)_{\text{rms}}=\sqrt{\frac{\overline{K}}{1+\overline{K}}}<1. \tag{15.28}$$

信噪比小于 1 说明在探测时间远小于相干时间的条件下得到的光计数有很大的涨落.

15.2.3 偏振热光的光计数统计 (二)

现在我们考虑任意探测时间的情形. 因为其具有相对简单的解析形式, 所以我们采用积分光强密度函数的近似形式:

$$p_W(W)=\theta(W)\left(\frac{\mathcal{M}}{\overline{W}}\right)^{\mathcal{M}}\frac{W^{\mathcal{M}-1}\exp\left(-\frac{\mathcal{M}W}{\overline{W}}\right)}{\Gamma(\mathcal{M})}. \tag{15.29}$$

应用曼德尔公式, 可得

$$\begin{aligned}P(K)&=\int_0^{+\infty}\frac{(\alpha W)^K}{K!}\mathrm{e}^{-\alpha W}\left(\frac{\mathcal{M}}{\overline{W}}\right)^{\mathcal{M}}\frac{W^{\mathcal{M}-1}\exp\left(-\frac{\mathcal{M}W}{\overline{W}}\right)}{\Gamma(\mathcal{M})}\mathrm{d}W\\&=\frac{\alpha^K}{K!\Gamma(\mathcal{M})}\left(\frac{\mathcal{M}}{\overline{W}}\right)^{\mathcal{M}}\int_0^{+\infty}W^{K+\mathcal{M}-1}\exp\left[-\left(\alpha+\frac{\mathcal{M}}{\overline{W}}\right)W\right]\mathrm{d}W\\&=\frac{\alpha^K}{K!\Gamma(\mathcal{M})}\left(\frac{\mathcal{M}}{\overline{W}}\right)^{\mathcal{M}}\left(\alpha+\frac{\mathcal{M}}{\overline{W}}\right)^{-K-\mathcal{M}}\int_0^{+\infty}w^{K+\mathcal{M}-1}\mathrm{e}^{-w}\mathrm{d}w\\&=\frac{\Gamma(\mathcal{M}+K)}{K!\Gamma(\mathcal{M})}\left(1+\frac{\mathcal{M}}{\overline{K}}\right)^{-K}\left(1+\frac{\overline{K}}{\mathcal{M}}\right)^{-\mathcal{M}}.\end{aligned} \tag{15.30}$$

式 (15.30) 称为负二项式分布.

对于偏振热光, 我们有

$$\sigma_W^2=\frac{(\overline{W})^2}{\mathcal{M}}, \tag{15.31}$$

所以,

$$\sigma_K^2 = \overline{K} + \frac{(\overline{K})^2}{\mathcal{M}}, \tag{15.32}$$

而信噪比则为

$$\left(\frac{S}{N}\right)_{\rm rms} = \sqrt{\frac{\mathcal{M}\overline{K}}{\mathcal{M}+\overline{K}}}. \tag{15.33}$$

当探测时间远大于相干时间时, $\mathcal{M} \gg 1$. 这时

$$\left(\frac{S}{N}\right)_{\rm rms} \approx \sqrt{\overline{K}}, \tag{15.34}$$

即信噪比趋于散粒噪声极限.

§15.3 简 并 参 数

在考虑光强的随机涨落效应后, 光计数的方差可由下式得到:

$$\sigma_K^2 = \overline{K} + \alpha^2\sigma_W^2. \tag{15.35}$$

式 (15.35) 中右边的第一项来自泊松过程的散粒噪声项, 第二项是光强涨落的反映. 我们定义光计数简并参数为这两项之比, 即

$$\delta_{\rm c} = \frac{\alpha^2\sigma_W^2}{\overline{K}}. \tag{15.36}$$

考虑光波为偏振热光的情形, 这时

$$\sigma_W^2 = \frac{(\overline{W})^2}{\mathcal{M}}, \tag{15.37}$$

因此偏振热光的光计数简并参数为

$$\delta_{\rm c} = \frac{\overline{K}}{\mathcal{M}}. \tag{15.38}$$

我们知道在探测时间 τ 远大于相干时间 $\tau_{\rm c}$ 的情况下, 有近似关系

$$\mathcal{M} \approx \frac{\tau}{\tau_{\rm c}}, \tag{15.39}$$

由此可得

$$\delta_{\rm c} \approx \frac{\tau_{\rm c}}{\tau}\overline{K}, \tag{15.40}$$

即对于偏振热光，光计数简并参数等于相干时间内的光计数，或单一模式产生的光计数.

光计数简并参数的值与探测器的效率有关. 我们可以引入一个与探测器的效率无关的简并参数. 定义光波简并参数为

$$\delta_{\mathrm{w}}=\frac{\delta_{\mathrm{c}}}{\eta}. \tag{15.41}$$

光波简并参数可以看作量子效率为 1 的理想探测器的光计数简并参数.

采用光计数简并参数 δ_{c} 和平均光计数 $\overline{K}$，我们可以把光源为偏振热光时的光计数所满足的负二项式分布改写成如下形式：

$$P(K)=\frac{\Gamma\left(K+\dfrac{\overline{K}}{\delta_{\mathrm{c}}}\right)}{K!\Gamma\left(\dfrac{\overline{K}}{\delta_{\mathrm{c}}}\right)}\left[(1+\delta_{\mathrm{c}})^{\frac{\overline{K}}{\delta_{\mathrm{c}}}}\left(1+\frac{1}{\delta_{\mathrm{c}}}\right)^{K}\right]^{-1}. \tag{15.42}$$

采用简并参数作为变量的优点是：与参数 $\mathcal{M}$ 相比，简并参数有更明确的意义.

考虑负二项式分布在 $\delta_{\mathrm{c}}\to 0$ 时的极限. 当 $\delta_{\mathrm{c}}\ll 1$ 时，应用斯特林公式可以得到

$$\Gamma\left(\frac{\overline{K}}{\delta_{\mathrm{c}}}\right)\approx\sqrt{2\pi}\left(\frac{\overline{K}}{\delta_{\mathrm{c}}}\right)^{\overline{K}/\delta_{\mathrm{c}}-1/2}\mathrm{e}^{-\overline{K}/\delta_{\mathrm{c}}}, \tag{15.43}$$

$$\Gamma\left(K+\frac{\overline{K}}{\delta_{\mathrm{c}}}\right)\approx\sqrt{2\pi}\left(K+\frac{\overline{K}}{\delta_{\mathrm{c}}}\right)^{K+\overline{K}/\delta_{\mathrm{c}}-1/2}\mathrm{e}^{-\overline{K}/\delta_{\mathrm{c}}-K}. \tag{15.44}$$

此外，当 $\delta_{\mathrm{c}}\ll 1$ 时，我们还有如下关系式：

$$(1+\delta_{\mathrm{c}})^{-\frac{\overline{K}}{\delta_{\mathrm{c}}}}\approx\mathrm{e}^{-\overline{K}},\quad\left(1+\frac{1}{\delta_{\mathrm{c}}}\right)^{-K}\approx\delta_{\mathrm{c}}^{K}. \tag{15.45}$$

将式 (15.45) 代入式 (15.42)，可以得到

$$\begin{aligned}P(K)&\approx\frac{\left(K+\dfrac{\overline{K}}{\delta_{\mathrm{c}}}\right)^{K+\overline{K}/\delta_{\mathrm{c}}-1/2}\mathrm{e}^{-\overline{K}/\delta_{\mathrm{c}}-K}}{K!\left(\dfrac{\overline{K}}{\delta_{\mathrm{c}}}\right)^{\overline{K}/\delta_{\mathrm{c}}-1/2}\mathrm{e}^{-\overline{K}/\delta_{\mathrm{c}}}}\delta_{\mathrm{c}}^{K}\mathrm{e}^{-\overline{K}}\\&=\frac{(\overline{K}+\delta_{\mathrm{c}}K)^{K}}{K!}\left(1+\frac{\delta_{\mathrm{c}}K}{\overline{K}}\right)^{\overline{K}/\delta_{\mathrm{c}}-1/2}\mathrm{e}^{-\overline{K}-K}.\end{aligned} \tag{15.46}$$

式 (15.46) 在 $\delta_{\mathrm{c}}\to 0$ 时的极限为

$$\lim_{\delta_{\mathrm{c}}\to 0}P(K)=\frac{(\overline{K})^{K}}{K!}\mathrm{e}^{-\overline{K}}, \tag{15.47}$$

即在 $\delta_{\mathrm{c}}\to 0$ 的极限下，负二项式分布趋于泊松分布.

§15.4 干涉测量的噪声限制

测量干涉条纹的可视度和相位是确定光场互相干函数的基本方法. 干涉条纹的可视度和相位可以通过测量置于干涉场内的探测器阵列上的光强分布而得到. 如图 15.1 所示, 探测器阵列产生的光计数输入到处理器 P, 处理器 P 对光计数信号做傅里叶分析, 输出探测到的干涉条纹的可视度 $\widehat{\mathcal{V}}$ 和相位 $\widehat{\phi}$.

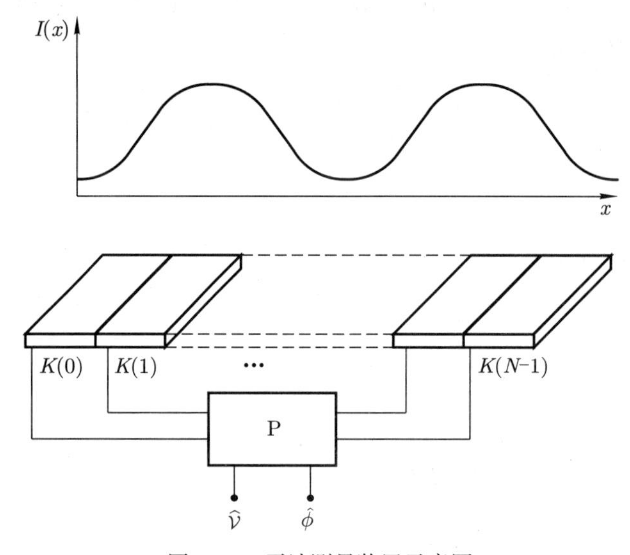

图 15.1 干涉测量装置示意图

干涉条纹的周期由干涉装置和光源的波长所决定. 可以认为干涉条纹的周期 L 是已知的, 那么探测器阵列上的光强分布为

$$I(x) = I\left[1 + \mathcal{V}\cos\left(\frac{2\pi x}{L} + \phi\right)\right]. \tag{15.48}$$

记第 n 个探测单元产生的光计数为 $K(n)$. 我们称 $K(n)$ 的集合为光计数矢量. 令每个探测器单元的宽度为 a, 并假设 $a \ll L$. 在此条件下, 光计数矢量的平均值为

$$\overline{K(n)} = \alpha A I \tau\left[1 + \mathcal{V}\cos\left(\frac{2\pi n p_0}{N} + \phi\right)\right], \tag{15.49}$$

其中, A 为一个探测单元的面积, 而参数 p_0 为

$$p_0 = \frac{Na}{L}. \tag{15.50}$$

为方便起见, 我们假设 p_0 为整数.

如果光源为偏振热光，应用式 (15.32) 可以得到光计数矢量的方均值：

$$\overline{K^2(n)} = \overline{K(n)} + [\overline{K(n)}]^2 \left(1 + \frac{1}{\mathcal{M}}\right). \tag{15.51}$$

在给定光强的条件下，不同探测器单元产生的光计数是统计无关的，所以

$$P(K(n), K(m)|W) = P(K(n)|W)P(K(m)|W)\,, \quad n \neq m. \tag{15.52}$$

利用以上关系，我们可以求得光计数矢量分量的相关：

$$\overline{K(n)K(m)} = \overline{K(n)}\,\overline{K(m)} \left(1 + \frac{1}{\mathcal{M}}\right), \quad m \neq n. \tag{15.53}$$

干涉条纹的可视度及相位可通过比较 $\overline{K(n)}$ 的傅里叶展开中的 $p = p_0$ 和 $p = 0$ 的成分而得到. 然而，探测器输出的并不是 $\overline{K(n)}$，而是随机变量 $K(n)$. 相应地，对 $K(n)$ 做傅里叶展开，可以得到取值分别接近 $\mathcal{V}$ 和 ϕ 的随机变量 $\widehat{\mathcal{V}}$ 和 $\widehat{\phi}$.

$K(n)$ 的傅里叶展开为

$$\mathcal{K}(p) = \frac{1}{N} \sum_{n=0}^{N-1} K(n) \mathrm{e}^{\mathrm{i}2\pi np/N}. \tag{15.54}$$

令

$$\mathcal{K}_{\mathrm{R}} \equiv \mathrm{Re}\, \mathcal{K}(p_0) = \frac{1}{N} \sum_{n=0}^{N-1} K(n) \cos \frac{2\pi np_0}{N}, \tag{15.55}$$

$$\mathcal{K}_{\mathrm{I}} \equiv \mathrm{Im}\, \mathcal{K}(p_0) = \frac{1}{N} \sum_{n=0}^{N-1} K(n) \sin \frac{2\pi np_0}{N}. \tag{15.56}$$

注意到 p_0 为整数，应用 $\overline{K(n)}$ 的表达式 (15.49)，不难导出如下关系式：

$$\overline{\mathcal{K}}_{\mathrm{R}} = \frac{\alpha A\tau I}{2} \mathcal{V} \cos\phi, \qquad \overline{\mathcal{K}}_{\mathrm{I}} = \frac{\alpha A\tau I}{2} \mathcal{V} \sin\phi. \tag{15.57}$$

根据式 (15.57)，我们定义随机变量 $\widehat{\mathcal{V}}$ 和 $\widehat{\phi}$：

$$\widehat{\mathcal{V}} = \frac{2\sqrt{\mathcal{K}_{\mathrm{R}}^2 + \mathcal{K}_{\mathrm{I}}^2}}{\alpha A\tau I}, \qquad \widehat{\phi} = \tan^{-1} \frac{\mathcal{K}_{\mathrm{R}}}{\mathcal{K}_{\mathrm{I}}}. \tag{15.58}$$

我们可以把 $\widehat{\mathcal{V}}$ 和 $\widehat{\phi}$ 分别看作 $\mathcal{V}$ 和 ϕ 的近似值. 下面我们考虑这一近似的精度.

先计算 $\mathcal{K}_{\mathrm{R}}$ 的方差：

$$\sigma_{\mathrm{R}}^2 = \overline{\mathcal{K}_{\mathrm{R}}^2} - (\overline{\mathcal{K}}_{\mathrm{R}})^2. \tag{15.59}$$

我们有

$$\begin{aligned}\overline{\mathcal{K}_{\rm R}^2} &= \frac{1}{N^2}\sum_{n=0}^{N-1}\sum_{m=0}^{N-1}\overline{K(n)K(m)}\cos\frac{2\pi np_0}{N}\cos\frac{2\pi mp_0}{N} \\ &= \frac{1}{N^2}\sum_{n=0}^{N-1}\sum_{m=0}^{N-1}\left[\overline{K(n)}\delta_{nm}+\overline{K(n)}\,\overline{K(m)}\left(1+\frac{1}{\mathcal{M}}\right)\right] \\ &\quad\times\cos\frac{2\pi np_0}{N}\cos\frac{2\pi mp_0}{N} \\ &= \frac{1}{N^2}\sum_{n=0}^{N-1}\overline{K(n)}\cos^2\frac{2\pi np_0}{N} \\ &\quad+\frac{1}{N^2}\frac{1}{\mathcal{M}}\left[\sum_{n=0}^{N-1}\overline{K(n)}\cos\frac{2\pi np_0}{N}\right]^2+(\overline{\mathcal{K}}_{\rm R})^2.\end{aligned}\tag{15.60}$$

不妨取 $\phi=0$，这样就有

$$\overline{\mathcal{K}}_{\rm R}=\frac{1}{2}\alpha AI\tau\mathcal{V},\quad \overline{\mathcal{K}}_{\rm I}=0.\tag{15.61}$$

记 $\overline{K}=\alpha AI\tau N/2$，将 $\overline{K(n)}$ 的表达式 (15.49) 代入式 (15.60)，可以得到

$$\sigma_{\rm R}^2=\frac{\overline{K}}{N^2}+\frac{(\overline{K})^2\mathcal{V}^2}{\mathcal{M}N^2}.\tag{15.62}$$

再计算 $\mathcal{K}_{\rm I}$ 的方差:

$$\sigma_{\rm I}^2=\overline{\mathcal{K}_{\rm I}^2}-(\overline{\mathcal{K}}_{\rm I})^2.\tag{15.63}$$

类似地，我们有

$$\begin{aligned}\overline{\mathcal{K}_{\rm I}^2} &= \frac{1}{N^2}\sum_{n=0}^{N-1}\overline{K(n)}\sin^2\frac{2\pi np_0}{N}+\frac{(\ \overline{\mathcal{K}}_{\rm I})^2}{\mathcal{M}} \\ &= \frac{\overline{K}}{N^2} \\ &= \sigma_{\rm I}^2.\end{aligned}\tag{15.64}$$

还需要计算协方差. 不难得到

$$\overline{[\mathcal{K}_{\rm R}-\overline{\mathcal{K}}_{\rm R}][\mathcal{K}_{\rm I}-\overline{\mathcal{K}}_{\rm I}]}=0,\tag{15.65}$$

即当 $\phi=0$ 时，$\mathcal{K}_{\rm R}$ 与 $\mathcal{K}_{\rm I}$ 是不相关的.

$\mathcal{K}(p_0)$ 是一个平均值为 $\overline{K}\mathcal{V}\mathrm{e}^{\mathrm{i}\phi}/N$ 的复值随机变量，其值在复平面上的分布如图 15.2 所示. 观测到清晰的干涉条纹要求 $\mathcal{K}(p_0)$ 的模，亦即 $\phi=0$ 时的 $\mathcal{K}_\mathrm{R}$ 有较高的信噪比. 条纹可视度的信噪比即为 $\mathcal{K}(p_0)$ 模的信噪比，所以

$$\left(\frac{S}{N}\right)_{\mathrm{rms}}=\frac{\overline{\mathcal{K}}_\mathrm{R}}{\sigma_\mathrm{R}}=\mathcal{V}\sqrt{\overline{K}}\left(1+\frac{\overline{K}\mathcal{V}^2}{\mathcal{M}}\right)^{-1/2}, \tag{15.66}$$

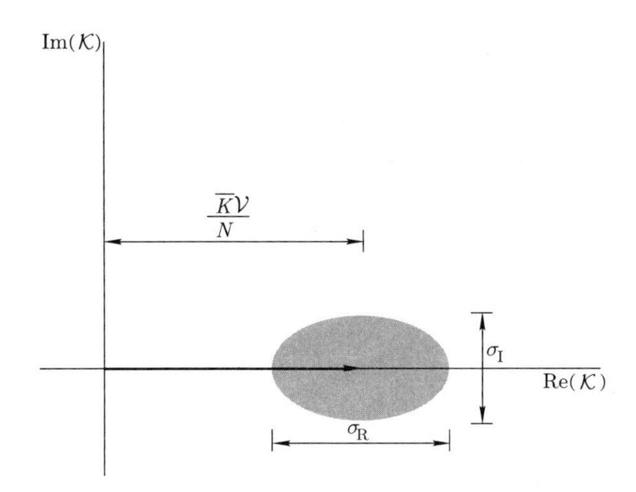

图 15.2 干涉条纹可视度测量的误差

而相位的误差则为

$$\sigma_\phi=\frac{\sigma_\mathrm{I}}{\overline{\mathcal{K}}_\mathrm{R}}=\frac{1}{\sqrt{\overline{K}}\mathcal{V}}\,. \tag{15.67}$$

因为 $\mathcal{M}\approx\tau/\tau_\mathrm{c}$，$\overline{K}=\delta_\mathrm{c}\mathcal{M}$，所以条纹可视度的信噪比还可以写成

$$\left(\frac{S}{N}\right)_{\mathrm{rms}}=\mathcal{V}\sqrt{\frac{\tau}{\tau_\mathrm{c}}}\sqrt{\delta_\mathrm{c}}(1+\delta_\mathrm{c}\mathcal{V}^2)^{-1/2}. \tag{15.68}$$

当 $\delta_\mathrm{c}\ll 1$ 时，式 (15.68) 可以简化为

$$\left(\frac{S}{N}\right)_{\mathrm{rms}}=\mathcal{V}\sqrt{\frac{\tau}{\tau_\mathrm{c}}}\sqrt{\delta_\mathrm{c}}\,. \tag{15.69}$$

在这一条件下，要达到一定的信噪比，测量时间 τ 必须满足如下关系：

$$\tau\geqslant\tau_\mathrm{c}\left[\left(\frac{S}{N}\right)_{\mathrm{rms}}\right]^2\frac{1}{\delta_\mathrm{c}\mathcal{V}^2}\,. \tag{15.70}$$

了解信噪比与测量时间之间的联系对理解干涉测量的结果是非常重要的. 测量时间很短时，得到的光计数的总和可以低于探测单元的数量，这样，光计数的空间分布是离散的.

但这时的信噪比很低，光计数离散型的空间分布反映的是散粒噪声的特性，而不是光场或光子的空间分布特性. 当测量时间足够长时，能够得到较高的信噪比. 这时观测到的清晰的干涉条纹反映出的才是光场或光子真正的空间分布特性.

习 题

15.1 试证明，对于偏振热光，光计数矢量分量间的相关为

$$\overline{K(n)K(m)} = \overline{K(n)}\,\overline{K(m)}\left(1+\frac{1}{\mathcal{M}}\right), \quad m \neq n.$$

15.2 试证明，

$$\overline{\mathcal{K}}_{\mathrm{R}} = \frac{\alpha A\tau I}{2}\mathcal{V}\cos\phi, \qquad \overline{\mathcal{K}}_{\mathrm{I}} = \frac{\alpha A\tau I}{2}\mathcal{V}\sin\phi,$$

其中，

$$\mathcal{K}_{\mathrm{R}} = \frac{1}{N}\sum_{n=0}^{N-1} K(n)\cos\frac{2\pi n p_0}{N},$$

$$\mathcal{K}_{\mathrm{I}} = \frac{1}{N}\sum_{n=0}^{N-1} K(n)\sin\frac{2\pi n p_0}{N}.$$

第四部分

光波辐射理论

第 16 章 电偶极子辐射的经典理论

§16.1 电偶极子辐射

依据光的经典电磁理论，光是由以光波频率振动的带电微粒发出的，而以光波频率振动的带电微粒可以等效地看作一个静止的电荷和一个电偶极矩以光频变化的电偶极子的叠加. 这样，电偶极矩以光频变化的电偶极子便可以看作发光的基本单元.

考虑一个电偶极矩随时间变化的电偶极子产生的光场. 设电偶极子由一个位于 $\boldsymbol{r}_+(t)$ 的电量为 $+q$ 的正电荷和一个位于 $\boldsymbol{r}_-(t)$ 的电量为 $-q$ 的负电荷构成. 记电偶极子的电偶极矩为 $\boldsymbol{p}(t)$，$\boldsymbol{p}(t)$ 由正负电荷的电量和位置矢量确定：

$$\boldsymbol{p}(t)=q[\boldsymbol{r}_+(t)-\boldsymbol{r}_-(t)]. \tag{16.1}$$

我们分别用 $\rho_+(\boldsymbol{r})$ 和 $\rho_-(\boldsymbol{r})$ 表示正电荷与负电荷的电荷密度. 由于 $|\boldsymbol{r}_+-\boldsymbol{r}_-|$ 远小于光波波长，因此在考虑电荷分布时，$\boldsymbol{r}_+(t)$ 与 $\boldsymbol{r}_-(t)$ 之差可以忽略. 这样，近似有

$$\rho=\rho_+(\boldsymbol{r})+\rho_-(\boldsymbol{r})\approx 0. \tag{16.2}$$

再计算电流密度. 显然有

$$\boldsymbol{j}(\boldsymbol{r},t)=\rho_+(\boldsymbol{r})\frac{\mathrm{d}\boldsymbol{r}_+}{\mathrm{d}t}+\rho_-(\boldsymbol{r})\frac{\mathrm{d}\boldsymbol{r}_-}{\mathrm{d}t}. \tag{16.3}$$

将正负电荷均看作点电荷，则有

$$\boldsymbol{j}(\boldsymbol{r},t)=q\left\{\delta[\boldsymbol{r}-\boldsymbol{r}_+(t)]\frac{\mathrm{d}\boldsymbol{r}_+}{\mathrm{d}t}-\delta[\boldsymbol{r}-\boldsymbol{r}_-(t)]\frac{\mathrm{d}\boldsymbol{r}_-}{\mathrm{d}t}\right\}. \tag{16.4}$$

忽略 $\boldsymbol{r}_+(t)$ 与 $\boldsymbol{r}_-(t)$ 之差，式 (16.4) 可以化为

$$\begin{aligned}\boldsymbol{j}(\boldsymbol{r},t)&=q\delta(\boldsymbol{r}_p-\boldsymbol{r})\frac{\mathrm{d}}{\mathrm{d}t}[\boldsymbol{r}_+(t)-\boldsymbol{r}_-(t)]\\&=\delta(\boldsymbol{r}_p-\boldsymbol{r})\dot{\boldsymbol{p}},\end{aligned} \tag{16.5}$$

其中，

$$\dot{\boldsymbol{p}}=\frac{\mathrm{d}\boldsymbol{p}}{\mathrm{d}t}, \tag{16.6}$$

而

$$\boldsymbol{r}_p = \frac{1}{2}[\boldsymbol{r}_+(t) + \boldsymbol{r}_-(t)] \tag{16.7}$$

为电偶极子的位置矢量. 为方便起见，我们可以取 $\boldsymbol{r}_p = \boldsymbol{0}$.

用矢量势 $\boldsymbol{A}$ 和标量势 ϕ 描述光场，我们可以把电场强度和磁场强度分别写成如下形式：

$$\boldsymbol{E} = -\frac{\partial \boldsymbol{A}}{\partial t} - \nabla\phi\ , \qquad \boldsymbol{H} = \frac{1}{\mu_0}\nabla \times \boldsymbol{A}. \tag{16.8}$$

采用洛伦兹规范

$$\nabla \cdot \boldsymbol{A} + \frac{1}{c^2}\frac{\partial \phi}{\partial t} = 0, \tag{16.9}$$

由麦克斯韦方程可以导出关于矢量势 $\boldsymbol{A}$ 的波动方程：

$$\left(\Delta - \frac{1}{c^2}\frac{\partial^2}{\partial t^2}\right)\boldsymbol{A} = -\mu_0 \boldsymbol{j}\ . \tag{16.10}$$

为得到以上方程的解，我们做如下傅里叶变换：

$$\widetilde{\boldsymbol{A}}(\boldsymbol{r},\omega) = \frac{1}{2\pi}\int_{-\infty}^{+\infty} \boldsymbol{A}(\boldsymbol{r},t)\mathrm{e}^{\mathrm{i}\omega t}\mathrm{d}t, \quad \widetilde{\phi}(\boldsymbol{r},\omega) = \frac{1}{2\pi}\int_{-\infty}^{+\infty} \phi(\boldsymbol{r},t)\mathrm{e}^{\mathrm{i}\omega t}\mathrm{d}t, \tag{16.11}$$

$$\widetilde{\boldsymbol{p}}(\omega) = \frac{1}{2\pi}\int_{-\infty}^{+\infty} \boldsymbol{p}(t)\mathrm{e}^{\mathrm{i}\omega t}\mathrm{d}t, \quad \widetilde{\boldsymbol{j}}(\omega) = \frac{1}{2\pi}\int_{-\infty}^{+\infty} \boldsymbol{j}(t)\mathrm{e}^{\mathrm{i}\omega t}\mathrm{d}t. \tag{16.12}$$

关于 $\widetilde{\boldsymbol{A}}(\boldsymbol{r},\omega)$ 的方程可以由式 (16.10) 导出：

$$\left(\Delta + k^2\right)\widetilde{\boldsymbol{A}}(\boldsymbol{r},\omega) = \mathrm{i}\mu_0\omega\widetilde{\boldsymbol{p}}(\omega)\delta(\boldsymbol{r}), \tag{16.13}$$

其中，$k = \omega/c$.

式 (16.13) 的解为

$$\widetilde{\boldsymbol{A}}(\boldsymbol{r},\omega) = -\frac{\mathrm{i}\mu_0\omega\widetilde{\boldsymbol{p}}(\omega)}{4\pi}\frac{\mathrm{e}^{\mathrm{i}kr}}{r}. \tag{16.14}$$

$\boldsymbol{A}(\boldsymbol{r},t)$ 可以通过傅里叶逆变换由 $\widetilde{\boldsymbol{A}}(\boldsymbol{r},\omega)$ 得到：

$$\begin{aligned}
\boldsymbol{A}(\boldsymbol{r},t) &= \int_{-\infty}^{+\infty} \widetilde{\boldsymbol{A}}(\boldsymbol{r},\omega)\mathrm{e}^{-\mathrm{i}\omega t}\mathrm{d}\omega \\
&= -\frac{\mathrm{i}\mu_0}{4\pi r}\int_{-\infty}^{+\infty} \omega\widetilde{\boldsymbol{p}}(\omega)\mathrm{e}^{\mathrm{i}kr}\mathrm{e}^{-\mathrm{i}\omega t}\mathrm{d}\omega \\
&= \frac{\mu_0}{4\pi r}\frac{1}{2\pi}\frac{\partial}{\partial t}\iint_{-\infty}^{+\infty} \mathrm{e}^{-\mathrm{i}\omega(t-t')}\mathrm{e}^{\mathrm{i}kr}\boldsymbol{p}(t')\mathrm{d}t'\mathrm{d}\omega.
\end{aligned} \tag{16.15}$$

由于 $k=\omega/c$，因此

$$\begin{aligned}\frac{1}{2\pi}\int_{-\infty}^{+\infty}\mathrm{e}^{-\mathrm{i}\omega(t-t')}\mathrm{e}^{\mathrm{i}kr}\mathrm{d}\omega&=\frac{1}{2\pi}\int_{-\infty}^{+\infty}\mathrm{e}^{-\mathrm{i}\omega(t-t'-r/c)}\mathrm{d}\omega\\&=\delta\left(t-t'-\frac{r}{c}\right),\end{aligned}\tag{16.16}$$

这样就有

$$\begin{aligned}\boldsymbol{A}(\boldsymbol{r},t)&=\frac{\mu_0}{4\pi r}\frac{\partial}{\partial t}\int_{-\infty}^{+\infty}\boldsymbol{p}(t')\delta\left(t-t'-\frac{r}{c}\right)\mathrm{d}t'\\&=\frac{\mu_0}{4\pi r}\frac{\partial}{\partial t}\boldsymbol{p}\left(t-\frac{r}{c}\right).\end{aligned}\tag{16.17}$$

又由洛伦兹规范条件得到

$$\frac{\partial\phi}{\partial t}=-c^2\nabla\cdot\boldsymbol{A}=-\frac{\partial}{\partial t}\nabla\cdot\left[\frac{c^2\mu_0}{4\pi}\frac{\boldsymbol{p}\left(t-\dfrac{r}{c}\right)}{r}\right],\tag{16.18}$$

可以解得

$$\phi(\boldsymbol{r},t)=-\frac{1}{4\pi\varepsilon_0}\nabla\cdot\left[\frac{\boldsymbol{p}\left(t-\dfrac{r}{c}\right)}{r}\right].\tag{16.19}$$

事实上，上述解正是变化的电荷与电流分布产生的电磁场的一般解

$$\boldsymbol{A}(\boldsymbol{r},t)=\frac{\mu_0}{4\pi}\int\frac{\boldsymbol{j}(\boldsymbol{r}',t-c^{-1}|\boldsymbol{r}-\boldsymbol{r}'|)}{|\boldsymbol{r}-\boldsymbol{r}'|}\mathrm{d}^3\boldsymbol{r}',\tag{16.20}$$

$$\phi(\boldsymbol{r},t)=\frac{1}{4\pi\varepsilon_0}\int\frac{\rho(\boldsymbol{r}',t-c^{-1}|\boldsymbol{r}-\boldsymbol{r}'|)}{|\boldsymbol{r}-\boldsymbol{r}'|}\mathrm{d}^3\boldsymbol{r}'\tag{16.21}$$

在光源尺度远小于波长条件下多极矩展开中电偶极矩的贡献项.

的确，对于尺度远小于光波波长的光源，通过适当选择坐标原点，可以使如下条件得以成立：

$$|\boldsymbol{r}'|\ll|\boldsymbol{r}-\boldsymbol{r}'|,\quad \boldsymbol{j}(\boldsymbol{r}',t-c^{-1}|\boldsymbol{r}-\boldsymbol{r}'|)\approx\boldsymbol{j}(\boldsymbol{r}',t-r/c),\tag{16.22}$$

其中，$r=|\boldsymbol{r}|$. 在此条件下，电磁场的矢量势可以表达为多极矩展开的形式：

$$\boldsymbol{A}(\boldsymbol{r},t)=\sum_{lm}\frac{\mu_0}{2l+1}\frac{Y_{lm}(\theta,\phi)}{r^{l+1}}\int\boldsymbol{j}(\boldsymbol{r}',t-r/c)Y_{lm}^*(\theta',\phi')\mathrm{d}^3\boldsymbol{r}',\tag{16.23}$$

其中，$Y_{lm}(\theta,\phi)$ 为球谐函数. $l=0$ 的项为

$$\boldsymbol{A}_0(\boldsymbol{r},t)=\frac{\mu_0}{4\pi r}\int\boldsymbol{j}(\boldsymbol{r}',t-r/c)\mathrm{d}^3\boldsymbol{r}'.\tag{16.24}$$

注意到在光源以外，电流密度为 0，以及 $\boldsymbol{j}(\boldsymbol{r},t)=[\boldsymbol{j}(\boldsymbol{r},t)\cdot\nabla]\,\boldsymbol{r}$，应用分部积分可得

$$\int \boldsymbol{j}(\boldsymbol{r}',t-r/c)\mathrm{d}^3\boldsymbol{r}' = -\int \boldsymbol{r}'\left[\nabla\cdot\boldsymbol{j}(\boldsymbol{r}',t-r/c)\right]\mathrm{d}^3\boldsymbol{r}'. \tag{16.25}$$

电流密度满足连续方程

$$\nabla\cdot\boldsymbol{j}+\frac{\partial\rho}{\partial t}=0, \tag{16.26}$$

所以

$$\int \boldsymbol{j}(\boldsymbol{r}',t-r/c)\mathrm{d}^3\boldsymbol{r}' = \frac{\partial}{\partial t}\int \boldsymbol{r}'\rho(\boldsymbol{r}',t-r/c)\mathrm{d}^3\boldsymbol{r}' = \dot{\boldsymbol{p}}(t-r/c). \tag{16.27}$$

将此结果代入式 (16.24)，可以得到

$$\boldsymbol{A}_0(\boldsymbol{r},t)=\frac{\mu_0}{4\pi r}\dot{\boldsymbol{p}}\left(t-\frac{r}{c}\right), \tag{16.28}$$

这正是式 (16.17) 的结果.

应用矢量势和标量势与电场和磁场的关系，由 $\boldsymbol{A}$ 和 ϕ 的解可以得到电场强度和磁场强度的表达式：

$$\boldsymbol{E}=-\frac{\mu_0}{4\pi r}\ddot{\boldsymbol{p}}\left(t-\frac{r}{c}\right)+\frac{1}{4\pi\varepsilon_0}\nabla\left\{\nabla\cdot\left[\frac{\boldsymbol{p}\left(t-\frac{r}{c}\right)}{r}\right]\right\}, \tag{16.29}$$

$$\boldsymbol{H}=\frac{1}{4\pi}\nabla\times\left[\frac{\dot{\boldsymbol{p}}\left(t-\frac{r}{c}\right)}{r}\right]. \tag{16.30}$$

应用关系式

$$\nabla\times(\nabla\times\boldsymbol{V})=\nabla(\nabla\cdot\boldsymbol{V})-\Delta\boldsymbol{V}, \tag{16.31}$$

并注意到

$$-\frac{1}{rc^2}\ddot{\boldsymbol{p}}\left(t-\frac{r}{c}\right)+\Delta\left[\frac{\boldsymbol{p}\left(t-\frac{r}{c}\right)}{r}\right]=\frac{2\dot{\boldsymbol{p}}\left(t-\frac{r}{c}\right)}{cr^2}-4\pi\boldsymbol{p}\left(t-\frac{r}{c}\right)\delta(\boldsymbol{r}), \tag{16.32}$$

我们可以把电场强度写成如下形式：

$$\boldsymbol{E}=\frac{1}{4\pi\varepsilon_0}\nabla\times\left\{\nabla\times\left[\frac{\boldsymbol{p}\left(t-\frac{r}{c}\right)}{r}\right]\right\}+\frac{1}{2\pi\varepsilon_0 c}\frac{\dot{\boldsymbol{p}}\left(t-\frac{r}{c}\right)}{r^2}-\frac{\boldsymbol{p}\left(t-\frac{r}{c}\right)}{\varepsilon_0}\delta(\boldsymbol{r}). \tag{16.33}$$

式 (16.33)中的 $\boldsymbol{p}(t)\delta(\boldsymbol{r})$ 可以理解为电偶极矩密度. 在远场, 即条件

$$|\dot{\boldsymbol{p}}| \gg \frac{c}{r}|\boldsymbol{p}| \tag{16.34}$$

得到满足时, 我们有

$$\frac{\partial}{\partial x_i}\left[\frac{\boldsymbol{p}\left(t-\frac{r}{c}\right)}{r}\right] = -\frac{x_i}{r^3}\boldsymbol{p}\left(t-\frac{r}{c}\right) - \frac{x_i}{cr^2}\dot{\boldsymbol{p}}\left(t-\frac{r}{c}\right) \approx -\frac{x_i}{cr^2}\dot{\boldsymbol{p}}\left(t-\frac{r}{c}\right), \tag{16.35}$$

$$\frac{\partial}{\partial x_i}\left[\frac{\dot{\boldsymbol{p}}\left(t-\frac{r}{c}\right)}{r}\right] = -\frac{x_i}{r^3}\dot{\boldsymbol{p}}\left(t-\frac{r}{c}\right) - \frac{x_i}{cr^2}\ddot{\boldsymbol{p}}\left(t-\frac{r}{c}\right) \approx -\frac{x_i}{cr^2}\ddot{\boldsymbol{p}}\left(t-\frac{r}{c}\right), \tag{16.36}$$

其中, $i=1,2,3$. 应用以上关系式, 对于远场处的辐射场, 可以得到

$$\boldsymbol{E} = \frac{\mu_0 \boldsymbol{r}}{4\pi r} \times \left[\frac{\boldsymbol{r}}{r} \times \frac{\ddot{\boldsymbol{p}}\left(t-\frac{r}{c}\right)}{r}\right], \tag{16.37}$$

$$\boldsymbol{H} = -\frac{\boldsymbol{r}}{4\pi c r} \times \frac{\ddot{\boldsymbol{p}}\left(t-\frac{r}{c}\right)}{r}. \tag{16.38}$$

图 16.1 给出了电偶极子辐射场的电磁场取向. 在远场处, 电磁场是横向的.

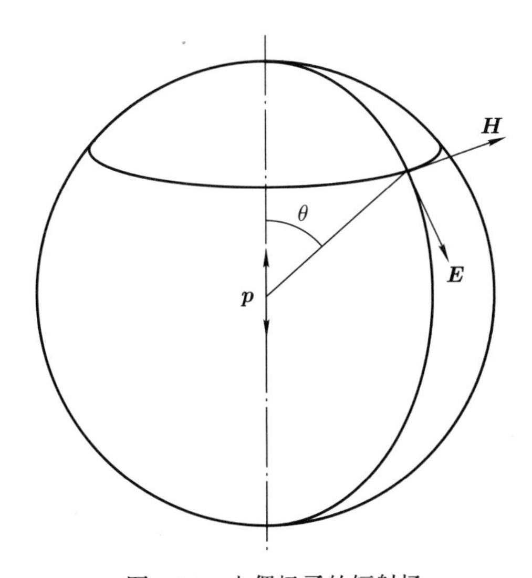

图 16.1　电偶极子的辐射场

接下来计算电偶极子辐射场的能流密度：

$$\begin{aligned}\boldsymbol{S}(\boldsymbol{r},t)&=\boldsymbol{E}(\boldsymbol{r},t)\times\boldsymbol{H}(\boldsymbol{r},t)\\&=\frac{\mu_0}{(4\pi r)^2c}\frac{\boldsymbol{r}}{r}\left\{|\ddot{\boldsymbol{p}}(t_r)|^2-\left[\frac{\boldsymbol{r}}{r}\cdot\ddot{\boldsymbol{p}}(t_r)\right]^2\right\},\end{aligned}\tag{16.39}$$

其中，

$$t_r=t-\frac{r}{c}.\tag{16.40}$$

式 (16.39) 亦可写成

$$\boldsymbol{S}(\boldsymbol{r},t)=\frac{\mu_0}{(4\pi r)^2c}\frac{\boldsymbol{r}}{r}\sin^2\theta\,|\ddot{\boldsymbol{p}}(t_r)|^2\,.\tag{16.41}$$

由能流密度可以算出电偶极子辐射的瞬时功率：

$$\begin{aligned}P(t)&=\frac{\mu_0}{4\pi c}|\ddot{\boldsymbol{p}}(t_r)|^2\,\frac{1}{4\pi}\int\sin^2\theta\mathrm{d}\Omega\\&=\frac{\mu_0}{6\pi c}|\ddot{\boldsymbol{p}}(t_r)|^2\,.\end{aligned}\tag{16.42}$$

如果电偶极子以圆频率 ω 做简谐振动，那么就有

$$P(t)=\frac{\mu_0\omega^4}{6\pi c}|\boldsymbol{p}(t_r)|^2\,,\tag{16.43}$$

即电偶极子的辐射功率与频率的四次方成正比.

§16.2 经典振子模型

严格描述微观粒子的运动需要应用量子理论. 但在某些情况下经典理论仍可作为一种有效的唯象理论应用于微观系统，并得到与实际相符的结果.

作为经典模型，我们将构成电偶极子的正负点电荷看成是由弹性系数为 K 的线性回复力束缚在一起的质量分别为 m_+ 和 m_- 的经典带电粒子. 应用牛顿第二定律，我们得到如下正负电荷的运动方程：

$$m_+\ddot{\boldsymbol{r}}_++K(\boldsymbol{r}_+-\boldsymbol{r}_-)=q\boldsymbol{E},\tag{16.44}$$

$$m_-\ddot{\boldsymbol{r}}_--K(\boldsymbol{r}_+-\boldsymbol{r}_-)=-q\boldsymbol{E}.\tag{16.45}$$

由式 (16.44) 和式 (16.45) 可以导出电偶极矩随时间变化的方程：

$$\ddot{\boldsymbol{p}}+\left(\frac{1}{m_+}+\frac{1}{m_-}\right)K\boldsymbol{p}=\left(\frac{1}{m_+}+\frac{1}{m_-}\right)q^2\boldsymbol{E}.\tag{16.46}$$

式 (16.46) 中的电场包括外电场和电偶极子产生的电场. 由式 (16.33) 可知, 电偶极子产生的电场由正比于 $\boldsymbol{p}$, $\dot{\boldsymbol{p}}$ 和 $\ddot{\boldsymbol{p}}$ 的项组成, 合并同类项后我们可以把电偶极矩随时间变化的方程写成

$$\ddot{\boldsymbol{p}} + 2\gamma\dot{\boldsymbol{p}} + \omega_0^2\boldsymbol{p} = \frac{q^2}{m}\boldsymbol{E}_{\text{ext}}, \tag{16.47}$$

其中, γ 为辐射阻尼, m 为有效质量, ω_0 为谐振子的本征振动频率. 在没有外场的条件下, 电偶极矩随时间变化的方程可以化为

$$\ddot{\boldsymbol{p}} + 2\gamma\dot{\boldsymbol{p}} + \omega_0^2\boldsymbol{p} = \boldsymbol{0}. \tag{16.48}$$

这是一个阻尼振动方程, 阻尼来自电磁波辐射. 式 (16.48) 的解为

$$\boldsymbol{p}(t) = \boldsymbol{p}(0)\mathrm{e}^{-\gamma t}\cos(\omega_0 t + \phi_0). \tag{16.49}$$

对 $\boldsymbol{p}(t)$ 做傅里叶变换, 可以得到

$$\widetilde{\boldsymbol{p}}(\omega) = \frac{\boldsymbol{p}(0)}{4\pi}\left[\frac{1}{\gamma + \mathrm{i}(\omega - \omega_0)} + \frac{1}{\gamma + \mathrm{i}(\omega + \omega_0)}\right]. \tag{16.50}$$

由式 (16.50) 可知, 经典振子辐射的功率谱具有如下形式:

$$P(\omega) \propto \frac{\omega^4}{(\omega - \omega_0)^2 + \gamma^2}. \tag{16.51}$$

这一谱线在 ω_0 附近近似为洛伦兹线型.

§16.3 瑞利散射

尺度远小于波长的非导体颗粒对光的散射称为瑞利散射. 非导体颗粒在光场中被极化而成为电偶极子, 这些电偶极子辐射的光就是被非导体颗粒散射的光.

电偶极矩随时间变化的方程 (16.47) 的稳态解具有如下形式:

$$\boldsymbol{p}(t) = \alpha\varepsilon_0\boldsymbol{E}_{\text{ext}}(t). \tag{16.52}$$

对于不具有球对称性的颗粒, α 一般为张量, 但由于散射颗粒的取向通常是随机的, 因此很多情况下我们可以忽略 α 的张量属性, 而将其当作一个普通的系数. 在忽略辐射阻尼的情况下,

$$\alpha = \frac{q^2}{\varepsilon_0 m(\omega_0^2 - \omega^2)}. \tag{16.53}$$

在非共振波段，可以忽略 α 随频率的变化.

由电偶极子辐射功率的公式可以得到体积 $\mathrm{d}v$ 内瑞利散射的功率：

$$\begin{aligned} \mathrm{d}P_{\mathrm{s}} &= \frac{\varepsilon_0\omega^4}{6\pi c^3}\alpha^2\overline{|\boldsymbol{E}_{\mathrm{ext}}|^2}N\mathrm{d}v \\ &= \frac{8\pi^3\alpha^2 N}{3\lambda^4}I_\lambda \mathrm{d}v, \end{aligned} \tag{16.54}$$

其中， N 为单位体积内散射颗粒的数目，I_λ 是波长为 λ 的入射光波的光强. 利用电极化强度 $\boldsymbol{P}$ 与电偶极矩之间的关系

$$\boldsymbol{P} = N\boldsymbol{p}, \tag{16.55}$$

可得

$$n^2 = 1 + N\alpha. \tag{16.56}$$

在散射颗粒浓度较低时，如常压下气体的情形，近似有 $n \approx 1$. 这样，由式 (16.56) 可得

$$\alpha = \frac{n^2-1}{N} \approx \frac{2(n-1)}{N}. \tag{16.57}$$

而瑞利散射的功率可以表达成如下形式：

$$\mathrm{d}P_{\mathrm{s}} = \frac{32\pi^3(n-1)^2}{3\lambda^4 N}I_\lambda \mathrm{d}v. \tag{16.58}$$

瑞利散射的功率即为入射光波减少的功率. 令 $\mathrm{d}v = S\mathrm{d}z$ ，其中， $\mathrm{d}z$ 为入射光波在瑞利散射介质中传播的一小段距离， S 为光束的横截面积，则有

$$\mathrm{d}I_\lambda = -\frac{\mathrm{d}P_{\mathrm{s}}}{S} = -\chi I_\lambda \mathrm{d}z, \tag{16.59}$$

由 $\mathrm{d}P_{\mathrm{s}}$ 的表达式可以得到式 (16.59) 中的消光系数 χ：

$$\chi = \frac{32\pi^3(n-1)^2}{3\lambda^4 N}. \tag{16.60}$$

利用瑞利散射的强度与波长的四次方成反比的关系，瑞利解释了晴朗天空的颜色. 同样，应用电偶极子辐射的角分布特点，也可以解释晴朗天空的偏振现象.

习　题

16.1 试确定晴朗天空颜色的色图坐标.

16.2 根据电偶极子辐射的角分布特点，分析晴朗天空的偏振现象.

第 17 章 电偶极子辐射的量子理论

§17.1 量子跃迁理论回顾

考虑一个量子力学系统，其哈密顿量由一个不含时的部分 H_0 和一个含时的微扰部分 $H_\mathrm{I}(t)$ 组成：

$$H = H_0 + H_\mathrm{I}(t). \tag{17.1}$$

我们考察系统的量子态 $|t\rangle$ 随时间的变化. 量子态随时间演化的方程为

$$\mathrm{i}\hbar\frac{\mathrm{d}}{\mathrm{d}t}|t\rangle = H|t\rangle. \tag{17.2}$$

令 $|l\rangle$ 为 H_0 的本征态，E_l 为相应的本征值，即

$$H_0|l\rangle = E_l|l\rangle. \tag{17.3}$$

作为不包含微扰的哈密顿量 H_0 的本征态，$|l\rangle$ 的集合是完备的，所以我们可以用 $|l\rangle$ 来展开 $|t\rangle$：

$$|t\rangle = \sum_l c_l(t)\mathrm{e}^{-\mathrm{i}\omega_l t}|l\rangle, \tag{17.4}$$

其中，$\omega_l = \dfrac{E_l}{\hbar}$. 显然有，

$$c_l(t) = \langle l|t\rangle\mathrm{e}^{\mathrm{i}\omega_l t}. \tag{17.5}$$

接下来计算系数 $c_l(t)$ 对时间的导数：

$$\begin{aligned}\dot{c}_l(t) &= \frac{\mathrm{e}^{\mathrm{i}\omega_l t}}{\mathrm{i}\hbar}\langle l|H|t\rangle + \mathrm{i}\omega_l c_l(t) \\ &= \frac{\mathrm{e}^{\mathrm{i}\omega_l t}}{\mathrm{i}\hbar}\langle l|H_0 + H_\mathrm{I}(t)|t\rangle + \mathrm{i}\omega_l c_l(t) \\ &= \frac{\mathrm{e}^{\mathrm{i}\omega_l t}}{\mathrm{i}\hbar}\langle l|H_\mathrm{I}(t)|t\rangle.\end{aligned} \tag{17.6}$$

应用展开式 (17.4), 可以得到关于系数 $c_l(t)$ 的微分方程:

$$\dot{c}_l(t) = \sum_m \frac{\mathrm{e}^{\mathrm{i}(\omega_l - \omega_m)t}}{\mathrm{i}\hbar} \langle l | H_{\mathrm{I}}(t) | m \rangle c_m(t). \tag{17.7}$$

式 (17.7) 可以写成矩阵形式:

$$\dot{C}(t) = \frac{1}{\mathrm{i}\hbar} H_{\mathrm{I}}(t) C(t), \tag{17.8}$$

其中,

$$C(t) = \begin{pmatrix} c_0(t) \\ c_1(t) \\ \vdots \end{pmatrix}, \tag{17.9}$$

$$H_{\mathrm{I}}(t) = \begin{pmatrix} \langle 0|H_{\mathrm{I}}(t)|0\rangle & \langle 0|H_{\mathrm{I}}(t)|1\rangle \mathrm{e}^{\mathrm{i}(\omega_0-\omega_1)t} & \cdots \\ \langle 1|H_{\mathrm{I}}(t)|0\rangle \mathrm{e}^{\mathrm{i}(\omega_1-\omega_0)t} & \langle 1|H_{\mathrm{I}}(t)|1\rangle & \cdots \\ \vdots & \vdots & \ddots \end{pmatrix}. \tag{17.10}$$

我们可以将微分方程 (17.8) 化成积分方程的形式:

$$C(t) = C(t_0) + \frac{1}{\mathrm{i}\hbar} \int_{t_0}^{t} H_{\mathrm{I}}(t') C(t') \mathrm{d}t'. \tag{17.11}$$

这一方程可以用迭代法近似解出. 在一阶近似下, 式 (17.11) 的解为

$$C(t) = C(t_0) + \frac{1}{\mathrm{i}\hbar} \int_{t_0}^{t} H_{\mathrm{I}}(t') C(t_0) \mathrm{d}t'. \tag{17.12}$$

设 $|t_0\rangle = |j\rangle$, 即

$$c_l(t_0) = \begin{cases} 1, & l = j, \\ 0, & l \neq j, \end{cases} \tag{17.13}$$

则对于 $l \neq j$, 有

$$c_l(t) = \frac{1}{\mathrm{i}\hbar} \int_{t_0}^{t} \langle l | H_{\mathrm{I}}(t') | j \rangle \mathrm{e}^{\mathrm{i}(\omega_l - \omega_j)t'} \mathrm{d}t'. \tag{17.14}$$

对于周期性微扰，我们可以将 $H_{\mathrm{I}}(t)$ 写成如下形式：

$$H_{\mathrm{I}}(t)=h\mathrm{e}^{-\mathrm{i}\omega t}+h^{\dagger}\mathrm{e}^{\mathrm{i}\omega t},\tag{17.15}$$

相应地，有

$$\langle l|H_{\mathrm{I}}(t)|j\rangle=h_{lj}\mathrm{e}^{-\mathrm{i}\omega t}+h_{jl}^{*}\mathrm{e}^{\mathrm{i}\omega t}.\tag{17.16}$$

不妨取 $t_0=0$，于是对于 $l\neq j$，系数 $c_l(t)$ 可通过如下积分求得：

$$\begin{aligned}c_l(t)&=\frac{1}{\mathrm{i}\hbar}\int_0^t\left[h_{lj}\mathrm{e}^{\mathrm{i}(\omega_l-\omega_j-\omega)t'}+h_{jl}^{*}\mathrm{e}^{\mathrm{i}(\omega_l-\omega_j+\omega)t'}\right]\mathrm{d}t'\\&=\frac{h_{lj}}{\hbar}\frac{1-\mathrm{e}^{\mathrm{i}(\omega_l-\omega_j-\omega)t'}}{\omega_l-\omega_j-\omega}+\frac{h_{jl}^{*}}{\hbar}\frac{1-\mathrm{e}^{\mathrm{i}(\omega_l-\omega_j+\omega)t'}}{\omega_l-\omega_j+\omega}.\end{aligned}\tag{17.17}$$

如果 $\omega_l>\omega_j$，对于接近谐振的光场，即条件 $|\omega_l-\omega_j|\approx\omega$ 得到满足时，有

$$\frac{1}{|\omega_l-\omega_j-\omega|}\gg\frac{1}{|\omega_l-\omega_j+\omega|},\tag{17.18}$$

所以

$$c_l(t)\approx\frac{h_{lj}}{\hbar}\frac{1-\mathrm{e}^{\mathrm{i}(\omega_l-\omega_j-\omega)t'}}{\omega_l-\omega_j-\omega}.\tag{17.19}$$

这样，在时刻 t，系统处于量子态 $|l\rangle$ 的概率为

$$|c_l(t)|^2=\frac{|h_{lj}|^2}{\hbar^2}\frac{\sin^2\left(\dfrac{\omega_l-\omega_j-\omega}{2}\right)t}{\left(\dfrac{\omega_l-\omega_j-\omega}{2}\right)^2}.\tag{17.20}$$

注意到

$$\frac{1}{t}\left(\frac{\sin xt}{x}\right)^2\xrightarrow{t\to+\infty}\pi\delta(x),\tag{17.21}$$

我们有如下关系式：

$$\left(\frac{\sin xt}{x}\right)^2\xrightarrow{t\to+\infty}\pi t\delta(x).\tag{17.22}$$

这样，可以得到，当 $t\to+\infty$ 时，从 $|j\rangle$ 态到 $|l\rangle$ 态的跃迁速率为

$$\begin{aligned}w&=\frac{|c_l(t)|^2}{t}\\&=\frac{\pi}{\hbar^2}|h_{lj}|^2\delta\left(\frac{\omega_l-\omega_j-\omega}{2}\right)\\&=\frac{2\pi}{\hbar}|h_{lj}|^2\delta(E_l-E_j-\hbar\omega).\end{aligned}\tag{17.23}$$

类似地，如果 $\omega_l < \omega_j$ ，则有

$$w = \frac{2\pi}{\hbar}|h_{lj}|^2\delta(E_l - E_j + \hbar\omega). \tag{17.24}$$

在连续谱的情况下，计算跃迁速率时还需要对末态求和. 通过对末态求和，我们可以得到费米 (Fermi) 黄金定则：

$$w = \frac{2\pi}{\hbar}|h_{lj}|^2\rho(E_j \pm \hbar\omega), \tag{17.25}$$

其中， $\rho(E)$ 是跃迁末态的态密度.

量子态的时间演化方程 (17.2) 的解还可以通过系统的时间演化算符 $U(t)$ 来表达：

$$|t\rangle = U(t - t_0)|t_0\rangle, \tag{17.26}$$

由量子态 $|t\rangle$ 满足的微分方程可以得到时间演化算符 $U(t)$ 必须满足的方程：

$$\mathrm{i}\hbar\frac{\mathrm{d}U}{\mathrm{d}t} = HU. \tag{17.27}$$

对于能量守恒的系统，总哈密顿量不随时间变化，所以式 (17.27) 的解可表达为

$$U(t) = \mathrm{e}^{\frac{Ht}{\mathrm{i}\hbar}}. \tag{17.28}$$

如果系统的哈密顿量 H 中含有可当作微扰的相互作用项，那么可以采用相互作用表象，方便地对系统的时间演化算符做微扰展开. 在薛定谔表象下，我们可以把哈密顿量 H 写成如下形式：

$$H = H_0^{\mathrm{S}} + H_{\mathrm{I}}^{\mathrm{S}}, \tag{17.29}$$

其中， $H_{\mathrm{I}}^{\mathrm{S}}$ 是相互作用哈密顿量，H_0^{S} 和 $H_{\mathrm{I}}^{\mathrm{S}}$ 均不随时间变化. 令 $U_0(t)$ 为无相互作用时系统的时间演化算符，即 $U_0(t) = \mathrm{e}^{H_0^{\mathrm{S}}t/\mathrm{i}\hbar}$. 我们定义相互作用表象下系统的时间演化算符为

$$U_{\mathrm{I}}(t) = U_0^{\dagger}(t)U(t). \tag{17.30}$$

容易验证，$U_{\mathrm{I}}(t)$ 满足如下方程：

$$\mathrm{i}\hbar\frac{\mathrm{d}U_{\mathrm{I}}}{\mathrm{d}t} = H_{\mathrm{I}}^{\mathrm{int}}(t)U_{\mathrm{I}}, \tag{17.31}$$

其中，

$$H_{\mathrm{I}}^{\mathrm{int}}(t) = U_0^{\dagger}(t)H_{\mathrm{I}}^{\mathrm{S}}U_0(t) \tag{17.32}$$

为相互作用表象下的相互作用哈密顿量.

式 (17.31) 可化成积分方程的形式：

$$U_{\mathrm{I}}(t)=1+\frac{1}{\mathrm{i}\hbar}\int_0^t H_{\mathrm{I}}^{\mathrm{int}}(t')U_{\mathrm{I}}(t')\mathrm{d}t'. \tag{17.33}$$

式 (17.31) 也可以用迭代法近似解出，在一阶近似下，有

$$U_{\mathrm{I}}(t)=1+\frac{1}{\mathrm{i}\hbar}\int_0^t H_{\mathrm{I}}^{\mathrm{int}}(t')\mathrm{d}t'. \tag{17.34}$$

求解出相互作用表象下系统的时间演化算符 $U_{\mathrm{I}}(t)$，也就得到了时间演化算符 $U(t)$. 根据 $U_{\mathrm{I}}(t)$ 的定义，有 $U(t)=U_0(t)U_{\mathrm{I}}(t)$. 可以验证，之前在条件 $c_l(0)=\delta_{jl}$ 下解得的 $c_l(t)$，正是 $U_{\mathrm{I}}(t)$ 的矩阵元 $\langle l|U_{\mathrm{I}}(t)|j\rangle$.

§17.2 电偶极作用的哈密顿量

考虑原子与光场之间的电偶极作用. 先计算原子的电偶极矩. 忽略原子核的运动，并取原子核所在位置为坐标原点，我们可以将原子的电偶极矩写成如下形式：

$$\boldsymbol{p}=-e\sum_l \boldsymbol{r}_l=-e\boldsymbol{X}, \tag{17.35}$$

其中，$-e$ 为电子电量，$\boldsymbol{r}_l$ 为第 l 个电子的位置矢量. 原子所在之处的辐射场为

$$\boldsymbol{E}=\mathrm{i}\sum_{\boldsymbol{k}}\sum_r\left(\frac{\hbar\omega_{\boldsymbol{k}}}{2V\varepsilon_0}\right)^{1/2}\boldsymbol{e}_r(\boldsymbol{k})\left[a_r(\boldsymbol{k})\mathrm{e}^{-\mathrm{i}\omega_{\boldsymbol{k}}t}-a_r^{\dagger}(\boldsymbol{k})\mathrm{e}^{\mathrm{i}\omega_{\boldsymbol{k}}t}\right]. \tag{17.36}$$

在研究光辐射问题时的通常做法是把经典的相互作用能 $-\boldsymbol{p}\cdot\boldsymbol{E}$ 作为相互作用的哈密顿量，但将其中的物理量以相应的算符取代. 这样，我们有

$$H_{\mathrm{I}}(t)=-\mathrm{i}\sum_{\boldsymbol{k}}\sum_r\left(\frac{\hbar\omega_{\boldsymbol{k}}}{2V\varepsilon_0}\right)^{1/2}\boldsymbol{e}_r(\boldsymbol{k})\cdot\boldsymbol{p}\left[a_r(\boldsymbol{k})\mathrm{e}^{-\mathrm{i}\omega_{\boldsymbol{k}}t}-a_r^{\dagger}(\boldsymbol{k})\mathrm{e}^{\mathrm{i}\omega_{\boldsymbol{k}}t}\right]. \tag{17.37}$$

式 (17.37) 中含光子湮灭算符的项对应光吸收过程，含光子产生算符的项对应光辐射过程.

导出相互作用的哈密顿量算符的标准做法是在经典的相互作用哈密顿量中以相应的算符取代经典物理量. 在忽略原子核的运动的条件下，原子与电磁场相互作用哈密顿量的标准形式为

$$H_{\mathrm{I}}=\sum_l[-e\phi(\boldsymbol{r}_l)+e\boldsymbol{A}(\boldsymbol{r}_l)\cdot\boldsymbol{v}_l], \tag{17.38}$$

其中，$\boldsymbol{v}_l$ 为第 l 个电子的运动速度，即 $\boldsymbol{v}_l=\dot{\boldsymbol{r}}_l$. 注意到光波波长远大于原子的尺度，采用库仑规范，式 (17.38) 可简化为

$$H_{\rm I}=\sum_l e\boldsymbol{A}\cdot\boldsymbol{v}_l. \tag{17.39}$$

以两种不同方式导出的哈密顿量在光跃迁速率的计算上是等价的. 以辐射过程为例，采用相互作用哈密顿量算符的标准形式，我们有

$$\langle l|H_{\rm R}|j\rangle=e\boldsymbol{A}^-\cdot\langle l|\sum_l\boldsymbol{v}_l|j\rangle, \tag{17.40}$$

其中，$H_{\rm R}$ 为相互作用哈密顿量中对应光辐射过程的部分，$\boldsymbol{A}^-$ 为矢量势 $\boldsymbol{A}$ 的负频率部分. 接下来计算速度算符的矩阵元：

$$\begin{aligned}\langle l|\sum_l\boldsymbol{v}_l|j\rangle&=\langle l|\dot{\boldsymbol{X}}|j\rangle\\&=\frac{1}{\mathrm{i}\hbar}\langle l|[\boldsymbol{X},H_0]|j\rangle\\&=\frac{E_j-E_l}{\mathrm{i}\hbar}\langle l|\boldsymbol{X}|j\rangle.\end{aligned} \tag{17.41}$$

由于在跃迁速率公式中有乘子 $\delta(E_j-E_l-\hbar\omega)$，因此

$$\begin{aligned}\langle l|H_{\rm R}|j\rangle&=-\mathrm{i}e\omega\boldsymbol{A}^-\cdot\langle l|\boldsymbol{X}|j\rangle\\&=\frac{\partial\boldsymbol{A}^-}{\partial t}\cdot\langle l|\boldsymbol{p}|j\rangle\\&=-\langle l|\boldsymbol{p}\cdot\boldsymbol{E}^-|j\rangle,\end{aligned} \tag{17.42}$$

即采用两种不同形式的相互作用哈密顿量得到的辐射跃迁速率是相同的. 式 (17.42) 中的 $\boldsymbol{E}^-$ 为电场强度 $\boldsymbol{E}$ 的负频率部分.

§17.3 受激辐射与自发辐射

考虑辐射跃迁. 整个系统的量子态可以表达为原子态和光子态的张量积. 跃迁的初、末态分别为

$$|j\rangle=|\mathrm{i}\rangle|n_r(\boldsymbol{k})\rangle,\qquad |l\rangle=|\mathrm{f}\rangle|n_r(\boldsymbol{k})+1\rangle, \tag{17.43}$$

其中，$|\mathrm{f}\rangle$, $|\mathrm{i}\rangle$ 分别为原子的末态和初态. 由相互作用哈密顿量的表达式容易得到

$$\begin{aligned}h_{lj}&=\mathrm{i}\left(\frac{\hbar\omega_{\boldsymbol{k}}}{2V\varepsilon_0}\right)^{1/2}\langle n_r(\boldsymbol{k})+1|a_r^\dagger(\boldsymbol{k})|n_r(\boldsymbol{k})\rangle\langle\mathrm{f}|\boldsymbol{e}_r(\boldsymbol{k})\cdot\boldsymbol{p}|\mathrm{i}\rangle\\&=\mathrm{i}\left(\frac{\hbar\omega_{\boldsymbol{k}}}{2V\varepsilon_0}\right)^{1/2}\sqrt{n_r(\boldsymbol{k})+1}\langle\mathrm{f}|\boldsymbol{e}_r(\boldsymbol{k})\cdot\boldsymbol{p}|\mathrm{i}\rangle.\end{aligned} \tag{17.44}$$

将式 (17.44) 代入跃迁速率公式，可以得到

$$\begin{aligned}w &= \frac{2\pi}{\hbar}\frac{\hbar\omega_{\boldsymbol{k}}}{2V\varepsilon_0}[n_r(\boldsymbol{k})+1]|\boldsymbol{e}_r(\boldsymbol{k})\cdot\boldsymbol{p}_{\rm fi}|^2\delta(E_{\rm i}-E_{\rm f}-\hbar\omega)\\ &= \frac{\pi\omega_{\boldsymbol{k}}}{V\varepsilon_0}[n_r(\boldsymbol{k})+1]|\boldsymbol{e}_r(\boldsymbol{k})\cdot\boldsymbol{p}_{\rm fi}|^2\delta(E_{\rm i}-E_{\rm f}-\hbar\omega),\end{aligned} \tag{17.45}$$

其中，

$$\boldsymbol{p}_{\rm fi} = \langle {\rm f}|\boldsymbol{p}|{\rm i}\rangle \tag{17.46}$$

为电偶极矩算符在原子初、末态之间的矩阵元. 我们可以把辐射跃迁速率分成与光子数成正比的受激辐射速率

$$w_{\rm st} = \frac{\pi\omega_{\boldsymbol{k}}}{V\varepsilon_0}n_r(\boldsymbol{k})|\boldsymbol{e}_r(\boldsymbol{k})\cdot\boldsymbol{p}_{\rm fi}|^2\delta(E_{\rm i}-E_{\rm f}-\hbar\omega) \tag{17.47}$$

和与光子数无关的自发辐射速率

$$w_{\rm sp} = \frac{\pi\omega_{\boldsymbol{k}}}{V\varepsilon_0}|\boldsymbol{e}_r(\boldsymbol{k})\cdot\boldsymbol{p}_{\rm fi}|^2\delta(E_{\rm i}-E_{\rm f}-\hbar\omega) \tag{17.48}$$

这两个部分.

光场的量子态为连续谱，应用费米黄金定则可以得到

$$\begin{aligned}w_{\rm st} &= \frac{\pi\omega_{\boldsymbol{k}}}{V\varepsilon_0}n_r(\boldsymbol{k})|\boldsymbol{e}_r(\boldsymbol{k})\cdot\boldsymbol{p}_{\rm fi}|^2\rho_{\rm ph}(\hbar\omega_{\boldsymbol{k}})\\ &= \frac{\pi\omega_{\boldsymbol{k}}}{\varepsilon_0\hbar}N_r(\omega_{\boldsymbol{k}})|\boldsymbol{e}_r(\boldsymbol{k})\cdot\boldsymbol{p}_{\rm fi}|^2,\end{aligned} \tag{17.49}$$

其中，

$$N_r(\omega_{\boldsymbol{k}}) = \frac{\hbar n_r(\boldsymbol{k})}{V}\rho_{\rm ph}(\hbar\omega_{\boldsymbol{k}}) \tag{17.50}$$

为单位体积内波矢为 $\boldsymbol{k}$、偏振态为 r 的光子数频谱密度.

再考虑自发辐射速率. 应用费米黄金定则可以得到

$$w_{\rm sp} = \frac{\pi\omega_{\boldsymbol{k}}}{V\varepsilon_0}|\boldsymbol{e}_r(\boldsymbol{k})\cdot\boldsymbol{p}_{\rm fi}|^2\rho_{\rm ph}(\hbar\omega). \tag{17.51}$$

在 $\boldsymbol{k}$ 空间，体积 $(2\pi)^3/V$ 对应一个光子态. 于是体积元 $\mathrm{d}^3\boldsymbol{k}$ 对应的光子态数为

$$\frac{V}{(2\pi)^3}\mathrm{d}^3\boldsymbol{k},$$

由此可以得到光子态密度为

$$\rho_{\rm ph}(\hbar\omega) = \frac{V}{(2\pi)^3}\frac{\mathrm{d}^3\boldsymbol{k}}{\mathrm{d}(\hbar\omega_{\boldsymbol{k}})} = \frac{V\omega_{\boldsymbol{k}}^2}{(2\pi)^3c^3\hbar}\mathrm{d}\Omega. \tag{17.52}$$

将式 (17.52) 代入自发辐射速率公式，可以得到

$$w_{\text{sp}}^{r}\mathrm{d}\Omega = \frac{\mu_0\omega_{\boldsymbol{k}}^3}{8\pi^2 c\hbar}|\boldsymbol{e}_r(\boldsymbol{k})\cdot\boldsymbol{p}_{\text{fi}}|^2\mathrm{d}\Omega, \tag{17.53}$$

其中，w_{sp}^{r} 是单位立体角内的光子自发辐射速率.

辐射场的偏振方向在 $\boldsymbol{k}$ 与 $\boldsymbol{p}_{\text{fi}}$ 确定的平面内，且与 $\boldsymbol{k}$ 垂直，所以

$$w_{\text{sp}}^{r} = \frac{\mu_0\omega_{\boldsymbol{k}}^3}{8\pi^2 c\hbar}\sin^2\theta|\boldsymbol{p}_{\text{fi}}|^2, \tag{17.54}$$

其中，θ 为波矢与电偶极矩矩阵元之间的夹角. 由式 (17.54) 可以方便地得到自发辐射能流密度：

$$\boldsymbol{S} = \frac{\hbar\omega_{\boldsymbol{k}}\boldsymbol{r}}{r^3}w_{\text{sp}}^{r} = \frac{\boldsymbol{r}}{r^3}\frac{\mu_0\omega_{\boldsymbol{k}}^4}{8\pi^2 c}\sin^2\theta|\boldsymbol{p}_{\text{fi}}|^2. \tag{17.55}$$

注意到经典电偶极矩与电偶极矩算符矩阵元之间的对应关系：

$$\boldsymbol{p}(t) \longleftrightarrow \boldsymbol{p}_{\text{fi}}\mathrm{e}^{-\mathrm{i}\omega t} + \boldsymbol{p}_{\text{if}}^{*}\mathrm{e}^{\mathrm{i}\omega t}, \tag{17.56}$$

我们发现以上结果与经典理论在形式上是一致的. 再计算总自发辐射功率：

$$\begin{aligned} P_{\text{sp}} &= \hbar\omega\int w_{\text{sp}}^{r}\mathrm{d}\Omega \\ &= \frac{\mu_0\omega^4}{8\pi^2 c}|\boldsymbol{p}_{\text{fi}}|^2\int\sin^2\theta\mathrm{d}\Omega \\ &= \frac{\mu_0\omega^4}{3\pi^2 c}|\boldsymbol{p}_{\text{fi}}|^2. \end{aligned} \tag{17.57}$$

这一结果在形式上也与经典理论一致. 这说明我们可以用经典理论来处理自发辐射.

习　　题

17.1 试证明，

$$\mathrm{i}\hbar\frac{\mathrm{d}U_{\text{I}}}{\mathrm{d}t} = H_{\text{I}}^{\text{int}}(t)U_{\text{I}}.$$

17.2 试确立电偶极矩算符矩阵元 $\boldsymbol{p}_{\text{fi}}$ 与经典理论中电偶极矩振幅的对应关系.

第 18 章　光辐射的半经典理论

§18.1　光辐射过程的半经典模型

虽然微观粒子的运动需要用量子理论来描述，但是在很多情况下我们仍可以用经典理论来处理光场. 这样一种量子理论与经典理论的组合就是处理光辐射问题的半经典方式.

半经典模型包括如下几个要点：

(1) 物质内部的运动状态用量子力学的方法描述；

(2) 光场用经典理论描述；

(3) 由微观带电粒子构成的介质可看作连续介质，其光学性质用复折射率描述；

(4) 介质的介电常数可根据介质的极化强度等于单位体积内电偶极矩矩阵元之和这一关系求出，也可唯象地采用实测值；

(5) 折射率的虚部可由单位体积内光场能量的增加率等于相同体积内所有原子受激辐射速率与光子能量乘积之和这一关系导出，也可唯象地采用实测值；

(6) 引入自发辐射电流来描述自发辐射，$\boldsymbol{j}_{\rm sp}=\langle {\rm f}|\boldsymbol{j}|{\rm i}\rangle$，其中，$|{\rm i}\rangle$，$|{\rm f}\rangle$ 分别为自发跃迁的初态和末态.

采用半经典模型，准单色光的电磁场满足如下方程：

$$\begin{aligned}\nabla\times\boldsymbol{H}&=\boldsymbol{j}_{\rm sp}+\varepsilon\frac{\partial\boldsymbol{E}}{\partial t},\\ \nabla\cdot\boldsymbol{H}&=0,\\ \nabla\times\boldsymbol{E}&=-\mu\frac{\partial\boldsymbol{H}}{\partial t},\\ \nabla\cdot(\varepsilon\boldsymbol{E})&=0,\end{aligned}\tag{18.1}$$

其中，$\boldsymbol{j}_{\rm sp}$，ε 和 μ 由介质的状态确定. 通常我们只考虑非磁性介质，因此一般取 $\mu=\mu_0$. 介质的状态满足薛定谔方程

$$\mathrm{i}\hbar\frac{\partial}{\partial t}|\psi\rangle=(H_0+H_{\rm I})|\psi\rangle,\tag{18.2}$$

其中，$H_{\rm I}$ 为相互作用哈密顿量，即

$$H_{\rm I}=-e\sum_{\text{所有电子}}\left[\phi(\boldsymbol{r}_l)-\frac{\boldsymbol{A}(\boldsymbol{r}_l)\cdot\boldsymbol{P}}{m}\right].\tag{18.3}$$

§18.2 辐射本征模式

采用矢量势描述光场，并选取库仑规范. 对于各向同性、分区均匀的非磁性介质，我们可以得到如下关于矢量势的方程：

$$\Delta \boldsymbol{A} - \frac{n^2}{c^2}\frac{\partial^2}{\partial t^2}\boldsymbol{A} = -\mu_0 \boldsymbol{j}_{\rm sp}, \tag{18.4}$$

其中，n 为复折射率. 对 $\boldsymbol{A}(t)$ 和 $\boldsymbol{j}_{\rm sp}(t)$ 做傅里叶变换：

$$\widetilde{\boldsymbol{A}}(\omega) = \frac{1}{2\pi}\int_{-\infty}^{+\infty}\boldsymbol{A}(t)\mathrm{e}^{\mathrm{i}\omega t}\mathrm{d}t, \quad \widetilde{\boldsymbol{j}}_{\rm sp}(\omega) = \frac{1}{2\pi}\int_{-\infty}^{+\infty}\boldsymbol{j}_{\rm sp}(t)\mathrm{e}^{\mathrm{i}\omega t}\mathrm{d}t, \tag{18.5}$$

则矢量势的方程 (18.4) 可以化为

$$\Delta\widetilde{\boldsymbol{A}} + n^2k_0^2\widetilde{\boldsymbol{A}} = -\mu_0\widetilde{\boldsymbol{j}}_{\rm sp}. \tag{18.6}$$

这一方程可用辐射本征模式展开的方法求解. 设 $\boldsymbol{u}_\omega^l$ 为满足本征方程

$$\Delta\boldsymbol{u}_\omega^l + n^2k_0^2\boldsymbol{u}_\omega^l = -\rho n^2\varLambda_\omega^l\boldsymbol{u}_\omega^l, \tag{18.7}$$

以及条件

$$\nabla\cdot\boldsymbol{u}_\omega^l = 0, \quad \lim_{r\to+\infty}\boldsymbol{u}_\omega^l = \boldsymbol{f}^l(\theta,\phi)\frac{\mathrm{e}^{\mathrm{i}k_0r}}{r} \tag{18.8}$$

的归一化辐射本征模式. $\varLambda_\omega^l$ 为本征值，ρ 为阶跃函数，且

$$\rho(\boldsymbol{r}) = \begin{cases} 1, & n(\boldsymbol{r})\neq 1, \\ 0, & n(\boldsymbol{r}) = 1. \end{cases} \tag{18.9}$$

在介质界面，$\boldsymbol{u}_\omega^l$ 满足与 $\boldsymbol{A}$ 相同的边界条件. 辐射本征模式的正交归一化条件为

$$k_0^3\int\rho n^2\boldsymbol{u}_\omega^m\cdot\boldsymbol{u}_\omega^l\mathrm{d}^3\boldsymbol{r} = \delta_{ml}. \tag{18.10}$$

可以这样理解辐射本征模式：如果不存在自发辐射，那么当介质相对介电常数的虚部等于 $\mathrm{Im}\left[n^2(1+k_0^{-2}\varLambda_\omega^l)\right]$ 时，介质系统将辐射出圆频率为 $\omega\sqrt{1+k_0^{-2}\,\mathrm{Re}(\varLambda_\omega^l)}$ 的光波，光波的矢量势正比于 $\boldsymbol{u}_\omega^l$.

将 $\widetilde{\boldsymbol{A}}$ 用辐射本征模式 $\boldsymbol{u}_\omega^l$ 展开：

$$\widetilde{\boldsymbol{A}} = \mu_0\sum_l\frac{a_\omega^l}{\varLambda_\omega^l}\boldsymbol{u}_\omega^l, \tag{18.11}$$

将之代入式 (18.6) 可以得到展开系数

$$a_\omega^l = k_0^3 \int \widetilde{\boldsymbol{j}}_{\rm sp} \cdot \boldsymbol{u}_\omega^l {\rm d}^3\boldsymbol{r}. \tag{18.12}$$

辐射场的矢量势 $\boldsymbol{A}$ 可由 $\widetilde{\boldsymbol{A}}$ 的傅里叶反演得到：

$$\boldsymbol{A}(t) = \mu_0 \sum_l \int_{-\infty}^{+\infty} \frac{a_\omega^l}{\Lambda_\omega^l} \boldsymbol{u}_\omega^l {\rm e}^{-{\rm i}\omega t}{\rm d}\omega, \tag{18.13}$$

进而可以得到辐射场的电场强度和磁场强度的表达式：

$$\boldsymbol{E}(t) = {\rm i}\mu_0 \sum_l \int_{-\infty}^{+\infty} \frac{\omega a_\omega^l}{\Lambda_\omega^l} \boldsymbol{u}_\omega^l {\rm e}^{-{\rm i}\omega t}{\rm d}\omega, \tag{18.14}$$

$$\boldsymbol{H}(t) = \sum_l \int_{-\infty}^{+\infty} \frac{a_\omega^l}{\Lambda_\omega^l} \nabla \times \boldsymbol{u}_\omega^l {\rm e}^{-{\rm i}\omega t}{\rm d}\omega. \tag{18.15}$$

本征值 Λ_ω^l 是 ω 的函数，其值由一个从本征方程导出的代数方程所确定：

$$F(\Lambda_\omega^l, \omega, l) = 0. \tag{18.16}$$

在复数域，对每一个模式 l ，方程

$$F(0, \widetilde{\omega}, l) = 0 \tag{18.17}$$

都有一个解 $\widetilde{\omega}_l$. 记

$$\widetilde{\omega}_l = \omega_l - {\rm i}\Gamma_l, \tag{18.18}$$

其中， ω_l 和 Γ_l 为实数，我们可以把本征值写成如下形式：

$$\Lambda_\omega^l = (\omega - \omega_l + {\rm i}\Gamma_l)\eta_l. \tag{18.19}$$

在小频率范围内，η_l 可以当作常数，即

$$\eta_l = \left.\frac{{\rm d}\Lambda_\omega^l}{{\rm d}\omega}\right|_{\omega=\omega_l-{\rm i}\Gamma_l}. \tag{18.20}$$

这样， $\widetilde{\boldsymbol{A}}$ 就可以写成如下形式：

$$\widetilde{\boldsymbol{A}} = \mu_0 \sum_l \frac{a_\omega^l}{\eta_l} \frac{\boldsymbol{u}_\omega^l}{\omega - \omega_l + {\rm i}\Gamma_l}. \tag{18.21}$$

由式 (18.21) 可知，如果在 $(\omega_l - \Gamma_l, \omega_l + \Gamma_l)$ 频谱范围内，$\boldsymbol{u}_\omega^l$ 随频率的变换可以忽略，那么辐射本征模式的功率谱将呈洛伦兹线型.

除谐振圆频率 ω_l 外，辐射本征模式的另一个重要参数是模式的 Q 值，或称品质因子. Q 值的定义为在谐振频率下介质系统储存能量的平均值与一个周期内耗散能量的比值与 2π 的乘积. 而耗散的能量包括辐射的能量和介质吸收的能量. 对于辐射本征模式 $\boldsymbol{u}_\omega^l$，我们可以导出如下 Q 值的计算式：

$$Q=\frac{\omega_l^2\int_\Omega \mathrm{Re}(n^2)|\boldsymbol{u}_\omega^l|^2\mathrm{d}^3\boldsymbol{r}+c^2\int_\Omega|\nabla\times\boldsymbol{u}_\omega^l|^2\mathrm{d}^3\boldsymbol{r}}{2\,\mathrm{Im}\left\{\omega_l^2\int_\Omega n^2|\boldsymbol{u}_\omega^l|^2\mathrm{d}^3\boldsymbol{r}+c^2\oint_\Sigma\left[\boldsymbol{u}_\omega^{l*}\times(\nabla\times\boldsymbol{u}_\omega^l)\right]\cdot\mathrm{d}\boldsymbol{s}\right\}},\tag{18.22}$$

其中，Σ 为介质系统的表面，Ω 为 Σ 包围的体积. 由于 $\nabla\cdot\boldsymbol{u}_\omega^l=0$，因此在介质中，如下关系式成立：

$$\begin{aligned}\nabla\cdot\left[\boldsymbol{u}_\omega^{l*}\times(\nabla\times\boldsymbol{u}_\omega^l)\right]&=|\nabla\times\boldsymbol{u}_\omega^l|^2+\boldsymbol{u}_\omega^{l*}\times(\triangle\boldsymbol{u}_\omega^l)\\&=|\nabla\times\boldsymbol{u}_\omega^l|^2-n^2\left(k_0^2+\Lambda_\omega^l\right)|\boldsymbol{u}_\omega^l|^2.\end{aligned}\tag{18.23}$$

而在谐振频率下，$\Lambda_\omega^l=\mathrm{i}\Gamma_l\eta_l$，所以

$$\mathrm{Im}\left\{\oint_\Sigma\left[\boldsymbol{u}_\omega^{l*}\times(\nabla\times\boldsymbol{u}_\omega^l)\right]\cdot\mathrm{d}\boldsymbol{s}\right\}=-\int_\Omega\left[k_0^2\,\mathrm{Im}(n^2)+\Gamma_l\,\mathrm{Re}(n^2\eta_l)|\boldsymbol{u}_\omega^l|^2\right]\mathrm{d}^3\boldsymbol{r},\tag{18.24}$$

η_l 的虚部一般可忽略，这样就有

$$Q=-\frac{k_0^2}{2\Gamma_l\eta_l}\left[1+\frac{\int_\Omega|\nabla\times\boldsymbol{u}_\omega^l|^2\mathrm{d}^3\boldsymbol{r}}{k_0^2\int_\Omega\mathrm{Re}(n^2)|\boldsymbol{u}_\omega^l|^2\mathrm{d}^3\boldsymbol{r}}\right].\tag{18.25}$$

显然，关系式 $\Gamma_l\eta_l<0$ 必须成立.

§18.3 气体激光器的功率谱

作为辐射本征模式法应用的一个例子，我们用半经典理论来计算气体激光器的功率谱.

激光器的功率可以通过将光场能流密度的总通量对时间取平均得到，而光场能流密度沿包围光源的闭合面的积分可化为其散度的体积分：

$$P_t=2\,\mathrm{Re}\left[\oint_\Sigma\left(\boldsymbol{E}^{+*}\times\boldsymbol{H}^+\right)\cdot\mathrm{d}\boldsymbol{s}\right]=2\,\mathrm{Re}\left[\int_\Omega\nabla\cdot\left(\boldsymbol{E}^{+*}\times\boldsymbol{H}^+\right)\mathrm{d}^3\boldsymbol{r}\right],\tag{18.26}$$

其中，$\boldsymbol{E}^+$ 和 $\boldsymbol{H}^+$ 分别是电场强度和磁场强度的正频率部分. 我们有

$$\begin{aligned}\nabla\cdot\left(\boldsymbol{E}^{+*}\times\boldsymbol{H}^+\right)&=\boldsymbol{H}^+\cdot\left(\nabla\times\boldsymbol{E}^{+*}\right)-\boldsymbol{E}^{+*}\cdot\left(\nabla\times\boldsymbol{H}^+\right)\\&=-\mu_0\boldsymbol{H}^+\cdot\frac{\partial\boldsymbol{H}^{+*}}{\partial t}-\boldsymbol{E}^{+*}\cdot\frac{\partial\boldsymbol{D}^+}{\partial t}-\boldsymbol{E}^{+*}\cdot\boldsymbol{j}_{\mathrm{sp}}.\end{aligned}\tag{18.27}$$

由总功率的表达式和功率谱的一般计算公式可以得到激光器的功率谱的表达式：

$$P(\omega)=\lim_{T\to+\infty}\frac{4\pi}{T}\int_{\Omega}\mathrm{Re}\left[\frac{\mathrm{i}n^2k_0}{\mu_0c}\widetilde{\boldsymbol{E}}_T^*(\omega)\cdot\widetilde{\boldsymbol{E}}_T(\omega)-\widetilde{\boldsymbol{E}}_T(\omega)\cdot\widetilde{\boldsymbol{j}}_{\mathrm{sp}}^*(\omega)\right]\mathrm{d}^3\boldsymbol{r},\tag{18.28}$$

其中，

$$\widetilde{\boldsymbol{E}}_T(\omega)=\frac{1}{2\pi}\int_{-T/2}^{T/2}\mathrm{d}t\,\mathrm{e}^{\mathrm{i}\omega t}\int_0^{+\infty}\left[\widetilde{\boldsymbol{E}}(\omega')\mathrm{e}^{-\mathrm{i}\omega' t}+c.c.\right]\mathrm{d}\omega'.\tag{18.29}$$

在 $T\to+\infty$ 的极限下，有

$$\widetilde{\boldsymbol{E}}_T(\omega)=\mathrm{i}\omega\widetilde{\boldsymbol{A}}_T(\omega),\tag{18.30}$$

其中，

$$\widetilde{\boldsymbol{A}}_T(\omega)=\frac{1}{2\pi}\int_{-T/2}^{T/2}\mathrm{d}t\,\mathrm{e}^{\mathrm{i}\omega t}\int_0^{+\infty}\left[\widetilde{\boldsymbol{A}}(\omega')\mathrm{e}^{-\mathrm{i}\omega' t}+c.c.\right]\mathrm{d}\omega'.\tag{18.31}$$

显然，

$$\widetilde{\boldsymbol{A}}(\omega)=\lim_{T\to+\infty}\widetilde{\boldsymbol{A}}_T(\omega).\tag{18.32}$$

式 (18.28) 中的第二项是自发辐射的贡献，在计算激光光谱时可以忽略. 这样就有

$$P(\omega)=\lim_{T\to+\infty}\frac{4\pi c}{\mu_0T}k_0^3\int_{\Omega}\mathrm{Im}(-n^2)|\widetilde{\boldsymbol{A}}_T(\omega)|^2\mathrm{d}^3\boldsymbol{r}.\tag{18.33}$$

由式 (18.21) 和式 (18.31) 可得

$$\lim_{T\to+\infty}\widetilde{\boldsymbol{A}}_T(\omega)=\lim_{T\to+\infty}\sum_l\boldsymbol{b}_\omega^l\int\mathrm{d}^3\boldsymbol{r}\int_{-T/2}^{T/2}\boldsymbol{j}_{\mathrm{sp}}\cdot\boldsymbol{u}_\omega^l\mathrm{e}^{\mathrm{i}\omega t}\mathrm{d}t,\tag{18.34}$$

其中，

$$\boldsymbol{b}_\omega^l=\frac{\mu_0k_0^3}{2\pi\eta_l}\frac{\boldsymbol{u}_\omega^l}{\omega-\omega_l+\mathrm{i}\Gamma_l}.\tag{18.35}$$

我们有

$$\left|\widetilde{\boldsymbol{A}}_T(\omega)\right|^2=\sum_{\beta=x,y,z}\left|\widetilde{\boldsymbol{A}}_{T,\beta}(\omega)\right|^2.\tag{18.36}$$

根据量子跃迁理论，对于满足式 (18.34) 的 $\widetilde{\boldsymbol{A}}_{T,\beta}(\omega)$，$f^2\left|\widetilde{\boldsymbol{A}}_{T,\beta}(\omega)\right|^2/\hbar^2T$ 正是在有效矢量势

$$\boldsymbol{A}_{\beta,\mathrm{eq}}(\boldsymbol{r})=f\sum_l(\boldsymbol{b}_\omega^l)_\beta^*\,\boldsymbol{u}_\omega^{l*}(\boldsymbol{r})\,\mathrm{e}^{-\mathrm{i}\omega t}\tag{18.37}$$

下的总受激跃迁速率，其中，f 是为保证 $\boldsymbol{A}_{\beta,\mathrm{eq}}(\boldsymbol{r})$ 具有矢量势量纲而引入的任意常数. 总受激跃迁速率与光子能量的乘积应等于辐射的光功率和内部吸收的光功率之和，而后者可以通过介电常数的虚部来计算. 所以我们有

$$\lim_{T\to+\infty}\frac{f^2|\widetilde{\boldsymbol{A}}_{T,\beta}(\omega)|^2}{T\hbar^2}=\frac{\varepsilon_0\omega^2}{\hbar}\int_\Omega\left[\mathrm{Im}(-n^2)+\mathrm{Im}(n_0^2)\right]|\boldsymbol{A}_{\beta,\mathrm{eq}}|^2\mathrm{d}^3\boldsymbol{r},\tag{18.38}$$

其中，n_0 是无泵浦时的复折射率. 由式 (18.38) 可得

$$\lim_{T\to+\infty}\frac{|\widetilde{\boldsymbol{A}}_T(\omega)|^2}{T}=\varepsilon_0\hbar\omega^2\sum_{lm}\boldsymbol{b}_\omega^{l*}\cdot\boldsymbol{b}_\omega^m\int_\Omega\mathrm{Im}(n_0^2-n^2)\boldsymbol{u}_\omega^{l*}\cdot\boldsymbol{u}_\omega^m\mathrm{d}^3\boldsymbol{r}.\tag{18.39}$$

应用式 (18.39)、式 (18.36) 和式 (18.35)，以及复折射率与增益系数和吸收系数的关系：

$$g_\omega=\frac{\mathrm{Im}(-n^2)}{n_r}k_0,\quad \alpha_\omega=\frac{\mathrm{Im}(n_0^2)}{n_r}k_0,\tag{18.40}$$

可以得到

$$\lim_{T\to+\infty}\frac{4\pi c}{\mu_0T}k_0^3\int_\Omega\mathrm{Im}(-n^2)|\widetilde{\boldsymbol{A}}_T(\omega)|^2\mathrm{d}^3\boldsymbol{r}=\frac{\hbar\omega}{\pi}\sum_{lm}\frac{n_r^2k_0^2g_\omega^{lm}(g_\omega^{lm}+\alpha_\omega^{lm})}{\eta_l^*\eta_m(\omega-\omega_l-\mathrm{i}\varGamma_l)(\omega-\omega_m+\mathrm{i}\varGamma_m)},\tag{18.41}$$

其中，n_r 为折射率的实部，$g_\omega^{lm}=k_0^3\int_\Omega g_\omega(\boldsymbol{u}_\omega^{l*}\cdot\boldsymbol{u}_\omega^m)\mathrm{d}^3\boldsymbol{r},\alpha_\omega^{lm}=k_0^3\int_\Omega\alpha_\omega(\boldsymbol{u}_\omega^{l*}\cdot\boldsymbol{u}_\omega^m)\mathrm{d}^3\boldsymbol{r}$. 通常，$g_\omega$ 和 α_ω 也是空间坐标的函数.

应用式 (18.41)，我们可以把激光光谱写成如下形式：

$$P(\omega)=\sum_{lm}P^{lm}(\omega),\tag{18.42}$$

其中，

$$P^{lm}(\omega)=\frac{\hbar\omega}{\pi}\frac{n_r^2k_0^2g_\omega^{lm}(g_\omega^{lm}+\alpha_\omega^{lm})}{\eta_l^*\eta_m(\omega-\omega_l-\mathrm{i}\varGamma_l)(\omega-\omega_m+\mathrm{i}\varGamma_m)}.\tag{18.43}$$

一般情况下，激光模式间的叠加可以忽略，即

$$P^{lm}(\omega)\approx0,\quad l\neq m.\tag{18.44}$$

对于单模激光器，光谱公式可以简化为

$$P(\omega)=\frac{\hbar\omega_0}{\pi}\frac{n_r^2k_0^2}{|\eta_0|^2}\frac{g_\omega^{00}(g_\omega^{00}+\alpha_\omega^{00})}{(\omega-\omega_0)^2+\varGamma_0^2}.\tag{18.45}$$

因为激光光谱很窄，所以在式 (18.45) 中，我们用 ω_0 取代了分子上的 ω. 我们注意到激光光谱呈洛伦兹线型，其谱线宽度为

$$\Delta\nu = \frac{\Delta\omega}{2\pi} = \frac{\Gamma_0}{\pi}\ . \tag{18.46}$$

激光谱线宽度与激光功率有密切关系. 应用式 (18.45) 可以计算单模激光器的输出功率：

$$\begin{aligned} P_{\text{out}} &= \int_0^{+\infty} \frac{\hbar\omega_0}{\pi} \frac{n_r^2 k_0^2}{|\eta_0|^2} \frac{g_\omega^{00}(g_\omega^{00}+\alpha_\omega^{00})}{(\omega-\omega_0)^2+\Gamma_0^2}\mathrm{d}\omega \\ &= \frac{\hbar\omega_0}{\Gamma_0}\frac{n_r^2k_0^2}{|\eta_0|^2} g_\omega^{00}(g_\omega^{00}+\alpha_\omega^{00}). \end{aligned} \tag{18.47}$$

由式 (18.47) 可得

$$\Delta\nu = \frac{\Gamma_0}{\pi} = \frac{n_r^2k_0^2}{|\eta_0|^2}\frac{\hbar\omega_0 g_\omega^{00}(g_\omega^{00}+\alpha_\omega^{00})}{\pi P_{\text{out}}}\ . \tag{18.48}$$

考虑一个腔长等于 L、前后腔面在 $z=\pm L/2$ 处的气体激光器. 这样一个激光器的辐射本征模式 $\boldsymbol{u}_\omega^l$ 在腔内的分布为

$$\boldsymbol{u}_\omega^l = \boldsymbol{e}^l\sqrt{\frac{2}{k_0n^2L}}\cos\left[n\sqrt{k_0^2+\Lambda_\omega^l}(z-z_l)+\phi_l\right], \tag{18.49}$$

其中，$\boldsymbol{e}^l$ 是一个垂直于 z 方向的单位矢量，$|z_l|<L/2$. z_l，ϕ_l 和本征值 Λ_ω^l 由 $z=\pm L/2$ 处的边界条件确定. 事实上，由边界条件直接确定的量是 $k_0^2+\Lambda_\omega^l$. 对于给定的模式，这个量随频率缓慢变化. 忽略这一变化可以得到

$$\eta_l = -2\frac{k_0}{c}. \tag{18.50}$$

应用 $\boldsymbol{u}_\omega^l$ 的表达式计算 g_ω^{00} 和 α_ω^{00}，可以得到

$$g_\omega^{00} = \frac{g_\omega}{n_r^2}, \quad \alpha_\omega^{00} = \frac{\alpha_\omega}{n_r^2}. \tag{18.51}$$

在激光器激射时，光增益与端面辐射损耗 α_m 基本相等，即

$$g_\omega = \alpha_m. \tag{18.52}$$

将以上结果代入式 (18.48)，可以得到修正的肖洛-汤斯 (Schawlow-Townes) 线宽公式

$$\Delta\nu = \frac{\hbar\omega_0 n_{\text{sp}}\alpha_m^2c^2}{4\pi n_r^2 P_{\text{out}}}, \tag{18.53}$$

其中，

$$n_{\text{sp}} = \frac{g_\omega+\alpha_\omega}{g_\omega} \tag{18.54}$$

为自发辐射因子.

应用式 (18.50), 还可以得到相应模式的 Q 值：

$$Q=\frac{\omega_0}{2\varGamma_0}=\frac{\omega_0}{\Delta\omega},\tag{18.55}$$

即激光模式的 Q 值等于激光频率与线宽之比.

习 题

18.1 单色平面光波入射到折射率分布为 $n(\boldsymbol{r})$ 的介质系统. 已知介质系统的辐射本征模式及其本征值分别为 $\boldsymbol{u}_\omega^l$ 和 $\varLambda_\omega^l$. 求光场分布.

18.2 计算气体激光器的相干时间 τ_c 和相干长度 $l_\mathrm{c}=c\tau_\mathrm{c}$.

第五部分

光与物质的相互作用理论

第 19 章 二能级系统的拉比解

§19.1 二能级系统

考虑光与原子的相互作用. 我们主要关心原子状态随时间的变化. 光场中原子的哈密顿量一般可以分解成与光场无关的 H_0 和描述光与物质相互作用的 V 这两个部分. 求解这样一个相互作用系统的基本步骤是：

(1) 用 H_0 的本征态展开系统的量子态；

(2) 用微扰展开的方法或对角化 V 的方法得到展开系数.

虽然 H_0 的本征态的数量是无限的，但是在实际问题中往往只有有限个本征态的展开系数明显不等于零. 这样，我们就可以忽略那些展开系数远小于 1 的本征态或能级的存在，而把实际系统看作只有有限个能级的系统. 在最简单的情况下，我们可以把原子当作一个只有两个能级的二能级系统.

我们记二能级系统中能量较高的为 a 能级，其波函数为 $u_a(\boldsymbol{r})$，能量为 $E_a = \hbar\omega_a$；记二能级系统中能量较低的为 b 能级，其波函数为 $u_b(\boldsymbol{r})$，能量为 $E_b = \hbar\omega_b$；并记 $\omega = \omega_a - \omega_b$. 如图 19.1 所示.

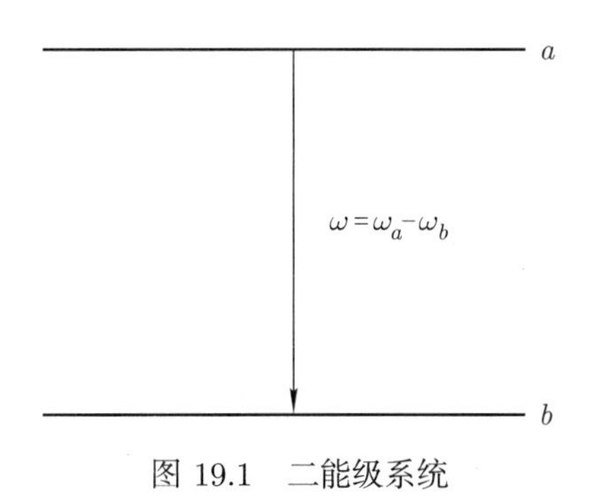

图 19.1 二能级系统

采用半经典模型和电偶极作用，并将电场表达为如下形式：

$$\boldsymbol{E}(t) = \boldsymbol{e}_z E_0 \cos \nu t. \tag{19.1}$$

在此条件下，相互作用哈密顿量的矩阵元可以写成

$$
\begin{aligned}
V_{ab} &= eE_0 \cos \nu t \int u_a^*(\boldsymbol{r}) z u_b(\boldsymbol{r}) \mathrm{d}^3 \boldsymbol{r} \\
&= -pE_0 \cos \nu t,
\end{aligned} \tag{19.2}
$$

其中，

$$
p = -e \int u_a^*(\boldsymbol{r}) z u_b(\boldsymbol{r}) \mathrm{d}^3 \boldsymbol{r} \tag{19.3}
$$

为电偶极矩沿电场方向的分量在 a 态和 b 态之间的矩阵元.

§19.2 拉 比 解

与光场相互作用的二能级原子的波函数可以写成如下形式：

$$
\psi(\boldsymbol{r}, t) = C_a(t) u_a(\boldsymbol{r}, t) + C_b(t) u_b(\boldsymbol{r}, t), \tag{19.4}
$$

其中，

$$
u_a(\boldsymbol{r}, t) = u_a(\boldsymbol{r}) \mathrm{e}^{-\mathrm{i}\omega_a t}, \;\; u_b(\boldsymbol{r}, t) = u_b(\boldsymbol{r}) \mathrm{e}^{-\mathrm{i}\omega_b t}. \tag{19.5}
$$

显然，如果没有光与原子的相互作用，系数 $C_a(t)$ 和 $C_b(t)$ 将不随时间变化. 将波函数代入薛定谔方程

$$
\mathrm{i}\hbar \frac{\partial}{\partial t} \psi(\boldsymbol{r}, t) = (H_0 + V) \psi(\boldsymbol{r}, t), \tag{19.6}
$$

可以得到关于系数 $C_a(t)$ 和 $C_b(t)$ 的方程：

$$
\begin{aligned}
\dot{C}_a(t) &= \frac{eE_0 z_{aa}}{\mathrm{i}\hbar} \cos \nu t \, C_a(t) - \frac{pE_0}{\mathrm{i}\hbar} \cos \nu t \, \mathrm{e}^{\mathrm{i}\omega t} C_b(t), \\
\dot{C}_b(t) &= \frac{eE_0 z_{bb}}{\mathrm{i}\hbar} \cos \nu t \, C_b(t) - \frac{pE_0}{\mathrm{i}\hbar} \cos \nu t \, \mathrm{e}^{-\mathrm{i}\omega t} C_a(t).
\end{aligned} \tag{19.7}
$$

相对 H_0 来说，V 是微扰，所以系数 $C_a(t)$ 和 $C_b(t)$ 的变化速率远小于 ω，这样，我们可以忽略式 (19.7) 右边的高频项，而只保留其中的低频项. 我们知道只有在接近谐振时才能将实际系统看作二能级系统，因此对于二能级系统，条件 $|\omega - \nu| \ll \omega, \nu$ 总是成立的. 在忽略高频项后，式 (19.7) 可以化为

$$
\begin{aligned}
\dot{C}_a(t) &\approx \mathrm{i} \frac{pE_0}{2\hbar} \mathrm{e}^{\mathrm{i}(\omega - \nu)t} C_b(t), \\
\dot{C}_b(t) &\approx \mathrm{i} \frac{pE_0}{2\hbar} \mathrm{e}^{-\mathrm{i}(\omega - \nu)t} C_a(t).
\end{aligned} \tag{19.8}
$$

接下来寻找形如 $C_b(t)=\mathrm{e}^{\mathrm{i}\mu t}$ 的解. 将 $C_b(t)=\mathrm{e}^{\mathrm{i}\mu t}$ 代入式 (19.8)，可以得到

$$\begin{aligned}C_a(t)&=\frac{2\mu}{R_0}\mathrm{e}^{\mathrm{i}(\omega+\mu-\nu)t},\\ \dot{C}_a(t)&=\frac{\mathrm{i}R_0}{2}\mathrm{e}^{\mathrm{i}(\omega+\mu-\nu)t},\end{aligned}\tag{19.9}$$

其中,

$$R_0=\frac{pE_0}{\hbar}\ .\tag{19.10}$$

由式 (19.9) 不难导出关于 μ 的方程:

$$\mu(\omega+\mu-\nu)=\left(\frac{R_0}{2}\right)^2\ .\tag{19.11}$$

式 (19.11) 的解可表达为

$$\mu_\pm=-\frac{\omega-\nu}{2}\pm\frac{1}{2}R,\tag{19.12}$$

其中,

$$R=\sqrt{(\omega-\nu)^2+R_0^2}.\tag{19.13}$$

我们称 R 为拉比 (Rabi) 拍频.

解出参数 μ, 也就得到了系数 $C_a(t)$ 和 $C_b(t)$ 的通解. 系数 $C_a(t)$ 和 $C_b(t)$ 的通解为

$$\begin{aligned}C_a(t)&=\frac{2}{R_0}\left(C_1\mu_+\mathrm{e}^{\mathrm{i}\mu_+t}+C_2\mu_-\mathrm{e}^{\mathrm{i}\mu_-t}\right)\mathrm{e}^{\mathrm{i}(\omega-\nu)t},\\ C_b(t)&=C_1\mathrm{e}^{\mathrm{i}\mu_+t}+C_2\mathrm{e}^{\mathrm{i}\mu_-t}.\end{aligned}\tag{19.14}$$

将 $C_a(t)$, $C_b(t)$ 的解代入波函数的表达式, 可以得到

$$\begin{aligned}\psi(\boldsymbol{r},t)=&C_1\mathrm{e}^{\mathrm{i}\mu_+t}\left[u_b(\boldsymbol{r},t)+\frac{2\mu_+}{R_0}\mathrm{e}^{-\mathrm{i}\nu t}u_a(\boldsymbol{r},t)\right]\mathrm{e}^{-\mathrm{i}\omega_bt}\\ &+C_2\mathrm{e}^{\mathrm{i}\mu_-t}\left[u_b(\boldsymbol{r},t)+\frac{2\mu_-}{R_0}\mathrm{e}^{-\mathrm{i}\nu t}u_a(\boldsymbol{r},t)\right]\mathrm{e}^{-\mathrm{i}\omega_bt}.\end{aligned}\tag{19.15}$$

这便是二能级系统的拉比解. 式 (19.15) 也可以改写成如下形式:

$$\begin{aligned}\psi(\boldsymbol{r},t)=&C_1\mathrm{e}^{\mathrm{i}Rt/2}\left[\mathrm{e}^{\mathrm{i}\nu t/2}u_b(\boldsymbol{r},t)+\frac{2\mu_+}{R_0}\mathrm{e}^{-\mathrm{i}\nu t/2}u_a(\boldsymbol{r},t)\right]\mathrm{e}^{-\mathrm{i}(\omega_b+\omega/2)t}\\ &+C_2\mathrm{e}^{-\mathrm{i}Rt/2}\left[\mathrm{e}^{\mathrm{i}\nu t/2}u_b(\boldsymbol{r},t)+\frac{2\mu_-}{R_0}\mathrm{e}^{-\mathrm{i}\nu t/2}u_a(\boldsymbol{r},t)\right]\mathrm{e}^{-\mathrm{i}(\omega_b+\omega/2)t}.\end{aligned}\tag{19.16}$$

拉比解中的系数 C_1, C_2 由初始条件确定. 如果 $C_a(0)=0$，$C_b(0)=1$，则必须有

$$\mu_+ C_1+\mu_- C_2=0,\quad C_1+C_2=1, \tag{19.17}$$

可以解得

$$C_1=-\frac{\mu_-}{R},\quad C_2=\frac{\mu_+}{R}. \tag{19.18}$$

将以上解代入表达式 (19.16)，可以得到满足此初始条件的二能级系统的波函数：

$$\begin{aligned}\psi(\boldsymbol{r},t)=&u_b(\boldsymbol{r})\mathrm{e}^{-\mathrm{i}\omega_b t}\mathrm{e}^{-\mathrm{i}(\omega-\nu)t/2}\left[\cos\frac{Rt}{2}+\mathrm{i}(\omega-\nu)\sin\frac{Rt}{2}\right]\\&+u_a(\boldsymbol{r})\mathrm{e}^{-\mathrm{i}\omega_a t}\mathrm{e}^{\mathrm{i}(\omega-\nu)t/2}\frac{\mathrm{i}R_0}{R}\sin\frac{Rt}{2}.\end{aligned} \tag{19.19}$$

由波函数 $\psi(\boldsymbol{r},t)$ 可以计算出在时刻 t 原子处于 a 能级的概率：

$$|C_a(t)|^2=\left|\frac{R_0}{R}\right|^2\sin^2\frac{Rt}{2}. \tag{19.20}$$

式 (19.20) 称为拉比翻转公式. 由拉比翻转公式可知，原子处于 a 能级的概率随时间呈周期性变化，变化周期为 $2\pi/R$. 谐振，即 $\omega=\nu$ 时，式 (19.20) 可以化为

$$|C_a(t)|^2=\sin^2\frac{R_0 t}{2}. \tag{19.21}$$

这样，如果 $t=0$ 时, $|C_a(t)|=0$，那么 $t=\pi/R_0$ 时，就有 $|C_a(t)|=1$. 我们称延时等于 π/R_0 的光脉冲为 π 脉冲. 根据以上分析可以得到结论：用一个 π 脉冲照射二能级原子可以使二能级原子所处的能级由 b 能级转换为 a 能级.

我们注意到，一阶微扰理论给出的在时刻 t 原子处于 a 能级的概率为

$$|C_a(t)|^2=|R_0|^2\frac{\sin^2\dfrac{(\omega-\nu)t}{2}}{(\omega-\nu)^2}\ , \tag{19.22}$$

这个结果与拉比翻转公式是不同的.

在这里我们只考虑了原子与光场之间的相互作用. 而实际上每一个原子除了与光场发生相互作用之外，还与其周围的原子发生相互作用. 原子与其周围原子之间的相互作用一般很难精确描述. 这个作用的效应之一是使系数 $C_a(t)$, $C_b(t)$ 之间的相关度下降，因此我们称之为退相干作用. 拉比解可以看作包含了高阶微扰效应的解. 如果高阶微扰效应大于退相干作用的效应，那么采用拉比解是合适的；而如果高阶微扰效应小于退相干作用的效应，那么在不计入退相干作用的情况下，采用低阶 (比如一阶) 微扰解是恰当的.

习　题

19.1 导出初始条件为 $C_a(0)=1, C_b(0)=0$ 时，$|C_b(t)|^2$ 的表达式.

19.2 在 $C_a(0)=0, C_b(0)=1$ 的初始条件下，采用一阶微扰的方法计算 $|C_a(t)|^2$.

第 20 章 密度矩阵

对一个量子系统的完全描述需要了解系统的量子态. 但就一个宏观系统而言, 我们是不可能准确知道其量子态的. 另一方面, 对于一个宏观系统, 我们一般只关心这一系统的某些物理量的平均值. 在这样的情况下, 我们可以采用密度矩阵来描述一个量子系统.

§20.1 纯态的密度矩阵

对于任何一个量子系统, 我们总可以用一组完备的量子态来展开任意一个量子态:

$$|\psi\rangle = \sum_l C_l |l\rangle. \tag{20.1}$$

利用量子态的展开式, 我们可以计算物理量 O 的平均值:

$$\begin{aligned}\langle\psi|\widehat{O}|\psi\rangle &= \sum_{lm} \langle m|C_m^* \widehat{O} C_l|l\rangle \\ &= \sum_{lm} C_l C_m^* O_{ml},\end{aligned} \tag{20.2}$$

其中, $O_{ml} = \langle m|\widehat{O}|l\rangle$. 我们定义密度矩阵 $\widehat{\rho}$ 是矩阵元为 $\rho_{lm} = C_l C_m^*$ 的矩阵, 即

$$\widehat{\rho} = |\psi\rangle\langle\psi|. \tag{20.3}$$

我们称具有以上形式密度矩阵的系统处于纯态.

利用密度矩阵, 物理量 O 的平均值可以通过下式求得:

$$\overline{O} = \langle\psi|\widehat{O}|\psi\rangle = \sum_{lm} \rho_{lm} O_{ml} = \mathrm{tr}(\widehat{\rho}\widehat{O}) . \tag{20.4}$$

从这一关系式可以看出, 密度矩阵与概率密度函数有很好的对应关系.

纯态的密度矩阵是一个投影算符:

$$\widehat{\rho}^2 = \widehat{\rho}, \tag{20.5}$$

其作用是把任意一个量子态投影到系统所处的量子态.

纯态的密度矩阵可以由量子态的展开系数得到，也可以通过求解密度矩阵所满足的微分方程得到. 由量子态 $|\psi\rangle$ 随时间演化的方程不难得到密度矩阵随时间演化的方程：

$$\dot{\widehat{\rho}} = \frac{1}{\mathrm{i}\hbar}[H, \widehat{\rho}] \,. \tag{20.6}$$

以下我们仅考虑二能级系统. 二能级系统的密度矩阵为 2×2 矩阵

$$\widehat{\rho} = \begin{pmatrix} \rho_{aa} & \rho_{ab} \\ \rho_{ba} & \rho_{bb} \end{pmatrix} \,. \tag{20.7}$$

由式 (20.6) 可以得到密度矩阵各矩阵元所满足的微分方程. 先考虑矩阵元 ρ_{aa}，我们有

$$\dot{\rho}_{aa} = \langle a|\dot{\widehat{\rho}}|a\rangle = \frac{1}{\mathrm{i}\hbar}\langle a|[H_0 + V, \widehat{\rho}]|a\rangle, \tag{20.8}$$

由于 $|a\rangle$ 是 H_0 的本征态，因此 $\langle a|[H_0, \widehat{\rho}]|a\rangle = 0$. 于是

$$\begin{aligned} \dot{\rho}_{aa} &= \frac{1}{\mathrm{i}\hbar}\langle a|(V\widehat{\rho} - \widehat{\rho}V)|a\rangle \\ &= \frac{1}{\mathrm{i}\hbar}V_{ab}\rho_{ba} - \frac{1}{\mathrm{i}\hbar}V_{ba}\rho_{ab}. \end{aligned} \tag{20.9}$$

再考虑矩阵元 ρ_{ab}，我们有

$$\dot{\rho}_{ab} = \frac{1}{\mathrm{i}\hbar}\langle a|[H_0 + V, \widehat{\rho}]|b\rangle. \tag{20.10}$$

因为 $|a\rangle$ 和 $|b\rangle$ 都是 H_0 的本征态，所以

$$\langle a|[H_0, \widehat{\rho}]|b\rangle = \langle a|H_0\widehat{\rho}|b\rangle - \langle a|\widehat{\rho}H_0|b\rangle = (\hbar\omega_a - \hbar\omega_b)\langle a|\widehat{\rho}|b\rangle. \tag{20.11}$$

于是有

$$\begin{aligned} \dot{\rho}_{ab} &= -\mathrm{i}\omega\rho_{ab} + \frac{1}{\mathrm{i}\hbar}\langle a|(V\widehat{\rho} - \widehat{\rho}V)|b\rangle \\ &= -\mathrm{i}\omega\rho_{ab} - \frac{1}{\mathrm{i}\hbar}V_{ab}(\rho_{aa} - \rho_{bb}) + \frac{1}{\mathrm{i}\hbar}\rho_{ab}(V_{aa} - V_{bb}). \end{aligned} \tag{20.12}$$

由于 $\hbar\omega \gg |V_{aa} - V_{bb}|$，因此式 (20.12) 可简化为

$$\dot{\rho}_{ab} = -\mathrm{i}\omega\rho_{ab} - \frac{1}{\mathrm{i}\hbar}V_{ab}(\rho_{aa} - \rho_{bb}). \tag{20.13}$$

因为矩阵元 ρ_{aa} 与 ρ_{bb} 之间满足 $\rho_{aa} + \rho_{bb} = 1$，所以

$$\dot{\rho}_{bb} = -\dot{\rho}_{aa} = -\frac{1}{\mathrm{i}\hbar}V_{ab}\rho_{ba} + \frac{1}{\mathrm{i}\hbar}V_{ba}\rho_{ab} \,. \tag{20.14}$$

要得到式 (20.14) 的具体形式，我们还需要知道相互作用哈密顿量的矩阵元. 考虑光与物质间通过电偶极矩的相互作用，并采用旋转波近似，我们可以把相互作用的矩阵元表达为

$$V_{ab} \approx -\frac{1}{2}pE_0\mathrm{e}^{-\mathrm{i}\nu t}, \tag{20.15}$$

进而得到如下二能级系统密度矩阵元的时间演化方程：

$$\dot{\rho}_{aa} = -\mathrm{i}\frac{pE_0}{2\hbar}\mathrm{e}^{\mathrm{i}\nu t}\rho_{ab} + c.c.\ , \tag{20.16}$$

$$\dot{\rho}_{ab} = -\mathrm{i}\omega\rho_{ab} - \mathrm{i}\frac{pE_0}{2\hbar}\mathrm{e}^{-\mathrm{i}\nu t}(\rho_{aa} - \rho_{bb})\ , \tag{20.17}$$

$$\dot{\rho}_{bb} = \mathrm{i}\frac{pE_0}{2\hbar}\mathrm{e}^{\mathrm{i}\nu t}\rho_{ab} + c.c.\ . \tag{20.18}$$

密度矩阵元的时间演化方程可以用逐次迭代的方法近似求解. 考虑 $t = 0$ 时，原子处于 b 态的情形. 这时有

$$\rho(0) = \begin{pmatrix} 0 & 0 \\ 0 & 1 \end{pmatrix}. \tag{20.19}$$

如果不发生相互作用，密度矩阵就不会随时间变换，那么密度矩阵的零阶近似为

$$\rho^{(0)} = \begin{pmatrix} 0 & 0 \\ 0 & 1 \end{pmatrix}. \tag{20.20}$$

将 $\rho_{aa}^{(0)}$ 和 $\rho_{bb}^{(0)}$ 代入式 (20.17) 的右边，可以得到密度矩阵的一阶修正：

$$\rho^{(1)} = \begin{pmatrix} 0 & \rho_{ab}^{(1)} \\ \rho_{ba}^{(1)} & 0 \end{pmatrix}, \tag{20.21}$$

其中，

$$\begin{aligned} \rho_{ab}^{(1)} &= \mathrm{i}\frac{pE_0}{2\hbar}\int_0^t \mathrm{e}^{-\mathrm{i}\nu t'}\mathrm{e}^{\mathrm{i}\omega t'}\mathrm{d}t'\mathrm{e}^{-\mathrm{i}\omega t} \\ &= \frac{pE_0}{2\hbar}\frac{1-\mathrm{e}^{-\mathrm{i}(\omega-\nu)t}}{\omega-\nu}\,\mathrm{e}^{-\mathrm{i}\nu t}. \end{aligned} \tag{20.22}$$

再将 $\rho_{ab}^{(1)}$ 代入式 (20.16) 和式 (20.18) 的右边，可以得到密度矩阵的二阶修正：

$$\rho^{(2)} = \begin{pmatrix} \rho_{aa}^{(2)} & 0 \\ 0 & \rho_{bb}^{(2)} \end{pmatrix}, \tag{20.23}$$

其中，

$$
\begin{aligned}
\rho_{aa}^{(2)} &= -\rho_{bb}^{(2)} \\
&= -\mathrm{i}\left(\frac{pE_0}{2\hbar}\right)^2 \frac{1}{\omega-\nu}\int_0^t \left[1-\mathrm{e}^{-\mathrm{i}(\omega-\nu)t'}\right]\mathrm{d}t' + c.c. \\
&= \mathrm{i}\left(\frac{pE_0}{2\hbar}\right)^2 \frac{1}{\omega-\nu}\int_0^t \mathrm{e}^{-\mathrm{i}(\omega-\nu)t'}\mathrm{d}t' + c.c. \\
&= 2\left(\frac{pE_0}{2\hbar}\right)^2 \frac{1-\cos(\omega-\nu)t}{(\omega-\nu)^2},
\end{aligned}
\tag{20.24}
$$

或

$$
\rho_{aa}^{(2)} = -\rho_{bb}^{(2)} = \left(\frac{pE_0}{\hbar}\right)^2 \frac{\sin^2\left(\dfrac{\omega-\nu}{2}\right)t}{(\omega-\nu)^2}. \tag{20.25}
$$

我们注意到这样得到的 $\rho_{aa}^{(2)}$ 与一阶微扰理论给出的结果是一致的. 这说明用逐次迭代法近似求解密度矩阵与用微扰展开法近似求解波函数是等价的.

§20.2 混合态的密度矩阵

现在我们考虑一个宏观量子系统的子系统（如介质中的一个原子）. 由于子系统与量子系统的其他部分之间存在复杂的、难以精确描述的相互作用形态，因此我们无法精确地描述子系统的量子态随时间的变化. 对于这样的量子系统，我们仍可以用密度矩阵来描述子系统的统计性质，及其统计性质随时间的演化.

整个宏观系统的哈密顿量可以表达成如下形式：

$$
H_{\mathrm{T}} = H + H_{\mathrm{int}} + H_{\mathrm{R}}, \tag{20.26}
$$

其中，H 是子系统的哈密顿量，H_{R} 为系统其他部分的哈密顿量，而 H_{int} 描述子系统与系统其他部分的相互作用. 整个系统的量子态 $|\psi_{\mathrm{T}}\rangle$ 可以展开成如下形式：

$$
|\psi_{\mathrm{T}}\rangle = \sum_l C_l|\psi_l\rangle|l_{\mathrm{R}}\rangle, \tag{20.27}
$$

其中，$|l_{\mathrm{R}}\rangle$ 是 H_{R} 的本征态，$|\psi_l\rangle$ 是子系统的量子态. $|\psi_l\rangle$ 一般为 H 的本征态的叠加，不同 l 对应的 $|\psi_l\rangle$ 一般不是相互正交的. 利用以上展开式，我们可以计算子系统的物理量 O 的平均值：

$$
\langle\psi_{\mathrm{T}}|\widehat{O}|\psi_{\mathrm{T}}\rangle = \sum_{lm} C_m^* C_l\langle\psi_m|\widehat{O}|\psi_l\rangle\langle m_{\mathrm{R}}|l_{\mathrm{R}}\rangle. \tag{20.28}
$$

因为 H_{R} 的本征态是正交的，所以

$$\sum_m C_m^* \langle m_{\mathrm{R}} | l_{\mathrm{R}} \rangle = C_l^*. \tag{20.29}$$

于是有

$$\langle \psi_{\mathrm{T}} | \widehat{O} | \psi_{\mathrm{T}} \rangle = \sum_l |C_l|^2 \langle \psi_l | \widehat{O} | \psi_l \rangle. \tag{20.30}$$

由展开式 (20.27) 可知，$|C_l|^2$ 为子系统处于量子态 $|\psi_l\rangle$ 的概率. 式 (20.30) 也可以写成如下形式：

$$\overline{O} = \mathrm{tr}(\widehat{\rho}\widehat{O}), \tag{20.31}$$

其中，

$$\widehat{\rho} = \sum_\psi P_\psi |\psi\rangle\langle\psi| \tag{20.32}$$

为子系统的密度矩阵，这里，P_ψ 为子系统处于量子态 $|\psi\rangle$ 的概率. 我们称具有以上形式密度矩阵的系统处于混合态.

记整个系统的密度矩阵为 $\widehat{\rho}_{\mathrm{T}}$，即 $\widehat{\rho}_{\mathrm{T}} = |\psi_{\mathrm{T}}\rangle\langle\psi_{\mathrm{T}}|$，那么式 (20.32) 还可以表达成如下形式：

$$\widehat{\rho} = \sum_l \langle l_{\mathrm{R}} | \widehat{\rho}_{\mathrm{T}} | l_{\mathrm{R}} \rangle = \underset{\mathrm{R}}{\mathrm{tr}}(\widehat{\rho}_{\mathrm{T}}), \tag{20.33}$$

这里，$\underset{\mathrm{R}}{\mathrm{tr}}$ 表示求迹计算只包括子系统以外的部分. 可以看出混合态的密度矩阵与边缘概率密度有相似之处.

利用关系式 (20.33)，可以得到混合态的密度矩阵的时间演化方程：

$$\dot{\widehat{\rho}} = \frac{1}{\mathrm{i}\hbar}[H, \widehat{\rho}] + \frac{1}{\mathrm{i}\hbar} \underset{\mathrm{R}}{\mathrm{tr}}([H_{\mathrm{int}}, \widehat{\rho}_{\mathrm{T}}]) \,. \tag{20.34}$$

显然，我们无法精确计算 $\underset{\mathrm{R}}{\mathrm{tr}}([H_{\mathrm{int}}, \widehat{\rho}_{\mathrm{T}}])$，因此需要采用适当的近似.

原子与系统其他部分的相互作用一般可以看作退相干作用. 这个作用的结果是使原子的密度矩阵有一个稳定值. 当密度矩阵偏离这一稳定值时，原子与系统其他部分的相互作用会使其恢复到稳定值. 我们可以采用弛豫时间近似来唯象地描述这个作用的结果. 采用弛豫时间近似，退相干作用对密度矩阵元时间变化率的贡献与密度矩阵元的稳定值和实际值之差成正比，比例系数为相应弛豫时间的倒数. 这样，我们得到如下关于二能级系统密度矩阵

元的时间演化方程:

$$\dot{\rho}_{aa}=-\gamma_a\rho_{aa}+\frac{1}{\mathrm{i}\hbar}V_{ab}\rho_{ba}-\frac{1}{\mathrm{i}\hbar}V_{ba}\rho_{ab}+\lambda_a, \tag{20.35}$$

$$\dot{\rho}_{ab}=-(\mathrm{i}\omega+\gamma_{ab})\rho_{ab}-\frac{1}{\mathrm{i}\hbar}V_{ab}(\rho_{aa}-\rho_{bb}), \tag{20.36}$$

$$\dot{\rho}_{bb}=-\gamma_b\rho_{bb}-\frac{1}{\mathrm{i}\hbar}V_{ab}\rho_{ba}+\frac{1}{\mathrm{i}\hbar}V_{ba}\rho_{ab}+\lambda_b. \tag{20.37}$$

上述三个方程中的参量 λ_a 和 λ_b 分别由 ρ_{aa} 的稳定值与弛豫时间的倒数 γ_a，以及 ρ_{bb} 的稳定值与弛豫时间的倒数 γ_b 确定. 作为退相干作用的结果，ρ_{ab} 的稳定值为 0. 在二能级系统中，$\rho_{aa}+\rho_{bb}\equiv 1$，所以 γ_a，γ_b，λ_a 和 λ_b 必须满足如下关系：

$$\gamma_a=\gamma_b=\lambda_a+\lambda_b. \tag{20.38}$$

密度矩阵元方程的解为

$$\rho_{aa}=\rho_{aa}(0)\mathrm{e}^{-\gamma_a t}+\frac{\lambda_a}{\gamma_a}\left(1-\mathrm{e}^{-\gamma_a t}\right)-\left(\frac{\mathrm{e}^{-\gamma_a t}}{\mathrm{i}\hbar}\int_0^t V_{ba}(t')\rho_{ab}(t')\mathrm{e}^{\gamma_a t'}\mathrm{d}t'+c.c.\right), \tag{20.39}$$

$$\rho_{bb}=\rho_{bb}(0)\mathrm{e}^{-\gamma_b t}+\frac{\lambda_b}{\gamma_b}\left(1-\mathrm{e}^{-\gamma_b t}\right)+\left(\frac{\mathrm{e}^{-\gamma_b t}}{\mathrm{i}\hbar}\int_0^t V_{ba}(t')\rho_{ab}(t')\mathrm{e}^{\gamma_b t'}\mathrm{d}t'+c.c.\right), \tag{20.40}$$

$$\rho_{ab}=\rho_{ab}(0)\mathrm{e}^{-(\mathrm{i}\omega+\gamma_b)t}-\frac{\mathrm{e}^{-(\mathrm{i}\omega+\gamma_b)t}}{\mathrm{i}\hbar}\int_0^t V_{ab}(t')\times\left[\rho_{aa}(t')-\rho_{bb}(t')\right]\mathrm{e}^{(\mathrm{i}\omega+\gamma_b)t'}\mathrm{d}t'. \tag{20.41}$$

§20.3 矢量模型

二能级系统的密度矩阵有三个独立分量 ρ_{aa}（或 ρ_{bb}），ρ_{ab} 和 ρ_{ba}. 我们可以用密度矩阵的这三个分量构造一个空间矢量，并用这个空间矢量来描述系统的状态.

考虑光与原子间的电偶极矩作用. 令

$$M_1=\rho_{ab}\mathrm{e}^{\mathrm{i}\nu t}+c.c., \tag{20.42}$$

$$M_2=\mathrm{i}\rho_{ab}\mathrm{e}^{\mathrm{i}\nu t}+c.c., \tag{20.43}$$

$$M_3=\rho_{aa}-\rho_{bb}. \tag{20.44}$$

显然，(M_1,M_2,M_3) 的值与密度矩阵的值是一一对应的. 因此我们可以用矢量

$$\boldsymbol{M}=M_1\boldsymbol{e}_1+M_2\boldsymbol{e}_2+M_3\boldsymbol{e}_3=\mathrm{tr}(\widehat{\rho}'\boldsymbol{\sigma}) \tag{20.45}$$

来描述原子的状态，其中，矩阵 $\widehat{\rho}'$ 与 $\boldsymbol{\sigma}$ 分别为

$$\widehat{\rho}' = \begin{pmatrix} \rho_{aa} & \rho_{ab}\mathrm{e}^{\mathrm{i}\nu t} \\ \rho_{ba}\mathrm{e}^{-\mathrm{i}\nu t} & \rho_{bb} \end{pmatrix}, \tag{20.46}$$

$$\boldsymbol{\sigma} = \sigma_1 \boldsymbol{e}_1 + \sigma_2 \boldsymbol{e}_2 + \sigma_3 \boldsymbol{e}_3 \, . \tag{20.47}$$

式 (20.47) 中，σ_1，σ_2 和 σ_3 是泡利 (Pauli) 矩阵：

$$\sigma_1 = \begin{pmatrix} 0 & 1 \\ 1 & 0 \end{pmatrix}, \ \sigma_2 = \begin{pmatrix} 0 & -\mathrm{i} \\ \mathrm{i} & 0 \end{pmatrix}, \ \sigma_3 = \begin{pmatrix} 1 & 0 \\ 0 & -1 \end{pmatrix} . \tag{20.48}$$

矢量 $\boldsymbol{M}$ 的运动方程可由密度矩阵随时间演化的方程导出. 记 $\gamma = \gamma_{ab}$，并令

$$\frac{1}{T_1} = \gamma_a = \gamma_b. \tag{20.49}$$

根据密度矩阵随时间演化的方程，我们有

$$\begin{aligned} \dot{M}_1 &= \dot{\rho}_{ab}\mathrm{e}^{\mathrm{i}\nu t} + \mathrm{i}\nu\rho_{ab}\mathrm{e}^{\mathrm{i}\nu t} + c.c. \\ &= -(\mathrm{i}\omega + \gamma)\rho_{ab}\mathrm{e}^{\mathrm{i}\nu t} - \mathrm{i}\frac{pE_0}{2\hbar}M_3 + \mathrm{i}\nu\rho_{ab}\mathrm{e}^{\mathrm{i}\nu t} + c.c. \\ &= -(\omega - \nu)M_2 - \gamma M_1, \end{aligned} \tag{20.50}$$

$$\begin{aligned} \dot{M}_2 &= \mathrm{i}\dot{\rho}_{ab}\mathrm{e}^{\mathrm{i}\nu t} - \nu\rho_{ab}\mathrm{e}^{\mathrm{i}\nu t} + c.c. \\ &= (\omega - \nu)M_1 - \gamma M_2 + \frac{pE_0}{\hbar}M_3, \end{aligned} \tag{20.51}$$

$$\begin{aligned} \dot{M}_3 &= -\frac{1}{T_1}M_3 + \left(\frac{pE_0}{\mathrm{i}\hbar}\rho_{ab}\mathrm{e}^{\mathrm{i}\nu t} + c.c.\right) \\ &= -\frac{1}{T_1}(M_3 - M_3^0) - \frac{pE_0}{\hbar}M_2, \end{aligned} \tag{20.52}$$

其中，$M_3^0 = T_1(\lambda_a - \lambda_b)$.

T_1 称为纵向弛豫时间，$T_2 = 1/\gamma$ 称为横向弛豫时间. 如果 $T_1 = T_2$，则关于 $\boldsymbol{M}$ 的方程可以写成矢量方程的形式：

$$\dot{\boldsymbol{M}} = -\gamma(\boldsymbol{M} - \boldsymbol{M}_0) + \boldsymbol{M} \times \boldsymbol{B}, \tag{20.53}$$

其中，

$$\boldsymbol{B} = R_0\boldsymbol{e}_1 - (\omega - \nu)\boldsymbol{e}_3, \quad \boldsymbol{M}_0 = M_3^0\boldsymbol{e}_3. \tag{20.54}$$

式 (20.53) 描述的是一个与 M_3^0 的差随时间减小，同时以圆频率 $\sqrt{R_0^2 + (\omega - \nu)^2}$ 绕矢量 $\boldsymbol{B}$ 顺时针旋转的矢量，如图 20.1 所示. 这一方程与描述磁偶极子在磁场中进动的布洛赫 (Bloch) 方程具有相同的形式，因此也称为光学布洛赫方程.

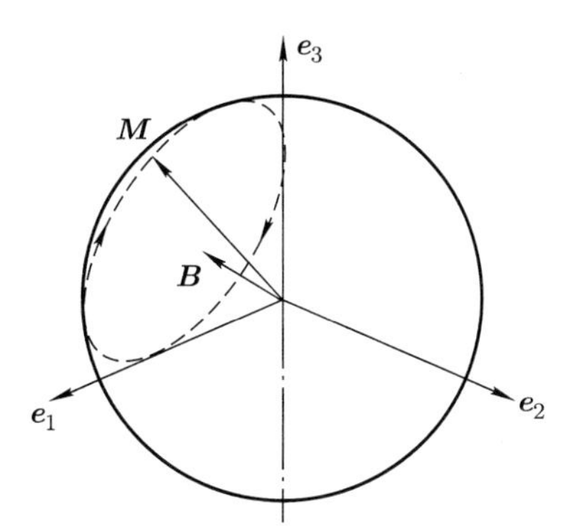

图 20.1　密度矩阵的矢量模型

习　　题

20.1　考虑一个由二能级原子组成的系统，其中，30% 的原子处于波函数为

$$\psi_1 = \frac{1}{\sqrt{2}}\left(u_a \mathrm{e}^{-\mathrm{i}\omega_a t} + u_b \mathrm{e}^{-\mathrm{i}\omega_b t}\right)$$

的量子态，50% 的原子处于波函数为

$$\psi_2 = \frac{1}{\sqrt{10}}\left(u_a \mathrm{e}^{-\mathrm{i}\omega_a t} - 3u_b \mathrm{e}^{-\mathrm{i}\omega_b t}\right)$$

的量子态，20% 的原子处于波函数为

$$\psi_3 = u_b \mathrm{e}^{-\mathrm{i}\omega_b t}$$

的量子态. 试以本征函数 u_a 和 u_b 为基，写出密度矩阵 ρ.

20.2　试证明，$\mathrm{tr}\{\rho^2\} \leqslant 1$，并说明等式成立的条件.

20.3　熵的量子力学定义为

$$S = -k_{\mathrm{B}}\,\mathrm{tr}\{\rho \ln \rho\}.$$

试证明，处于纯态的系统的熵为 0，并解释这一结果的物理意义.

20.4　算符 $\mathcal{O}$ 的标准差的定义为

$$\sigma = \sqrt{\langle \mathcal{O}^2 \rangle - \langle \mathcal{O} \rangle^2}.$$

试利用密度矩阵的表达式

$$\widehat{\rho} = \begin{pmatrix} \rho_{aa} & \rho_{ab} \\ \rho_{ba} & \rho_{bb} \end{pmatrix},$$

计算电偶极矩算符

$$d = \begin{pmatrix} 0 & p \\ p & 0 \end{pmatrix}$$

的标准差.

第 21 章 介质的极化

§21.1 单模光场中介质的极化

考虑由同一种二能级原子构成的介质. 介质处于电场分布为

$$\boldsymbol{E}(x,t)=\frac{1}{2}\boldsymbol{e}_z\mathcal{E}(x)\mathrm{e}^{\mathrm{i}(kx-\nu t)}+c.c. \tag{21.1}$$

的光场之中. 介质中某一点 x 处的原子以光频变化的电偶极矩为

$$-e\int\psi^*(\boldsymbol{r},t)z\psi(\boldsymbol{r},t)\mathrm{d}^3\boldsymbol{r}=p\rho_{ab}(x,t)+c.c.. \tag{21.2}$$

我们注意到式 (21.2) 中没有包含 ρ_{aa} 和 ρ_{bb} 的项, 这是因为这两项的频率远低于光波频率. 介质的电极化强度可以通过将单个原子的电偶极矩乘以单位体积内的原子数 n 得到, 即

$$P(x,t)=np\rho_{ab}(x,t)+c.c.. \tag{21.3}$$

式 (21.3) 表明, 我们可以通过计算密度矩阵元 ρ_{ab} 来求得介质的电极化强度.

密度矩阵元满足的微分方程 (见式 (20.35) ~ (20.37)) 可以写成如下形式:

$$\dot{\rho}_{aa}=-\gamma_a(\rho_{aa}-\rho^0_{aa})+\frac{1}{\mathrm{i}\hbar}V_{ab}\rho_{ba}-\frac{1}{\mathrm{i}\hbar}V_{ba}\rho_{ab}, \tag{21.4}$$

$$\dot{\rho}_{ab}=-(\mathrm{i}\omega+\gamma)\rho_{ab}-\frac{1}{\mathrm{i}\hbar}V_{ab}(\rho_{aa}-\rho_{bb}), \tag{21.5}$$

$$\dot{\rho}_{bb}=-\gamma_b(\rho_{bb}-\rho^0_{bb})-\frac{1}{\mathrm{i}\hbar}V_{ab}\rho_{ba}+\frac{1}{\mathrm{i}\hbar}V_{ba}\rho_{ab}, \tag{21.6}$$

其中,

$$\rho^0_{aa}=\frac{\lambda_a}{\gamma_a},\quad \rho^0_{bb}=\frac{\lambda_b}{\gamma_b}. \tag{21.7}$$

对于相互作用矩阵元, 我们采用旋转波近似, 即

$$V_{ab}\approx-\frac{1}{2}p\mathcal{E}(x)\mathrm{e}^{\mathrm{i}(kx-\nu t)}. \tag{21.8}$$

在此基础上, 我们应用速率方程近似的方法来求解密度矩阵元的方程. 首先在式 (21.5) 中以 ρ^0_{aa}, ρ^0_{bb} 替代 ρ_{aa}, ρ_{bb}, 并积分, 可以得到

$$\rho_{ab} = -\mathrm{i}\frac{p\mathcal{E}}{2\hbar}\frac{\rho_{aa}^0 - \rho_{bb}^0}{\gamma + \mathrm{i}(\omega - \nu)}. \tag{21.9}$$

再将这一关系式代入式 (21.4) 和式 (21.6)，可以导出如下关系式：

$$\begin{aligned}\dot{\rho}_{aa} &= \frac{\Lambda_a}{n} - \gamma_a\rho_{aa} - \mathcal{R}(\rho_{aa}^0 - \rho_{bb}^0),\\ \dot{\rho}_{bb} &= \frac{\Lambda_b}{n} - \gamma_b\rho_{bb} + \mathcal{R}(\rho_{aa}^0 - \rho_{bb}^0),\end{aligned} \tag{21.10}$$

其中，

$$\Lambda_a = n\gamma_a\rho_{aa}^0, \quad \Lambda_b = n\gamma_b\rho_{bb}^0 \tag{21.11}$$

为注入速率，速率常数 $\mathcal{R}$ 为

$$\mathcal{R} = \frac{1}{2}\left|\frac{p\mathcal{E}}{\hbar}\right|^2 \mathcal{L}(\omega - \nu), \tag{21.12}$$

这里，

$$\mathcal{L}(\omega - \nu) = \frac{\gamma}{\gamma^2 + (\omega - \nu)^2}. \tag{21.13}$$

在忽略高阶修正的情况下，我们可以将式 (21.10) 中的 $(\rho_{aa}^0 - \rho_{bb}^0)$ 替换为 $(\rho_{aa} - \rho_{bb})$，从而得到速率方程：

$$\begin{aligned}\dot{\rho}_{aa} &= \frac{\Lambda_a}{n} - \gamma_a\rho_{aa} - \mathcal{R}(\rho_{aa} - \rho_{bb}),\\ \dot{\rho}_{bb} &= \frac{\Lambda_b}{n} - \gamma_b\rho_{bb} + \mathcal{R}(\rho_{aa} - \rho_{bb}),\end{aligned} \tag{21.14}$$

其中，Λ_a/n 和 Λ_b/n 分别为 a, b 态的注入速率，$\gamma_a\rho_{aa}$ 和 $\gamma_b\rho_{bb}$ 分别为 a, b 态的非辐射跃迁速率，$\mathcal{R}(\rho_{aa} - \rho_{bb})$ 为净辐射跃迁速率. 图 21.1 是对速率方程近似的一个直观描述.

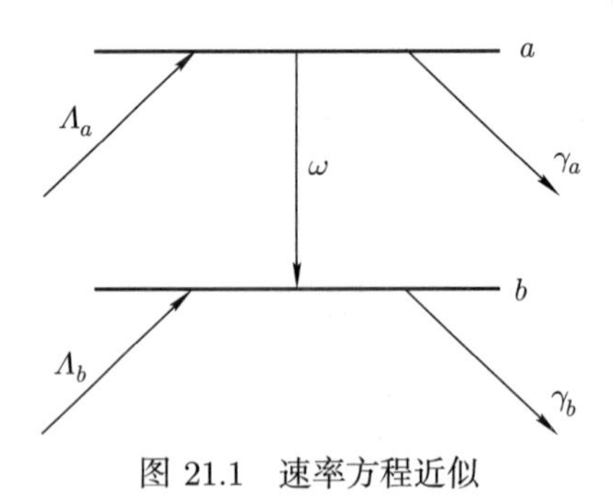

图 21.1 速率方程近似

速率方程 (21.14) 表明，原子处于 a 态或 b 态的概率随时间变化的速率为相应量子态的注入速率、非辐射跃迁速率、净辐射跃迁速率的代数和.

由 ρ_{ab} 的表达式 (21.9)，可以导出 x 处介质的电极化强度：

$$P(x,t)=\frac{1}{2}\mathcal{P}(x)\mathrm{e}^{\mathrm{i}(kx-\nu t)}+c.c.\,, \tag{21.15}$$

其中，

$$\mathcal{P}(x)=\frac{p^2}{\hbar}\frac{N}{\nu-\omega+\mathrm{i}\gamma}\mathcal{E}(x)\,, \tag{21.16}$$

这里，

$$N=n(\rho^0_{aa}-\rho^0_{bb})=\Lambda_a\gamma_a-\Lambda_b\gamma_b \tag{21.17}$$

是单位体积内处于 a 能级与 b 能级的粒子数之差，或称布居差. 而电极化率则为

$$\chi=\frac{p^2}{\hbar\varepsilon_0}\frac{N}{\nu-\omega+\mathrm{i}\gamma}. \tag{21.18}$$

注意到布居差 N 可以通过控制注入条件来控制，因此可以通过改变注入条件在一定程度上改变介质的折射率.

§21.2 克拉默斯–克勒尼希关系

电极化率是描述介质的电极化强度对外部单频电场线性响应的函数，其实部与虚部之间存在一个普遍关系.

考虑到因果关系，并假设介质的光学性质不随时间变化，那么线性介质的电极化强度与外部电场强度之间存在如下关系：

$$P(t)=\varepsilon_0\int_{-\infty}^{t}G(t-t')E(t')\mathrm{d}t'. \tag{21.19}$$

这里，$P(t)$, $E(t)$ 和 $G(t)$ 均为实函数. 对 $P(t)$ 做傅里叶变换，可得

$$\begin{aligned}\widetilde{P}(\omega)&=\frac{1}{2\pi}\int_{-\infty}^{+\infty}\mathrm{e}^{\mathrm{i}\omega t}P(t)\mathrm{d}t\\&=\frac{\varepsilon_0}{2\pi}\int_{-\infty}^{+\infty}\mathrm{d}t\int_{-\infty}^{t}\mathrm{d}t'\mathrm{e}^{\mathrm{i}\omega t}G(t-t')E(t'),\end{aligned} \tag{21.20}$$

由于

$$E(t)=\int_{-\infty}^{+\infty}\mathrm{d}\omega'\mathrm{e}^{-\mathrm{i}\omega' t}\widetilde{E}(\omega'), \tag{21.21}$$

因此

$$\begin{aligned}\widetilde{P}(\omega)&=\frac{\varepsilon_0}{2\pi}\int_{-\infty}^{+\infty}\mathrm{d}t\int_{-\infty}^{t}\mathrm{d}t'\int_{-\infty}^{+\infty}\mathrm{d}\omega'\mathrm{e}^{\mathrm{i}(\omega t-\omega't')}G(t-t')\widetilde{E}(\omega')\\&=\frac{\varepsilon_0}{2\pi}\int_{-\infty}^{+\infty}\mathrm{d}t\int_{0}^{+\infty}\mathrm{d}\tau\int_{-\infty}^{+\infty}\mathrm{d}\omega'\mathrm{e}^{\mathrm{i}(\omega-\omega')t}\mathrm{e}^{\mathrm{i}\omega'\tau}G(\tau)\widetilde{E}(\omega')\\&=\varepsilon_0\int_{0}^{+\infty}\mathrm{d}\tau\mathrm{e}^{\mathrm{i}\omega\tau}G(\tau)\widetilde{E}(\omega).\end{aligned}\tag{21.22}$$

对于单频光场，电极化强度与电场强度的关系可表达为

$$\widetilde{P}(\omega)=\varepsilon_0\chi(\omega)\widetilde{E}(\omega).\tag{21.23}$$

由此得到

$$\chi(\omega)=\int_{0}^{+\infty}\mathrm{e}^{\mathrm{i}\omega\tau}G(\tau)\mathrm{d}\tau.\tag{21.24}$$

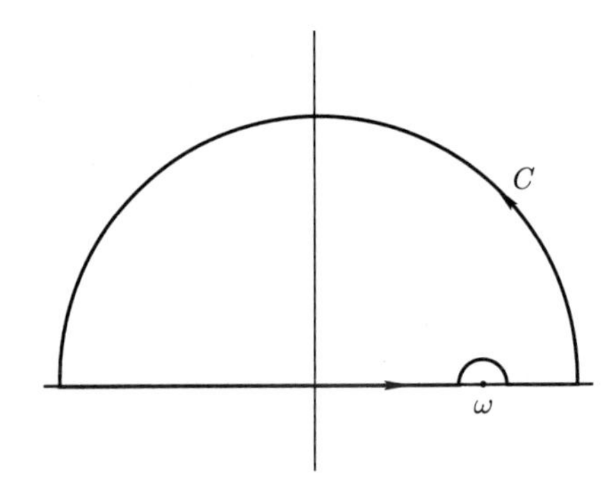

图 21.2 积分围道

利用式 (21.24)，我们可以方便地将 $\chi(\omega)$ 的定义域拓展到复平面 $\widetilde{\omega}$. 容易证明 $\chi(\widetilde{\omega})$ 在上半个复平面是解析的，并且当 $\mathrm{Im}\,\widetilde{\omega}\to+\infty$ 时，$\chi(\widetilde{\omega})\to 0$. 根据 $\chi(\widetilde{\omega})$ 的性质可知，如下围道积分等于 0：

$$\int_C\frac{\chi(\widetilde{\omega})}{\widetilde{\omega}-\omega}\mathrm{d}\widetilde{\omega}=0,\tag{21.25}$$

其中，积分围道 C 如图 21.2 所示. 取大半圆的半径趋于无穷大，小半圆的半径趋于 0 的极限可得

$$\int_C\frac{\chi(\widetilde{\omega})}{\widetilde{\omega}-\omega}\mathrm{d}\widetilde{\omega}=P\int_{-\infty}^{+\infty}\frac{\chi(\omega')}{\omega'-\omega}\mathrm{d}\omega'-\mathrm{i}\pi\chi(\omega),\tag{21.26}$$

这里，$P\int$ 表示柯西 (Cauchy) 主值积分. 由式 (21.25) 和式 (21.26)，可以得到

$$\chi(\omega)=\frac{1}{\mathrm{i}\pi}P\int_{-\infty}^{+\infty}\frac{\chi(\omega')}{\omega'-\omega}\mathrm{d}\omega'. \tag{21.27}$$

式 (21.27) 也可以通过如下方式导出：应用式 (21.24)，我们有

$$\begin{aligned}P\int_{-\infty}^{+\infty}\frac{\chi(\omega')}{\omega'-\omega}\mathrm{d}\omega'&=P\int_{-\infty}^{+\infty}\mathrm{d}\omega'\int_{0}^{+\infty}\mathrm{d}\tau\frac{\mathrm{e}^{\mathrm{i}\omega'\tau}G(\tau)}{\omega'-\omega}\\&=\int_{0}^{+\infty}\mathrm{d}\tau\mathrm{e}^{\mathrm{i}\omega\tau}G(\tau)P\int_{-\infty}^{+\infty}\mathrm{d}\omega''\frac{\mathrm{e}^{\mathrm{i}\omega''\tau}}{\omega''}.\end{aligned} \tag{21.28}$$

而

$$\frac{1}{\omega}=\begin{cases}\displaystyle\int_{0}^{+\infty}\mathrm{e}^{-s\omega}\mathrm{d}s, & \omega>0,\\[2ex] \displaystyle-\int_{0}^{+\infty}\mathrm{e}^{s\omega}\mathrm{d}s, & \omega<0,\end{cases} \tag{21.29}$$

所以

$$\begin{aligned}P\int_{-\infty}^{+\infty}\mathrm{d}\omega''\frac{\mathrm{e}^{\mathrm{i}\omega''\tau}}{\omega''}&=\lim_{\varepsilon\to0}\left(\int_{\varepsilon}^{+\infty}\mathrm{d}\omega''\mathrm{e}^{\mathrm{i}\omega''\tau}\int_{0}^{+\infty}\mathrm{e}^{-s\omega''}\mathrm{d}s\right.\\&\qquad\left.-\int_{-\infty}^{-\varepsilon}\mathrm{d}\omega''\mathrm{e}^{\mathrm{i}\omega''\tau}\int_{0}^{+\infty}\mathrm{e}^{s\omega''}\mathrm{d}s\right)\\&=\int_{0}^{+\infty}\mathrm{d}s\left(\frac{1}{s-\mathrm{i}\tau}-\frac{1}{s+\mathrm{i}\tau}\right)\\&=\int_{0}^{+\infty}\mathrm{d}s\left(\frac{2\mathrm{i}\tau}{s^{2}+\tau^{2}}\right),\end{aligned} \tag{21.30}$$

于是有

$$P\int_{-\infty}^{+\infty}\mathrm{d}\omega''\frac{\mathrm{e}^{\mathrm{i}\omega''\tau}}{\omega''}=\mathrm{i}\pi. \tag{21.31}$$

将式 (21.31) 代入式 (21.28) 中，可以得到

$$P\int_{-\infty}^{+\infty}\frac{\chi(\omega')}{\omega'-\omega}\mathrm{d}\omega'=\mathrm{i}\pi\int_{0}^{+\infty}\mathrm{d}\tau\mathrm{e}^{\mathrm{i}\omega\tau}G(\tau)=\mathrm{i}\pi\chi(\omega), \tag{21.32}$$

即

$$\chi(\omega)=\frac{1}{\mathrm{i}\pi}P\int_{-\infty}^{+\infty}\frac{\chi(\omega')}{\omega'-\omega}\mathrm{d}\omega'. \tag{21.33}$$

分别取式 (21.33) 的实部和虚部, 可得

$$\begin{aligned}\operatorname{Re}\chi(\omega)&=\frac{1}{\pi}P\int_{-\infty}^{+\infty}\frac{\operatorname{Im}\chi(\omega')}{\omega'-\omega}\mathrm{d}\omega',\\ \operatorname{Im}\chi(\omega)&=-\frac{1}{\pi}P\int_{-\infty}^{+\infty}\frac{\operatorname{Re}\chi(\omega')}{\omega'-\omega}\mathrm{d}\omega'.\end{aligned}\tag{21.34}$$

由于响应函数 $G(t)$ 为实函数, 因此 $\chi(-\omega)=\chi^*(\omega)$, 即

$$\operatorname{Re}\chi(-\omega)=\operatorname{Re}\chi(\omega),\quad \operatorname{Im}\chi(-\omega)=-\operatorname{Im}\chi(\omega)\ .\tag{21.35}$$

利用 $\chi(\omega)$ 的实部和虚部的奇偶性, 我们可以把式 (21.34) 中的积分范围由 $(-\infty,+\infty)$ 变为 $(0,+\infty)$:

$$\begin{aligned}\operatorname{Re}\chi(\omega)&=\frac{1}{\pi}P\int_{0}^{+\infty}\frac{\operatorname{Im}\chi(\omega')}{\omega'-\omega}\mathrm{d}\omega'+\frac{1}{\pi}P\int_{-\infty}^{0}\frac{\operatorname{Im}\chi(\omega')}{\omega'-\omega}\mathrm{d}\omega'\\ &=\frac{1}{\pi}P\int_{0}^{+\infty}\frac{\operatorname{Im}\chi(\omega')}{\omega'-\omega}\mathrm{d}\omega'+\frac{1}{\pi}P\int_{0}^{+\infty}\frac{\operatorname{Im}\chi(-\omega')}{-\omega'-\omega}\mathrm{d}\omega'\\ &=\frac{1}{\pi}P\int_{0}^{+\infty}\operatorname{Im}\chi(\omega')\left(\frac{1}{\omega'-\omega}+\frac{1}{\omega'+\omega}\right)\mathrm{d}\omega'\\ &=\frac{2}{\pi}P\int_{0}^{+\infty}\frac{\omega'\operatorname{Im}\chi(\omega')}{\omega'^2-\omega^2}\mathrm{d}\omega'.\end{aligned}\tag{21.36}$$

类似地, 有

$$\operatorname{Im}\chi(\omega)=-\frac{2\omega}{\pi}P\int_{0}^{+\infty}\frac{\operatorname{Re}\chi(\omega')}{\omega'^2-\omega^2}\mathrm{d}\omega'.\tag{21.37}$$

式 (21.36) 和式 (21.37) 的组合

$$\begin{aligned}\operatorname{Re}\chi(\omega)&=\frac{2}{\pi}P\int_{0}^{+\infty}\frac{\omega'\operatorname{Im}\chi(\omega')}{\omega'^2-\omega^2}\mathrm{d}\omega',\\ \operatorname{Im}\chi(\omega)&=-\frac{2\omega}{\pi}P\int_{0}^{+\infty}\frac{\operatorname{Re}\chi(\omega')}{\omega'^2-\omega^2}\mathrm{d}\omega'\end{aligned}\tag{21.38}$$

就是克拉默斯-克勒尼希 (Kramers-Kronig) 关系. 克拉默斯-克勒尼希关系也常简称为 K-K 关系.

克拉默斯-克勒尼希关系常用来计算介质的色散关系. 介质的吸收系数与电极化率 χ 的虚部成正比, 而透明介质的吸收系数一般只在某些吸收峰附近明显不为 0. 因此透明介质的电极化率的虚部具有较简单的色散关系, 其值同样只在吸收峰对应的频率附近明显不为 0, 即透明介质的电极化率的虚部可以看作若干吸收峰的叠加. 所以采用适当的函数来描述这些吸收峰, 并应用克拉默斯-克勒尼希关系, 便可以得到 χ 的实部的色散关系, 进而得到折射率的色散关系.

§21.3 多模光场中介质的极化

考虑由同一种二能级原子构成的介质处于多模光场中的情形. 这时介质中的电场分布为

$$\boldsymbol{E}(x,t)=\boldsymbol{e}_z\sum_n\frac{1}{2}\mathcal{E}_n(x)\mathrm{e}^{\mathrm{i}(k_nx-\nu_nt)}+c.c.\,. \tag{21.39}$$

相应地, 光与原子的相互作用矩阵元为

$$V_{ab}\approx-\frac{1}{2}p\sum_n\mathcal{E}_n(x)\mathrm{e}^{\mathrm{i}(k_nx-\nu_nt)}. \tag{21.40}$$

与单模光场的情形类似, 在一阶近似下, 由 ρ_{ab} 的解可以得到 x 处介质的电极化强度:

$$P(x,t)=\sum_n\frac{1}{2}\varepsilon_0\chi^{(1)}(\nu_n)\mathcal{E}_n(x)\mathrm{e}^{\mathrm{i}(kx-\nu t)}+c.c., \tag{21.41}$$

这里,

$$\chi^{(1)}(\nu)=\frac{p^2}{\hbar\varepsilon}\frac{N}{\nu-\omega+\mathrm{i}\gamma}, \tag{21.42}$$

与单模光场时一致. 而密度矩阵元

$$\rho_{ab}^{(1)}(x,t)=-\mathrm{i}\frac{p}{2\hbar}\sum_n\frac{\rho_{aa}^0-\rho_{bb}^0}{\gamma+\mathrm{i}(\omega-\nu_n)}\mathcal{E}_n(x)\mathrm{e}^{\mathrm{i}(kx-\nu t)} \tag{21.43}$$

为各光场模式贡献的叠加.

做高阶修正. 令

$$\rho_{aa}=\rho_{aa}^0+\rho_{aa}^{(2)},\quad \rho_{bb}=\rho_{bb}^0+\rho_{bb}^{(2)}, \tag{21.44}$$

将之代入式 (21.4) 和式 (21.6), 可以得到

$$\begin{aligned}\dot{\rho}_{aa}^{(2)}=&-\gamma_a\rho_{aa}^{(2)}-\left(\frac{p}{2\hbar}\right)^2(\rho_{aa}^0-\rho_{bb}^0)\left\{\sum_{nm}\mathcal{E}_m\mathcal{E}_n^*\mathcal{D}(\omega-\nu_n,\gamma)\right.\\&\left.\times\exp\left[\mathrm{i}(k_m-k_n)x-(\nu_m-\nu_n)t\right]+c.c.\right\},\end{aligned} \tag{21.45}$$

$$\begin{aligned}\dot{\rho}_{bb}^{(2)}=&-\gamma_b\rho_{bb}^{(2)}+\left(\frac{p}{2\hbar}\right)^2(\rho_{aa}^0-\rho_{bb}^0)\left\{\sum_{nm}\mathcal{E}_m\mathcal{E}_n^*\mathcal{D}(\omega-\nu_n,\gamma)\right.\\&\left.\times\exp\left[\mathrm{i}(k_m-k_n)x-(\nu_m-\nu_n)t\right]+c.c.\right\},\end{aligned} \tag{21.46}$$

这里，

$$\mathcal{D}(\omega-\nu,\gamma)=\frac{1}{\gamma-\mathrm{i}(\omega-\nu)}. \tag{21.47}$$

在稳态条件下，即 $t\gg\gamma_a^{-1},\gamma_b^{-1}$ 时，解得

$$\begin{aligned}\rho_{aa}^{(2)}-\rho_{bb}^{(2)}=&-\left(\frac{p}{2\hbar}\right)^2(\rho_{aa}^0-\rho_{bb}^0)\sum_{mn}\left[\mathcal{D}(\nu_m-\nu_n,\gamma_a)+\mathcal{D}(\nu_m-\nu_n,\gamma_b)\right]\\&\times\left[\mathcal{D}(\omega-\nu_n,\gamma)+\mathcal{D}(\nu_m-\omega,\gamma)\right]\mathcal{E}_m\mathcal{E}_n^*\\&\times\exp\left[\mathrm{i}(k_m-k_n)x-(\nu_m-\nu_n)t\right].\end{aligned} \tag{21.48}$$

将这个解代入式 (21.5)，可以得到电极化强度的三阶修正 $\rho_{ab}^{(3)}$ 的方程：

$$\dot{\rho}_{ab}^{(3)}=-(\mathrm{i}\omega+\gamma)\rho_{ab}^{(3)}-\frac{1}{\mathrm{i}\hbar}V_{ab}(x,t)(\rho_{aa}^{(2)}-\rho_{bb}^{(2)})\,. \tag{21.49}$$

式 (21.49) 的解为

$$\begin{aligned}\rho_{ab}^{(3)}=&\,\mathrm{i}\left(\frac{p}{2\hbar}\right)^3(\rho_{aa}^0-\rho_{bb}^0)\sum_{lmn}\mathcal{E}_l\mathcal{E}_m\mathcal{E}_n^*\exp[\mathrm{i}(k_l+k_m-k_n)x\\&-(\nu_l+\nu_m-\nu_n)t][\mathcal{D}(\nu_m-\nu_n,\gamma_a)+\mathcal{D}(\nu_m-\nu_n,\gamma_b)]\\&\times[\mathcal{D}(\omega-\nu_n,\gamma)+\mathcal{D}(\nu_m-\omega,\gamma)]\mathcal{D}(\omega-\nu_l-\nu_m+\nu_n,\gamma).\end{aligned} \tag{21.50}$$

将之代入电极化强度的计算公式，可以得到电极化强度的三阶修正：

$$\begin{aligned}P^{(3)}(x,t)=&\frac{\mathrm{i}p^4}{16\hbar^3}N\sum_{lmn}\mathcal{E}_l\mathcal{E}_m\mathcal{E}_n^*[\mathcal{D}(\nu_m-\nu_n,\gamma_a)+\mathcal{D}(\nu_m-\nu_n,\gamma_b)]\\&\times[\mathcal{D}(\omega-\nu_n,\gamma)+\mathcal{D}(\nu_m-\omega,\gamma)]\mathcal{D}(\omega-\nu_l-\nu_m+\nu_n,\gamma)\\&\times\exp[\mathrm{i}(k_l+k_m-k_n)x-(\nu_l+\nu_m-\nu_n)t]+c.c..\end{aligned} \tag{21.51}$$

我们注意到电极化强度的三阶修正与电场振幅的三次方成正比，所以电极化强度的三阶修正对应的是三阶光学非线性效应. $P^{(3)}\propto N$ 表明三阶光学非线性效应的强度可以同过控制 a 能级和 b 能级的布居差来控制.

作为一个特例，我们考虑单模光场的情形. 这时我们有

$$P^{(3)}(x,t)=\frac{1}{2}\mathcal{P}^{(3)}(x)\mathrm{e}^{\mathrm{i}(kx-\nu t)}+c.c.\,, \tag{21.52}$$

其中，

$$\mathcal{P}^{(3)}(x)=\frac{Np^4}{4\hbar^3}\left(\frac{1}{\gamma_a}+\frac{1}{\gamma_b}\right)\frac{\gamma}{(\nu-\omega)^2+\gamma^2}\frac{|\mathcal{E}(x)|^2\mathcal{E}(x)}{\nu-\omega+\mathrm{i}\gamma}. \tag{21.53}$$

由式 (21.53) 可以得到

$$\widehat{\chi}^{(3)}(\omega,\omega,-\omega)=\frac{Np^4}{4\hbar^3}\left(\frac{1}{\gamma_a}+\frac{1}{\gamma_b}\right)\frac{\gamma}{(\nu-\omega)^2+\gamma^2}\frac{1}{\nu-\omega+\mathrm{i}\gamma}. \tag{21.54}$$

习　题

21.1 已知

$$\operatorname{Im}\chi(\omega)=\sum_l\left[\frac{a_l\gamma_l}{(\omega-\omega_l)^2+\gamma_l^2}-\frac{a_l\gamma_l}{(\omega+\omega_l)^2+\gamma_l^2}\right],$$

求 $\operatorname{Re}\chi(\omega)$.

第 22 章 相干瞬态过程

在分析光与物质相互作用的问题时，是否需要考虑退相干作用的效应取决于光场的强度和作用时间. 如果光场的强度很强并且持续时间很短，那么在光强显著不为 0 的时段内，退相干作用的累积效应远小于光与物质相互作用的效应. 在这种情况下我们可以忽略退相干作用，而只考虑光与物质的相互作用. 我们称这类过程为相干瞬态过程.

§22.1 光 子 回 波

以短促的光脉冲照射由具有相同能级差的二能级原子构成的均匀展开介质. 在光脉冲结束后，有一部分原子会处于激发态. 处于激发态的原子或经历非辐射过程回到稳态，或以自发辐射的方式回到稳态并发光. 这样，均匀展开介质会在光脉冲结束后的一段时间内持续发光. 如果以短促的光脉冲照射由具有不同能级差的原子构成的非均匀展开介质，情况则有所不同. 由于各原子的电偶极矩的相位随时间变化的速率不同，因此介质中的电极化在光脉冲结束后会迅速消失，介质中的发光过程也随之结束. 但如果以短促的 $\pi/2$ 脉冲照射非均匀展开介质，经时间 τ 后再以短促的 π 脉冲照射该介质，那么再经过时间 τ 后，该介质会发出一个光脉冲. 这一现象称为光子回波.

光子回波现象可以方便地用矢量模型来解释. 由于光脉冲的光场很强，因此 $R_0 \gg |\omega-\nu|$. 这样，在有光脉冲照射时可以取 $\boldsymbol{B} = R_0\boldsymbol{e}_1$，而没有光脉冲照射时则有 $\boldsymbol{B} = (\nu-\omega)\boldsymbol{e}_3$. 在光脉冲照射之前，原子处于稳态 b，即 $\boldsymbol{M}$ 矢量沿 $-\boldsymbol{e}_3$ 方向. 短促的 $\pi/2$ 脉冲照射使 $\boldsymbol{M}$ 矢量绕 $\boldsymbol{e}_1$ 方向顺时针旋转 $\pi/2$ 至 $-\boldsymbol{e}_2$ 方向，如图 22.1 所示.

在这以后的 τ 时间内，$\boldsymbol{M}$ 矢量以角速度 $\nu-\omega$ 绕 $\boldsymbol{e}_3$ 方向顺时针旋转 (如果 $\nu-\omega<0$，则实际上是逆时针旋转)，时间 τ 后，$\boldsymbol{M}$ 矢量已顺时针旋转了 $(\nu-\omega)\tau$ 角度. 对于非均匀展开介质，由于各原子的 $\nu-\omega$ 值并不相同，因此各原子的 $\boldsymbol{M}$ 矢量旋转的角速度是不同的，亦即各个原子的电偶极矩相位的变化速率是不同的. 这样，各原子的 $\boldsymbol{M}$ 矢量之和随时间迅速减小，与之成正比的电极化强度也迅速衰减，介质中的光场随之消失.

如图 22.2 所示，在 τ 时刻，π 脉冲的照射使 $\boldsymbol{M}$ 矢量绕 $\boldsymbol{e}_1$ 方向顺时针旋转角度 π，或者说 $\boldsymbol{M}$ 矢量在垂直于 $\boldsymbol{e}_3$ 的平面内绕 $\boldsymbol{e}_1$ 方向翻转. 在这之后，$\boldsymbol{M}$ 矢量继续以角速度 $\nu-\omega$ 绕 $\boldsymbol{e}_3$ 方向顺时针旋转. 翻转之前，$\boldsymbol{M}$ 与 $\boldsymbol{e}_2$ 的夹角为 $\pi-(\nu-\omega)\tau$，翻转后这个夹角变成

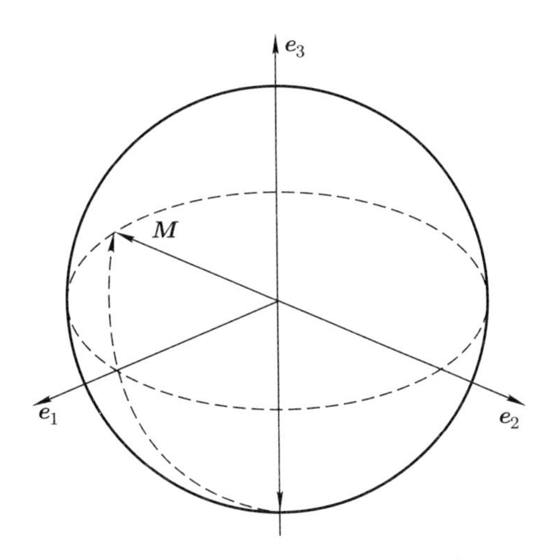

图 22.1 π/2 脉冲照射前后的 M 矢量

$(\nu-\omega)\tau$. 于是在经过 τ 时间的旋转后, M 与 e_2 的夹角变为 0, 即 M 矢量沿 e_2 方向. 这一结果与 $\omega-\nu$ 的值无关, 这说明所有原子的 M 矢量同时旋转到 e_2 方向. 这时各原子的电偶极矩的相位一致, 介质的电极化强度迅速上升, 同时有光脉冲发出.

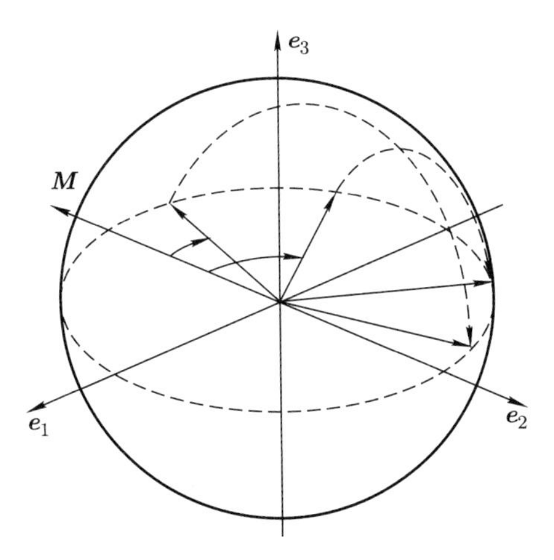

图 22.2 π 脉冲照射前后的 M 矢量

光子回波可以看作核磁共振研究中自旋回波现象在光波频率的呈现. 在光子回波过程中, M 矢量随时间的演化与自旋回波中自旋矢量随时间的演化十分相似.

§22.2 拉姆齐条纹

使一束处于稳态的二能级原子两次经过同一束相干光，如图 22.3 所示，然后测量原子束自发辐射的强度. 测量到的自发辐射强度随两次经过光束的时间间隔 T 周期性变化. 变化周期为 $2\pi/|\omega-\nu|$，其中，$\omega=\hbar^{-1}(E_a-E_b)$ 为原子的谐振圆频率，ν 为相干光束的圆频率. 自发辐射光强的这种变化称为拉姆齐 (Ramsey) 条纹.

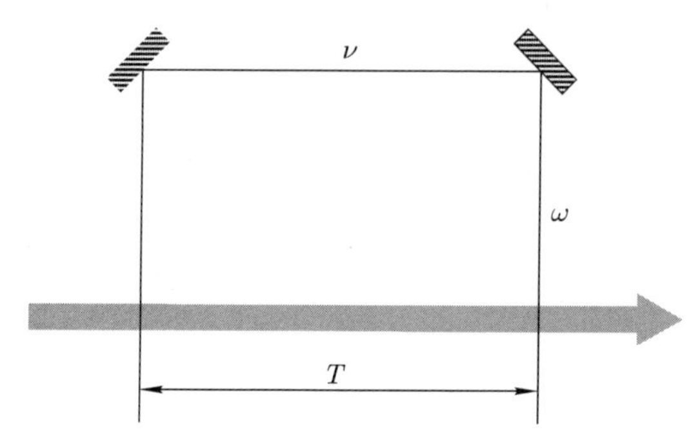

图 22.3 拉姆齐条纹实验示意图

我们采用矢量模型来分析拉姆齐条纹. 原子束自发辐射的光强与处于激发态的原子的数量成正比，而处于激发态的原子的数量正比于密度矩阵元 ρ_{aa}，所以

$$I\propto\rho_{aa}=\frac{1}{2}(M_3+1),\tag{22.1}$$

其中，I 为原子束自发辐射光强，M_3 是 $\boldsymbol{M}$ 矢量的分量. 经过光束之前，原子处于稳态，即 $\rho_{aa}=0$, $\boldsymbol{M}=(0,0,-1)$. 第一次经过光束后，由于与光场的相互作用，$\boldsymbol{M}$ 矢量绕 $\boldsymbol{e}_1$ 方向顺时针旋转 θ_1，如图 22.4 所示. 旋转结束后，

$$\boldsymbol{M}=\big(0,-\sin\theta_1,-\cos\theta_1\big).\tag{22.2}$$

在这以后的 T 时间内，$\boldsymbol{M}$ 矢量以角速度 $\omega-\nu$ 绕 $\boldsymbol{e}_3$ 方向逆时针旋转，直到第二次与光束相遇. 经过时间 T 之后，在第二次进入光束之前，

$$\boldsymbol{M}=\Big(\sin\theta_1\sin(\omega-\nu)T,-\sin\theta_1\cos(\omega-\nu)T,-\cos\theta_1\Big).\tag{22.3}$$

第二次经过光束后，原子与光场的相互作用使 $\boldsymbol{M}$ 矢量绕 $\boldsymbol{e}_1$ 方向顺时针旋转 θ_2，如图 22.4 所示. 在这以后，

$$M_3=\sin\theta_2\sin\theta_1\cos(\omega-\nu)T-\cos\theta_2\cos\theta_1.\tag{22.4}$$

所以两次经过同一束相干光后，我们有

$$I \propto \sin\theta_2 \sin\theta_1 \cos(\omega-\nu)T - \cos\theta_2 \cos\theta_1 + 1. \tag{22.5}$$

显然，只要 $\sin\theta_1$ 和 $\sin\theta_2$ 不同时为 0，原子束自发辐射光强将随 T 周期性变化，变化周期为 $2\pi/|\omega-\nu|$.

我们注意到，当 $\theta_1=\theta_2=\pi/2$ 时，

$$I \propto \cos(\omega-\nu)T + 1, \tag{22.6}$$

拉姆齐条纹的可视度达到最大值 1.

拉姆齐条纹可用于高精度的光谱测量.

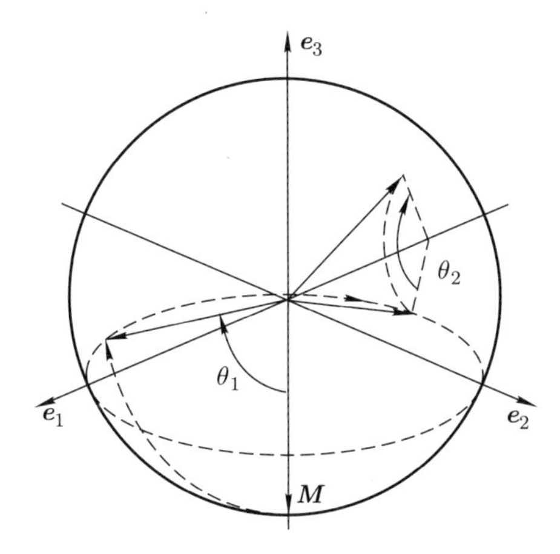

图 22.4 $\boldsymbol{M}$ 矢量随时间的变化

§22.3 光脉冲在二能级介质中的传播

22.3.1 脉冲方程

考虑光脉冲在二能级介质中的传播. 假设光脉冲的强度很大而延时很短，这样，在光脉冲的传播过程中退相干作用的影响可以忽略，即光脉冲传播过程为相干瞬态过程.

我们仍然将介质中的光场表达为

$$\boldsymbol{E}(x,t) = \frac{1}{2}\boldsymbol{e}_z \mathcal{E}(x,t)\mathrm{e}^{\mathrm{i}(kx-\nu t)} + c.c., \tag{22.7}$$

将介质的电极化强度表达为

$$\boldsymbol{P}(x,t) = \frac{1}{2}\boldsymbol{e}_z \mathcal{P}(x,t)\mathrm{e}^{\mathrm{i}(kx-\nu t)} + c.c., \tag{22.8}$$

其中，$\mathcal{E}(x,t)$ 和 $\mathcal{P}(x,t)$ 为时间和坐标的缓变函数.

令 $d=\rho_{aa}-\rho_{bb}$. 忽略退相干作用，由密度矩阵矩阵元的方程可得

$$
\begin{aligned}
\dot{\rho}_{ab} &= -\mathrm{i}\omega\rho_{ab}-\frac{\mathrm{i}p}{2\hbar}\mathcal{E}(x,t)\mathrm{e}^{\mathrm{i}(kx-\nu t)}d,\\
\dot{d} &= \frac{\mathrm{i}p}{\hbar}\mathcal{E}(x,t)\mathrm{e}^{\mathrm{i}(kx-\nu t)}\rho_{ab}^{*}+c.c..
\end{aligned}
\tag{22.9}
$$

考虑到介质可以由多种原子构成，d 和 ρ_{ab} 除了与时间和坐标相关外，也与原子的能级差，或等效地，与原子的谐振圆频率 ω 有关.

由于 $\mathcal{E}(x,t)$ 和 $\mathcal{P}(x,t)$ 随 x 和 t 的变化比较缓慢，因此我们可以只保留波动方程

$$
\left(\frac{\partial^2}{\partial x^2}-\frac{1}{c^2}\frac{\partial^2}{\partial t^2}\right)\left[\mathcal{E}(x,t)\mathrm{e}^{\mathrm{i}(kx-\nu t)}\right]=\mu_0\frac{\partial^2}{\partial t^2}\left[\mathcal{P}(x,t)\mathrm{e}^{\mathrm{i}(kx-\nu t)}\right]
\tag{22.10}
$$

中等号两边变化最快的项，将波动方程简化为

$$
\left(\frac{\partial}{\partial x}+\frac{1}{c}\frac{\partial}{\partial t}\right)\mathcal{E}(x,t)=\frac{\mathrm{i}k}{2\varepsilon_0}\mathcal{P}(x,t).
\tag{22.11}
$$

设当 $t\to-\infty$ 时，原子处于稳态. 这样，我们有初始条件

$$
\rho_{ab}(x,\omega,-\infty)=0.
\tag{22.12}
$$

$\rho_{ab}(x,\omega,t)$ 的解可以写成

$$
\rho_{ab}(x,\omega,t)=-\frac{\mathrm{i}p}{2\hbar}\mathrm{e}^{\mathrm{i}(kx-\nu t)}\int_{-\infty}^{t}\mathrm{d}t'\mathcal{E}(x,t')d(x,\omega,t')\mathrm{e}^{\mathrm{i}(\omega-\nu)(t'-t)}.
\tag{22.13}
$$

将式 (22.13) 代入关于 d 的方程，可以得到

$$
\dot{d}(x,\omega,t)=-\frac{p^2}{2\hbar^2}\int_{-\infty}^{t}\mathrm{d}t'd(x,\omega,t')\left[\mathcal{E}(x,t)\mathcal{E}^{*}(x,t')\mathrm{e}^{\mathrm{i}(\omega-\nu)(t-t')}+c.c.\right].
\tag{22.14}
$$

另一方面，我们有

$$
\mathcal{P}(x,t)=2np\rho_{ab}(x,\omega,t)\mathrm{e}^{-\mathrm{i}(kx-\nu t)},
\tag{22.15}
$$

其中，n 为单位体积内原子的数量. 将 ρ_{ab} 的表达式 (22.13) 代入式 (22.15), 可得

$$
\mathcal{P}(x,t)=-\frac{\mathrm{i}p^2n}{\hbar}\int_{-\infty}^{t}\mathrm{d}t'\mathcal{E}(x,t')d(x,\omega,t')\mathrm{e}^{\mathrm{i}(\omega-\nu)(t'-t)}.
\tag{22.16}
$$

如果为非均匀展开介质，那么还需对 ω 的分布求和，即

$$
\mathcal{P}(x,t)=-\frac{\mathrm{i}p^2n}{\hbar}\int_{-\infty}^{t}\mathrm{d}t'\mathcal{E}(x,t')\xi(x,t-t',t'),
\tag{22.17}
$$

其中,

$$\xi(x,T,t)=\int_{-\infty}^{+\infty}\mathrm{d}\omega W(\omega)d(x,\omega,t)\mathrm{e}^{\mathrm{i}(\nu-\omega)T}, \tag{22.18}$$

而 $W(\omega)$ 为用谐振圆频率为参数表达的原子关于能级差的相对分布. 因为 $d(x,\omega,t)$ 为实数, 所以 $\xi(x,-T,t)=\xi^*(x,T,t)$.

记 $\alpha'=kp^2n/2\hbar\varepsilon_0$. 由式 (22.11) 和式 (22.17) 可以得到脉冲方程:

$$\begin{aligned}\left(\frac{\partial}{\partial x}+\frac{1}{c}\frac{\partial}{\partial t}\right)\mathcal{E}(x,t)&=\alpha'\int_{-\infty}^{t}\mathrm{d}t'\mathcal{E}(x,t')\xi(x,t-t',t'),\\ \frac{\partial}{\partial t}\xi(x,T,t)&=-\frac{p^2}{2\hbar^2}\int_{-\infty}^{t}\mathrm{d}t'\Big[\mathcal{E}(x,t)\mathcal{E}^*(x,t')\xi(x,T-t+t',t')+c.c.\Big].\end{aligned} \tag{22.19}$$

22.3.2 脉冲面积定理

设 $\mathcal{E}(x,t)$ 为实数, 定义脉冲面积 $\theta(x)$ 为

$$\theta(x)\triangleq\int_{-\infty}^{+\infty}\frac{p\mathcal{E}(x,t)}{\hbar}\mathrm{d}t. \tag{22.20}$$

在谐振条件下, $\theta(x)$ 正是矢量模型中 $\boldsymbol{M}$ 矢量绕 $\boldsymbol{e}_1$ 顺时针旋转的角度.

将脉冲方程 (22.19) 中的关于光场的偏微分方程对时间积分, 并注意到 $\mathcal{E}(x,\pm\infty)=0$, 可以得到

$$\frac{\mathrm{d}\theta}{\mathrm{d}x}=\alpha'\int_{-\infty}^{+\infty}\mathrm{d}t\int_{-\infty}^{t}\mathrm{d}t'\frac{p\mathcal{E}(x,t')}{\hbar}\xi(x,t-t',t'). \tag{22.21}$$

在式 (22.21) 中交换 t 与 t' 的积分顺序可得

$$\begin{aligned}\frac{\mathrm{d}\theta}{\mathrm{d}x}&=\alpha'\int_{-\infty}^{+\infty}\mathrm{d}t'\int_{t'}^{+\infty}\mathrm{d}t\frac{p\mathcal{E}(x,t')}{\hbar}\xi(x,t-t',t')\\ &=\alpha'\int_{-\infty}^{+\infty}\mathrm{d}t'\int_{0}^{+\infty}\mathrm{d}T\frac{p\mathcal{E}(x,t')}{\hbar}\xi(x,T,t').\end{aligned} \tag{22.22}$$

由于 $\theta(x)$ 为实数, 且 $\xi(x,-T,t)=\xi^*(x,T,t)$, 因此

$$\frac{\mathrm{d}\theta}{\mathrm{d}x}=\frac{\alpha'}{2}\int_{-\infty}^{+\infty}\mathrm{d}t\frac{p\mathcal{E}(x,t)}{\hbar}\int_{-\infty}^{+\infty}\mathrm{d}T\xi(x,T,t). \tag{22.23}$$

再将关于 $\xi(x,T,t)$ 的偏微分方程对变量 T 积分, 可以得到

$$\frac{\partial}{\partial t}\int_{-\infty}^{+\infty}\mathrm{d}T\xi(x,T,t)=-\frac{p^2}{2\hbar^2}\int_{-\infty}^{t}\mathrm{d}t'\Big[\mathcal{E}(x,t)\mathcal{E}^*(x,t')\int_{-\infty}^{+\infty}\mathrm{d}T\xi(x,T,t')+c.c.\Big]. \tag{22.24}$$

由于

$$\int_{-\infty}^{+\infty} \mathrm{d}T\xi(x,T,t')^* = \int_{-\infty}^{+\infty} \mathrm{d}T\xi(x,-T,t') = \int_{-\infty}^{+\infty} \mathrm{d}T\xi(x,T,t'), \tag{22.25}$$

并且 $\mathcal{E}(x,t)$ 为实数，因此

$$\frac{\partial}{\partial t}\int_{-\infty}^{+\infty} \mathrm{d}T\xi(x,T,t) = -\frac{p^2}{\hbar^2}\mathcal{E}(x,t)\int_{-\infty}^{t} \mathrm{d}t'\mathcal{E}(x,t')\int_{-\infty}^{+\infty} \mathrm{d}T\xi(x,T,t'). \tag{22.26}$$

定义不完全脉冲面积 $\vartheta(x,t)$ 为

$$\vartheta(x,t) = \int_{-\infty}^{t} \frac{p\mathcal{E}(x,t')}{\hbar}\mathrm{d}t', \tag{22.27}$$

并引入函数

$$f(\vartheta) = \int_{-\infty}^{+\infty} \mathrm{d}T\xi(x,T,t) \tag{22.28}$$

和

$$g(\vartheta) = \frac{p}{\hbar}\int_{-\infty}^{t} \mathrm{d}t'\mathcal{E}(x,t')\int_{-\infty}^{+\infty} \mathrm{d}T\xi(x,T,t'). \tag{22.29}$$

根据 ϑ 的定义，我们有

$$\frac{\partial}{\partial\vartheta} = \frac{\hbar}{p\mathcal{E}(x,t)}\frac{\partial}{\partial t}. \tag{22.30}$$

现在我们可以把以 t 为变量的式 (22.26) 化为以 ϑ 为变量的方程：

$$\frac{\partial}{\partial\vartheta}f(\vartheta) = -g(\vartheta). \tag{22.31}$$

根据函数 $f(\vartheta)$ 和 $g(\vartheta)$ 的定义，我们有如下关系式：

$$\frac{\partial}{\partial\vartheta}g(\vartheta) = f(\vartheta). \tag{22.32}$$

式 (22.31) 和式 (22.32) 的解可以方便地求出. 但要最终得到完全确定的函数 $f(\vartheta)$ 和 $g(\vartheta)$，我们还需要 $g(\vartheta)$ 或 $f(\vartheta)$ 的初始条件. 由 $\vartheta(x,t)$ 和 $g(\vartheta)$ 的定义可知，$\vartheta(x,-\infty)=0$，$g(0)=0$. 式 (22.32) 和式 (22.31) 满足这一初始条件的解为

$$g(\vartheta) = A\sin\vartheta, \quad f(\vartheta) = A\cos\vartheta. \tag{22.33}$$

当 $t\to-\infty$ 时，原子处于稳态，因此 $d(x,\omega,-\infty)=-1$. 于是有

$$\int_{-\infty}^{+\infty} \mathrm{d}T\xi(x,T,-\infty) = -\int_{-\infty}^{+\infty} \mathrm{d}T\int_{-\infty}^{+\infty} \mathrm{d}\omega W(\omega)\mathrm{e}^{\mathrm{i}(\nu-\omega)T} = -2\pi W(\nu), \tag{22.34}$$

即

$$A = -2\pi W(\nu). \tag{22.35}$$

这样, 我们得到

$$\int_{-\infty}^{+\infty} \mathrm{d}T\xi(x,T,t) = -2\pi W(\nu)\cos\Big[\vartheta(x,t)\Big]. \tag{22.36}$$

将式 (22.36) 代入式 (22.23) 可得

$$\begin{aligned}\frac{\mathrm{d}\theta}{\mathrm{d}x} &= -\alpha\int_{-\infty}^{+\infty}\mathrm{d}t\frac{p\mathcal{E}(x,t)}{\hbar}\cos\Big[\vartheta(x,t)\Big]\\ &= -\alpha\int_0^{\theta(x)}\cos\vartheta\mathrm{d}\vartheta.\end{aligned} \tag{22.37}$$

完成对 ϑ 的积分, 我们可以得到脉冲面积定理:

$$\frac{\mathrm{d}\theta}{\mathrm{d}x} = -\alpha\sin\theta, \tag{22.38}$$

其中, $\alpha = \pi W(\nu)\alpha'$. 我们注意到当 $\theta = n\pi$ 时,

$$\frac{\mathrm{d}\theta}{\mathrm{d}x} = 0, \tag{22.39}$$

这说明当脉冲面积严格等于 π 的整数倍时, 脉冲面积在传播过程中保持不变. 但实际上脉冲面积不可能严格为 π 的整数倍, 因此考虑脉冲面积与 π 的整数倍有一定偏差的情形才有实际意义. 令 $\theta = n\pi + \Delta\theta$, 其中, $|\Delta\theta| < \pi/2$. 将之代入式 (22.38), 可得

$$\frac{\mathrm{d}}{\mathrm{d}x}\Delta\theta = (-1)^{n+1}\alpha\sin\Delta\theta. \tag{22.40}$$

如果 n 为奇数, 则 $|\Delta\theta|$ 随传播距离增加而增加; 如果 n 为偶数, 则 $|\Delta\theta|$ 随传播距离增加而减小. 因此, 只有面积为 $2n\pi$ 的光脉冲的脉冲面积在传播中才能保持不变. 式 (22.38) 的一般解为

$$\theta(x) = 2n\pi + \cos^{-1}\Big[\tanh\alpha(x+x_0)\Big], \tag{22.41}$$

其中, x_0 为任意常数, $\theta = 2n\pi$ 对应 $x_0 = +\infty$ 的情形.

§22.4 自 透 明

我们已经知道, 如果一个光脉冲的脉冲面积为 $2n\pi$, 那么这个光脉冲的脉冲面积在传播过程中将保持不变. 但脉冲面积不变并不意味着脉冲波形和脉冲能量不变. 欲使脉冲能量也

保持不变，作为充分条件，可以要求所有原子的 $\boldsymbol{M}$ 矢量的分量 M_3 的值在光脉冲通过前后保持一致. 如果光脉冲通过前原子处于稳态，那么这一条件也是必要条件. 相应地，$\boldsymbol{M}$ 矢量在光脉冲通过过程中的进动角必须是 2π 或 2π 的整数倍. 而欲使脉冲波形保持不变，则还必须要求在远小于波长的空间范围内，所有原子的电偶极矩随时间的变化是同步的，因为只有这样才能保证电极化强度与电场之间的正比关系，进而保证脉冲波形保持不变. 由 $\boldsymbol{M}$ 矢量的分量 M_2 与电偶极矩的关系可知，要求所有电偶极矩随时间同步变化等同于要求所有 $\boldsymbol{M}$ 矢量同步进动. 显然，只有特定波形和强度的光脉冲才能满足这些要求. 下面，我们就来确定满足这些要求的光脉冲的波形.

对于相干瞬态过程，$\boldsymbol{M}$ 矢量的运动方程 (20.53) 可以写成如下形式：

$$\dot{M}_1 = -\delta M_2,\ \dot{M}_2 = \delta M_1 + R_0 M_3,\ \dot{M}_3 = -R_0 M_2, \tag{22.42}$$

其中，

$$\delta = \omega - \nu,\ R_0 = \frac{p\mathcal{E}}{\hbar} = \frac{\mathrm{d}\vartheta}{\mathrm{d}t}. \tag{22.43}$$

对于谐振的原子，$\delta = 0$，$\boldsymbol{M}$ 矢量的运动方程的解为

$$M_2(x,t,0) = -\sin\big[\vartheta(x,t)\big], \tag{22.44}$$

$$M_3(x,t,0) = -\cos\big[\vartheta(x,t)\big]. \tag{22.45}$$

对于失谐的原子，$\delta \neq 0$，同步进动的条件要求 $\boldsymbol{M}$ 矢量的解具有如下形式：

$$M_2(x,t,\delta) = -F(\delta)\sin\big[\vartheta(x,t)\big], \tag{22.46}$$

$$M_3(x,t,\delta) = -F(\delta)\cos\big[\vartheta(x,t)\big] + F(\delta) - 1, \tag{22.47}$$

即失谐原子的 $\boldsymbol{M}$ 矢量中变化的部分与谐振原子的 $\boldsymbol{M}$ 矢量成正比，比例系数 $F(\delta)$ 待定. 由式 (22.42) 可得

$$\begin{aligned}\ddot{M}_2 &= \delta\dot{M}_1 + \dot{\vartheta}\dot{M}_3 + \ddot{\vartheta}M_3 \\ &= -\delta^2 M_2 + \ddot{\vartheta}M_3 - (\dot{\vartheta})^2 M_2.\end{aligned} \tag{22.48}$$

另一方面，将式 (22.46) 对时间求导，可以得到

$$\begin{aligned}\ddot{M}_2 &= \frac{\mathrm{d}^2}{\mathrm{d}t^2}\left\{-F(\delta)\sin\big[\vartheta(x,t)\big]\right\} \\ &= \frac{\mathrm{d}}{\mathrm{d}t}\left\{-F(\delta)\cos\big[\vartheta(x,t)\big]\dot{\vartheta}\right\} \\ &= -(\dot{\vartheta})^2 M_2 - F(\delta)\cos\big[\vartheta(x,t)\big]\ddot{\vartheta}.\end{aligned} \tag{22.49}$$

比较以上两个关于 M_2 的方程，我们可以得到如下关于 ϑ 的方程：

$$[1-F(\delta)]\ddot{\vartheta}=\delta^2F(\delta)\sin\big[\vartheta(x,t)\big]. \tag{22.50}$$

式 (22.50) 可化为单摆方程的形式：

$$\ddot{\vartheta}-\frac{\sin\big[\vartheta(x,t)\big]}{\tau^2}=0, \tag{22.51}$$

其中，

$$\frac{1}{\tau^2}=\frac{\delta^2F(\delta)}{1-F(\delta)}. \tag{22.52}$$

由式 (22.51) 可知，τ 是光场的参数，与原子的失谐量 δ 无关. 参数 τ 的引入，也确定了比例系数 $F(\delta)$ 与 δ 的关系. 由式 (22.52) 可得

$$F(\delta)=\frac{1}{1+(\delta\tau)^2}. \tag{22.53}$$

函数 $F(\delta)$ 给出的是原子对电极化强度的相对贡献与失谐量的关系. 原子的失谐量越大，它对电极化强度的贡献越小.

对于光脉冲，有 $\mathcal{E}(x,-\infty)=0$. 这样，由 ϑ 的定义式 (22.27)，可以得到 ϑ 满足初始条件

$$\vartheta(x,-\infty)=0,\quad \dot{\vartheta}(x,-\infty)=0. \tag{22.54}$$

将式 (22.51) 乘以 $2\dot{\vartheta}$ 并积分，可以得到

$$(\dot{\vartheta})^2=\frac{2}{\tau^2}[1-\cos\vartheta], \tag{22.55}$$

式 (22.55) 可以化为如下形式：

$$\frac{\mathrm{d}t}{\tau}=\frac{\mathrm{d}\vartheta}{\sqrt{2(1-\cos\vartheta)}}. \tag{22.56}$$

对式 (22.56) 积分，可以得到

$$\begin{aligned}\frac{t}{\tau}&=\int\frac{\mathrm{d}\vartheta}{2\sin(\vartheta/2)}=-\int\frac{\mathrm{d}\cos(\vartheta/2)}{1-\cos^2(\vartheta/2)}\\&=-\frac{1}{2}\ln\frac{1+\cos(\vartheta/2)}{1-\cos(\vartheta/2)}+\frac{t_0}{\tau}=\frac{1}{2}\ln\left[\frac{\sin(\vartheta/4)}{\cos(\vartheta/4)}\right]^2+\frac{t_0}{\tau},\end{aligned} \tag{22.57}$$

即

$$\tan\frac{\vartheta}{4}=\exp\frac{t-t_0}{\tau}, \tag{22.58}$$

或

$$\vartheta = 4\tan^{-1}\left(\exp\frac{t-t_0}{\tau}\right). \tag{22.59}$$

将 ϑ 对 t 求导，可以得到光脉冲的振幅

$$\begin{aligned}\mathcal{E}(x,t) &= \frac{\hbar}{p}\dot{\vartheta} = \frac{4\hbar}{p\tau}\frac{\mathrm{e}^{\frac{t-t_0}{\tau}}}{1+\mathrm{e}^{2\frac{t-t_0}{\tau}}} \\ &= \frac{2\hbar}{p\tau}\operatorname{sech}\frac{t-t_0}{\tau}.\end{aligned} \tag{22.60}$$

积分常量 t_0 给出的是脉冲峰值出现的时刻，显然这个时刻是 x 坐标的函数. t_0 与 x 坐标的关系可由波动方程导出.

对于强脉冲，我们有 $R_0 \gg \delta$, $|M_2| \gg |M_1|$. 因此

$$\begin{aligned}\rho_{ab} &= \frac{1}{2}(M_1 - \mathrm{i}M_2)\mathrm{e}^{-\mathrm{i}\nu t} \\ &\approx -\mathrm{i}\frac{1}{2}M_2\mathrm{e}^{-\mathrm{i}\nu t}.\end{aligned} \tag{22.61}$$

这样，在接近谐振的情况下，即 $\tau\delta \ll 1$ 时，我们有

$$\begin{aligned}\mathcal{P}(x,t) &= 2np\rho_{ab}\mathrm{e}^{\mathrm{i}\nu t} = -\mathrm{i}npM_2 = \mathrm{i}np\sin\vartheta = \mathrm{i}np\tau^2\ddot{\vartheta} \\ &= \mathrm{i}\frac{np^2\tau^2}{\hbar}\frac{\partial}{\partial t}\mathcal{E}(x,t).\end{aligned} \tag{22.62}$$

将之代入波动方程 (22.11)，可以得到

$$\left(\frac{\partial}{\partial x} + \frac{1}{c}\frac{\partial}{\partial t}\right)\mathcal{E}(x,t) = \frac{\mathrm{i}k}{2\varepsilon_0}\mathcal{P}(x,t) = -\alpha'\tau^2\frac{\partial}{\partial t}\mathcal{E}(x,t). \tag{22.63}$$

再将式 (22.60) 代入式 (22.63)，解得

$$t_0 = \left(\frac{c}{1+\alpha' c\tau^2}\right)^{-1} x, \tag{22.64}$$

即

$$\mathcal{E}(x,t) = \frac{2\hbar}{p\tau}\operatorname{sech}\left(\frac{t}{\tau} - \frac{1+\alpha' c\tau^2}{c\tau}x\right). \tag{22.65}$$

这是一个以速度

$$v_{\mathrm{g}} = \frac{c}{1+\alpha' c\tau^2} \tag{22.66}$$

传播的光孤子，其脉冲面积为

$$\theta(x)=\vartheta(x,+\infty)=2\pi. \tag{22.67}$$

当光脉冲通过二能级原子构成的介质时，如果脉冲中心频率对应的光子能量与二能级原子的能级差相同，一般会发生强烈的吸收，即对于共振的光脉冲，介质是不透明的. 但一个短促的光孤子通过介质时却不会有能量损失，即介质对于共振的光孤子是透明的. 这就是自透明现象. 无论是光吸收现象还是自透明现象，介质中的原子都经历上跃迁和下跃迁两个过程. 在光吸收过程中，上跃迁是相干过程，下跃迁是退相干过程. 而在自透明过程中，上跃迁和下跃迁都是相干过程.

习 题

22.1 试证明，脉冲面积 $\theta(x)$ 满足如下关系式:

$$\theta(x)=2n\pi+\cos^{-1}\left[\tanh\alpha(x+x_0)\right].$$

第 23 章 缀饰态

§23.1 缀饰态与裸态

考虑二能级原子与量子化光场的相互作用. 我们用矢量 $\begin{pmatrix}1\\0\end{pmatrix}$ 表示原子的 a 态, 矢量 $\begin{pmatrix}0\\1\end{pmatrix}$ 表示原子的 b 态, 这样, 相互作用哈密顿量可以写成如下形式:

$$V = \hbar(a + a^\dagger)(g\sigma_+ + g^*\sigma_-), \tag{23.1}$$

其中,

$$\sigma_+ = \begin{pmatrix}0 & 1\\0 & 0\end{pmatrix}, \quad \sigma_- = \begin{pmatrix}0 & 0\\1 & 0\end{pmatrix}. \tag{23.2}$$

在电偶极作用近似下,

$$g = -\frac{p\mathcal{E}_\Omega}{2\hbar}, \tag{23.3}$$

这里, p 为电偶极矩沿电场方向分量的矩阵元, $\mathcal{E}_\Omega$ 是一个具有电场强度量纲的参量, $\mathcal{E}_\Omega^2/4$ 等于单个光子的电场强度正频率部分的平方. 适当选取原子的 a 态和 b 态波函数的相位, 可以使 g 为实数.

去掉一个不重要的常量, 我们可以把由原子和光子构成的系统的哈密顿量写成

$$H = \frac{1}{2}\hbar\omega\sigma_3 + \hbar\Omega a^\dagger a + g\hbar(a + a^\dagger)(\sigma_+ + \sigma_-)\ , \tag{23.4}$$

其中, Ω 为单模光场的圆频率. 采用旋转波近似, 我们可以将哈密顿量化为

$$H = \frac{1}{2}\hbar\omega\sigma_3 + \hbar\Omega a^\dagger a + g\hbar(a\sigma_+ + a^\dagger\sigma_-). \tag{23.5}$$

旋转波近似下的相互作用哈密顿量有直观的物理意义: $a\sigma_+$ 对应上跃迁——光吸收过程, $a^\dagger\sigma_-$ 对应下跃迁——光辐射过程.

没有相互作用时, 系统的本征态为 $|an\rangle$, $|bn\rangle$. 令

$$H_0 = \frac{1}{2}\hbar\omega\sigma_3 + \hbar\Omega a^\dagger a, \tag{23.6}$$

显然有

$$H_0|an\rangle = \hbar\left(\frac{1}{2}\omega + n\Omega\right)|an\rangle, \tag{23.7}$$

$$H_0|bn\rangle = \hbar\left(-\frac{1}{2}\omega + n\Omega\right)|bn\rangle. \tag{23.8}$$

原子与光场的相互作用使 $|an\rangle$ 态与 $|bn+1\rangle$ 态发生耦合. 由于耦合只发生在量子态 $|an\rangle$ 与 $|bn+1\rangle$ 之间, 因此量子态 $|an\rangle$ 与 $|bn+1\rangle$ 的线性叠加相对于相互作用 V 是封闭的. 所以我们可以把系统的哈密顿量写成

$$H = \sum_n h_n \ , \tag{23.9}$$

其中, h_n 只作用于 $|an\rangle$ 与 $|bn+1\rangle$ 的叠加态, 其具体形式为

$$h_n = \hbar\Omega\left(n+\frac{1}{2}\right)\begin{pmatrix}1 & 0\\ 0 & 1\end{pmatrix} + \frac{\hbar}{2}\begin{pmatrix}\delta & 2g\sqrt{n+1}\\ 2g\sqrt{n+1} & -\delta\end{pmatrix}, \tag{23.10}$$

这里, $\delta = \omega - \Omega$.

h_n 的本征值为

$$E_{2n} = \left(n+\frac{1}{2}\right)\hbar\Omega - \frac{1}{2}\hbar R_n, \tag{23.11}$$

$$E_{1n} = \left(n+\frac{1}{2}\right)\hbar\Omega + \frac{1}{2}\hbar R_n, \tag{23.12}$$

其中,

$$R_n = \sqrt{\delta^2 + 4g^2(n+1)}. \tag{23.13}$$

相应的本征矢量为

$$|2n\rangle = \cos\theta_n|an\rangle - \sin\theta_n|bn+1\rangle, \tag{23.14}$$

$$|1n\rangle = \sin\theta_n|an\rangle + \cos\theta_n|bn+1\rangle, \tag{23.15}$$

其中,

$$\cos\theta_n = \frac{R_n - \delta}{\sqrt{(R_n-\delta)^2 + 4g^2(n+1)}}, \tag{23.16}$$

$$\sin\theta_n = \frac{2g\sqrt{n+1}}{\sqrt{(R_n-\delta)^2 + 4g^2(n+1)}}. \tag{23.17}$$

我们称 $|2n\rangle$, $|1n\rangle$ 为缀饰态. 相应地, 我们称 $|an\rangle$, $|bn+1\rangle$ 为裸态. 缀饰态是总哈密顿量的本征态, 而裸态为不包含相互作用项的哈密顿量的本征态.

图 23.1 反映的是缀饰态的能级随 ω 的变化规律. 谐振时, h_n 的本征值可以化为

$$E_{2n} = \left(n+\frac{1}{2}\right)\hbar\Omega - \hbar|g|\sqrt{n+1}, \tag{23.18}$$

$$E_{1n} = \left(n+\frac{1}{2}\right)\hbar\Omega + \hbar|g|\sqrt{n+1}, \tag{23.19}$$

相应的本征矢量可以化为

$$|2n\rangle = \frac{1}{\sqrt{2}}(|an\rangle - |bn+1\rangle), \tag{23.20}$$

$$|1n\rangle = \frac{1}{\sqrt{2}}(|an\rangle + |bn+1\rangle). \tag{23.21}$$

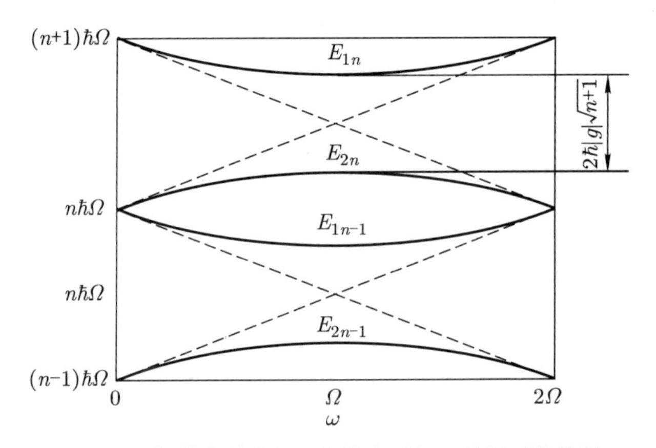

图 23.1 缀饰态的能级, 虚线为无相互作用时的能级

§23.2 拉比翻转

我们可以用裸态来展开任意一个量子态:

$$|\psi\rangle = \sum_n [C_{an}(t)|an\rangle + C_{bn+1}(t)|bn+1\rangle], \tag{23.22}$$

也可以用缀饰态来展开任意一个量子态:

$$|\psi\rangle = \sum_n [C_{1n}(t)|1n\rangle + C_{2n}(t)|2n\rangle]. \tag{23.23}$$

采用裸态展开时，展开系数的物理意义相对直观，相关系数的模的平方直接给出原子处于相应能级的概率. 采用缀饰态展开时，由于缀饰态是系统哈密顿量的本征态，因此展开系数随时间的演化规律更为简单. 我们可以借助缀饰态展开来得到裸态展开中展开系数随时间的变化规律.

裸态与缀饰态之间的关系可写成如下形式:

$$\begin{pmatrix}|2n\rangle\\|1n\rangle\end{pmatrix}=T_n\begin{pmatrix}|an\rangle\\|bn+1\rangle\end{pmatrix},\tag{23.24}$$

其中，

$$T_n\triangleq\begin{pmatrix}\cos\theta_n & -\sin\theta_n\\ \sin\theta_n & \cos\theta_n\end{pmatrix}.\tag{23.25}$$

容易证明，展开系数 $C_{1n}(t)$，$C_{2n}(t)$ 与展开系数 $C_{an}(t)$，$C_{bn+1}(t)$ 之间也有类似的关系：

$$\begin{pmatrix}C_{2n}(t)\\C_{1n}(t)\end{pmatrix}=T_n\begin{pmatrix}C_{an}(t)\\C_{bn+1}(t)\end{pmatrix}.\tag{23.26}$$

应用以上关系式，我们可以计算 t 时刻裸态展开的系数：

$$\begin{aligned}\begin{pmatrix}C_{an}(t)\\C_{bn+1}(t)\end{pmatrix}&=T_n^{-1}\begin{pmatrix}C_{2n}(t)\\C_{1n}(t)\end{pmatrix}\\&=\mathrm{e}^{-\mathrm{i}\left(n+\frac{1}{2}\right)\Omega t}T_n^{-1}\begin{pmatrix}\mathrm{e}^{\mathrm{i}\frac{1}{2}R_nt} & 0\\ 0 & \mathrm{e}^{-\mathrm{i}\frac{1}{2}R_nt}\end{pmatrix}\begin{pmatrix}C_{2n}(0)\\C_{1n}(0)\end{pmatrix}\\&=\mathrm{e}^{-\mathrm{i}\left(n+\frac{1}{2}\right)\Omega t}T_n^{-1}\begin{pmatrix}\mathrm{e}^{\mathrm{i}\frac{1}{2}R_nt} & 0\\ 0 & \mathrm{e}^{-\mathrm{i}\frac{1}{2}R_nt}\end{pmatrix}T_n\begin{pmatrix}C_{an}(0)\\C_{bn+1}(0)\end{pmatrix}.\end{aligned}\tag{23.27}$$

代入 T_n 的表达式可得

$$\begin{aligned}\begin{pmatrix}C_{an}(t)\\C_{bn+1}(t)\end{pmatrix}=&\exp\left[-\mathrm{i}\left(n+\frac{1}{2}\right)\Omega t\right]\\&\times\begin{pmatrix}c_n^2\mathrm{e}^{\mathrm{i}\frac{1}{2}R_nt}+s_n^2\mathrm{e}^{-\mathrm{i}\frac{1}{2}R_nt} & -\mathrm{i}2c_ns_n\sin\dfrac{1}{2}R_nt\\ -\mathrm{i}2c_ns_n\sin\dfrac{1}{2}R_nt & c_n^2\mathrm{e}^{-\mathrm{i}\frac{1}{2}R_nt}+s_n^2\mathrm{e}^{-\mathrm{i}\frac{1}{2}R_nt}\end{pmatrix}\begin{pmatrix}C_{an}(0)\\C_{bn+1}(0)\end{pmatrix},\end{aligned}\tag{23.28}$$

其中，

$$c_n=\cos\theta_n,\quad s_n=\sin\theta_n.\tag{23.29}$$

谐振时，式 (23.28) 可以化为

$$\begin{pmatrix}C_{an}(t)\\C_{bn+1}(t)\end{pmatrix}=\exp\left[-\mathrm{i}\left(n+\frac{1}{2}\right)\Omega t\right]\begin{pmatrix}\cos\dfrac{1}{2}R_nt & -\mathrm{i}\sin\dfrac{1}{2}R_nt\\ -\mathrm{i}\sin\dfrac{1}{2}R_nt & \cos\dfrac{1}{2}R_nt\end{pmatrix}\begin{pmatrix}C_{an}(0)\\C_{bn+1}(0)\end{pmatrix}.\tag{23.30}$$

考虑光场与原子谐振，即 $\omega = \Omega$ 的情形. 设 $t=0$ 时，光场处于粒子数态，原子处于激发态：

$$\begin{pmatrix} C_{an}(0) \\ C_{bn+1}(0) \end{pmatrix} = \begin{pmatrix} 1 \\ 0 \end{pmatrix}, \tag{23.31}$$

由式 (23.30) 可得

$$\begin{aligned} |C_{an}(t)|^2 &= \cos^2(g\sqrt{n+1}t), \\ |C_{bn+1}(t)|^2 &= \sin^2(g\sqrt{n+1}t). \end{aligned} \tag{23.32}$$

这一结果与半经典理论中的拉比解的形式一致. 这说明半经典理论适用于接近粒子数态的光场.

再考虑 $t=0$ 时，光场处于相干态的情形. 这时有

$$\begin{pmatrix} C_{an}(0) \\ C_{bn+1}(0) \end{pmatrix} = \mathrm{e}^{-|\alpha|^2/2}\frac{\alpha^n}{\sqrt{n!}}\begin{pmatrix} 1 \\ 0 \end{pmatrix}, \quad n = 0, 1, 2, \cdots, \tag{23.33}$$

因此

$$\rho_{aa}(t) = \mathrm{e}^{-|\alpha|^2}\sum_n \frac{|\alpha|^{2n}}{n!}\cos^2(g\sqrt{n+1}t). \tag{23.34}$$

如果 $|\alpha| \gg 1$，那么我们可以用积分替代求和：

$$\rho_{aa}(t) \approx \mathrm{e}^{-|\alpha|^2}\int_0^{+\infty}\frac{|\alpha|^{2x}}{\Gamma(x+1)}\cos^2(g\sqrt{x+1}t)\mathrm{d}x. \tag{23.35}$$

应用斯特林公式可得

$$\rho_{aa}(t) \approx \mathrm{e}^{-|\alpha|^2}\int_0^{+\infty}|\alpha|^{2x}\frac{x^{-x}\mathrm{e}^x}{\sqrt{2\pi x}}\cos^2(g\sqrt{x}t)\mathrm{d}x. \tag{23.36}$$

被积函数在 $x = |\alpha|^2$ 处有显著的极大，因此可令

$$y = x - |\alpha|^2. \tag{23.37}$$

在 $t \ll |\alpha|/|g|$ 的时间范围内，有

$$\begin{aligned} \rho_{aa}(t) &\approx \frac{1}{\sqrt{2\pi}|\alpha|}\int_{-|\alpha|^2}^{+\infty}\left(\frac{|\alpha|^2}{y+|\alpha|^2}\right)^{y+|\alpha|^2}\mathrm{e}^y\cos^2\left(g\sqrt{y+|\alpha|^2}t\right)\mathrm{d}y \\ &\approx \frac{1}{2\sqrt{2\pi}|\alpha|}\int_{-\infty}^{+\infty}\mathrm{e}^{y-(y+|\alpha|^2)\ln(1+y|\alpha|^{-2})}\left[1+\cos\left(2g\sqrt{y+|\alpha|^2}t\right)\right]\mathrm{d}y \\ &\approx \frac{1}{2\sqrt{2\pi}|\alpha|}\int_{-\infty}^{+\infty}\mathrm{e}^{-y^2/2|\alpha|^2}\left[1+\cos(2g|\alpha|t)\cos\left(\frac{gyt}{|\alpha|}\right)\right]\mathrm{d}y. \end{aligned} \tag{23.38}$$

通过做变量代换 $y=|\alpha|u$，由式 (23.38) 可得

$$\begin{aligned}\rho_{aa}(t) &\approx \frac{1}{2\sqrt{2\pi}}\int_{-\infty}^{+\infty}\mathrm{e}^{-u^2/2}\left[1+\cos(2g|\alpha|t)\cos(gut)\right]\mathrm{d}u \\ &= \frac{1}{2}\left[1+\cos(2g|\alpha|t)\mathrm{e}^{-g^2t^2/2}\right].\end{aligned} \tag{23.39}$$

这个结果与半经典理论有很大不同. 当光场处于相干态时，ρ_{aa} 一开始也会以频率 $g|\alpha|/\pi$ 做类似拉比翻转的振荡，但振荡的幅度会逐渐衰减，直至振荡消失，而 ρ_{aa} 的值也由 1 逐渐塌缩到 1/2. 振荡消失的原因在于对不同的光子数，拉比拍频是不同的. 这样，对于远离粒子数态的光场，各系数 $C_{an}(t)$ 间的相位关系会随时间而演化为一种随机关系，这导致 ρ_{aa} 逐渐塌缩到其平均值而不再振荡. 显然，半经典理论不适用于远离粒子数态的光场.

习　题

23.1　试求哈密顿量

$$h_n=\hbar\Omega\left(n+\frac{1}{2}\right)\begin{pmatrix}1&0\\0&1\end{pmatrix}+\frac{\hbar}{2}\begin{pmatrix}\delta&2g\sqrt{n+1}\\2g\sqrt{n+1}&-\delta\end{pmatrix}$$

的本征值和本征矢量.

23.2　试证明，展开系数 $C_{1n}(t)$，$C_{2n}(t)$ 与展开系数 $C_{an}(t)$，$C_{bn+1}(t)$ 之间存在如下关系：

$$\begin{pmatrix}C_{2n}(t)\\C_{1n}(t)\end{pmatrix}=T_n\begin{pmatrix}C_{an}(t)\\C_{bn+1}(t)\end{pmatrix}.$$

索引

Z